创意控制类电子制作80例

张晓东 著

化学工业出版社
·北京·

本书通过大量生动有趣、涉及日常生活及各个领域的实用创意电子制作项目，系统讲解了电工类制作必备的基本知识和技能，是专为电子爱好者量身打造的入门宝典。

本书共分8章，第1章全方位展示了10个新颖电工类小作品的创意缘起、电路工作原理、详细取材和制作流程、应用情形等，形象生动地“手把手”指导初学者一步一步完成入门作品。第2～8章分别介绍了灯光控制类制作、家电控制类制作、电气控制类制作、电气监测（控）类制作、电气保护类制作、电工工具类制作、其他电工类制作，共70个实例，帮助读者在入门的基础上，设计具体的制作步骤及流程，同时灵活设计和选择外壳等，将自己的智慧融入制作的每一个环节，打造出独一无二的作品。

本书内容丰富实用，图文并茂，既可供广大电工电子初学者及爱好者、青少年学生等自学使用，也可作为中小学、大专、职业院校、培训学校等相关专业的教材或参考书。

图书在版编目（CIP）数据

创意控制类电子制作80例 / 张晓东著. —北京：化学工业出版社，2018.4
ISBN 978-7-122-31578-6

Ⅰ.①创…　Ⅱ.①张…　Ⅲ.①电子器件 - 制作　Ⅳ.①TN

中国版本图书馆CIP数据核字（2018）第037991号

责任编辑：要利娜　　文字编辑：孙凤英
责任校对：边　涛　　装帧设计：王晓宇

出版发行：化学工业出版社（北京市东城区青年湖南街13号　邮政编码100011）
印　　刷：大厂聚鑫印刷有限责任公司
装　　订：三河市宇新装订厂
787mm×1092mm　1/16　印张18¼　字数398千字　2018年9月北京第1版第1次印刷

购书咨询：010-64518888（传真：010-64519686）　售后服务：010-64518899
网　　址：http://www.cip.com.cn
凡购买本书，如有缺损质量问题，本社销售中心负责调换。

定　　价：68.00元

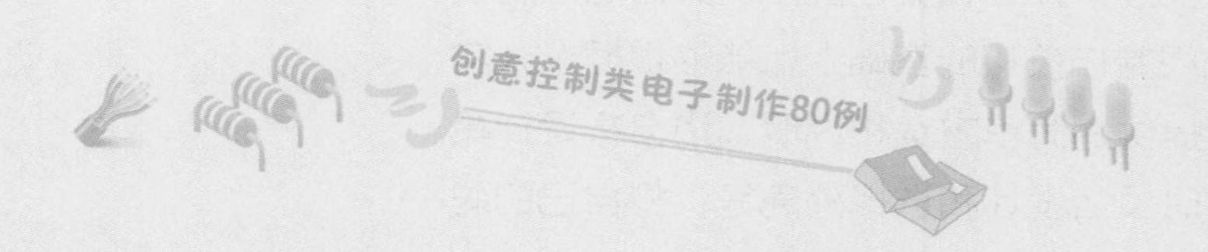

前言

时代的进步与发展赋予了电子爱好者一个全新而又时髦的新名称——“电子创客”。何为“创客”？创客一词来源于英文单词 Maker，仅从字面上翻译，创客就是做东西的人，泛指出于兴趣与爱好，努力把各种创意转变为现实的人。实际上，创客没有年龄限制，没有知识储备的局限，任何对科学、对制作充满兴趣的人都可以成为创客。其实，创客没有明确的定义，有着多元化的理解。中国创客不仅包含“硬件再发明”的科技达人，还包括软件开发者、艺术家、设计师等诸多领域的优秀代表。

本书紧扣“学·做·用”主题，系统地向读者传授了电子制作必备的基本知识和技能，讲解了大量生动有趣、涉及日常生活及各个领域的实用创意电子制作项目，是专为初学电子技术和制作的“发烧友”量身打造的入门宝典。本书图文并茂、文字精练、形象直观、易看易懂、深入浅出、实用性强，真正起到“手把手”教读者轻轻松松步入“电子创客”行列的作用。

本书共 8 章，第 1 章“手把手教你学制作”，通过“数码照片 + 普通绘图 + 文字介绍 = 详细的制作实例演示”，全方位展示了 10 个新颖电工类电子小作品的创意缘起、电路工作原理、详细取材和制作流程、应用情形等，形象生动地“手把手”指导初学者无论在家里还是在学校“第二课堂”“创客活动室”，都可轻轻松松“照葫芦画瓢”，一步一步完成自己的第一件电工入门作品。这部分内容是本书的特色所在，也是吸引读者的一大亮点。随后，根据读者已做成功的实际电子作品，以“既动手，又动脑”为目的，分别（第 2 章至第 8 章）介绍了“灯光控制类制作”“家电控制类制作”“电气控制类制作”“电气监测（控）类制作”“电气保护类制作”“电工工具类制作”“其他电工类制作”，共70个实例。这些实例省略了具体的制作方案介绍和流程图示，其目的是使读者在熟悉和掌握第1章入门制作技巧的基础上，能够根据个人实际情况和条件，边看笔者提供的简单方案和说明，边自行设计具体的制作步骤及流程，同时灵活设计和选择外壳等，将自己的聪明才智和灵感，融入制作的每一个环节，打造出独一无二、出自个人之手的得意作品。

本书由张晓东著，参与资料整理等工作的人员还有张汉林、苟淑珍、李凤、张亚东、陈丽琼、陈令飞、张海棠、丁正梁、张海玮、张爱迪、陈新宇等。

本书所介绍的制作实例基本上全是笔者近30年来的个人创作作品，部分作品曾在《无线电》《电子世界》《家用电器》《电气时代》《现代通信》《中国电子报》《北京电子报》《电子报》等报刊发表，受到读者广泛欢迎，并被有些厂家直接采用开发出了新产品。

最后，我要以自己的切身感受告诉亲爱的读者：从电子爱好者到电子创客是一个质的升华。电子创客是用行动做出来的，“重学习、重思考、重动手、重实践、重创新、重协作、重应用、重分享”是电子创客的基本思维和素养。时代呼唤电子创客，时代造就电子创客！电子创客就在我们的身边，相信下一个成功的电子创客就是你！

由于时间和水平有限，书中难免存在不妥之处，望广大读者批评指正。

张晓东

目录

第1章 手把手教你学制作 1/

第2章 灯光控制类制作 88/

目录

目录

目录

第 1 章 手把手教你学制作

本章介绍的 10 个电工电子制作实例，全方位展示了作品的创意、电路工作原理、详细取材、制作流程和应用情形等，是对电子制作全过程的完整演示。通过一系列真实图片形象生动地“手把手”指导初学者，无论在家里还是在学校“第二课堂”“创客活动室”，都可“照葫芦画瓢”，一步一步完成自己的第一件作品，从而轻轻松松步入神奇美妙的电子制作之门。

1.1 LED 交流电源指示灯

凡无交流电指示灯或原有氖泡指示灯（由一个小氖泡和一个限流电阻器串联构成）损坏的220V家用电器具，以及单相交流电路使用的插座、开关、插头等，均可加装或改换成如图1-1所示的LED交流电源指示灯，其特点是发光亮丽、体积小、耗电少、安装简便、寿命长。

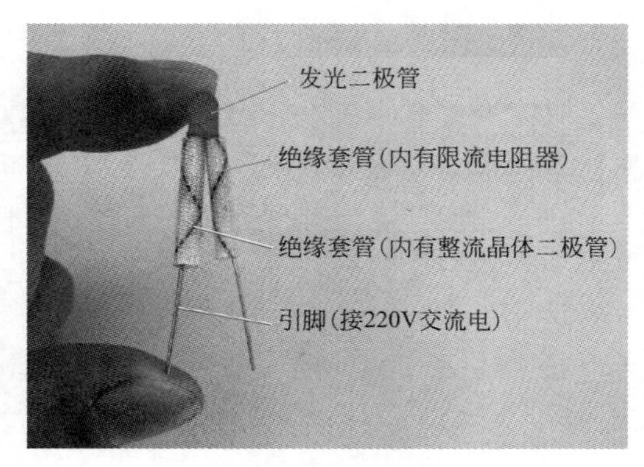

图 1-1　LED 交流电源指示灯的实物外形图

下面就让我们开始LED交流电源指示灯的具体制作与实际应用吧。

1.1.1　工作原理

LED交流电源指示灯的电路如图1-2虚线框内所示。虚线框外电路是为便于说明原理而绘出的普通家用电器（或移动式多孔供电插座、普通台灯等）的供电电路。其中：XP为家用电器原有电源插头，SA为电源开关（有的设备无此开关）。

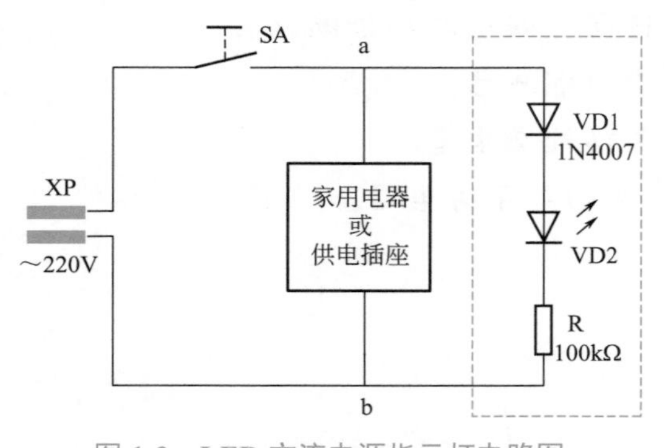

图 1-2　LED 交流电源指示灯电路图

LED 交流电源指示灯的电路由三只电子元器件串联构成，其中：VD1 为半波整流晶体二极管，VD2 为发光二极管，R 为 VD2 的限流电阻器。闭合电源开关 SA（电源插头 XP 应事先插入供电插座），在家用电器接通 220V 交流电工作的同时，220V 交流电通过 a、b 两端加在了交流电源指示灯的两端，使得发光二极管 VD2 得电发光。打开电源开关 SA，家用电器断电停止工作，发光二极管 VD2 亦断电熄灭，从而起到指示电源接通与否和家用电器工作状态指示灯的作用。

如果闭合电源开关 SA 后，发光二极管 VD2 不亮，说明不是电网停电，便是电源插头 XP 及其电源开关 SA 构成的供电回路发生了开路故障。

1.1.2 元器件选择

图 1-3 给出了构成 LED 交流电源指示灯所用电子元器件的实物外形图，方便读者认识和选购。

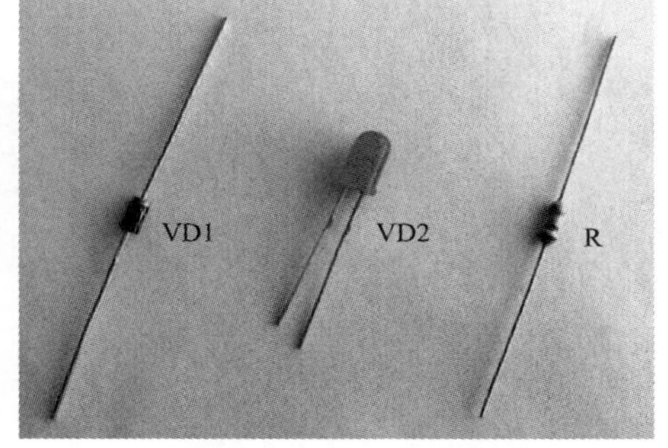

图 1-3 需要准备的元器件实物外形图

VD1 选用耐压≥ 350V 的硅整流晶体二极管，如 1N4007、1N4004、2CP17 型等。VD2 宜选用 ϕ5mm（或 ϕ3mm、ϕ8mm）高亮度红色发光二极管，其形状和颜色也可根据实际情况灵活选取。目前可供选择的发光颜色不仅有普通红光、橙光、绿光（又细分为黄绿、标准绿和纯绿）、蓝光、紫光、白光发光二极管，而且有白壳发红光、白壳发橙光、白壳发绿光、白壳发蓝光、白壳发紫光等发光二极管。另外，发光二极管按其光线散射角度划分，有高指向型（圆形管帽为尖头、发光角度 5° ～ 20° 或更小）、标准型（发光角度 20° ～ 45°）和散射型（发光角度 45° ～ 90° 或更大）。本制作适合选用标准型或散射型产品，以增大发光范围，取得良好的指示效果。

R 选用 RTX-1/4W 型碳膜电阻器，适当改变其电阻值，可改变发光二极管 VD2 的发光亮度。

1.1.3 动手制作

LED 交流电源指示灯的制作过程比较简单，可先将构成交流电源指示灯的三只电子元器件——晶体二极管 VD1、发光二极管 VD2 和限流电阻器 R，按照图 1-2 虚线框内所示的电路图串联焊接在一起，做成 LED 交流电源指示灯备用。

图 1-4 所示给出了 LED 交流电源指示灯的具体制作流程。焊接时注意，各元器件的焊接端引脚长度保持在 8mm 左右为宜，多余部分在焊接前应按照图 1-4（a）～（c）所示，分别用偏口钳（或剪刀）剪掉。剪短后的晶体二极管 VD1 的负极引脚，应按照图 1-4（d）所示，与发光二极管 VD2 的正极引脚拼焊在一起（如剪短的是 VD1 的正极引脚，则应与发光二极管 VD2 的负极引脚拼焊在一起），

电阻器 R 的其中一个引脚剪短后，应按照图 1-4（e）所示，与发光二极管 VD2 的另外一个引脚拼焊在一起。注意不要焊错极性，否则会造成发光二极管 VD2 始终无法发光的故障。焊接好的指示灯如图 1-4(f)所示，经检查无误后，应按照图 1-4(g) 截取两段直径约 4mm、长度约 25mm 的电工用绝缘套管，并按图 1-4（h）分别套在晶体二极管 VD1、电阻器 R 及其焊接引线上，以确保使用时安全可靠。如果有条件采用热缩管替代绝缘管，则效果更佳。制成的 LED 交流电源指示灯如图 1-4(i) 所示。

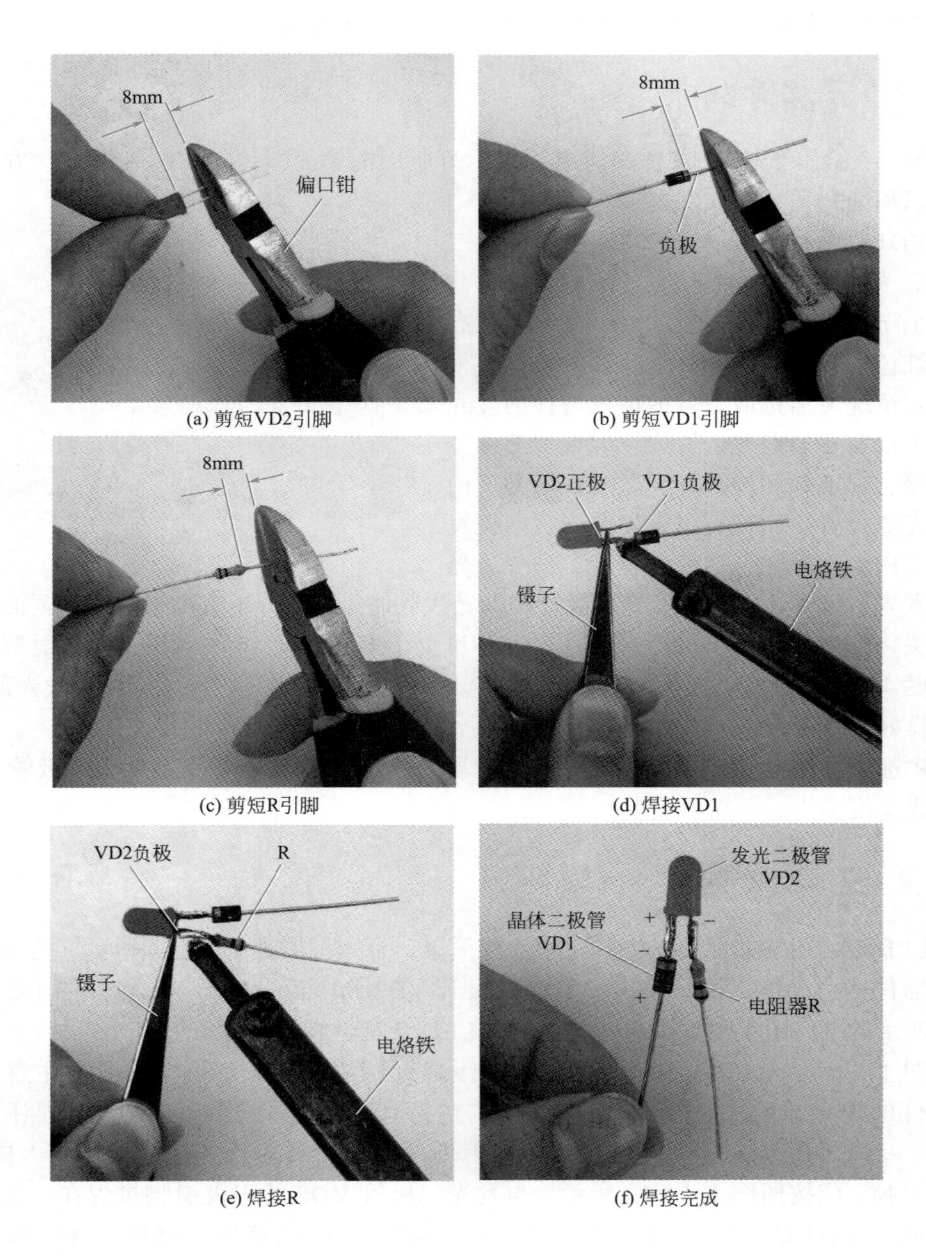

(a) 剪短VD2引脚 (b) 剪短VD1引脚

(c) 剪短R引脚 (d) 焊接VD1

(e) 焊接R (f) 焊接完成

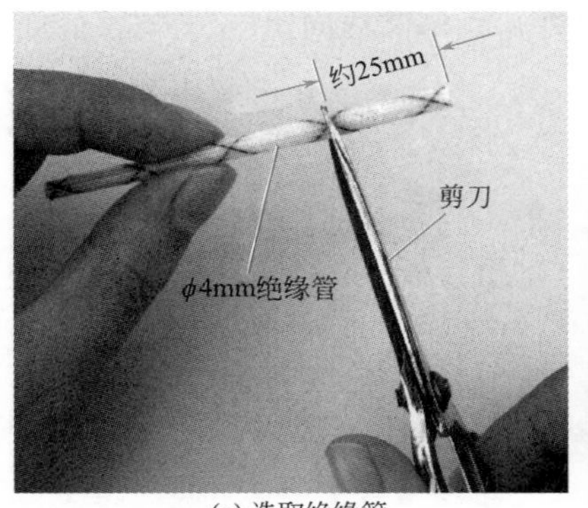

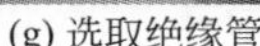
(g) 选取绝缘管

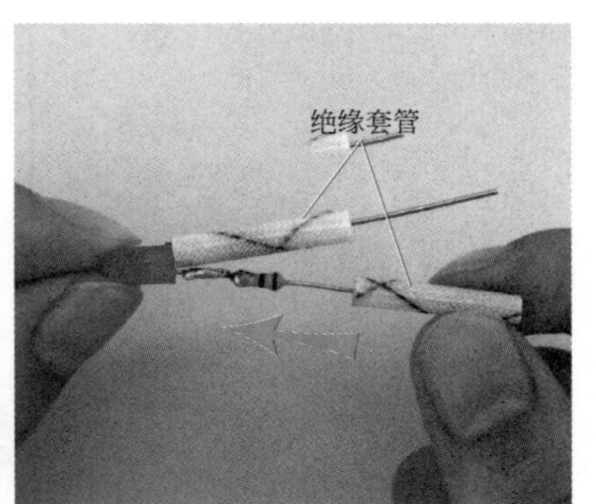

(h) 套上绝缘管

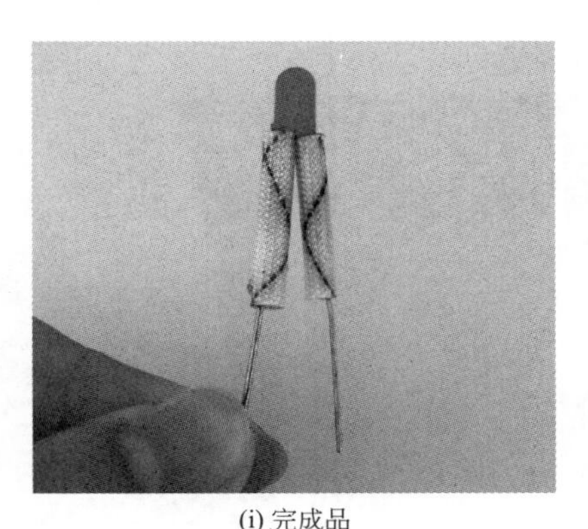
(i) 完成品

图 1-4　交流电源指示灯制作流程

1.1.4　投入应用

制成的 LED 交流电源指示灯，既可用于改造带外罩（发光窗口）的普通交流电源指示灯，也可直接加装到各种家用交流电器具、交流电插头或插座，以及使用 220V 交流电的各种仪器设备上去，具体可灵活运用。

下面列举三个实例，供读者学习领会，希望达到举一反三的效果。

实例一：制作壁式发光插座

图 1-5 给出了在普通 86 系列壁式插座上加装交流电源指示灯的流程。加装时注意：先在壁式插座面板的正上方空闲位置处用电钻开出一个 ϕ5mm 的小孔，再用更粗一些的钻头将面板孔口直径扩至 8mm 左右，但注意不可钻透，以利于增大发光二极管 VD2 的发光范围。将组成交流电源指示灯的发光二极管 VD2 从插座背面嵌入所开圆孔，并不分极性将指示灯的两引线头焊接在插座背面的两个铜接线桩（接线柱）上即可。

这种加装了交流电源指示灯的“壁式发光插座”，不仅能直观显示插座带电与否，而且可在黑暗中显示出插座的位置所在，堪称新一代壁式插座。

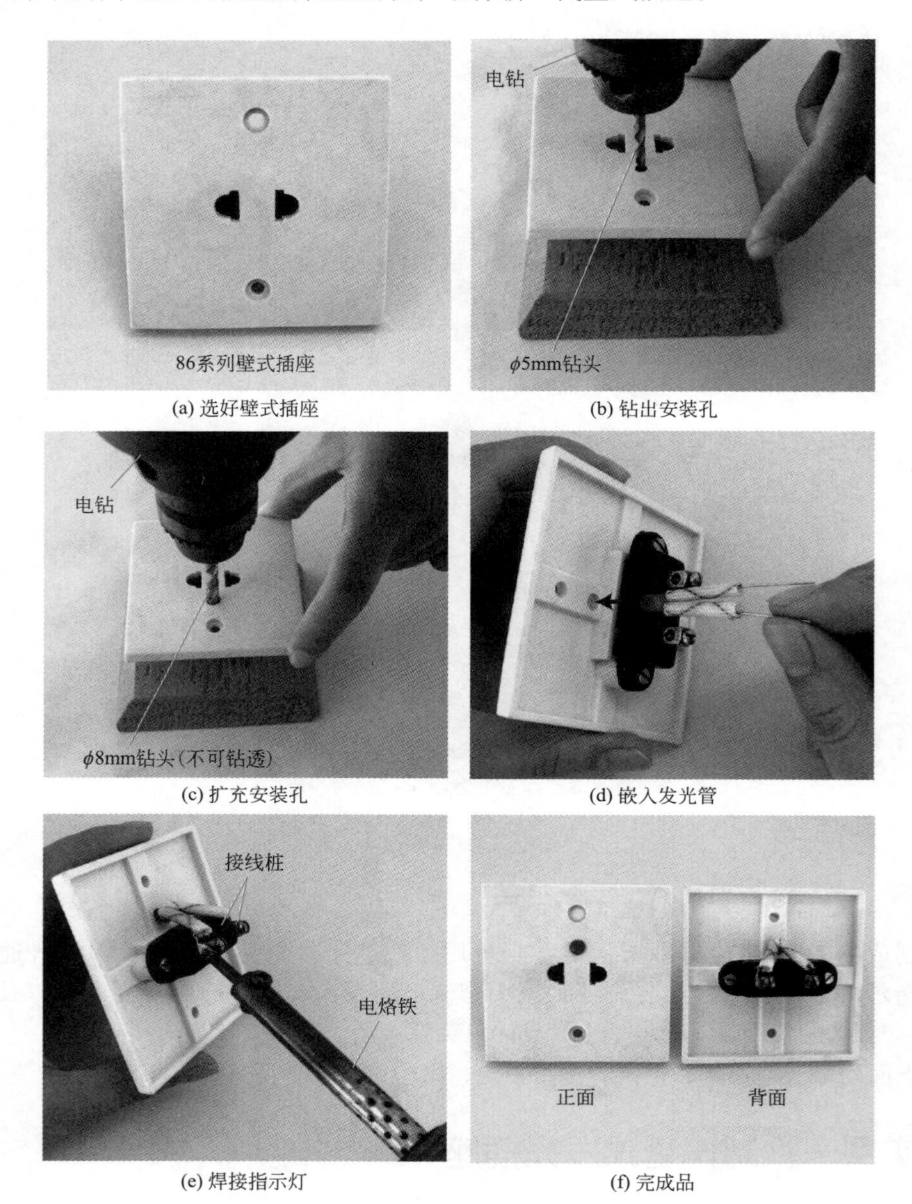

(a) 选好壁式插座　(b) 钻出安装孔　(c) 扩充安装孔　(d) 嵌入发光管　(e) 焊接指示灯　(f) 完成品

图 1-5　壁式发光插座的组装流程

实例二：给普通台灯加装指示灯

图 1-6 给出了在普通台灯电源开关旁边加装 LED 交流电源指示灯的流程。具体做法：首先，参照图 1-6（a），选定好欲改造的台灯及其加装指示灯的位置，要求台灯底座最好是塑料外壳，以方便安装。接下来，按照图 1-6（b）和图 1-6（c），退出

台灯底盖上的固定螺钉，打开欲改造的普通台灯的底盖，并按照图 1-6（d），用电钻在灯座电源开关附近的合适位置处开出一个 ϕ5mm 的小孔，作为指示灯安装孔。然后，按照图 1-6（e）～（g），在台灯底座里侧将发光二极管 VD2 的管帽嵌入所开出的安装孔内，并不分极性就近将指示灯的两引线头分别焊接在电源开关进线端和另外一根非接电源开关的电源线上。最后，参照图 1-6（b）、（c）打开台灯底盖的逆过程，将底盖复原，即获得图 1-6（h）的带指示灯的台灯。

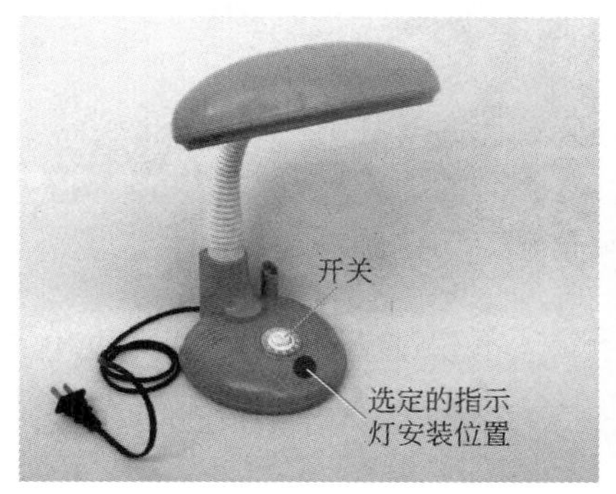

(a) 选定好台灯

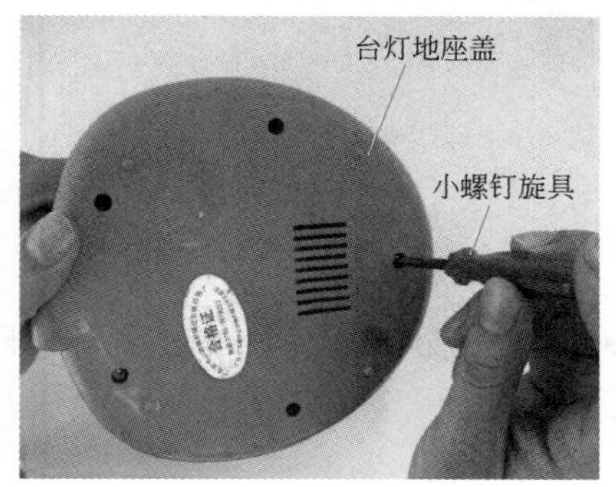

(b) 退出螺钉

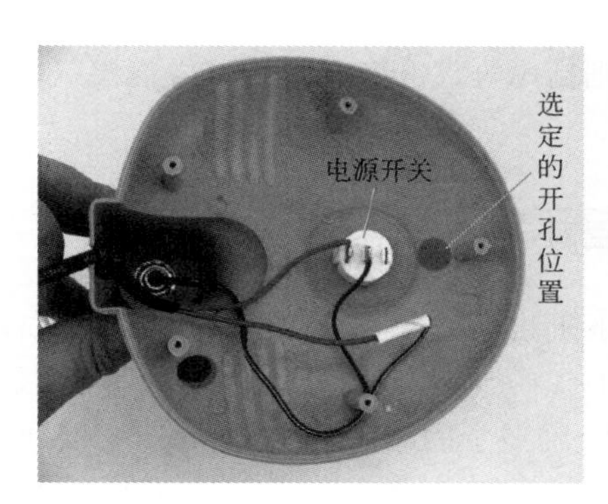

(c) 打开底座盖

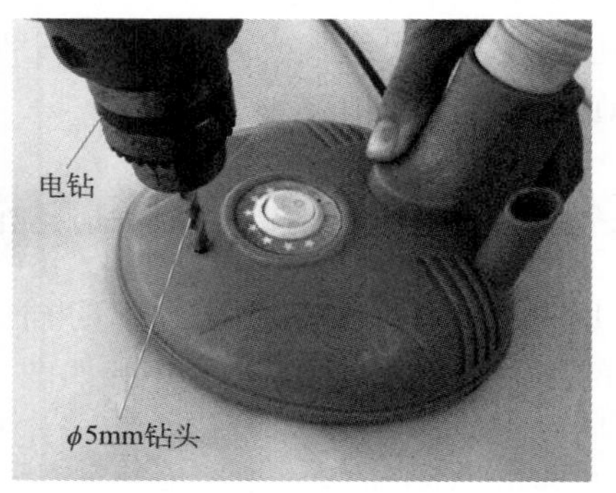

(d) 钻出安装孔

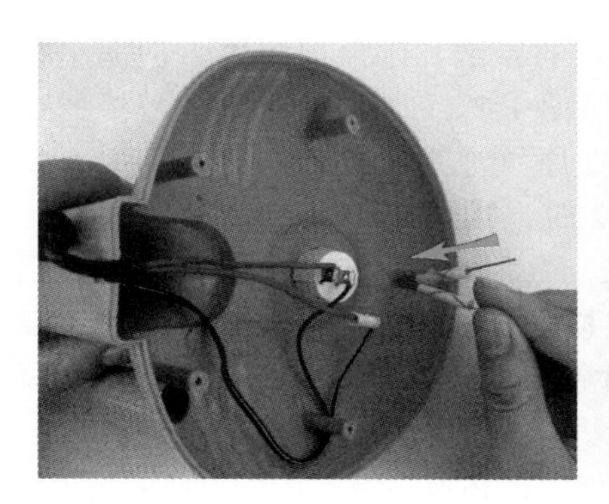

(e) 嵌入发光管

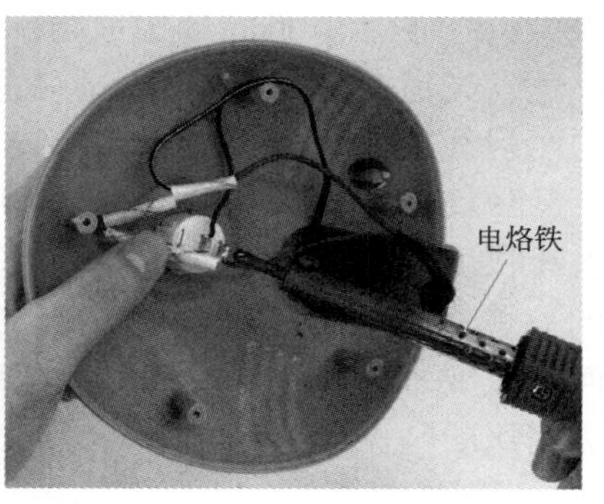

(f) 焊接指示灯

图 1-6

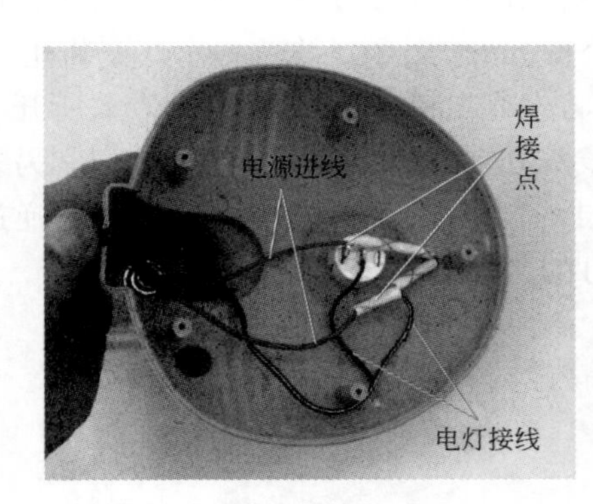

(g) 焊好的电路

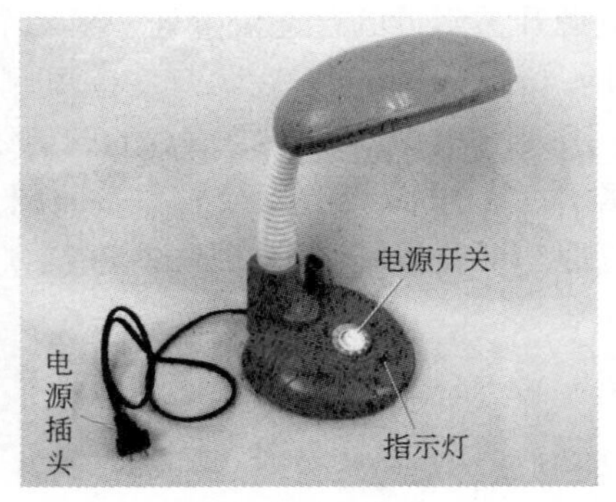

(h) 完成品

图 1-6　普通台灯加装指示灯的流程

这种加装了交流电源指示灯的普通台灯，不仅能直观显示电网供电与否，而且可在黑暗的环境中指示出台灯的开关位置，帮助主人顺利开灯，具有普遍推广价值。

需要指出的是，这里指示灯的两引线头是分别接在台灯电源插头的两进线端上的，这一点与图 1-2 给出的电路有所不同。如果按图 1-2 所示将指示灯的其中一个引线头焊接在电源开关的出线端，而非进线端，则指示灯仅会随台灯的开关而亮灭，实际功能和用途将会大打折扣。

实例三：替换损坏的氖泡指示灯

图 1-7 给出了替换某机械式定时插座（也叫“节能定时器”）上已损坏氖泡指示灯的流程。该定时插座的外形如图 1-7（a）所示，其内部安装有机械式定时开关，具有以 24h 为循环单位，可设定任意多个时段（最小 15min）接通或断开所接用电器电源的功能，用途非常广泛。替换时注意，首先，应按照图 1-7（b）和图 1-7（c）所示，用十字形小螺钉旋具旋出固定后盖的三颗自攻螺钉，打开后盖；并按图 1-7（d）所示，拆除构成原指示灯的氖泡和限流电阻器，但固定在外壳面板上的红色发光窗口应保留。然后，按照图 1-7（e）所示，将要替换的交流电源指示灯的两引线头，不分极性分别焊接在原氖泡指示灯的两接线端上，发光二极管 VD2 置原氖泡固定座即可（这里 VD2 应选用 ϕ3mm 红色发光二极管）。如果指示灯引线长度不够，可用塑皮电线续长。最后，按照图 1-7（f）所示，复原后盖——用原有的三颗螺钉紧固后盖。这种新替换的 LED 交流电源指示灯，外观看起来没有任何的改变，而实际上它不仅发光醒目，而且寿命长，性能是普通氖泡指示灯所无法相比的。

这里要特别强调的是：以上的改造过程中，必须要做到将欲改造的对象完全脱离 220V 交流供电电路，绝对不允许带电操作，以免发生触电事故！

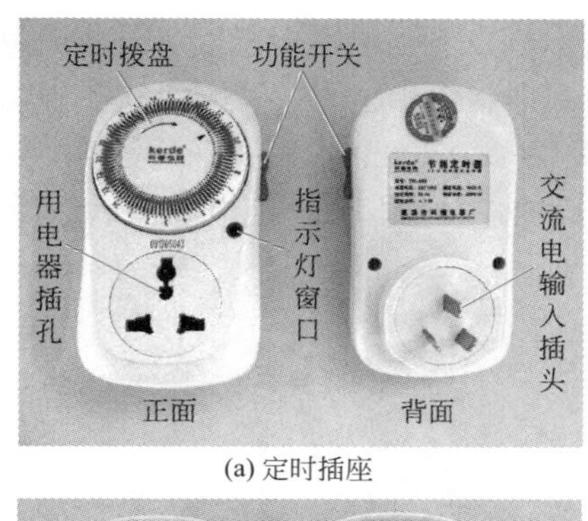

(a) 定时插座

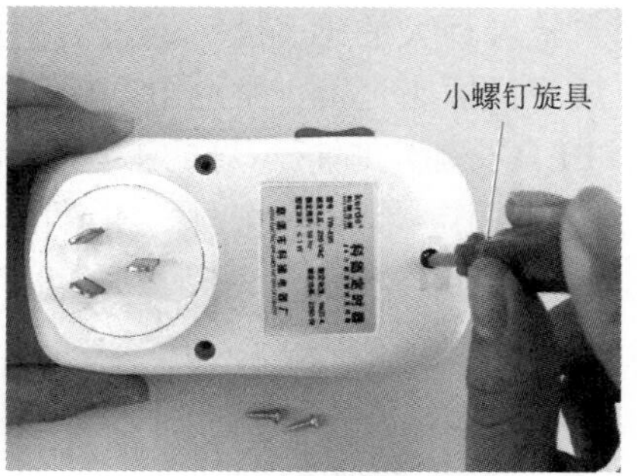

(b) 退出螺钉

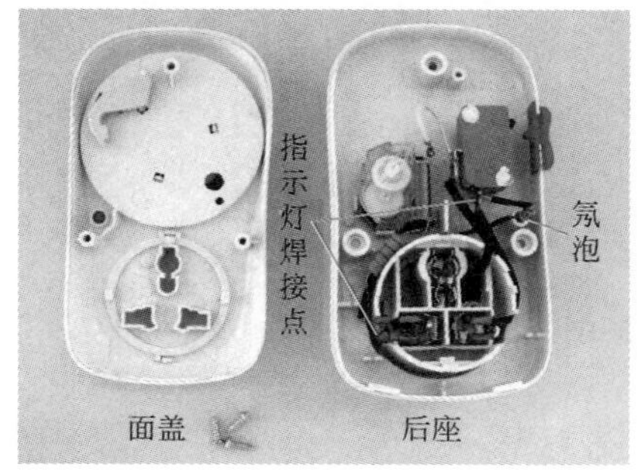

(c) 打开外壳

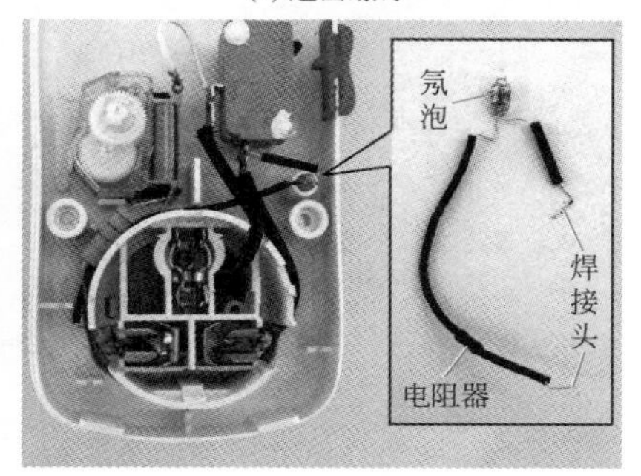

(d) 拆除氖泡

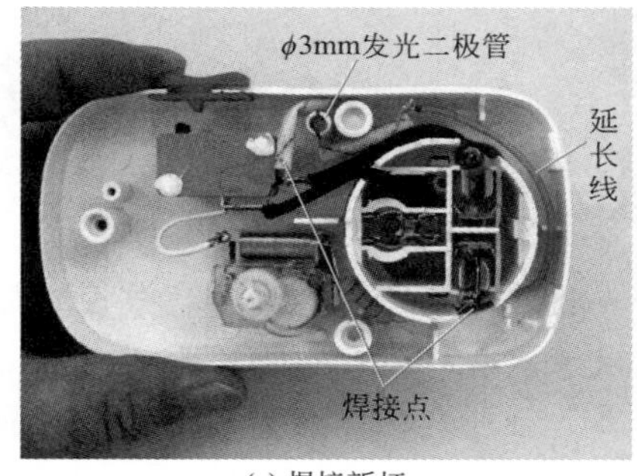

(e) 焊接新灯

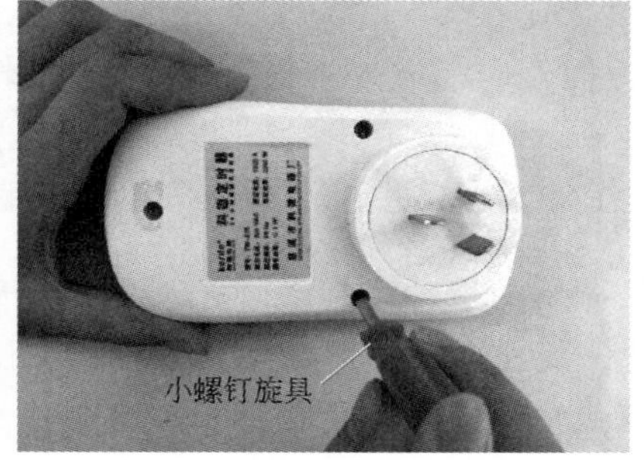

(f) 复原外壳

图 1-7　替换已损坏氖泡指示灯的流程

1.1.5　使用说明

加装了 LED 交流电源指示灯的家用电器具、电源插座等，其原有功能均不改变，使用方法一般也不会改变。但新增加的交流电源指示灯功能却能够使其使用更方便或性能有所提升，具体因设备不同而有所不同。

这种发光二极管指示灯经笔者长期使用，证明效果好、寿命长。图 1-8 所示的带指示灯的电源插头和插座，均系笔者二十年前的作品。其中：图 1-8（a）所示的插头，一直插在家里墙壁的供电插座上通电工作着，至今状况良好；图 1-8（b）所示的移动式电源插座，虽然外壳看起来已经很陈旧，但它一直在为电视机及附设电器供电，状况亦不错。笔者最大的感受是，通过观察指示灯发光与否，可随时方便地判断电网是否停电、插头或插座是否正常通电，确实是“小制作、小改造、大便利”。

由于 LED 交流电源指示灯的工作电流实测< 0.99mA，通过理论计算，一个这样的指示灯连续工作一年零两个月，才消耗 1 度电。显然，该交流电源指示灯耗电甚微。

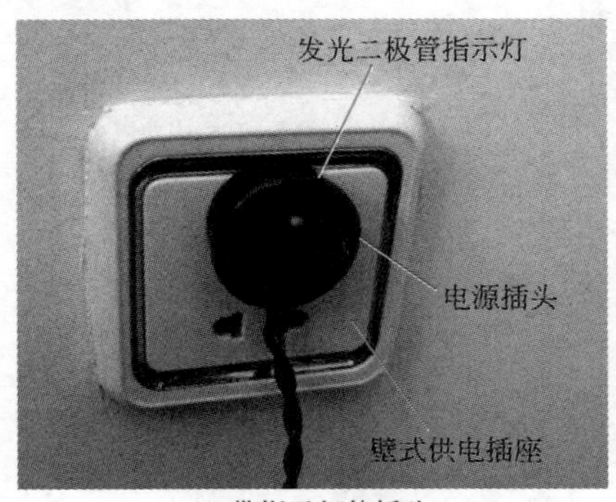

(a) 带指示灯的插头

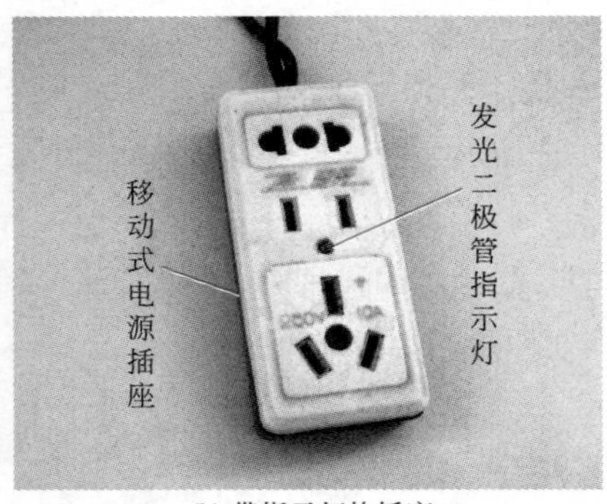

(b) 带指示灯的插座

图 1-8　笔者的两件作品

1.2 节能型壁式灯开关

这里介绍的节能型壁式灯开关实物外形如图 1-9 所示，它能够控制白炽灯（也叫钨丝灯泡）发出两种不同的亮光来，具有使用方便和节约电能的效果。

该节能型壁式灯开关构思巧妙、制作简单、便于推广。但需要事先警告的是，本制作涉及 220V 交流电，为了确保人身安全，制作者必须具备一定的电工实际操作能力，才能将制作成功的壁式灯开关接入到照明电路中去应用，否则必须要有电工现场指导，才能进行安装应用。

图 1-9　节能型壁式灯开关外形图

1.2.1 工作原理

节能型壁式灯开关的电路如图 1-10 虚线框内所示，其中 H 是为了便于说明原理而绘出的被控白炽灯。H 既可以是单只白炽灯泡，也可以是由数只白炽灯泡并联而构成的豪华吊灯或其他灯具。

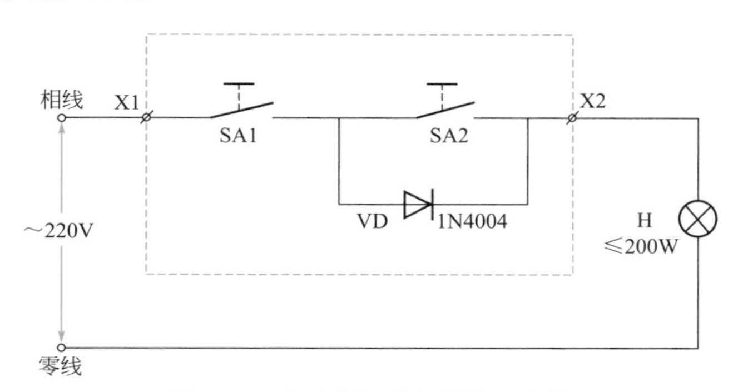

图 1-10 节能型壁式灯开关电路图

整个节能型壁式灯开关仅由双路壁式开关（包含开关 SA1、SA2）和晶体二极管 VD 构成。当电源开关 SA1 打开时，被控白炽灯 H 断电不发光；当电源开关 SA1 闭合而调光开关 SA2 打开时，220V 交流电通过晶体二极管 VD 半波整流，给白炽灯 H 两端加上约 99V 半波脉动直流电压，使白炽灯 H 通电发出弱光，适合于家庭人们看电视、休息时用光；当电源开关 SA1、调光开关 SA2 均闭合时，220V 交流电直接加到白炽灯 H 两端，使白炽灯 H 发出正常亮光，适合于人们看书写字时用光。

电路中，由于白炽灯 H 在半波脉动电压下所消耗的实际电功率，仅为灯泡标称功率的一半左右，因此在弱光照明的状态下，被控电灯的节电效果明显。

1.2.2 元器件选择

该制作仅需要准备一只普通晶体二极管 VD 和一个成品交流电双路壁式开关，为方便初学者认识和选购，特给出图 1-11 所示的实物外形图。

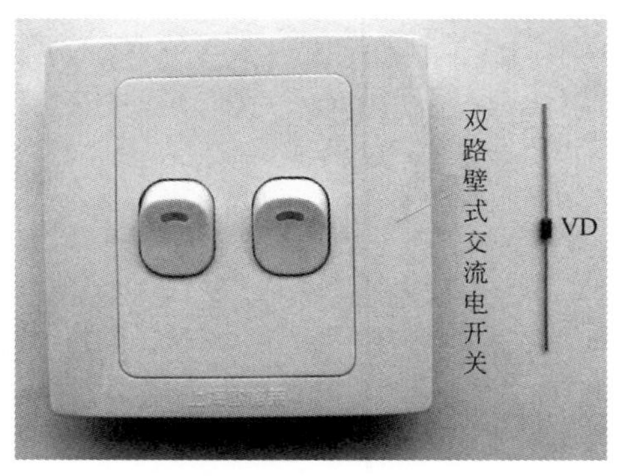

图 1-11 需要准备的元器件实物外形图

VD选用1N4004（最高反向工作电压400V）或1N4007（最高反向工作电压1000V）型普通塑封硅整流二极管，其最大整流电流为1A。用它制作的节能型壁式灯开关，可控制标称功率200W以内的白炽灯正常工作。如果VD选用最大整流电流为3A的1N5404或1N5405型普通塑封硅整流二极管，则可控制标称功率600W以内的白炽灯正常工作。

双路壁式交流电开关直接选购市售86系列产品，它包含两个独立的单刀单掷开关SA1和SA2，面板有两个开关按键，原本用于控制两路电灯或电器，购买时可不要搞错了。

1.2.3 动手制作

该制作非常简单，只要按照图1-12所示，在双路壁式交流电开关的背面，将晶体二极管VD的两端不分极性跨接在其中一个开关的两端，并通过一段适当长度、粗度的电线将两个开关的其中一端连接起来即可。连接时均不需要焊接，通过开关接线桩头上的螺钉紧固接头即可。

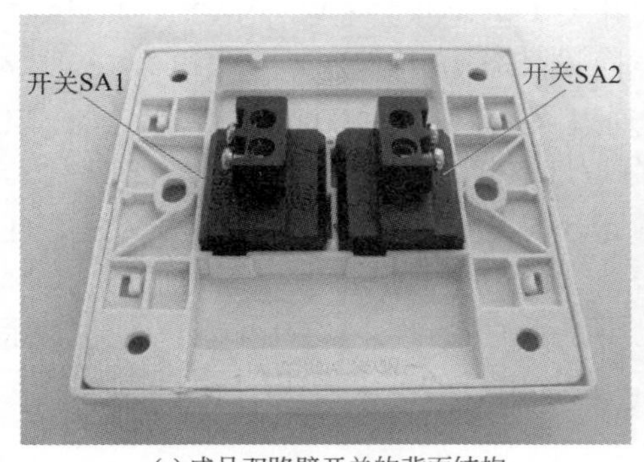

(a) 成品双路壁开关的背面结构

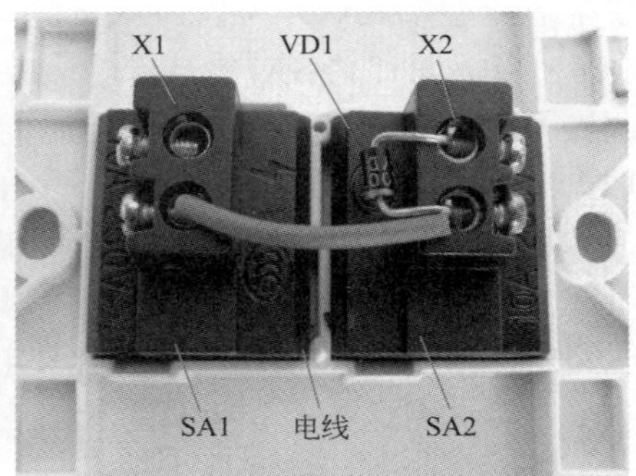

(b) 连接好的电路

图1-12　节能型壁式灯开关的装配

按照图1-12（b）所示进行接线后，开关SA1就成为改造后节能型壁式灯开关的电源开关（对应图1-9中的“开关按键”），而并接有晶体二极管VD的开关SA2就成为调光开关（对应图1-9中的“调光按键”）。注意：SA1和SA2的非连接线端，便是图1-10中节能型壁式灯开关在使用时的对外接线桩X1和X2。

1.2.4 投入使用

装配成的节能型壁式灯开关，检查接线无误后，便可投入使用。该节能型壁式灯开关适合控制标称功率≤200W的普通照明用白炽灯（也叫钨丝灯泡），当然也可控制彩色白炽灯，它的接线方法与普通单路壁式开关完全相同，符合电工接线规范。实际安装时，只需把节能型壁式灯开关的两个接线端X1、X2，不分顺序串入被控白炽灯的相线（火线）一侧回路即可。具体接线可参考图1-10，安装口诀是“相线进开关，零线（地线）进灯头（指接白炽灯泡的专用灯头），接通开关和灯头”。安装时千万牢记：事前一定要断开照明电路的总闸开关，做到无电操作；安装结束后，再接通总闸开关，以确保人身安全！至于220V交流电相线和零线的区分，可在断电前用普通测电笔区分清楚。

由于该节能型壁式灯开关是以市售标准的86系列双路壁式交流电开关为座体，直接进行改制而成，因此在实际应用时不仅安全可靠，而且具有很好的通用性，用它可直接替换现有各种白炽灯电路的普通单刀单掷壁式开关，非常简便。

图1-13给出了用节能型壁式灯开关直接替代现有普通白炽灯单路（即单刀单掷）壁式开关的流程：首先，按照图1-13（a）所示，断开照明电路的总闸开关，做到无电安装；并按照图1-13（b）～（e）所示，拆除欲替换的普通单路壁式开关；然后，按照图1-13（f）～（i）所示，将原来接单路壁式开关的两根电线头，不分顺序，接在节能型壁式灯开关的接线桩X1和X2上；并重复拆除单路壁式开关的逆过程，安装好节能型壁式灯开关；最后，按照图1-13（j）所示，接通照明电路的总闸开关，恢复220V交流供电。这样，通过按动节能型壁式灯开关面板上的电源开关SA1按键，可控制白炽灯的亮灭；通过按动调光开关SA2按键，可控制白炽灯的亮度，从而实现亮度的两挡调节（“正常光”与“弱光”）和节约用电。

(a) 断开电路总闸开关

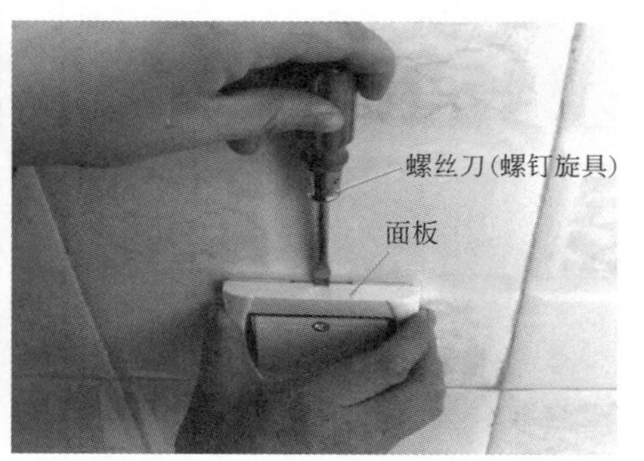

(b) 撬开面板

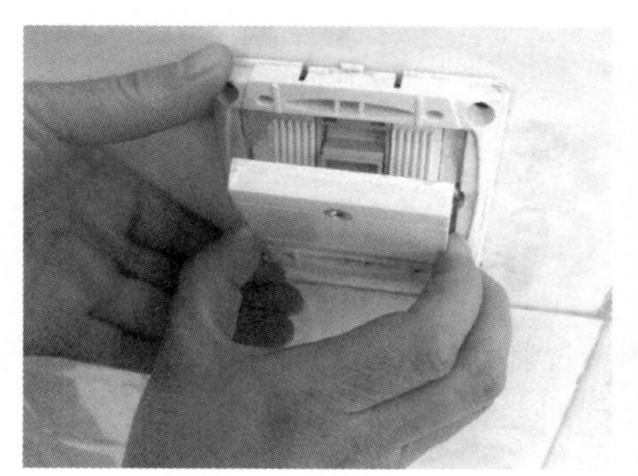
(c) 拔下按键

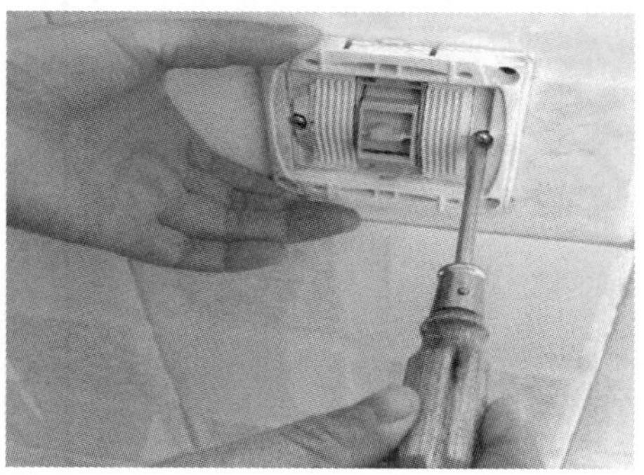
(d) 旋出固定螺钉

图1-13

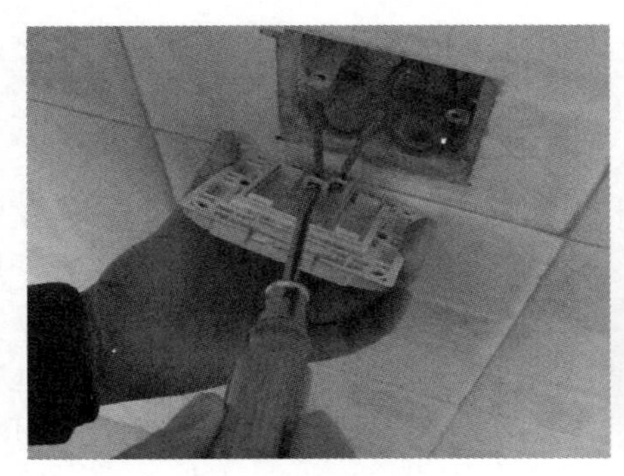

(e) 松开接线头

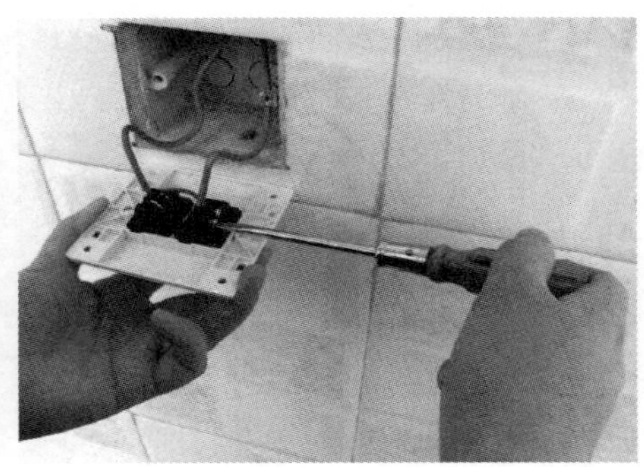

(f) 接上自制开关

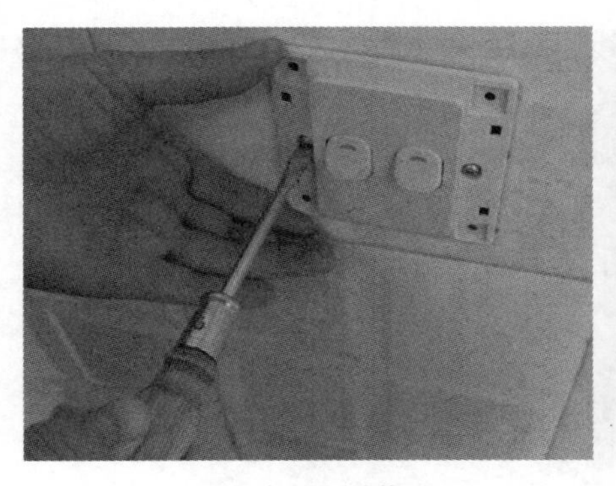

(g) 旋紧固定螺钉

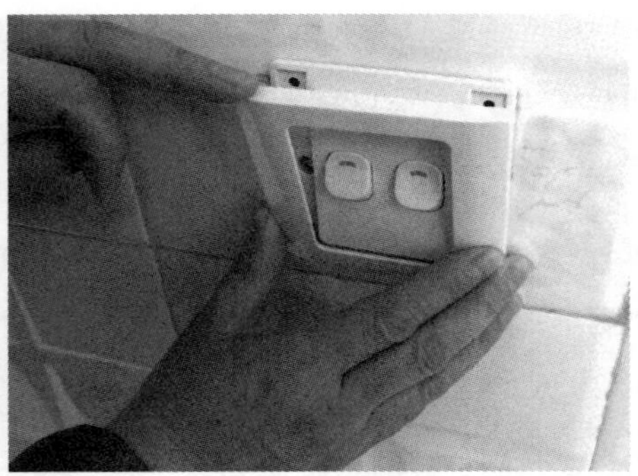

(h) 卡紧面盖

(i) 安装完毕

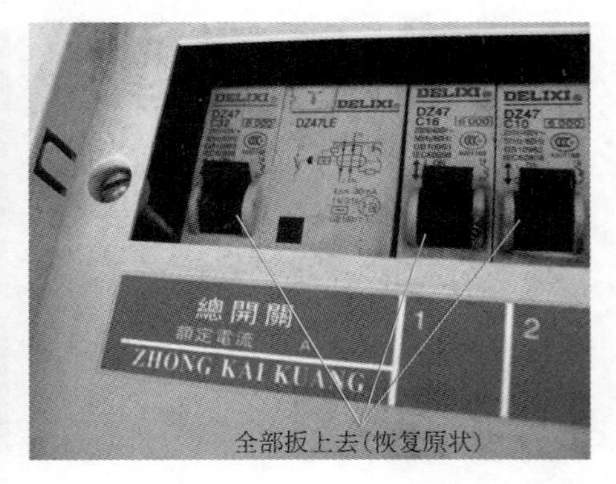

(j) 合上电路总闸开关

图 1-13　实际应用安装流程

最后提醒读者千万注意，本开关只能用于控制白炽灯，绝对不允许控制日光灯、H 型节能灯或其他电感性器具，否则会严重损坏这些灯具或电器！

1.3 白炽灯专用光控开关

尽管白炽灯被节能荧光灯和LED照明灯完全取代是大势所趋，但由于其价格低廉等原因，在经济欠发达地区，尤其是广大农村，还有不少的用户仍然使用白炽灯，另外在一些特殊场合还必须使用白炽灯照明或警示，因此制作下面介绍的白炽灯专用光控开关，不仅具有一定的实用性，而且初学者能够生动、直观地学习到只有通过白炽灯才能体现出来的节电和延长灯泡寿命的方案，以及许多有用的电子和电工知识。

白炽灯专用光控开关的实物外形如图1-14所示，它能使普通白炽灯的亮灭跟随环境光线变化自动转换，适用于控制路灯、单位走廊灯和公用厕所灯等，具有较好的节电和延长灯泡使用寿命效果。

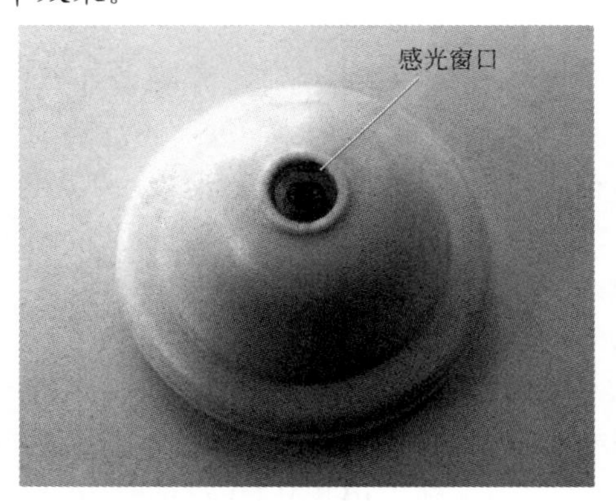

图 1-14　白炽灯专用光控开关外形图

该白炽灯专用光控开关造价低，制作和安装使用都很简单，有兴趣者不妨动手一试。但有一点事先要特别强调：本制作涉及220V交流电，为了确保人身安全，制作者必须具备一定的电工实际操作能力，才能将制作成功的光控开关接入到照明电路中去应用，否则必须要有电工现场指导，才能进行安装应用。

1.3.1 工作原理

白炽灯专用光控开关的电路如图1-15虚线框内所示。VS是普通单向晶闸管，其触发信号由电阻器R和光敏电阻器RL对220V交流电的分压（忽略白炽灯H的灯丝电阻）得到。VD是普通晶体二极管，主要用于防止光敏电阻器RL两端反向电压对单向晶闸管VS控制极的损坏，并适当抬高单向晶闸管VS的触发门限值。

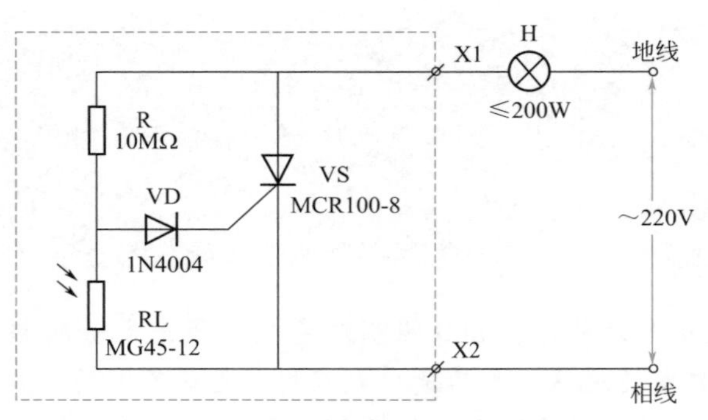

图 1-15　白炽灯专用光控开关电路图

白天，环境自然光线较强，光敏电阻器 RL 呈低阻值（< 2kΩ），其两端交流电压小于晶体二极管 VD 和单向晶闸管 VS 控制极的导通电压（约 0.65V+0.65V=1.3V），单向晶闸管 VS 处于阻断状态，白炽灯 H 不亮。此时，电路自身耗电甚微，实测总电流< 22μA。夜晚，环境自然光线变暗，光敏电阻器 RL 呈高阻值（> 1MΩ），单向晶闸管 VS 从光敏电阻器 RL 两端获得足够触发电压而导通，白炽灯 H 通电自动点亮。

由于每次夜幕降临白炽灯点亮时，灯的亮度是随着外界自然光线的减弱而逐渐由暗变最亮的，故避免了使用普通机械开关时，每次开灯瞬间比正常时大 10 倍以上的强电流对灯丝的冲击，有效防止了灯丝的过电流速损。实际上影响白炽灯寿命的最大因素就是开灯时的强冲击电流，这也是专家提醒用户尽量不要频繁开关灯的道理。而细心的读者如果留神观察，就会发现日常生活中白炽灯泡的“寿终正寝”多是在开灯的瞬间发生的，根源也正是如此。另外，白炽灯 H 工作时加在它两端的是半波脉冲电压，实测直流平均电压约 99V，灯泡实际功率仅为标称功率的一半左右，这不仅节电，而且能有效防止因夜深电网电压升高而造成的灯丝过电压速损，使得灯泡使用寿命大大延长。采用半波脉冲电压点燃标称 220V 的白炽灯泡时，虽然亮度比正常时要暗许多，但作为道路、走廊和厕所的照明，是完全可以满足需要的。

该白炽灯专用光控开关系笔者在 20 世纪 90 年代初期反复研制而成，经长期实际使用，证明效果良好。笔者单位厕所里的照明电灯，在使用本光控开关之前，每月要更换 2 ～ 3 只白炽灯泡，在使用了本光控开关一年多时间后，笔者曾去询问维修电工，对方告诉尚未更换过一只灯泡。

1.3.2　元器件选择

该制作共用了 4 个电子元器件（不包括图 1-15 中的两个接线桩 X1 和 X2），为了便于初学者认识和选购，给出它们的实物集体照如图 1-16 所示。

VS 选用 MCR100-8（额定正向平均电流 0.8A、额定工作电压 600V）或 BT169D（1A、400V）、CR1AM-6（1A、400V）型普通塑封单向晶闸管，要求控制极（也叫门极）触发电流 I_g < 20μA。单向晶闸管也叫单向可控硅，它是一种具有三个 PN 结的功率

型半导体器件，广泛应用在无触点开关、可控整流、调压等电路中。本制作中所用的单向晶闸管为小功率管，其外形如同普通塑料封装的小功率三极管，图 1-17 是它们的实物外形和引脚排列图；单向晶闸管共有三个引脚：阳极 A、阴极 K 和控制极 G。制作时注意不要接错引脚。

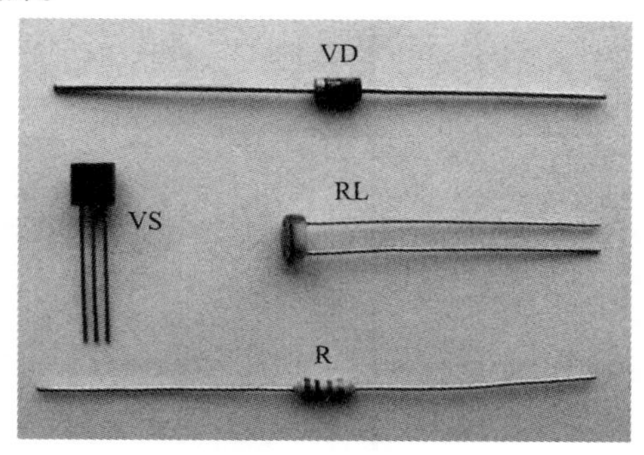

图 1-16　需要准备的元器件实物外形图

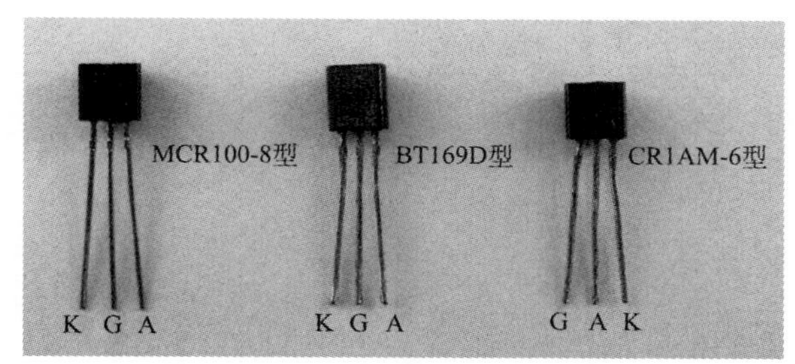

(a) 实物外形图

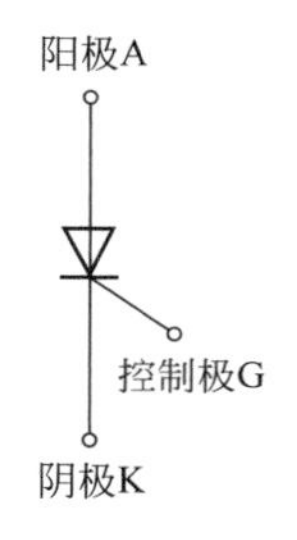

(b) 电路符号

图 1-17　小型塑封单向晶闸管

VD 用 1N4004（最大整流电流 1A，最高反向工作电压 400V）或 1N4007（1A、1000V）型硅整流二极管。

RL 用 MG45-12 型非密封光敏电阻器。这种光敏电阻器的管芯由陶瓷基片构成，在上面涂有硫化镉多晶体并经烧结制成；由于管芯怕潮湿，因此在其表面涂上了一层防潮树脂。该封装结构的光敏电阻器，因为不带外壳，所以称之为非密封型结构光敏电阻器，它的受光面就是其顶部有曲线花纹的端面。RL 也可用其他亮阻≤ 2kΩ、暗阻≥ 1MΩ 的普通光敏电阻器来代替。

R 采用 RTX-1/8W 型碳膜电阻器，注意标称阻值是不常用的 10MΩ（兆欧姆级），不要搞错了。

接线桩 X1、X2 不用专门选购，购买一个电灯专用挂线盒（也称吊线盒）作为本制作的外壳，里面就有现成的接线桩。

1.3.3　动手制作

整个光控开关电路巧妙地组装在经过改造后的吊式电灯专用挂线盒内，装配示意图如图 1-18 所示。现分三步介绍具体制作流程。

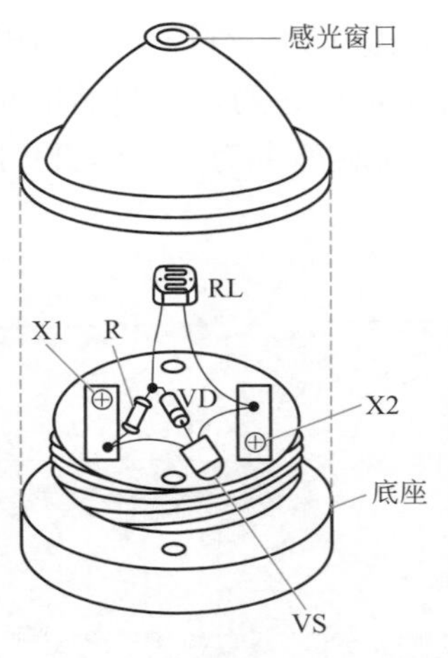

图 1-18　白炽灯专用光控开关装配示意图

第一步：加工改造挂线盒。

吊式电灯用挂线盒一般灯具或五金电器商店均有销售，单价一般为 1 ～ 2 元，它的用途和结构如图 1-19 所示。

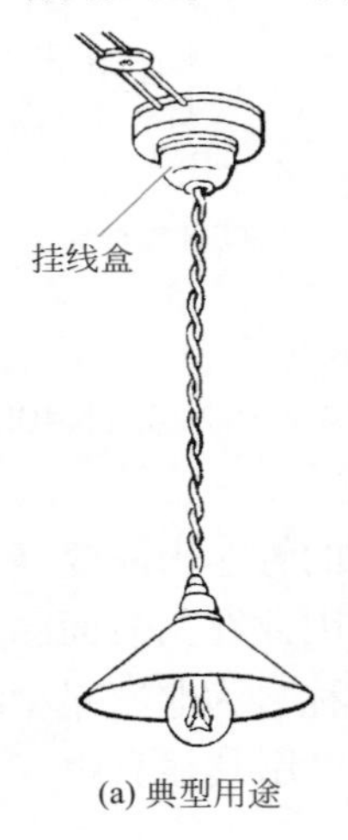

(a) 典型用途

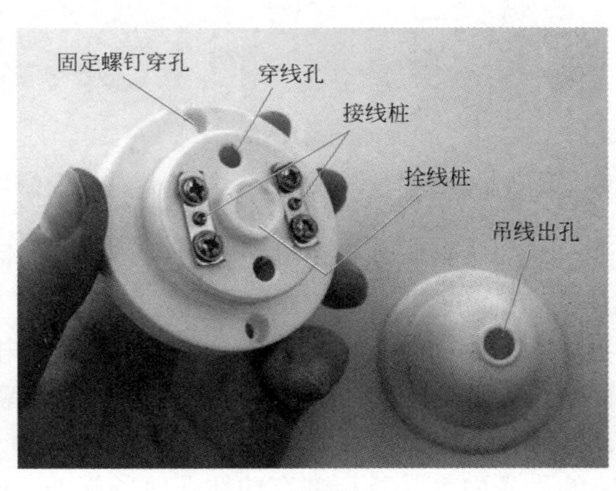

(b) 内部结构

图 1-19　吊式电灯用挂线盒

改造时，首先按照图 1-20（a）所示，用尖嘴钳子夹掉挂线盒内的拴线桩，并按照图 1-20（b）所示，用小锉刀锉平断口。为了避免以后使用中灰尘由此口进入，可按照图 1-20（c）所示，在开口处粘贴上一块大小合适的不干胶粘纸。挂线盒内的两个接线桩上，各有两颗固线螺钉，应按照图 1-20（d）所示，分别去掉一颗螺钉，留下来的以后仍然用作固线，即作为图 1-19 中的接线桩 X1 和 X2。然后，寻找一小块透光良好的硬塑料片（可取自高档服装或保健药品的包装盒），按照图 1-20（e）所示用剪刀剪成 ϕ10mm 的小圆片，再按照图 1-20（f）所示用强力胶或热熔胶将其粘贴在挂线盒盖的穿线孔里侧，作为光控开关的感光窗口。加工改造好的挂线盒如图 1-20（g）所示。

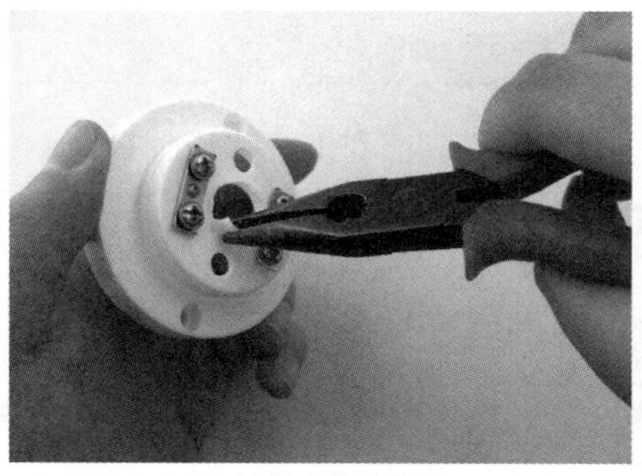
(a) 除去拴线桩

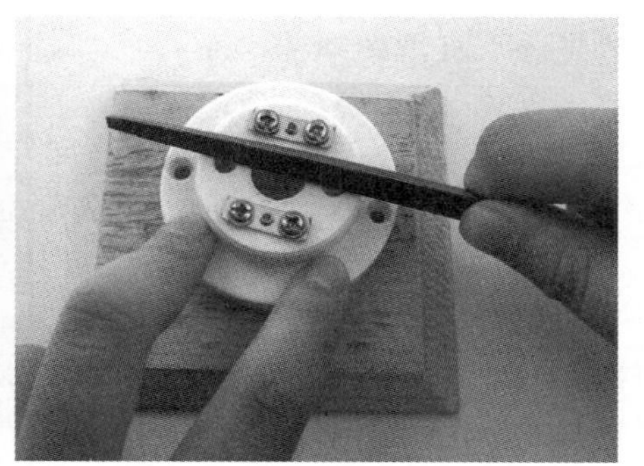
(b) 锉平断口

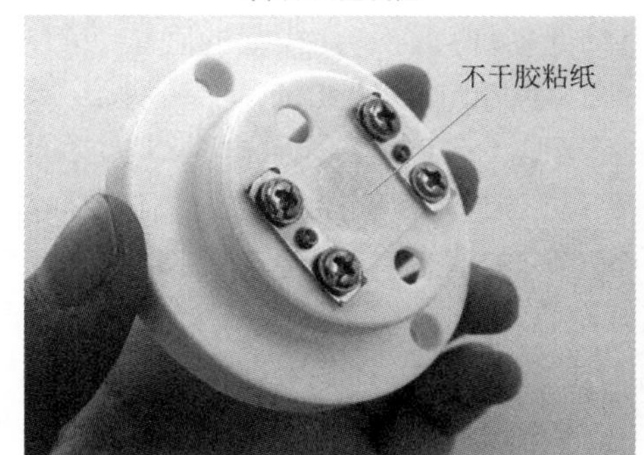

(c) 封住开口

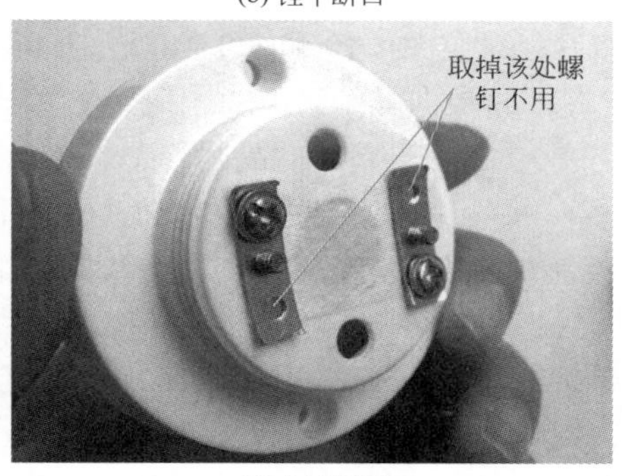

(d) 去掉螺钉

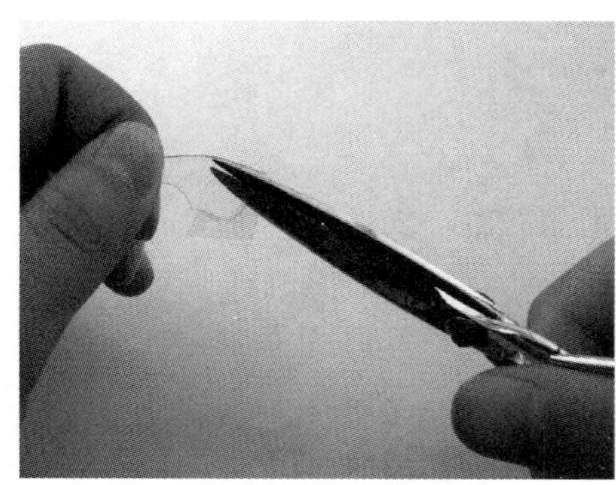
(e) 剪塑料小圆片

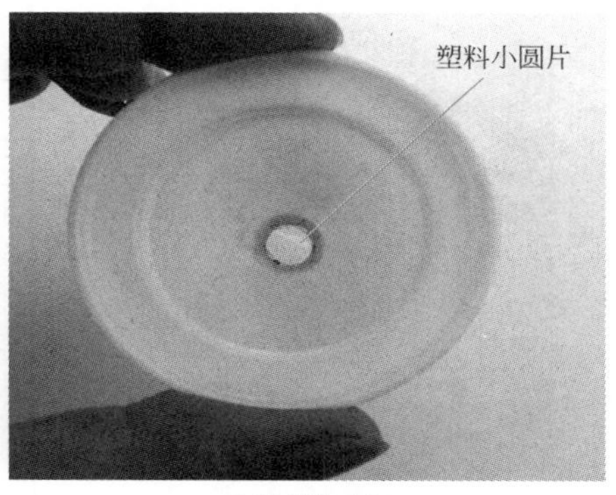

(f) 粘好的窗口

(g) 完成品

图 1-20 挂线盒的加工改造

第二步：焊接电路。

首先，按照图 1-21（a）所示，在部分元器件的引脚上套上塑料绝缘套管（或电工专用绝缘套管），以便于焊接时定位和避免在使用过程中发生短路故障。塑料绝缘套管可从粗细合适的塑料外皮电线剥取。具体可按照图 1-21（b）所示，在单向晶闸管 VS 的阳极 A 引脚套上一段 10mm 长的红色塑料管，在阴极 K 引脚套上一段 10mm 长的绿色塑料管，控制极 G 不套塑料管，将其引脚剪短为 5mm 即可。光敏电阻器 RL 的引脚分别套上 15mm 长的绿色和黄色塑料套管。另外，晶体二极管 VD 和电阻器 R 的引脚，均剪短为 5mm 长，以方便焊接。由于它们的引脚短，因此不必再套塑料绝缘管。

然后，对照图 1-19 和图 1-21（c）所示，将元器件焊接到挂线盒的底座上面去。焊接顺序是：将单向晶闸管 VS 的阳极 A 引脚（红线）和电阻器 R 的其中一脚，一块焊接到接线桩 X1 上去；将单向晶闸管 VS 的阴极 K 引脚（绿线）和光敏电阻器 RL 的其中一脚（绿线），一块焊接到接线桩 X2 上去；将晶体二极管 VD 的负极端引脚与单向晶闸管 VS 的控制极 G 引脚搭在一起，并悬空焊接；将晶体二极管 VD 的正极端引脚弯折 90° 以后，与电阻器 R 的悬空脚、光敏电阻器 RL 的悬空脚（黄线）搭在一起，并悬空焊接好即可。

焊接完毕，将光敏电阻器 RL 的感光面用手调节为朝上，并处于底座面中心轴线上，以便拧紧挂线盒盖后，如图 1-21（d）所示使其感光面正好处在盖顶感光窗口正下方，以保证能够良好地检测到周围环境光线的变化。

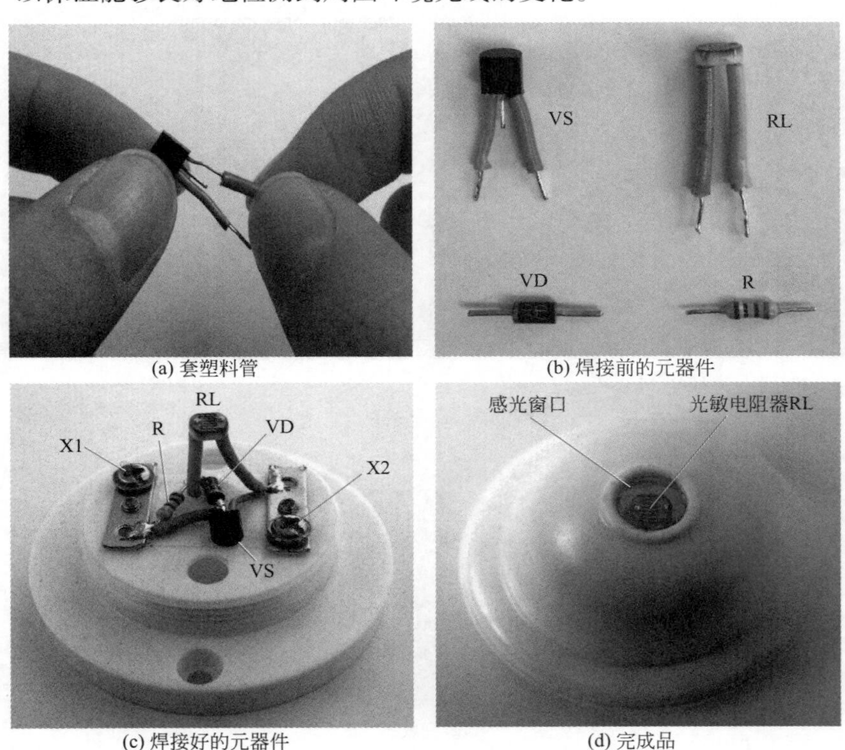

(a) 套塑料管　(b) 焊接前的元器件

(c) 焊接好的元器件　(d) 完成品

图 1-21　电路的焊接

第三步：检验性能。

焊接好的光控开关只要元器件质量有保证、焊接无误，无须任何调试便可投入使用。但为了保证实际应用时绝对没有问题，可事先按照图 1-22 所示进行性能检验。实际上性能检验的过程，也是读者进一步熟悉该光控开关在实际应用时具体如何接线的过程。由前面图 1-15 所示的电路图可知，该光控开关是通过串联在被控白炽灯的供电回路（一般靠近 220V 交流电相线一侧）中，来控制白炽灯按照环境光线的变化自动亮灭，这与连接普通机械开关的要求、方法完全一样。

性能检验时可按照图 1-22（a）所示连接电路。将一个配有灯头的 220V、25 ～ 40W 普通白炽灯泡，通过一段双股塑料外皮电线与一个交流电二极电源插头连接起来；将其中一根电线从中间剪断，两线头通过光控开关底座上的两个穿线孔，从底座下面穿引至打开盖子的底座上面，并就近分别接在接线桩 X1 和 X2 上。特提醒读者注意，光控开关的这种穿孔接线方法跟实际应用接线完全一致。接下来拧紧光控开关的上盖，按照图 1-22（b）所示将电源插头插入 220V 交流电源插座，则在白天光线较亮的环境下，白炽灯应不亮。这时，按照图 1-22（c）所示，用一个大小合适、不透光的纸盒完全罩住光控开关（模拟晚上的黑暗环境），则白炽灯应马上点亮；移去纸盒，白炽灯又会马上熄灭。如果你的操作和反应结果跟以上叙述完全相符，那就恭喜了——你的得意之作可以投入实际应用了！

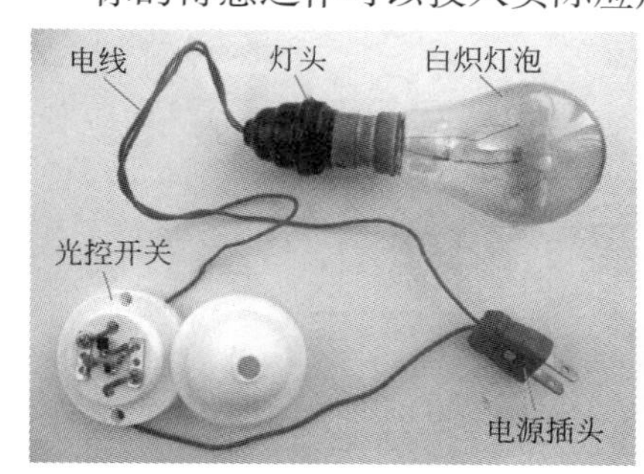

(a) 连接电路

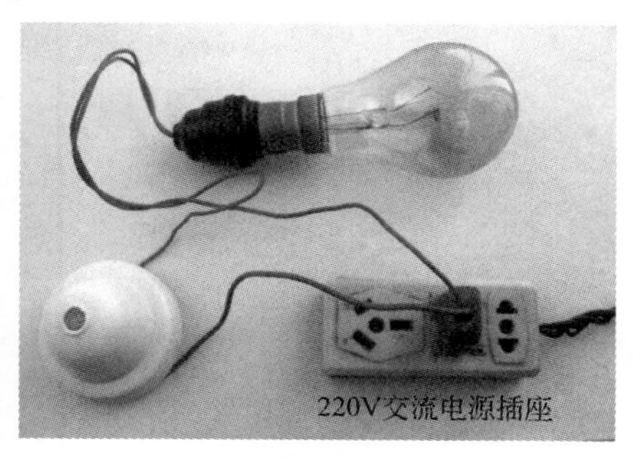

(b) 接通电源

(c) 模拟黑暗

图 1-22　检验光控开关的性能

如果按照图 1-22（b）所示，一通上电白炽灯就会亮，应重点检查光敏电阻器 RL 内部是否开路、焊接是否正确，单向晶闸管 VS 是否已经击穿、引脚焊接是否有误；如果按照图 1-22（c）所示，用纸盒罩住光控开关后白炽灯始终不亮，应重点检查晶体二极管极性是否焊接反、内部是否已经开路，单向晶闸管 VS 内部是否已经开路、引脚焊接是否有误，电阻器 R 是否已经开路等。检查元器件时千万记住，应先从 220V 交流电源插座上拔下电源插头，以免电击伤人！

1.3.4 投入使用

该白炽灯专用光控开关适合控制标称功率≤ 200W 的普通照明用白炽灯（也叫钨丝灯泡），它的接线方法与普通机械开关相同，完全符合电工接线规范。实际安装时，只需把光控开关的两个接线端 X1、X2，不分顺序串入被控白炽灯的相线（火线）一侧回路即可。但注意光控开关安装位置要有所讲究，应避开风雨侵蚀和灯光直射处，选择在感受自然光良好的地方固定。安装时千万牢记：事先一定要断开照明电路的总闸开关，做到无电操作；安装结束后，再接通总闸开关，以确保人身安全！

如果要在现有的普通照明电路接入光控开关，那就要灵活运用。例如：某公用厕所照明灯的开关采用拉线开关，并且将开关安装在厕所外面既照射不到灯光，又能够感受到自然光的屋檐下。这时，可按照图 1-23（a）所示，拆除拉线开关 SA，在拉线开关的原位置安装光控开关。具体可将接拉线开关的两根线头分别穿过光控开关底座上的两个专用穿线孔，并就近接光控开关的两个接线桩 X1 和 X2；原来固定拉线开关的两颗螺钉，则直接穿过光控开关底座边沿的两个专用穿线孔，紧固好光控开关。

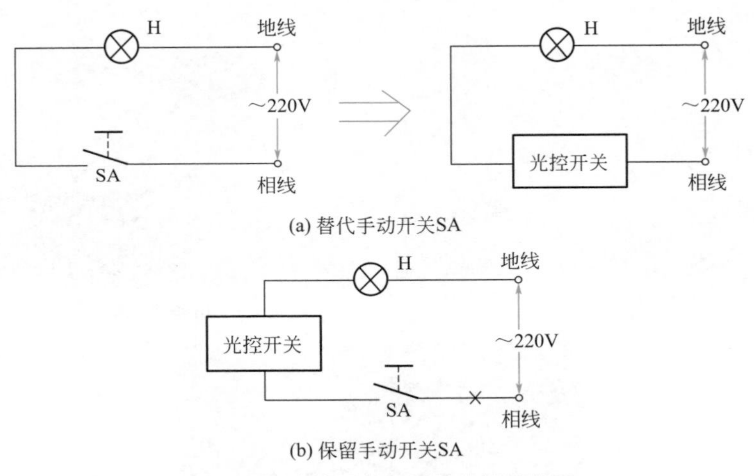

图 1-23 光控开关的两种应用接线图

又如，某单位的路灯和走廊灯均用了壁式开关，而且灯光能够照射到壁式开关上，显然用光控开关替代壁式开关的方法在这里就行不通了，怎么办？我们可按照图 1-23（b）所示，保留壁式开关 SA 不动，在如图 1-19（a）所示的加了遮光灯罩的电灯吊线处剪断其中一根电线，串入光控开关即可。还可在远离壁式开关的电线入口处（图中打“×”处）剪断其中一根电线，串入光控开关。由于保留了壁式开关，因此这种被控白炽灯便具有了光控和手控两种功能。当夜晚不需要照明时，可随时通过手动壁式开关 SA 关掉灯光，也可随时开灯，节电效果更明显。

最后再次强调：制作者如果不具备实际的电工操作能力，则必须要有老师或电工现场指导，才能进行光控开关的安装应用。另外，本光控开关只能用于控制白炽灯泡，绝对不允许控制普通日光灯和节能荧光灯等，否则会损坏灯具和光控开关。

1.4 通用型光控灯开关

这里介绍的光控灯开关实物外形如图 1-24 所示，它不仅可控制一般的白炽灯（即钨丝灯泡），而且可控制高压钠灯、普通日光灯（即直管型荧光灯）、节能灯（又叫紧凑型荧光灯）、LED 照明灯等，具有体积小、成本低、无触点、抗干扰、低功耗（＜ 0.23W）、寿命长等优点，有普遍推广价值。

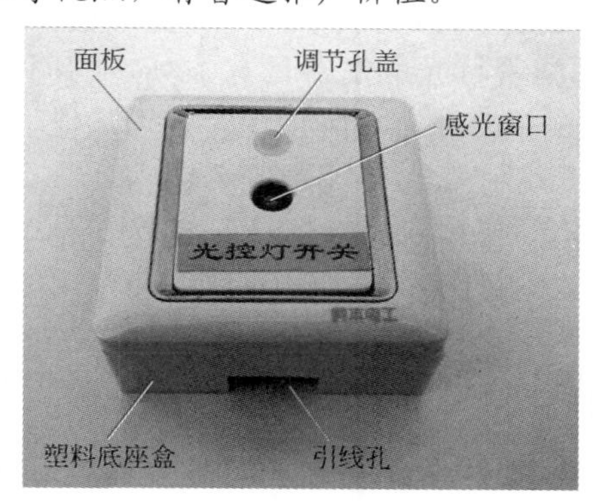

图 1-24 通用型光控灯开关外形图

该光控灯开关适合用来控制园区路灯、单位走廊灯、公用厕所灯、广告灯和节日彩灯等，可实现白天电灯自动熄灭、晚上电灯自动点亮功能，经实际使用，证明具有较好的节电和延长电灯使用寿命效果。

1.4.1 工作原理

通用型光控灯开关的电路如图 1-25 所示，其中 H 是为便于说明原理而绘出的被控电灯。

“555”时基集成电路 A 接成了典型的施密特光触发器。白天，外界光线较强，光敏电阻器 RL 呈低电阻值，时基集成电路 A 的第 2、6 脚输入电压＞ $2/3V_{CC}$（$V_{CC} \approx 8.4V$），第 3 脚输出低电平，双向晶闸管 VS 无触发电流而阻断，电灯 H 不亮；晚上，光敏电阻器 RL 失去外界光照呈高电阻值，使时基集成电路 A 的输入端电压＜ $1/3V_{CC}$，其输出端第 3 脚跳变为高电平，双向晶闸管 VS 经限流电阻器 R2 获得合适触发电流而导通，电灯 H 通电发光。

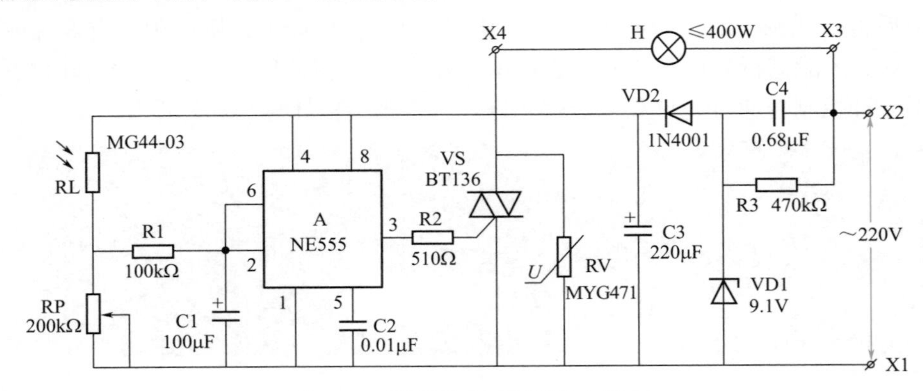

图 1-25 通用型光控灯开关电路图

电路中，电阻器 R1、电容器 C1 组成了抗干扰延时电路，以防止晚上瞬间的光线（雷电闪光、车辆灯光等）照射到光敏电阻器 RL 上面后，干扰电灯 H 正常发光。由于时基集成电路 A 构成的施密特光触发器具有 $1/3V_{CC}$ 的回差电压，因此有效避免了电灯 H 在开关临界状态下的闪亮，经实际试用，效果甚佳。压敏电阻器 RV 并联在双向晶闸管 VS 的两个主电流控制端（即第一阳极 T1 和第二阳极 T2 之间），它能有效地消除电网中的各种尖峰电压，以及感性灯具（如高压钠灯等）在“开”“关”瞬间所产生的感应电压，保护双向晶闸管 VS 不因过电压而击穿。

1.4.2 元器件选择

该通用型光控灯开关共用了 16 个电子元器件，其实物集体照如图 1-26 所示。各元器件的具体说明如下。

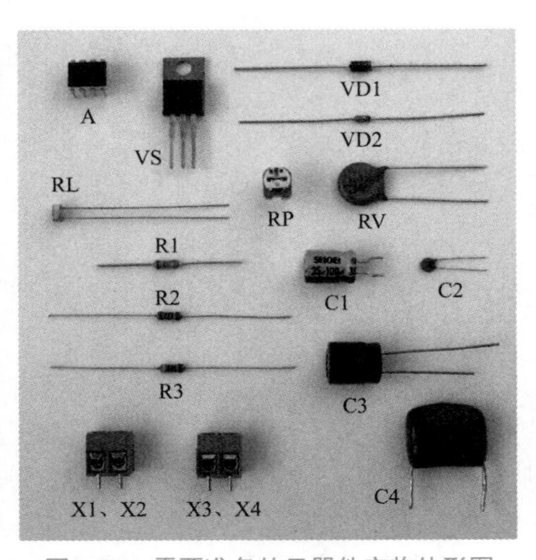

图 1-26 需要准备的元器件实物外形图

A 选用 NE555 或 LM555、μA555、5G1555 等型“555”时基集成电路，它是一种模拟、数字混合集成电路，采用双列 8 脚直插式封装（DIP-8），其引脚功能及排列如图 1-27 所示。“555”时基集成电路具有定时精确、驱动能力强（输出电流达 200mA，可直接带动普通电磁继电器等）、电源电压范围宽（4.5 ～ 18V）、外围电路简单及用途广泛等特点，非常适合电子爱好者制作时使用。

图 1-27 NE555 的引脚排列图

VD1 选用稳定电压是 9.1V、最大耗散功率是 1W 的普通硅稳压二极管，如 1N4739、1N1770、2CW107 型等；VD2 选用 1N4001 或 1N4004、1N4007 型硅整流二极管。

VS 选用 BT136 型（额定通态电流 I_T=4A，断态重复峰值电压 U_{DRM} ≥ 600V）双向晶闸管，它有三个引出脚：第一阳极 T1、第二阳极 T2 和控制极（也称门极）G。图 1-28 所示是它的实物引脚排列和电路符号。读者手头如有 T0405（4A、500V）、BTA04-600V 型双向晶闸管，可以直接进行代换，但必须要求控制极触发电流 I_{GT} ≤ 10mA。

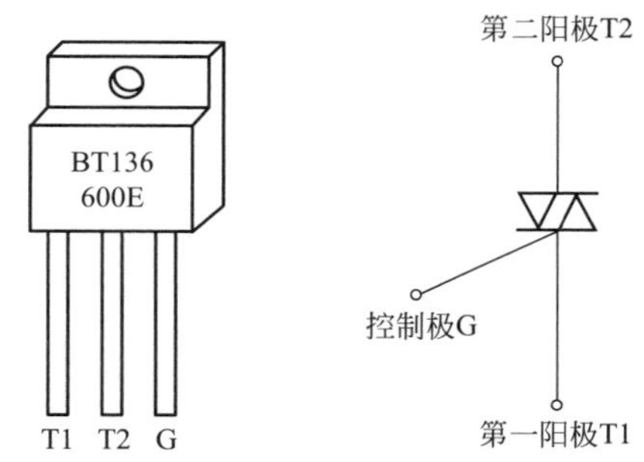

图 1-28 BT136 型双向晶闸管

RL 用 MG44-03 型塑封光敏电阻器，其他亮阻≤ 5kΩ、暗阻≥ 1MΩ 的光敏电阻也可代用。RV 用 MYG471 型氧化锌压敏电阻器，要求峰值电流≥ 100A。RP 选用普通 WH06-2 型塑料封装的小型卧式微调电位器，标称电阻值 200kΩ（塑壳上经常标有 204 字样）。R1 ～ R3 均用 RTX-1/8W 型碳膜电阻器，标称阻值依次为 100kΩ、510Ω 和 470kΩ。

C1、C3 用耐压≥ 16V 的 CD11 型电解电容器，标称容量分别为 100μF 和 220μF；C2 用 CT1 型瓷介电容器，标称容量为 0.01μF；C4 用优质 CBB22-630V 型聚丙烯电容器，标称容量为 0.68μF。X1 ～ X4 用两个相同的可在电路板上直接焊接的双线式接线端子。

1.4.3 动手制作

整个制作过程可分为加工外壳、焊接电路、组装和调试三大步骤来完成，现分步介绍如下。

第一步：加工外壳。

该光控灯开关由于长期工作在220V照明电路中，因此对于外壳的电气绝缘性能、机械强度等都有着较高的要求。这里我们借用图1-29（a）所示的市售86系列单孔电视插座板及其适配的墙壁明式安装用塑料底座盒作为外壳，既保证了制作的要求，又在实际应用时符合电工安装规范，从而巧妙地解决了外壳难题。

86系列单孔电视插座板及其适配的墙壁明式安装用塑料底座盒，一般家电商城、五金电料店、灯具店均可购买到，价格一般不会超过6元。购买时注意：应选择图1-29（b）所示的全塑料电视插座板，价格较贵、后座是金属板的产品，反而不适合作为我们的选择。

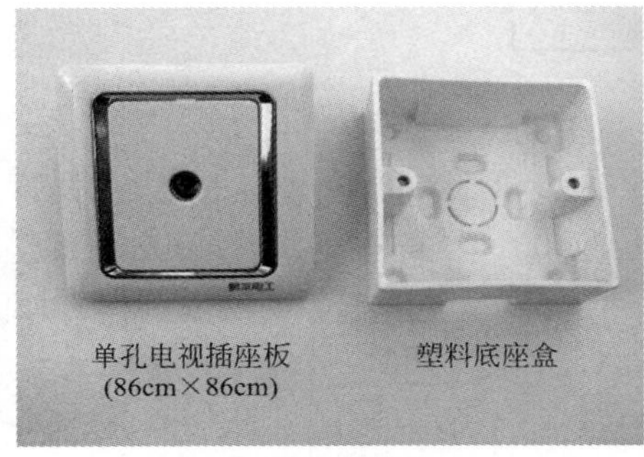

(a) 选定外壳

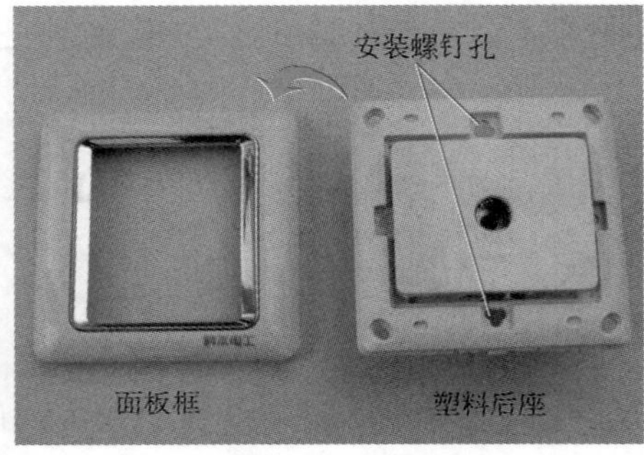

(b) 看面板结构

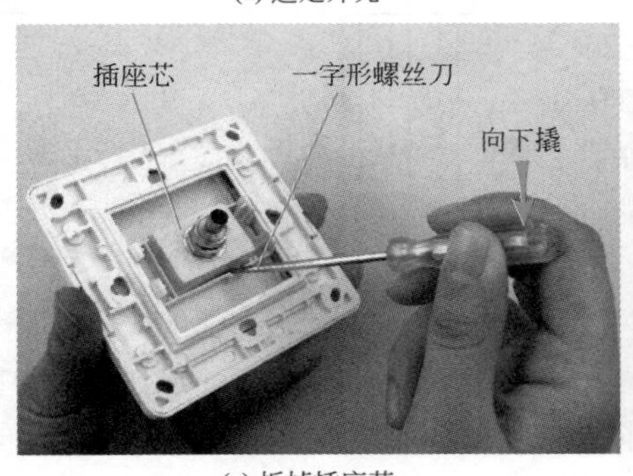

(c) 拆掉插座芯

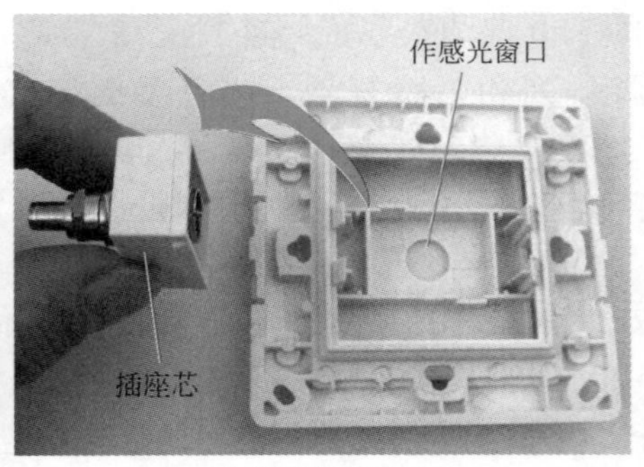

(d) 获得感光窗口

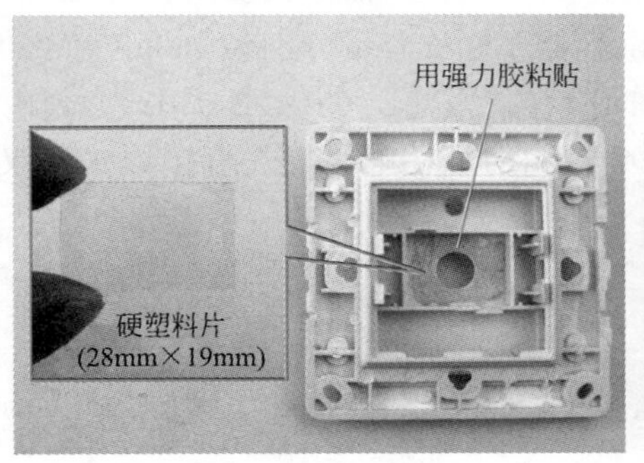

(e) 粘贴塑料片

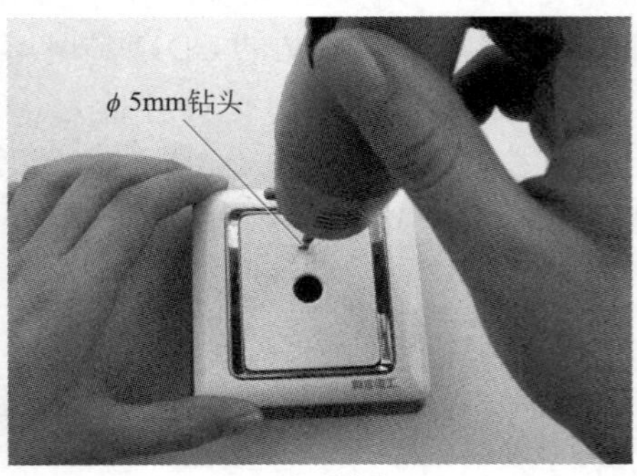

(f) 开出调节孔

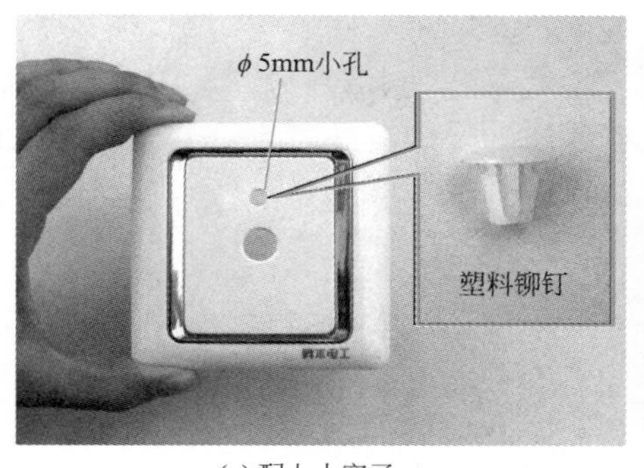

(g) 配上小塞子

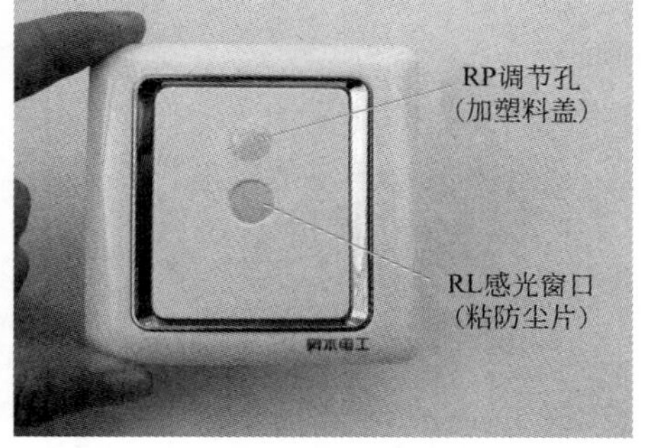

(h) 完成品

图 1-29 外壳的改造

之所以选用单孔电视插座板，而不选用 86 系列的其他开关或插座板，是因为按照图 1-29（c）和图 1-29（d）所示的那样，用一字形螺丝刀撬掉单孔电视插座板背面的插座芯后，面板中央暴露出来的小圆孔，正好用来作为光敏电阻器 RL 的感光窗口。为了防灰尘等，应按照图 1-29（e）所示，在面板背面的中央位置用强力胶粘贴上一片透明硬塑料片，这就如同给家里的窗口安装上玻璃一样。

另外，按照图 1-29（f）所示，在面板靠上侧位置用电钻开出一个 ϕ5mm 的小孔，作为微调电位器 RP 的调节孔。同样，为了防灰尘等，应给小孔配上合适的塑料或橡胶小塞子。笔者采用了图 1-29（g）所示的塑料铆钉（常用于封闭电器面板的安装螺钉孔口），效果很理想。实际应用时，每当要用小螺丝刀调节小孔内的微调电位器 RP 时，可先用小刀片方便地撬出小孔内的塑料铆钉；调节结束，塞紧塑料铆钉即可。当然，也可以图省事，在小孔位置粘贴上不干胶小图案或胶带纸。

第二步：焊接电路。

首先，裁取一块尺寸约为 48mm×38mm 的单孔环氧“洞洞板”，要求其能够正好放入前面所改造好的单孔电视插座板背面的塑料方口槽内，如图 1-30 所示。注意，不同厂家生产的单孔电视插座板，其背面的塑料方口槽大小有可能不一样，应适当调整所裁取“洞洞板”的尺寸，使板子能够恰好放进塑料槽内。所选“洞洞板”最好采用性能良好的环氧板，尽量不要选用质量无法保证的纸质板。采用“洞洞板”的好处是取材容易、使用方便，可省去制作印制电路板的麻烦，达到事半功倍的效果。

然后，按照图 1-31 给出的电路板接线图（注意：焊接面朝向读者）进行焊接。焊接时充分利用元器件引脚飞线连接，要求焊点光亮整洁。焊接好的电路板实物如图 1-32 所示。除微调电位器 RP、光敏电阻器 RL 直接焊接在“洞洞板”的焊接面以外，其余元器件均安装在“洞洞板”的正面（即元器件面）。光敏电阻器 RL 的感光头应处在电路板的中央位置，并且感光头距“洞洞板”的高度以 1cm 为宜。电阻器 R2 至双向晶闸管 VS 的控制极 G、双向晶闸管 VS 第一阳极 T1 至接线端子 X1 的连接线，均采用“跳线”（适当长度的电线）连接。焊接线之间、元器件引脚线之间（如光敏电阻器 RL）容易发生相碰的地方，都要套上合适的电工用绝缘管，以免工作时发生短路故障。另外，特别要强调的是：双向晶闸管 VS 的第一阳极 T1 至接线端子 X1、第二阳极 T2 至接线端子 X4，以及接线端子 X2 至 X3 之间的连接线、压敏电阻器 RV 的连接线，是光控开关的主电流通路，在控制较大功率的电灯 H 时，会通过较大的交流电流，一定要保证足够的粗度，并采用铜接线。

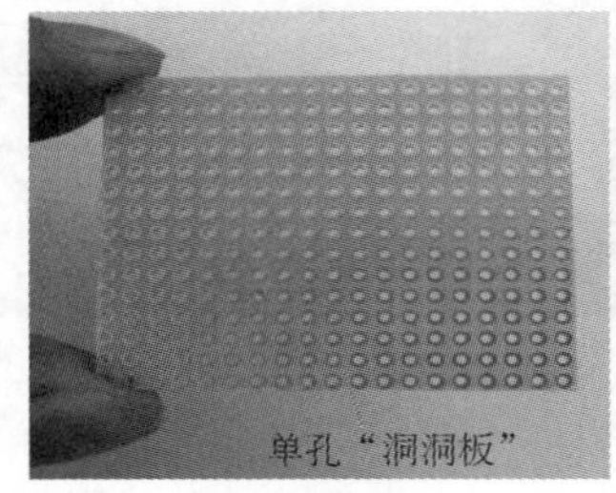

(a) 裁取的"洞洞板"

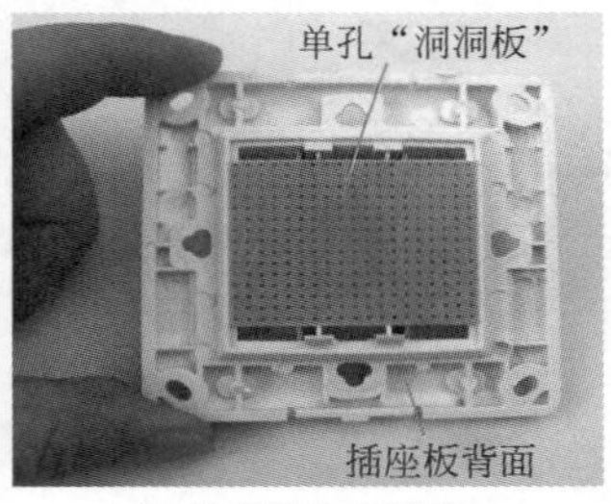

(b) 恰好放入安装槽

图 1-30　准备"洞洞板"

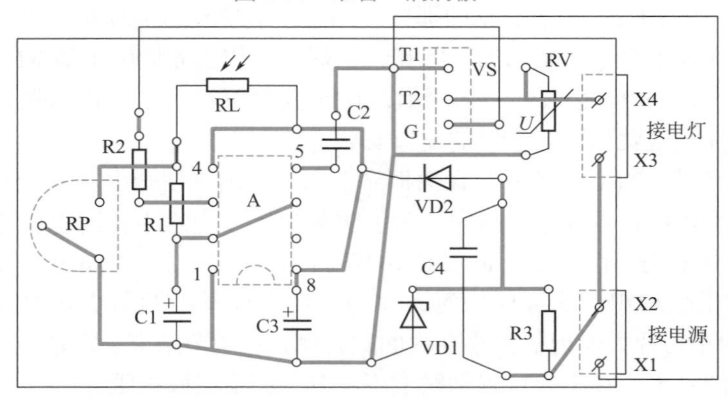

图 1-31　"洞洞板"接线图

(a) 元件面

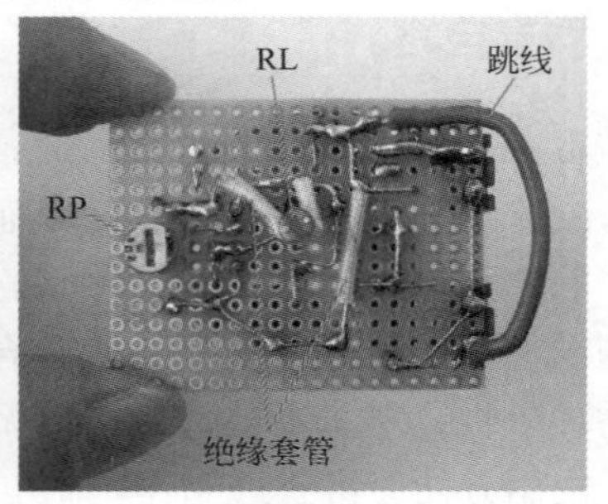

(b) 焊接面

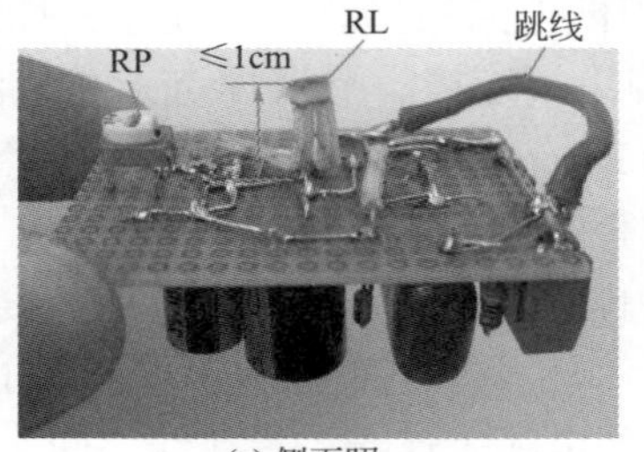

(c) 侧面照

图 1-32　焊接好的电路板

第三步：组装和调试。

焊接好的电路板，经反复检查无问题后，便可进行组装。首先，按照图1-33(a)所示，采用电烙铁加热熔化热熔胶棒的简便方法，将电路板粘固在已加工改造好的插座板塑料后座上，注意电路板焊接面上的微调电位器RP调节旋钮、光敏电阻器RL的感光面，分别正对着插座面板事先所开辟出的调节孔和感光窗口。然后，按照图1-33（b）所示，用打印机在硬纸上面采用3号楷体字打印出“接电灯”和“接电源”（中间需空一字格）横写的文字，用剪刀裁合适（尺寸约42mm×11mm）后，采用薄型双面不干胶粘贴在接线端子旁边，以便在使用时提示正确接线。最后，按照图1-33（c）所示，在有色硬纸（笔者采用的是浅粉红复印纸）上采用小1号隶书字体打印出“光控灯开关”横写的文字，用剪刀裁合适（尺寸约48mm×12mm）后，亦采用双面不干胶粘贴在面板正下方位置。至此，组装工作完成，外观看起来跟正规产品相差不大。

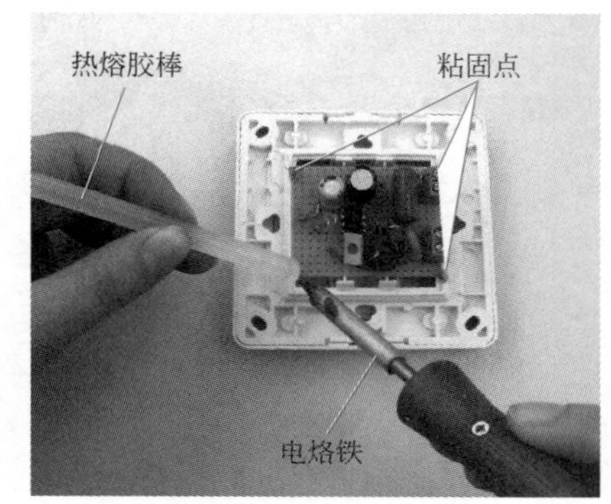

(a) 粘固电路板

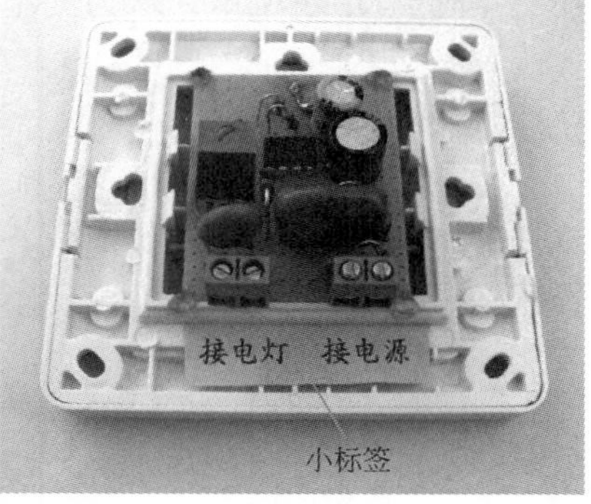

(b) 粘贴小标签

(c) 美化面板

图1-33 光控开关的组装

接下来，可通电检测光控灯开关的性能，并预调光控灵敏度（即调节微调电位器RP），以方便实际安装使用。具体步骤：首先，按照图1-34（a）所示，给光控灯开关临时接上电灯H（图中为2U型220V、13W节能灯）和电源插头，注意两者在接线端子的位置不要接反。然后，将微调电位器RP的调节旋钮预置于中间位置（可顺、逆时针旋转），并按照图 1-34（b）所示，在室内自然光照条件下，将电源插头接入 220V 交流电插座。正常情况下，电灯 H 应发光至少 30s，最长超不过 1min，随后自动熄灭。接着按照图 1-34（c）所示，用一片黑色塑料或硬纸板（其他不透光物体也可以），遮住光控灯开关面板上的感光窗口，经过 15 ～ 30s，电灯 H 又会自动点亮。如果电灯 H 不能够点亮或熄灭，可按照图 1-34（d）所示，用小螺丝刀反复一点一点地缓慢调节微调电位器 RP 的旋钮，使得感光窗口盖上黑色塑料片时，电灯 H 能够点亮；取掉遮光的黑色塑料片后，电灯 H 应能够自动熄灭。调节时注意，人手千万不要去碰螺丝刀的金属杆，以免触电！每次调节微调电位器 RP 和盖上、取掉黑色塑料片后，均需要等待 15 ～ 60s，电灯 H 的状态才能随之反映出来，这一点需要记住，并且要准备好足够的耐心去调节。没有耐心的读者，可以事先断开电路板上电容器 C1 的任意一脚，暂时解除“延时”功能进行调试。调试完毕，再焊接好电容器 C1 的断开脚即可。一般逆时针调节微调电位器 RP 的旋钮时，光控灵敏度增加；顺时针调节时，光控灵敏度会降低。通过调试，认为工作已正常的光控灯开关便可投入使用了。

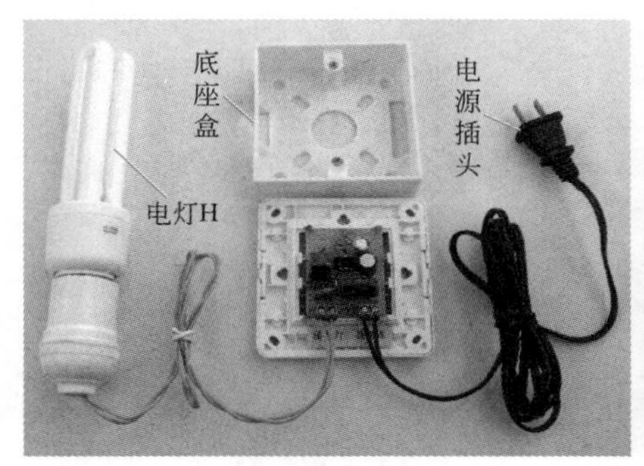

(a) 连接电路

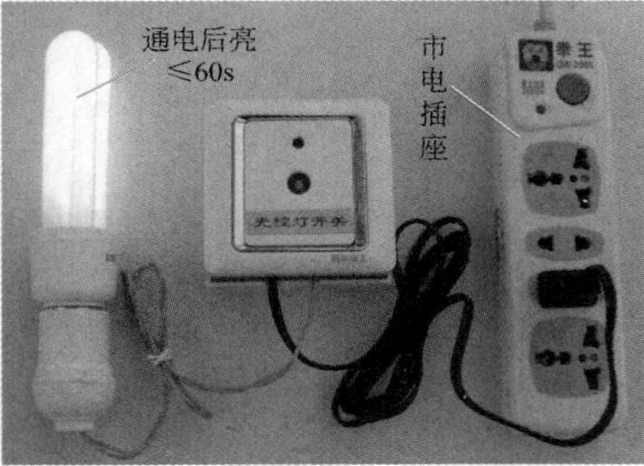

(b) 接通电源

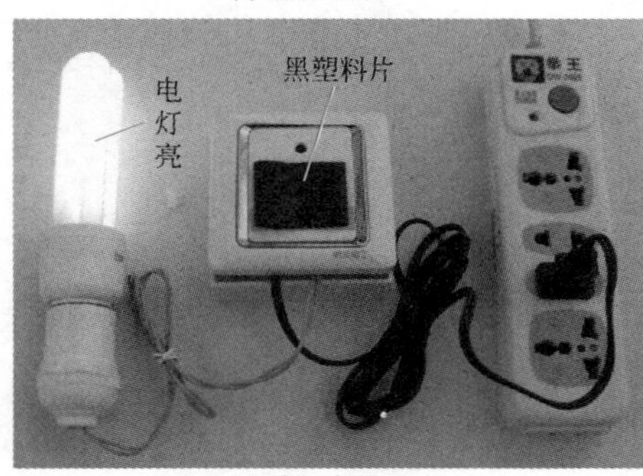

(c) 遮住光线

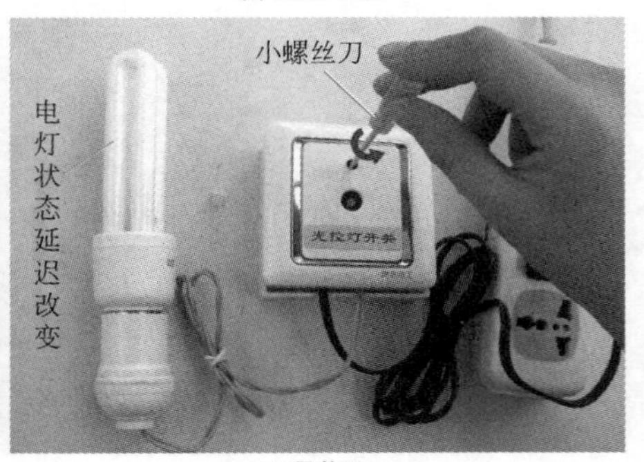

(d) 调节RP

图 1-34　检验光控灯开关的性能

如果检测时电灯 H 始终不发光，或始终不会熄灭，说明电路存在故障。这时，应先断开 220V 交流电源，接着重点检查光敏电阻器 RL、电阻器 R1、微调电位器 RP 等是否开路，电容器 C1 是否漏电严重，可采用替换法进行判断，直到排除故障为止。另外注意，双向晶闸管 VS 击穿、微调电位器 RP 的旋钮顺时针调到头（非故障），均会导致电灯 H 常亮不熄；稳压二极管 VD1 击穿、时基集成电路 A 损坏、电阻器 R2

开路等，均会导致电灯 H 始终不发光。

1.4.4 投入使用

本光控灯开关的应用接线如图 1-35（a）所示。因为双向晶闸管 VS 没有加装散热片，所以只能控制 400W 以内的各种路灯、厕所照明灯、广告灯和节日彩灯等。如欲控制一个住宅小区或某一单位、学校的大功率路灯组，可按照图 1-35（b）所示，将电灯 H 改接成 220V 交流接触器 KM，利用接触器 KM 的大容量常开触点再去控制大功率照明灯组 H1 ～ H*n*（*n* 为自然数）。光控灯开关的具体安装位置选择是有要求的，必须避开风雨侵蚀和灯光直射处，选择光敏电阻器 RL 感受自然光良好的地方固定。

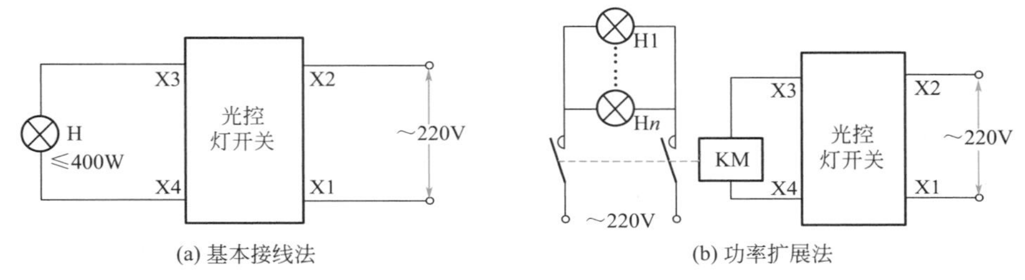

(a) 基本接线法　　(b) 功率扩展法

图 1-35　光控灯开关应用接线图

实际应用时，可按照图 1-36 给出的流程示意图进行光控灯开关的安装：首先，在墙壁上选择好具体的安装位置（一般最理想处应该是屋檐下被控电灯两根电源线所经过的地方），按照图 1-36（a）所示，用 4 颗自攻螺钉固定好光控灯开关的塑料底座盒。然后，在切断交流供电（即断开总闸开关）的条件下，将两根 220V 交流电源线、两根被控电灯电线（截断该处所通过的被控电灯的两根电源输电线，即获得这 4 根电线），均通过底座盒侧面的小孔穿进底座盒内，在将 4 个电线头正确地连接到电路板上面的 4 孔接线端子上之后（具体参见图 1-34），再按照图 1-36（b）所示，用两颗 ϕ3mm×18mm 的螺钉将光控灯开关安装板固定在塑料底座盒上。最后，按照图 1-36（c）所示，扣压上面板框，安装即告结束。

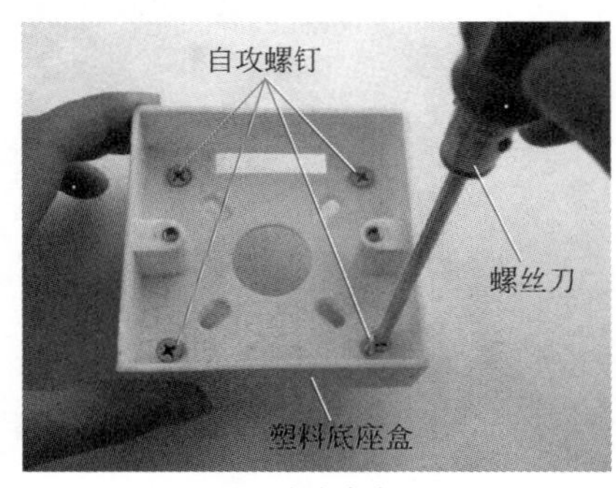

(a) 固定底座盒

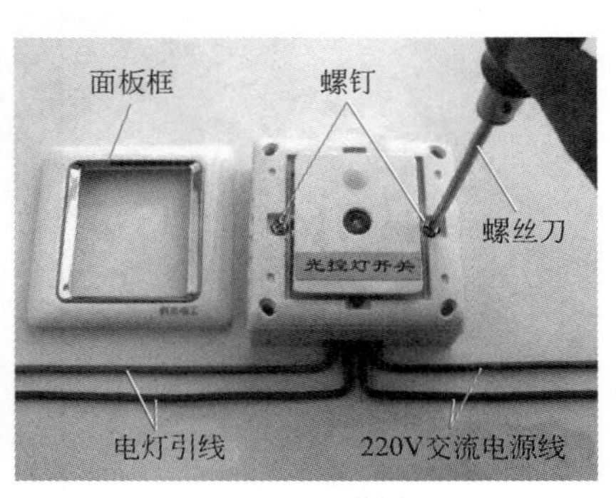

(b) 固定安装板

图 1-36

(c) 扣压面板框

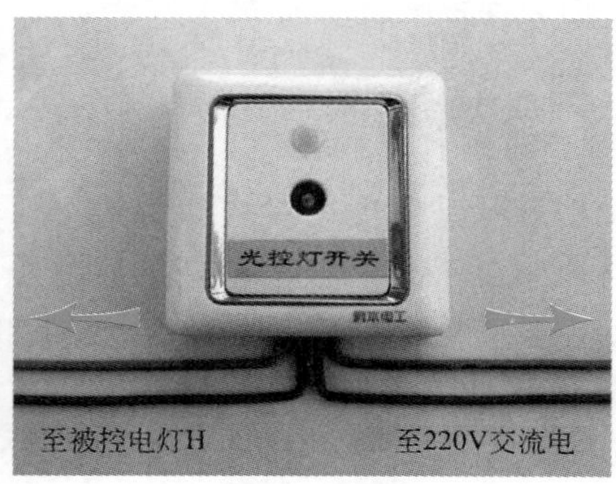

(d) 安装完成

图 1-36　光控灯开关应用安装流程

安装时特别注意：一定要首先切断 220V 交流电的总闸开关，待安装结束后再合上总闸开关，切不可带电安装，以免发生触电事故！如果读者是一名初学者，不具备电工实际操作能力，必须要有电工或老师现场指导，才能进行安装应用，切记不可贸然行事！

对于普通手动壁式开关控制的现有公共厕所电灯、楼道灯等，不妨采用图 1-37 所示的替换法进行光控灯开关的安装。具体步骤：首先，断开交流电总闸开关，按照图 1-37（a）～（d）所示，拆卸掉原有的 86 系列手动壁式开关；然后，按照图 1-37（e）～（h）所示，直接换成光控灯开关（所配塑料底座盒这里不用）；最后，闭合（复原）交流电总闸开关即可。但必须要注意：手动壁式开关所处的位置必须符合避开灯光直射且能够良好感受到自然光变化这一先决条件，否则就不能直接替换，需要选择另外的地方按照图 1-36 所示进行安装。在另外地方安装时，原有手动壁式开关可不必拆除，将其置于常闭状态，即可使光控灯开关处于通电正常工作状态。如有时不需要被控电灯在晚上点亮，则可断开手动壁式开关，即达到关灯节电目的。再次需要电灯工作时，闭合手动壁式开关即可。显然，“光控灯开关＋手动式壁式开关”构成的双控灯开关，使用更方便、更节电。

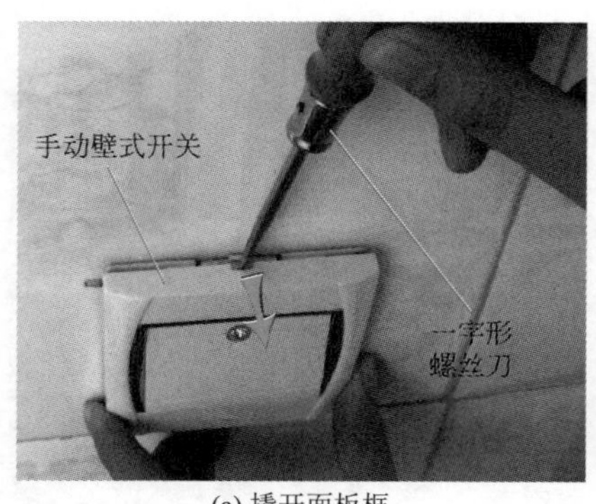

(a) 撬开面板框

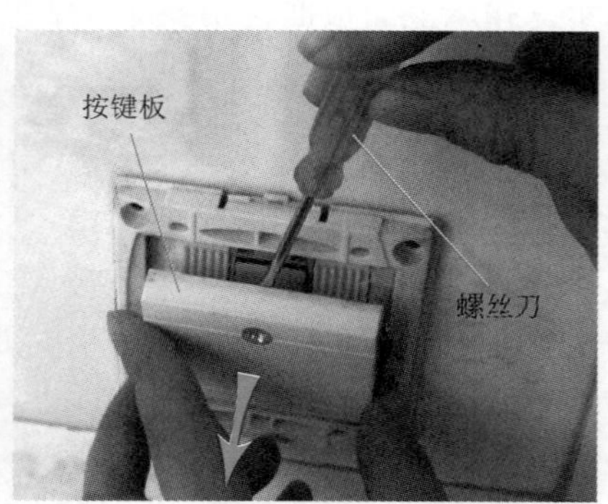

(b) 拔下按键板

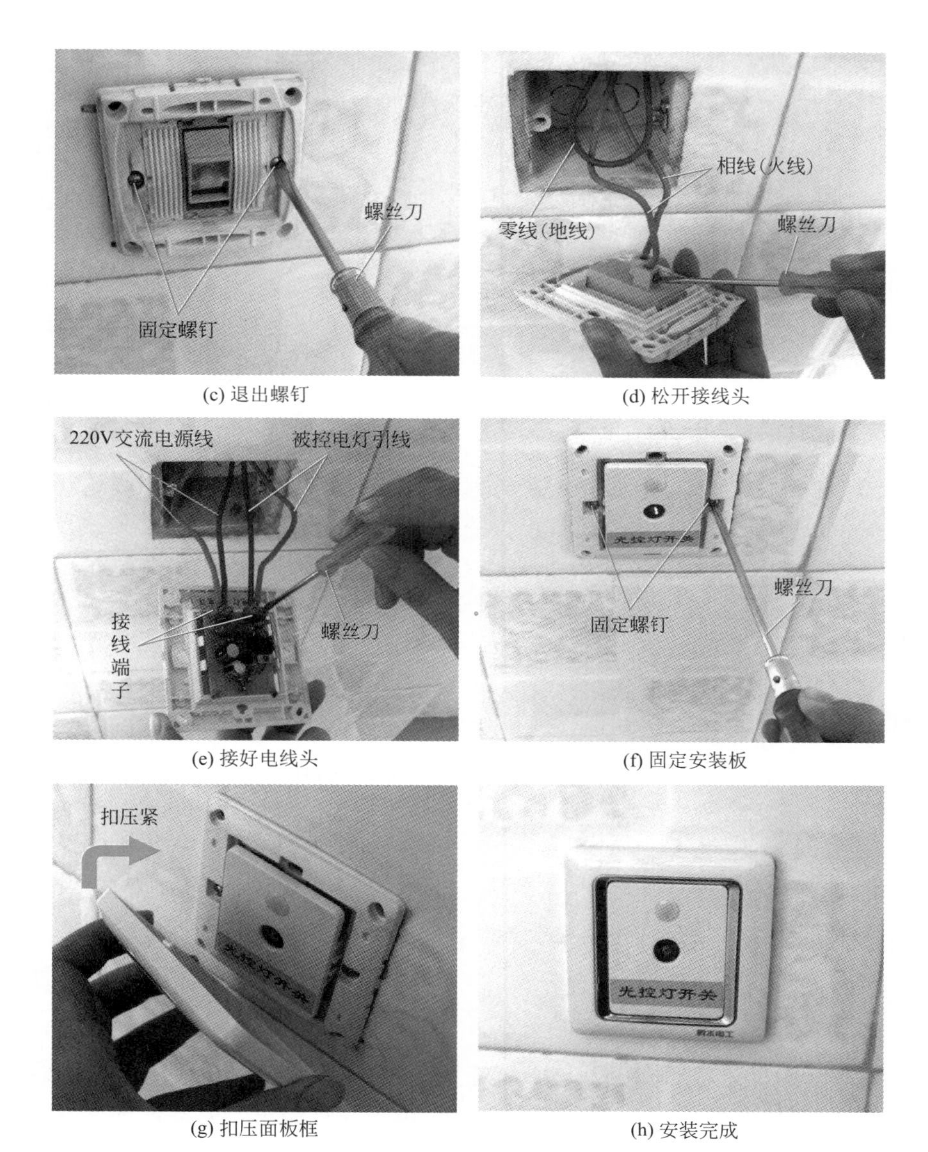

(c) 退出螺钉

(d) 松开接线头

(e) 接好电线头

(f) 固定安装板

(g) 扣压面板框

(h) 安装完成

图 1-37 替换法安装光控灯开关

光控灯开关安装好后，一般还需仔细调试电路光控灵敏度微调电位器 RP，使灯开关在所处环境下达到最佳工作状态。具体方法：建议在夜幕降临、需要点亮电灯的环境下，通过伸入调节孔内的小螺丝刀，逆时针一点一点缓慢转动（以排除电容器 C1 延时作用影响）微调电位器 RP 的旋钮，直到被控电灯刚好发光为止。如调试时电灯早已发光，可先顺时针缓慢调节微调电位器 RP 的旋钮，使电灯刚好熄灭；然后逆时针缓慢调节，直到电灯发光为止。调试完毕，塞紧调节孔所配的塑料铆钉，防止灰尘等从该小孔进入内部。

1.5 高效 LED 照明灯

LED 照明灯作为新一代“绿色环保”照明光源，具有发光效率高（是白炽灯的 8 倍，荧光灯的 2 倍多，并且还在不断提升）、耗电量少（相同照明效果下，其耗电量约为白炽灯泡的十分之一，约是荧光灯管的三分之一）、使用寿命长（一般在 2 万小时以上，是荧光灯寿命的 3 倍，是白炽灯的 20 倍）、安全可靠性强（其光谱中没有紫外线和红外线成分，既不会发热，也不会产生有害辐射）、有利于环保（其废弃物无因荧光灯管破裂而溢出汞所造成的二次污染）等优点。随着国家大力倡导绿色节能和实施“半导体照明”工程，LED 照明灯已全面进入实用化阶段，开始由过去的彩灯装饰、路面照明等应用领域，陆续进入到千家万户的主照明。

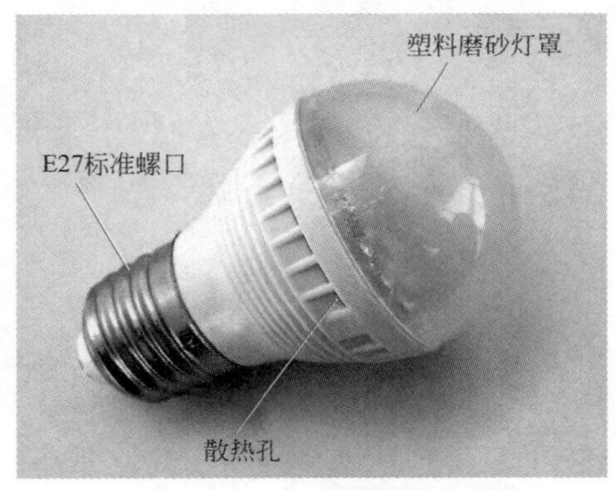

图 1-38　LED 照明灯外形图

用电子套件自己动手组装 LED 照明灯，不仅可以学习和掌握相关电子技术及绿色照明的知识，而且可以在家中实现节约用电，何乐而不为！所组装的 LED 照明灯实物外形如图 1-38 所示，其外形设计美观，灯头采用标准螺口（E27）设计，能与普通常用螺口灯座（即 E27 灯座）直接相接，适合在亮度要求不高、照亮区域不太大的地方作为照明灯使用。

1.5.1 工作原理

LED 照明灯的电路如图 1-39 所示，它采用 38 颗高亮度 LED 作为光源，利用简单经典的电容降压和整流电路进行供电，具有电路原理简单、元器件种类少、安装方便等特点，非常适合电子初学者制作。

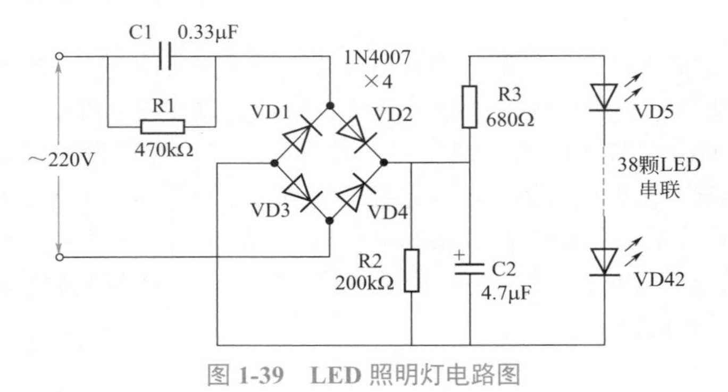

图 1-39　LED 照明灯电路图

220V 交流市电经电容器 C1 降压限流、晶体二极管 VD1 ～ VD4 桥式整流、电容器 C2 滤波后，通过限流电阻器 R3 向串联起来的 38 颗高亮度发光二极管供电，驱动其发光。按图参数选择元器件，实测输入 LED 串联端头的直流电压为 114V，流经 LED 的电流约为 11.8mA。

电路中，R1 为电容器 C1 的泄放电阻器。电容器 C2 除了具有滤波功能外，还与并联在其两端的泄放电阻器 R2、串联在 LED 供电回路的限流电阻器 R3 配合，构成了 LED 保护电路，可防止开灯瞬间所产生的瞬间大电流对 LED 造成的冲击，有效延长照明灯的使用寿命。

1.5.2 元器件选择

图 1-40 给出了制作 LED 照明灯所用全部元器件和配件（即套件）的实物外形图。许多专门供应电子教学实训器材的商家都经销该套件，很容易购得。笔者所用套件是从淘宝网购来的，每套仅 10 元左右。

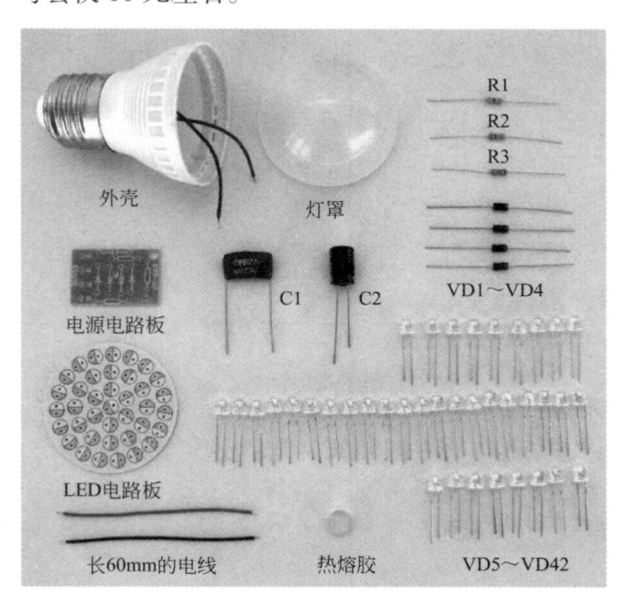

图 1-40 全部套件实物外形图

VD1 ～ VD4 采用 1N4007 型（最大整流电流 1A，最高反向工作电压 1000V）硅整流晶体二极管。VD5 ～ VD42 采用 ϕ5mm×4.8mm 超高亮度"草帽头"型白光发光二极管。需要进一步说明的是：该白光发光二极管的额定电压为 3.0 ～ 3.2V，亮度为 1400 ～ 1600mcd，额定工作电流为 20mA。当工作电流较小一些时，发光效率较高一些，温升也较低一些，其有效的光源寿命可在 2 万小时以上。显然，这比节能荧光灯的最高使用寿命 8000h、普通白炽灯泡的最高使用寿命 1000h 左右，都要高出许多。实际使用中，随着使用时间的增加，LED 会因为光衰而导致其亮度逐渐降低。所谓有效光源寿命是指 LED 工作时能发出有效的、有利用价值的光的累计工作时间；超出这个时间，LED 虽然还能点亮，但亮度过低，从而失去实用价值。

R1 ～ R3 均为 RTX-1/8W 型碳膜电阻器，标称阻值依次为 470kΩ、200kΩ 和 680Ω。C1 为 CBB21-400V 型聚丙烯电容器，标称容量为 0.33μF；C2 为 CD11-400V 型电解电容器，标称容量为 4.7μF。

本制作有一方一圆两块印制电路板，分别是尺寸为 30mm×20mm 的电源电路板和 ϕ44mm 的 LED 电路板，其元器件安装面均已通过所印出的相关元器件电路符号、有关字母和示意图符号等，指定出了各元器件、引线的焊接脚孔，使得焊装工作变得轻松且不容易出现差错。焊接 LED 的圆形印制电路板，其安装面还加涂了白色漆，可增加反光效果。

照明灯外壳由塑料灯体壳、已焊接好引线的标准 E27 金属螺纹接头、半球形塑料磨砂灯罩三部分构成。由于采用与普通白炽灯一致的 E27 规格螺纹接头，因此便于安装使用。采用半球形塑料磨砂灯罩，可在保证较高透光率的同时，使得直视 LED 时不至于刺眼。

套件还配有长约 60mm 的普通红、黑色塑皮细焊接电线各 1 根，用于粘固电路板（可电烙铁加热熔化）的热熔胶 1 小块。

1.5.3 动手制作

整个 LED 照明灯的组装，可划分成在印制电路板上焊接元器件、进行整体组装和通电检验三大步骤来完成。

第一步：焊接元器件。

首先，对照图 1-41 所示焊接好电源电路板。由于电路板的元器件安装面上已经印有相关元器件的电路符号（注意：电解电容器符号被简化），因此焊装起来很方便。读者可对照前面电路图和套件实物外形图中的元器件标号，将元器件一一焊装在电路板上。焊接时还要注意，晶体二极管 VD1 ～ VD4、电解电容器 C2 的正负极性不可焊反。除两个电容器在电路板上采用立式安装外，其余元器件均采用卧式安装。

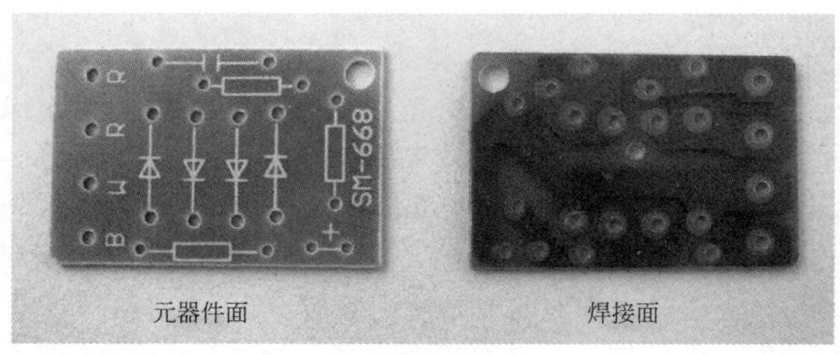

(a) 焊接前

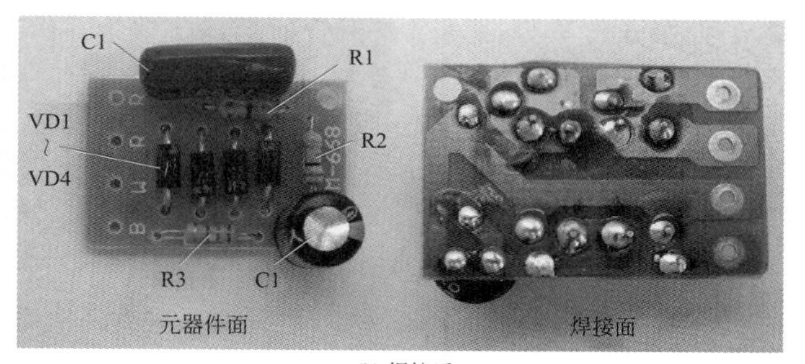

(b) 焊接后

图 1-41　焊接电源电路板

其次，对照图 1-42 所示焊接好 LED 电路板。焊接时注意，LED 的长引脚是正极，短引脚是负极。而印制电路板安装面印出的圆形安装定位图标，带有阴影线的孔眼接负极，无阴影线的孔眼接正极，不可弄反了。由于 LED 是低压低电流的高敏感半导体器件，尤其是白光 LED 对静电十分敏感，如被静电损害，会出现一些不良现象，如漏电电流增加、在测试时不亮或发光不正常等，因此在焊接时一定要做好防静电保护，电烙铁外壳一定要良好接地，必要时操作者应佩戴防静电手环，以防止静电对 LED 造成损害。宜选用 20W 的尖头电烙铁焊接，可以先焊好 LED 的一个引脚观察 LED 的位置，如果不正可以熔化焊锡并扶正，确认位置正确后再焊接另一个引脚。焊接时要干脆果断，焊接时间不能过长，应控制在 2s 以内，否则有可能烫坏 LED。

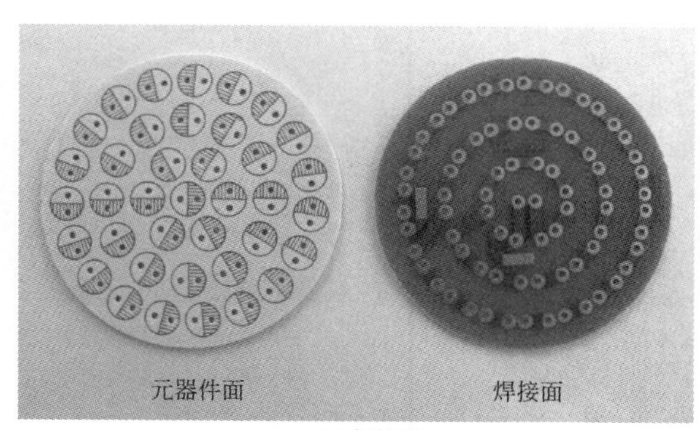

(a) 焊接前

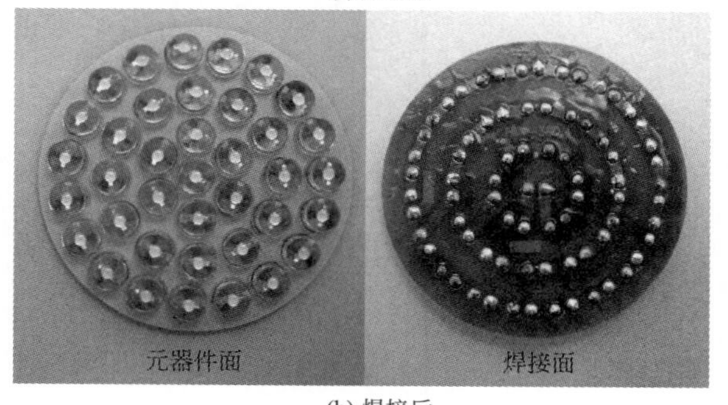

(b) 焊接后

图 1-42　焊接 LED 电路板

图 1-43 给出了业余条件下焊接发光二极管的最佳流程，其特点是可确保快速、可靠地完成每一个焊接点。该焊接法实际上采用的是最基本的电烙铁带锡焊接法（即单手焊接法），这样可腾出左手用来夹持电路板和从背面（元器件面）顶住所要焊接的发光二极管。焊接前，推荐先剪掉多余的引脚线（电路板伸出部分 ≤ 0.5mm），可利于焊接点尽快吃满锡，缩短焊接时间，防止电烙铁烫坏发光二极管，并且完成后的焊点光亮、圆而小。焊接时，电烙铁头应先蘸取松香和适量焊锡，再进行点焊。

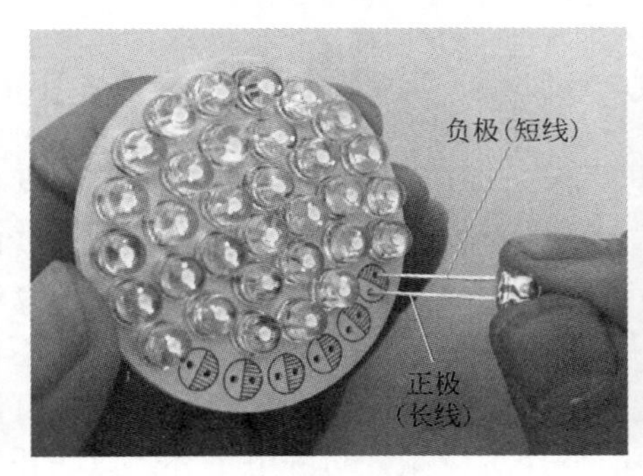

(a) 分极性插LED

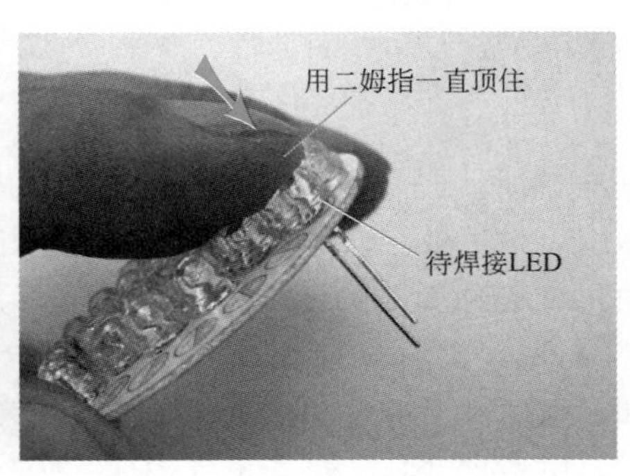

(b) 顶住LED管帽

(c) 剪掉多余引线

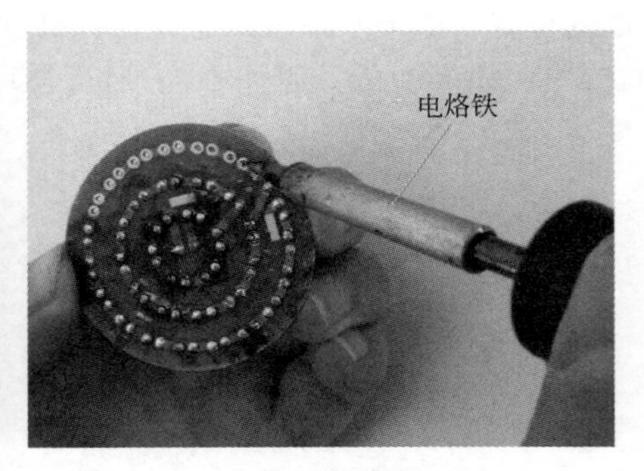

(d) 逐点带锡焊接

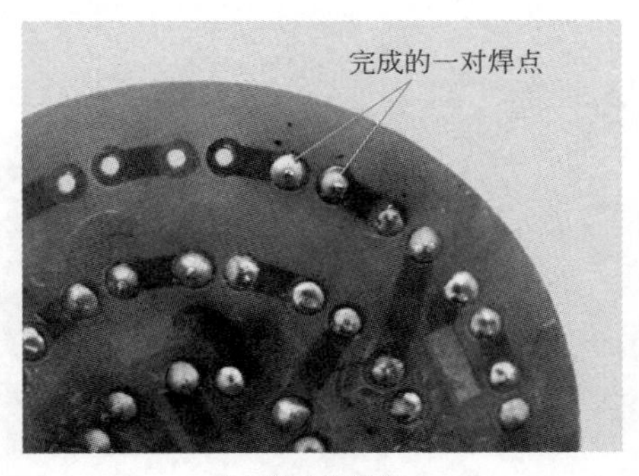

(e) 完成的焊点

图 1-43　焊接 LED 的流程

第二步，整体组装。

首先，按照图 1-44（a）所示，将塑料灯体壳上标准 E27 金属螺纹接头的两引出线（实际上是交流 220V 电源的输入端），不分顺序焊接到电源电路板上面均标有“R”字母的两个焊孔内。

其次，按照图 1-44（b）所示，在电源电路板上标有“B”字母的焊孔内焊接长约 60mm 的红色塑皮电线，电线另一端焊接在 LED 电路板上靠近中心位置的焊接点上（即串联 LED 的正极端）；在电源电路板上标有“W”字母的焊孔内焊接长约 60mm 的黑色塑皮电线，电线另一端焊接在 LED 电路板上靠近周边位置的焊接点上（即串联 LED 的负极端）。

再次，应反复检查接线是否正确无误，确认没有问题后即可进行装壳。先按照图 1-44（c）所示，将电源电路板装入灯体壳内，注意灯体壳内所给定的塑料固定柱应伸入电路板一角的小圆孔内（见虚线所示）；再按照图 1-44（d）所示，将套件所带的热熔胶块用刀割成 4 小块，通过用电烙铁加热胶块的简便办法，将电源电路板的四角与灯体壳粘固。如果手头有热熔胶枪，可直接打胶固定电路板，效果是一样的。

接下来，按照图 1-44（e）所示，将 LED 电路板放入塑料灯体壳内。

最后，按照图 1-44（f）所示，将半球形塑料磨砂灯罩正对塑料灯体壳圆口，并两手配合用力对准推压，使灯罩口沿的凸起部分正好卡固在灯体壳圆口沿的凹槽内。这样，一个高效、实用的 LED 照明灯就算组装完毕。

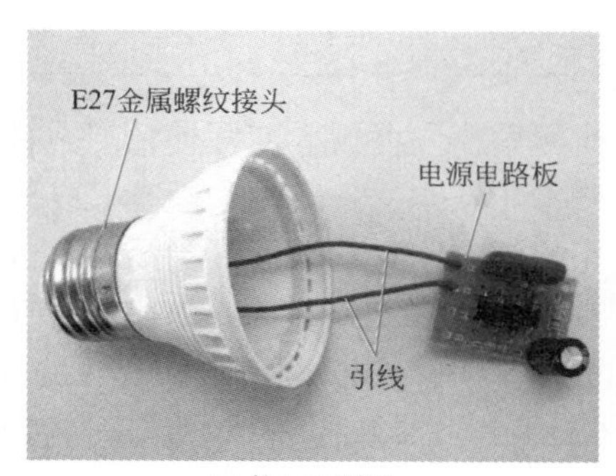

(a) 接通电源线

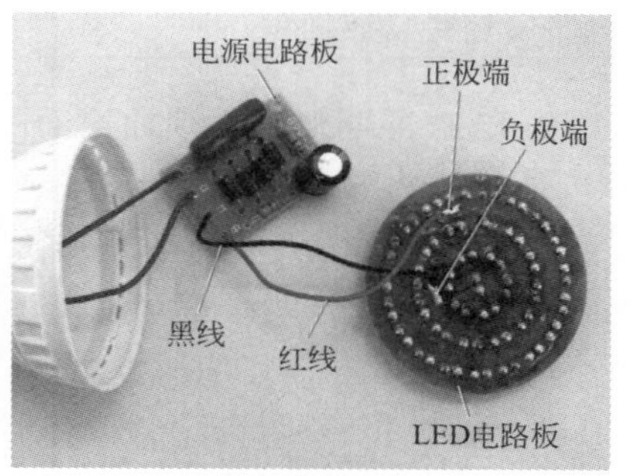

(b) 接通LED

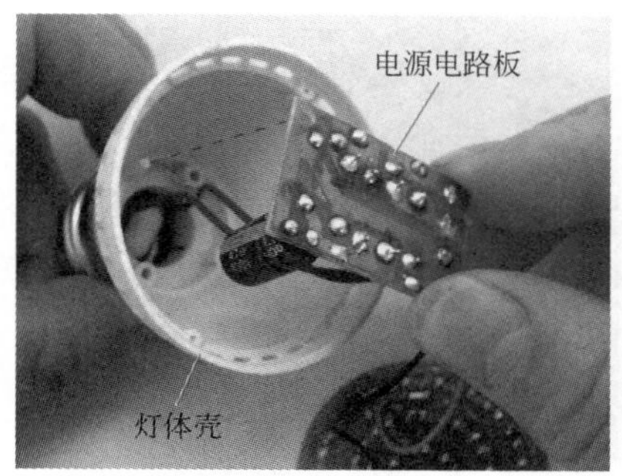

(c) 装入电源板

(d) 粘固电源板

图 1-44

(e) 装好LED板

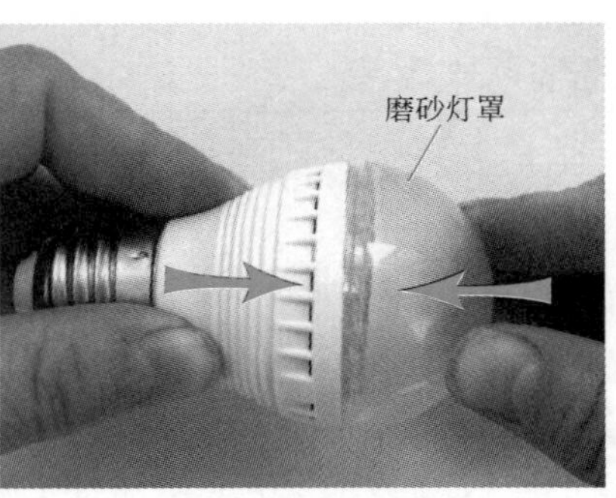

(f) 扣好灯罩

(g) 完成品

图 1-44　照明灯组装流程图

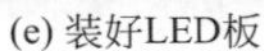

第三步：通电检验。

组装好的 LED 照明灯，必须通过通电检测后，方可投入实际使用。具体方法：可按图 1-45 所示，将其接入一个带电源插头和开关的“一体化”标准 E27 螺口灯座内，并接上 220V 交流电，进行通电检测。正常情况下，只要元器件质量有保证、焊接正确无误，一般通电后即可正常发光。万一通电后 LED 不发光，应断开照明灯电源，打开外壳进行检测，重点应检查晶体二极管 VD1 ～ VD4 和 LED 极性是否焊反，电容器 C1 和电阻器 R3 是否开路，电容器 C2 和电阻器 R2 是否短路等，发现问题应予以解决，直到通电后 LED 正常发光为止。

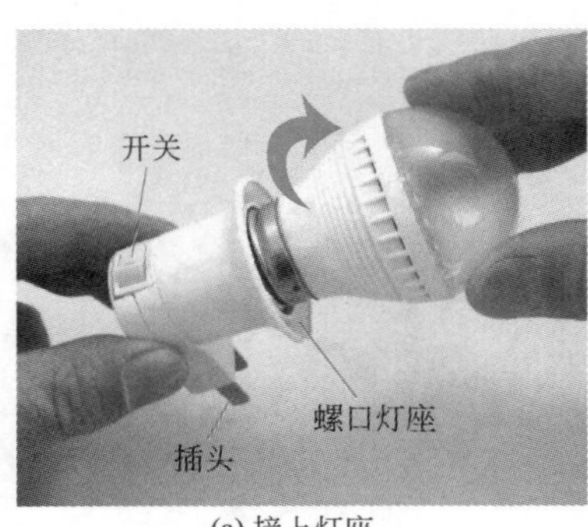

(a) 接上灯座

(b) 通电检测

图 1-45　照明灯的检测

由于通电检测采用的是220V交流电直接供电，因此通电时注意不要用手去碰任何导电部分，谨防触电！为了确保安全，初学者一定要在电工或专业老师指导下进行通电检验，有条件者不妨采用1 ∶ 1隔离变压器进行供电。

1.5.4 投入使用

通过检测正常的LED照明灯，就可以像安装普通白炽灯泡或荧光节能灯那样，安装在家中普通螺口灯座内，开始享受既节能又环保的新型灯具所带来的不一样的体验了。但一定要注意：带有调光功能、声控功能的螺口灯座，不适合安装该LED照明灯。

该LED照明灯实测功耗约为1.4W。点亮后亮度强于15W白炽灯，与3W荧光节能灯的亮度相当，连续点亮24h，耗电也不足0.03度，具有显著的节能效果。该灯适合在照亮区域不太大、对亮度要求不太高的场所使用，如可用于书桌、床头、厨房、卫生间、公共楼道的一般照明等。

1.6 手电筒光遥控交流开关

用一把手电筒就能遥控各种家用电器工作与否，这是多么有趣的事呀！这不是幻想，赶快按照下面的介绍动手去实现吧！

这种用手电筒遥控家用电器工作与否的功能，是通过串接在家用电器外部供电回路中的光遥控交流开关来实现的，其实物外形如图1-46所示。遥控交流开关电路巧妙地组装在一个可移动式交流电插座内，与普通手电筒配合使用，无论是白天还是晚上，均能够在10m范围内有效遥控普通电视机、收录机（收音机）、电风扇和照明灯具等设备“开”或“关”，具有良好的性能和较高的使用价值。

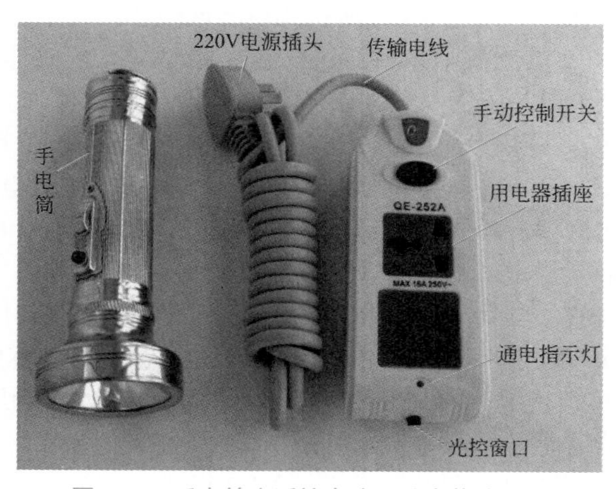

图1-46 手电筒光遥控交流开关实物外形图

1.6.1 工作原理

手电筒光遥控交流开关的电路如图 1-47 所示。电路核心器件为一国产新型记忆自锁继电器 K，它的最大特点是触点吸合和释放均只需要一个电脉冲来执行，这样既简化了电路、降低了成本、节省了电耗，又能很方便地实现开关的双稳态控制。

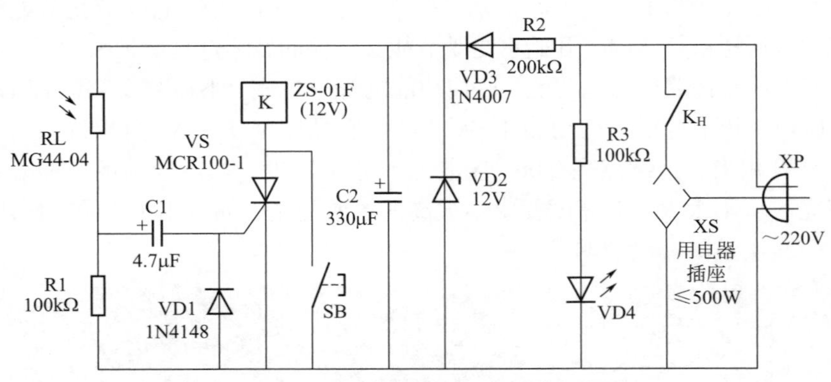

图 1-47 手电筒光遥控交流开关电路图

由电源插头 XP 引入的 220V 交流电，经过电阻器 R2 限流、晶体二极管 VD3 半波整流、稳压二极管 VD2 稳压和电容器 C2 滤波后，输出 12V 直流电压，供控制电路用电。这里电阻器 R2 阻值取的很大，原因有二：一是让单向晶闸管 VS 导通后能够自行关断（详见下一段叙述）；二是有效降低了开关自身的耗电量（整个装置加上指示灯电路的耗电，超不过 0.6W）。电容器 C2 容量也取的比较大，目的是让其具备一定的储能作用，以满足记忆自锁继电器 K 动作时线圈所必需的脉冲电功率。

平时，光敏电阻器 RL 因无突然变化的光线照射而呈较高阻值，单向晶闸管 VS 因无触发电流而处于截止状态，记忆自锁继电器 K 不吸合，串入插座 XS 回路的继电器触点 K_H 处于释放状态，插座 XS 内所接用电器断电不工作。当用手电筒照射一次光敏电阻器 RL 时，RL 受光照呈低阻值，电阻器 R1 两端就会产生一正脉冲电压，通过电容器 C1 耦合至单向晶闸管 VS 的控制极，触发 VS 导通。于是，电容器 C2 通过记忆自锁继电器 K 的线圈快速放电，放电电流使 K 产生动作，由其触点 K_H 接通插座 XS 的电源，使接入插座 XS 内的用电器通电工作。电容器 C2 放电结束后，由于电阻器 R2 输出电流（实测仅 0.52mA）小于单向晶闸管 VS 维持导通的最小电流，故 VS 自行关断。但记忆自锁继电器 K 却依靠内部特殊的机械结构保持“锁定”，从而实现了用电器始终通电工作。当再一次（须间隔 10s 以上）用手电筒照射光敏电阻器 RL 时，单向晶闸管 VS 再次导通，已充好电的电容器 C2 通过记忆自锁继电器 K 的线圈又一次快速放电，放电电流使 K 释放，由 K_H 自动切断插座 XS 内的用电器电源，实现了对用电器的遥控断电。

电路中，限流电阻器 R3 和发光二极管 VD4 组成了交流供电指示灯，只要插头

XP 接入 220V 交流电插座，VD4 就会一直发光，表示遥控开关处于通电待工作状态。并接在单向晶闸管 VS 阳极和阴极两端的常开型自复位按键开关 SB，构成了手动控制按键。每按动一次自复位按键开关 SB，记忆自锁继电器 K 就会通电改变一次状态，从而实现近距离不用手电筒遥控，而直接用手按动 SB 按键来控制用电器电源的“通”或“断”，简便而且有效。

手电筒光遥控交流开关的基本电路是笔者在 1999 年 3 月花费了很大精力才设计出来的，近年来不断对电路进行了优化，自认为已具备“经典”性。与目前同类电路相比较，电路设计的巧妙之处在于：一是流过光敏电阻器 RL 的电流经电容器 C1 隔离直流电后才去触发单向晶闸管 VS，这样做的目的是，即使在白天，或者在从夜晚转向白天的过程中，RL 阻值虽然会受到环境光线影响而产生很大变化，但其中变化过程比较缓慢，不会产生一定强度的脉冲信号触发单向晶闸管 VS；而任何时候，只要施加手电筒突然变化的光照，总可以从电容器 C1 输出一定强度的电脉冲，可靠触发单向晶闸管 VS 导通工作。二是充分利用了许多人不太清楚的单向晶闸管 VS 的微电流触发特性，一般只要有≥ 30μA（实测≥ 10μA 就行）的脉冲电流，就能可靠触发 VS 导通，这样便使所设计出来的触发电路显得非常“简单”。三是采用新型记忆自锁继电器，平时不耗电能，而触发电能来自电容器 C2 的储能。所以遥控开关自身非常节电，是一款符合节能要求的实用制作。

该电路经实际使用，没有出现过工作失误和环境光线干扰产生误动作，甚至环境光线稍有变化就不能正常工作的现象，唯一的要求是照射到光敏电阻器 RL 上的环境光线须比手电筒聚光暗一些，才能实现正常遥控。这也是后面实际制作时，将光敏电阻器 RL 装入黑色塑料管中去的原因。当照射到光敏电阻器 RL 上的环境光线比手电筒聚光亮时，遥控将会无法进行，只能通过手动控制按键开关 SB 控制用电器的工作状态。该电路实际上是一款性价比很高的实用制作，它适合有关厂家直接开发出产品，也可应用到其他低压直流电路的控制中去，具体电路读者可自己动脑动手设计出来，这里不再赘述。

1.6.2 元器件选择

该制作共用了 15 个电子元器件，其中有 10 个电子元器件需要单独购买，另外 5 个电子元器件在选购所用的成品移动式 220V 交流电插座时便会包含，所以不再另行选购。需要单独购买的电子元器件实物集体照如图 1-48 所示。

K 采用新颖工作电压是 12V 的 ZS-01F 型记忆自锁继电器，它实质上是一种静态不耗电的双稳态继电器；其外形尺寸及引脚排布如图 1-49 所示。该器件共有五个端子，其中三个触点（一组转换触点）端子，两个触发（线圈）端子。触发脉冲正、负均可（电源极性可以任意调换），每触发一次继电器状态变换一次，触发后由继电器内部特殊的机械结构来保持触点状态“锁定”，无须给继电器再加电，这是有别于普通继电器的最大特征之一。该器件的转换触点负荷为 3A×220V（交流），工作寿命达 10 万次，完全满足控制一般家用电器的要求。

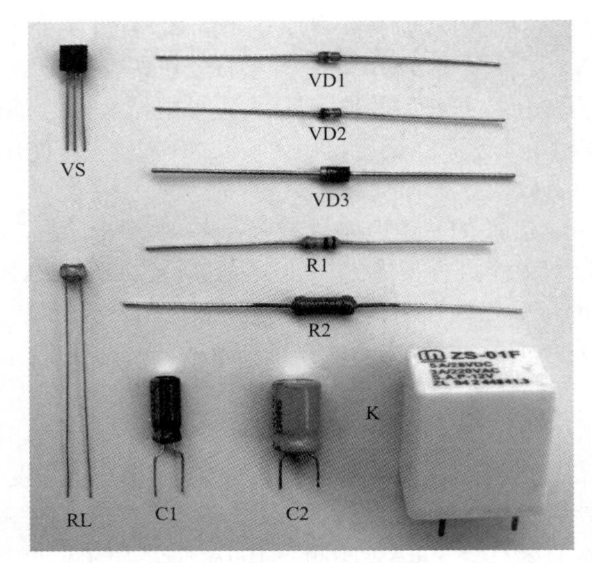

图 1-48　需要单独购买的电子元器件实物外形图

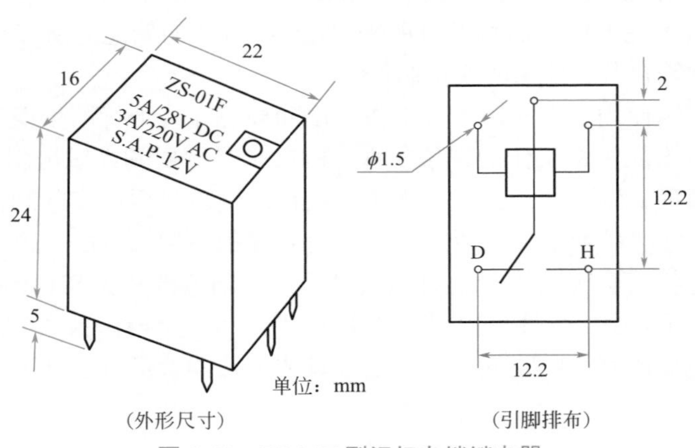

图 1-49　ZS-01F 型记忆自锁继电器

VS 用 MCR100-1 或 MCR100-6、BT169D、CR1AM-6 等型硅塑料封装小型单向晶闸管，其外形和引脚排列参见图 1-17。单向晶闸管也叫单向可控硅，它是一种具有三个 PN 结的功率型半导体器件，对外有阳极 A、阴极 K 和控制极 G 三个引脚，应用时注意不要接错引脚。VD1 用 1N4148 型硅开关二极管，其作用是为电容器 C1 提供放电回路；VD2 用 12V、0.25W 普通硅稳压二极管，如 2CW60、1N4106 型等；VD3 用 1N4007 型硅整流二极管。

RL 宜选用 MG44-04 型塑料树脂封装光敏电阻器。这种光敏电阻器的管芯由陶瓷基片构成，在上面涂有硫化镉多晶体并经烧结制成；由于管芯怕潮湿，因此在其表面涂上了一层防潮树脂。该封装结构的光敏电阻器，因为不带外壳，所以称为非密封型结构光敏电阻器，它的受光面就是其顶部有曲线花纹的端面。RL 也可用其他亮阻 ≤ 10kΩ、暗阻 ≥ 2MΩ 的普通光敏电阻器来代替，亦可用 3DU12、3DU22 等型硅光敏三极管来代替（经实际试验，证明效果良好）。

R1、R2均用RTX-1/4W型碳膜电阻器。C1、C2用CD11-16V型电解电容器。

另有5个电子元器件——自复位按键开关SB、普通发光二极管VD4和它的限流电阻器R3、机装式交流电多用三孔插座XS、交流电三极电源插头XP。不专门选配，在必须选购的成品移动式220V交流电插座中都会包含。

成品移动式220V交流电插座参照图1-50购买，要求带有手动开关和发光二极管指示灯、带有接地线（即电源插头必须是三极），单元插座中能够插入各种用电器的两极和三极插头，单元插座数量两组，插座盒高（厚）度不小于34mm，以便制作时能够装下控制电路板。制作应用时，拆除其中一个单元插座，腾出空间换之以控制电路板；余下的另一个单元插座，供接入被控用电器使用。

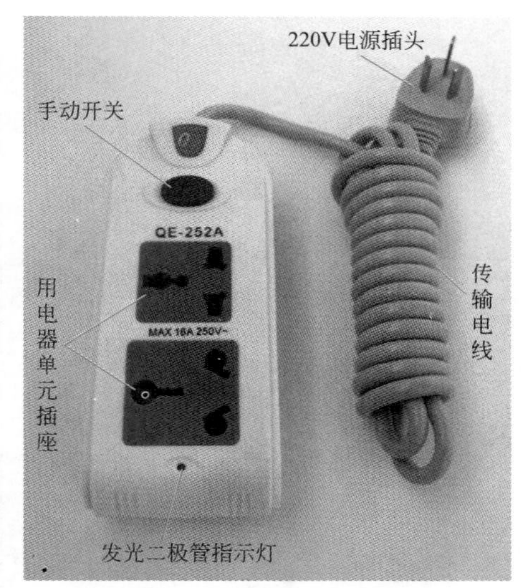

图1-50　选购的成品移动式220V交流电插座

1.6.3　动手制作

本制作由于是在普通成品移动式交流电插座的基础上进行改造并组装的，因此制成的光遥控交流开关外观漂亮，使用安全、方便、可靠。整个制作过程可分为加工改造成品移动式交流电插座、制作电路板并焊接元器件、组装电路三大步骤来完成，现分步介绍如下。

第一步：加工改造外壳。

首先，按照图1-51（a）～（e）所示，用螺丝刀退出成品移动式交流电插座后盖上的四颗固定螺钉，打开后盖，用电烙铁熔化并拆除各焊接点上的电线，再用螺丝刀退出下方靠近发光二极管端用来固定单元插座的两颗螺钉，并拆除该单元插座。

然后，按照图1-51（f）～（h）所示，加工一块与所拆单元插座面盖大小完全一样的绝缘盖板（可用剥掉铜箔的单面敷铜电路板），把它安装在所拆单元插座面盖的位置，背面采用电烙铁加热熔化热熔胶棒的简便方法，用热熔胶粘固牢靠，使得外壳既美观，又保证安全。

最后，按照图1-51（i）和图1-51（j）所示，在靠近发光二极管端的外壳侧面，用电钻打出ϕ6mm的小孔，另取ϕ6mm×20mm的一段黑色塑料管，水平插入外壳所开小孔，要求黑色塑料管伸出外壳约5mm，与外壳内侧接触处用热熔胶粘固即可。这样，移动式交流电插座的加工改造基本完成，可准备按第三步进行电路的组装了。

(a) 退螺钉

(b) 打开后盖

(c) 拆除接线

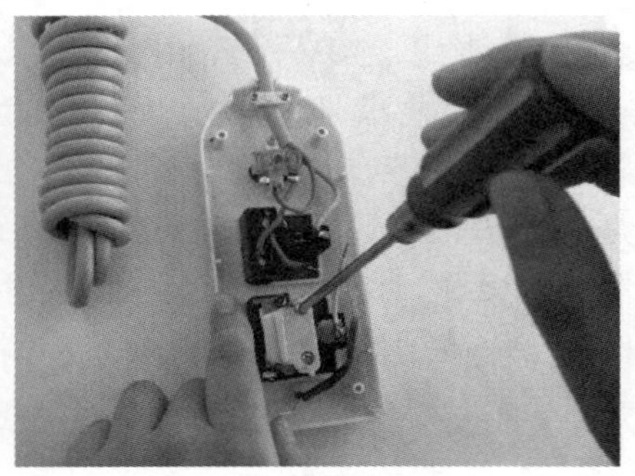
(d) 退螺钉

(e) 拆除插座

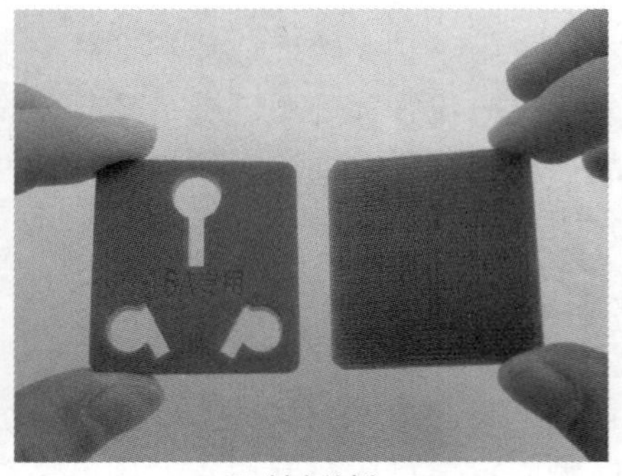
(f) 制成盖板

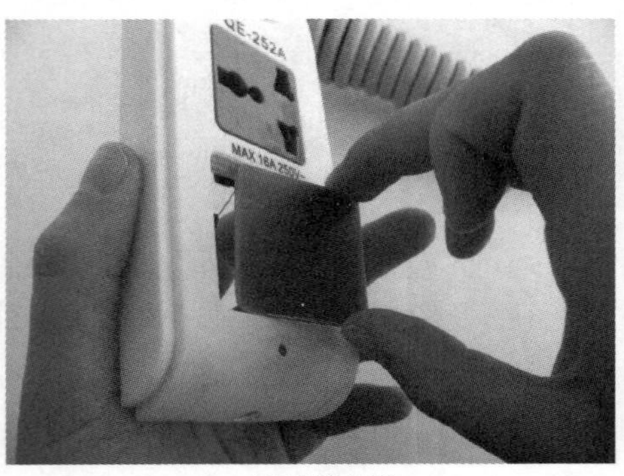
(g) 安装盖板

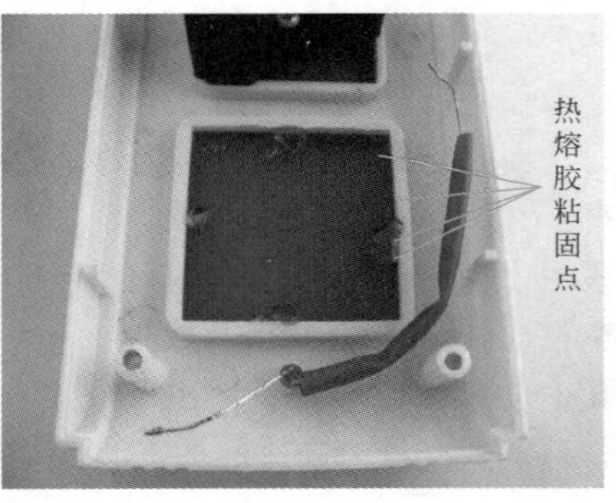

(h) 粘固盖板

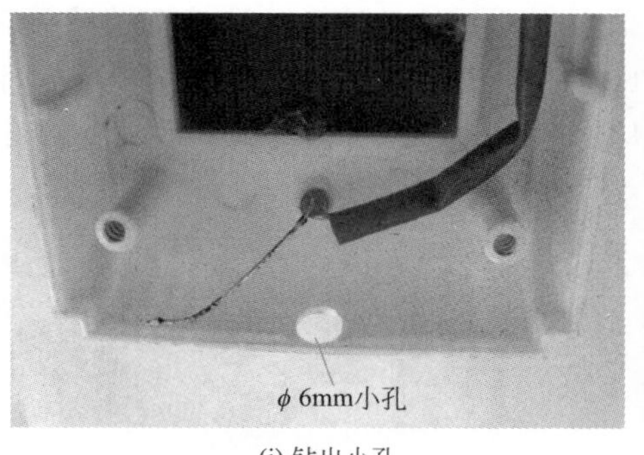

(i) 钻出小孔

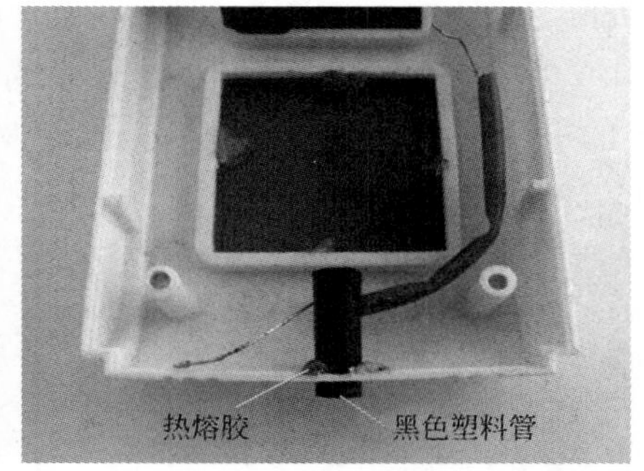

(j) 粘固黑管

图 1-51　外壳的加工改造

第二步：制作并焊接电路板。

图 1-52 为该手电筒光遥控交流开关的印制电路板接线图。注意：铜箔及焊接面朝读者，元器件在印制电路板的背面。印制电路板实际尺寸约为 45mm×30mm，可采用刀刻法制作而成。制作印制电路板时注意，记忆自锁继电器 K 的 5 个引脚焊接孔和连接交流电主回路的三根引线焊接孔（按键开关 SB 引线除外），采用 ϕ1.5 ～ 1.2mm 的小钻头打孔，其余元器件安装孔均用 ϕ1 ～ 0.8mm 的小钻头打孔。

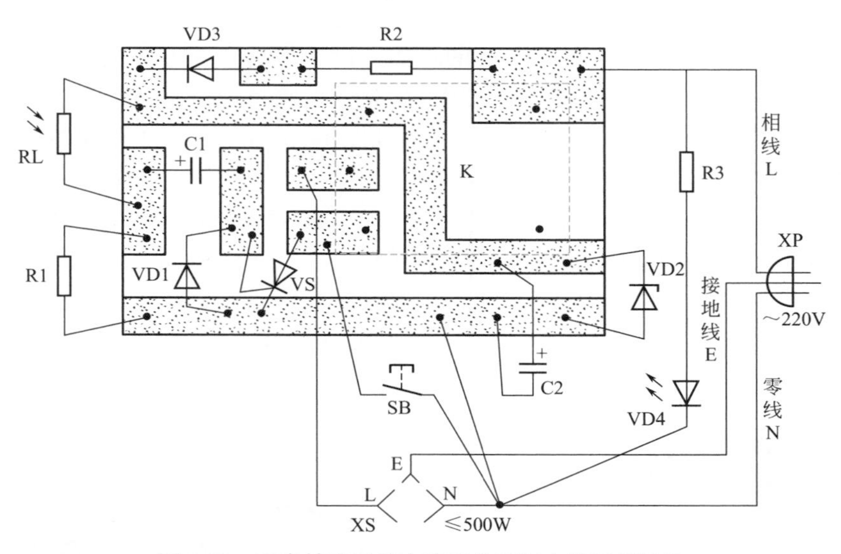

图 1-52　手电筒光遥控交流开关印制电路板接线图

图 1-53（a）是已制成的印制电路板实物图；图 1-53（b）是焊接好元器件及其引接线的印制电路板实物图。焊接时务必注意，光敏电阻器 RL 的引脚线保留长度为 20mm 左右，要求套上合适的绝缘管后再焊接。连接交流电主回路的红色和蓝色三根引线要有一定粗度，其铜芯直径应不小于 1mm，以满足传输强电流的需要。接电源插头 XP 相线（火线）的红色引线长度约为 6cm，接插座 XS 相线端的红色引线长度

约为 9cm，接插座 XS 零线（地线）端的蓝色引线长度约为 6cm。接按键开关 SB 的白色引线可细一些，长度以 10cm 左右为宜。另外，还要注意千万不可焊错单向晶闸管 VS 的三个引脚以及焊反晶体二极管 VD1 和 VD3、稳压二极管 VD2、电解电容器 C1 和 C2 的正、负极引脚。

(a) 刀刻法制成的电路板

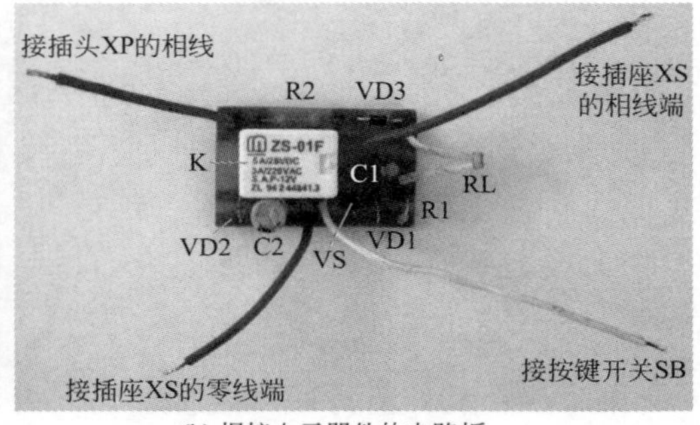

(b) 焊接上元器件的电路板

图 1-53　印制电路板实物图

第三步：完成组装。

首先，将焊接好的印制电路板按图 1-54（a）所示装入加工改造好的移动式交流电插座内。光敏电阻器 RL 伸入事先粘固好的黑色塑料管内，要求光敏电阻器 RL 的感光面与黑色塑料管外口沿保持 5mm 的距离，以获得满意的方向性和抗外界其他光线干扰能力。印制电路板的四角适当位置处通过热熔胶粘固在插座的内壁上。

然后，对照图 1-52 的印制电路板接线图和图 1-53（b）给出的焊接好元器件的电路板实物图，按照图 1-54（b）和图 1-54（c）所示，通过电线将印制电路板与插座内所保留下来的电路正确焊接通。具体方法是：电源插头 XP 的三根引线中，原有接单元插座 XS 零线端的蓝色线和接接地端的黄色线（或黄绿相间线）不必改动。将印制电路板上较长的红色引线焊接在单元插座 XS 的相线端，蓝色引线焊接在单元插座 XS 的零线端；将印制电路板上的白色引线焊接在按键开关 SB 的一端，另一端通过蓝色引线焊接在单元插座 XS 的零线端；发光二极管 VD 及其限流电阻器 R3（套在蓝色

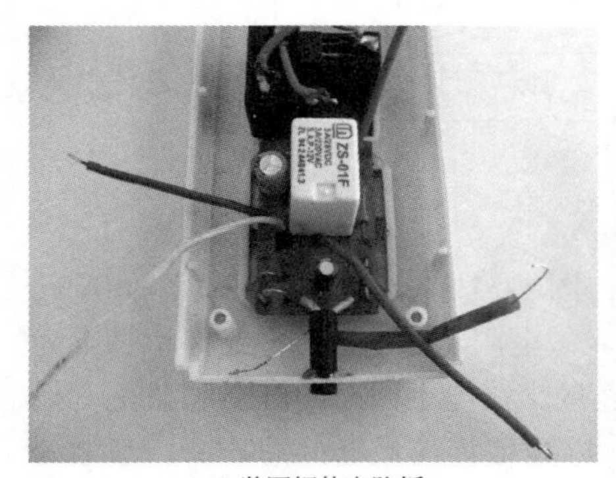

(a) 装固好的电路板

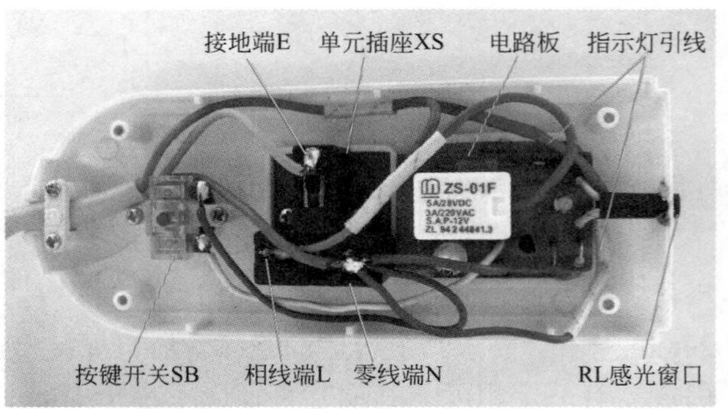

(b) 焊接好的电路

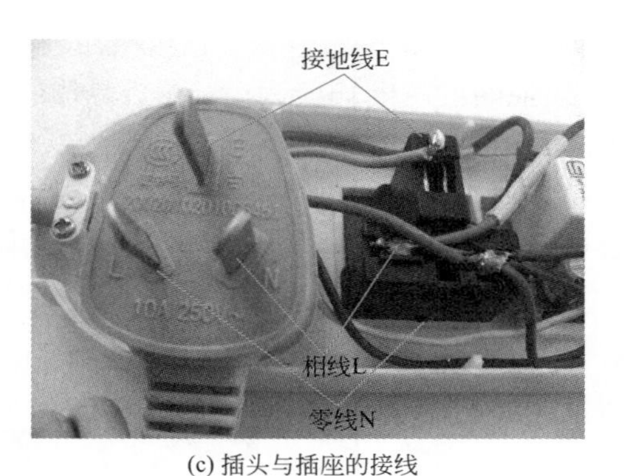

(c) 插头与插座的接线

图 1-54　手电筒光遥控交流开关的组装

的塑料绝缘管内）所构成的指示灯电路，共有两个引线端，可不必区分极性，一端焊接在单元插座 XS 的零线端，另一端与印制电路板上较短的红色引线相接后，再与插头 XP 的棕色线（相线）头相接。焊接时有些接线处应事先预套上塑料绝缘管，以避免电路发生短路故障。

焊接完毕，将万用表拨至 R×10Ω 挡，测量单元插座 XS 各接线端 E（接地线）、L（相线）、N（零线）与电源插头 XP 上对应的电极（有标志）间电阻，均应为 0（表示直通），而测量 E 和 L、E 和 N 接线端间的电阻时，万用表指针应不动（表示电阻无穷大），这说明焊接无任何问题，可参照图 1-51（a）和图 1-51（b）的逆过程装好后盖，进行通电试用了。

一般来说，该制作只要元器件质量有保证、焊接无误，无须任何调试便可投入使用。

1.6.4　投入使用

该手电筒光遥控交流开关适合用来控制没有遥控功能的电视机、收录机、照明灯具、普通电风扇等。使用时，首先将手电筒光遥控交流开关的电源插头 XP 插入 220V 交流电插座，并检查按键开关 SB 应处于断开状态，这时光遥控交流开关上的电源指示灯发光，表示遥控开关进入待工作状态；再将被控用电器的电源插头插入手电筒光遥控交流开关的插座 XS 内，并且闭合用电器的电源开关；然后，用手电筒光照射一下感光窗口或者按动一下按键开关 SB，则被控用电器就会自动通电工作；再次（≥10s）用手电筒光照射一下感光窗口或者按动一下按键开关 SB，被控用电器就会自动断电停止工作。

图 1-55 给出了采用遥控交流开关控制普通台式电风扇的方法。首先将电风扇的电源插头从 220V 交流电供电插座上拔下来，将遥控交流开关的电源插头就近插入 220V 交流电供电插座（墙壁或移动插座均可），电风扇的电源插头改插在遥控交流开关的插座内，闭合选定的电风扇风挡开关，便可用手电筒在一定范围内随时遥控电风扇工作了。

如果仅用该遥控交流开关控制单一用电器，还可不用外壳，而将图 1-53（b）焊接好的电路板直接装入欲遥控的电视机、电风扇、照明灯具等的机箱或底座腔内。这时，图 1-52 电路中的按键开关 SB、插座 XS 和电阻器 R3、发光二极管 VD4 构成的指示灯，均可省掉不用，XP 为用电器原有的 220V 交流电源插头（三极或二极均可），原插座 XS 的接线端改为用电器的总电源接线端即可。具体接线读者可参考图 1-47 进行改动，这里不再赘述。

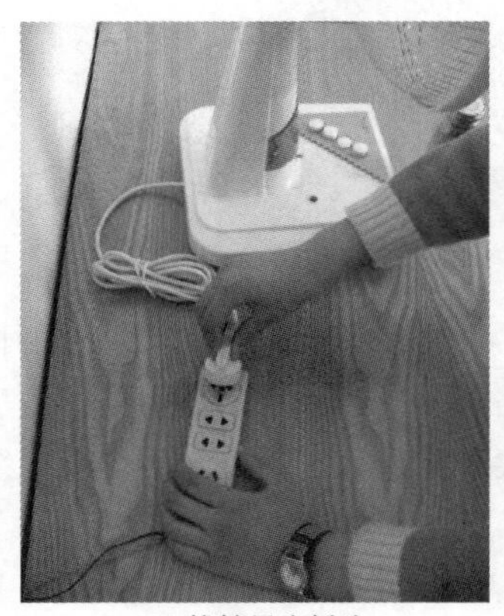

(a) 拔掉风扇插头

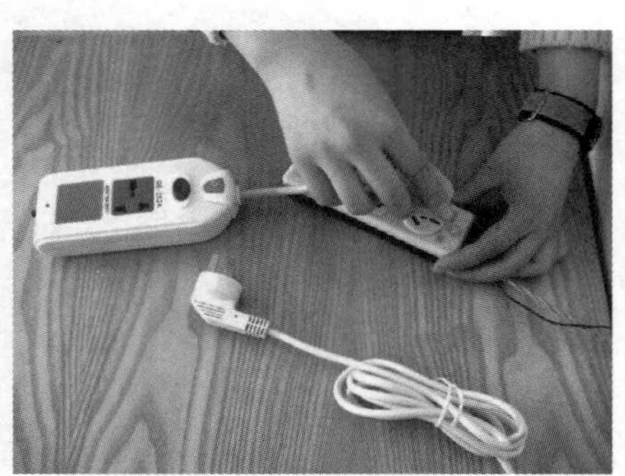

(b) 换成遥控开关插头

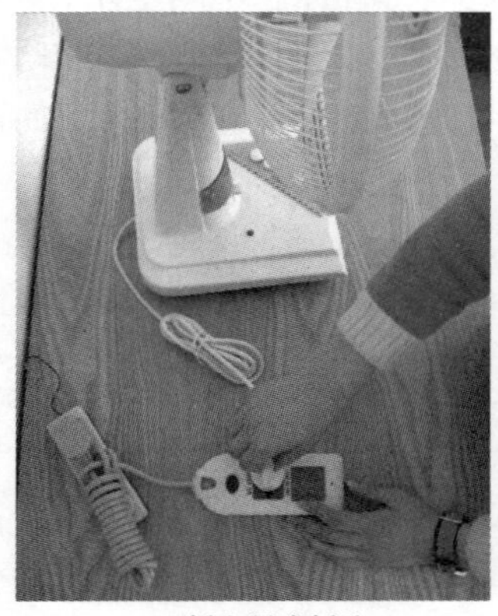

(c) 插入风扇插头

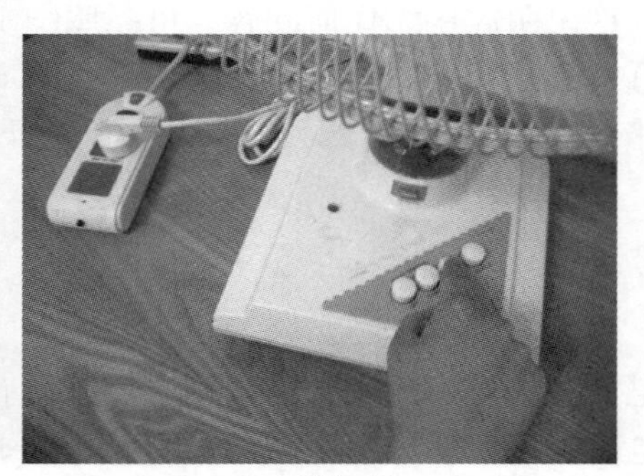

(d) 闭合风挡开关

(e) 遥控风扇工作

图 1-55　普通台式电风扇的遥控

使用该手电筒光遥控交流开关时应注意以下四点。

一是遥控距离与手电筒的光照强度、环境光线明暗程度等有直接关系。所用手电筒必须带有良好的聚光罩，并且最少由两节1.5V干电池供电。普通便携式LED手电筒由于聚光性能和远距离光照强度还赶不上普通小电珠发光的手电筒，经试验无法有效提高遥控距离，因此不推荐使用。但如采用聚光性能良好的强光LED手电筒，不仅可大幅度提高遥控距离，而且使用效果远优于手电筒。另外，光遥控交流开关使用的环境光线越暗越有利于提高遥控距离，摆放光遥控交流开关时注意尽量不要让光敏电阻器RL的感光窗口正对着自然光较强的窗口等，也不要对准照明电灯，背着窗口和灯光放置效果最佳。

二是电路中的电容器C2充电需要时间。所以每次遥控“开（关）”后，须经过10s左右方可再次遥控“关（开）”，之前进行遥控不会改变开关状态。这一特点对开关工作可靠性十分有益，它可有效杜绝每次手电筒光断续照射光敏电阻器RL（实际中无法避免）而造成的开关频繁动作。

三是每次按动按键开关SB时，不可太用力而使开关自锁（即按键无法自动弹回原位置，开关两触点一直闭合），否则下次无法进行遥控，除非按动SB按键解除自锁后，再经过10s才能正常遥控。

四是该遥控交流开关可控制500W以内（纯感性负载限制在100W内）的各种220V交流用电器具，完全满足一般家庭遥控的需要。

最后特别要强调的是：本制作（包括本书的大部分制作）均涉及220V交流电，读者如果还不具备实际的电工操作能力，切记必须要有懂电子技术的电工专门现场指导，才能进行制作与通电试用，否则容易发生事故！

1.7 过压、漏电双功能断路器

有一种电工制作方式很受业余爱好者青睐：它以现有的电气、电器产品为基础，通过增加一些元器件，使其性能优化（比如节能降耗），或功能扩展，用途更加广泛。这种制作方式不仅包括电工制作内容，而且包含对产品本身的小改小革内容，其实用性、可靠性、安全性都比较强。本制作即属于这一类包含有改造成分的制作。

不少地方由于电网供电不稳（包括雷电引起的电网电压瞬间增大）或错相（220V照明电压变成380V动力电压），而造成家用电器过压烧毁的事故屡有发生。为此，笔者巧用一只压敏电阻器将普通单相漏电断路器改造成了过压、漏电双功能断路器。经过长期使用，证明效果良好，具有普遍推广价值。

为了避免家里或机关单位、学校等处的交流用电设备不因电网过电压而损坏，何不赶快动手一试。

1.7.1 工作原理

过压、漏电双功能断路器的电路如图 1-56 所示，其中虚线框内为单相漏电断路器原有电路，RV 为新增压敏电阻器。

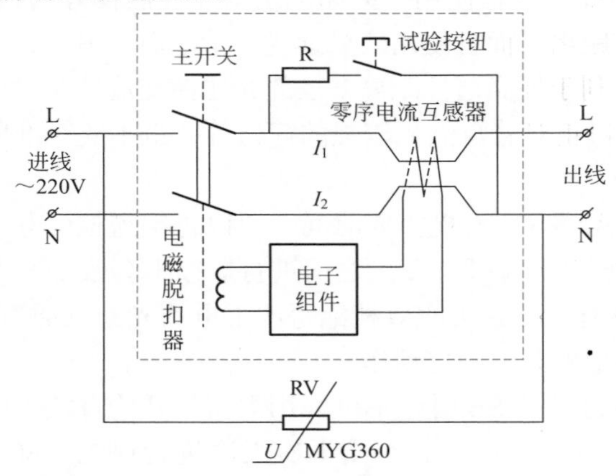

图 1-56 过压、漏电双功能断路器电路图

单相漏电断路器的工作原理是：在正常情况下，穿过零序电流互感器的进线电流 I_1 和经过负载回到电源零线的电流 I_2，大小相等，方向相反，即矢量和为零，此时零序电流互感器的次级无信号输出。当发生触电事故或漏电故障时，I_1 和 I_2 不相等，即矢量和不为零，零序电流互感器的次级就有感应电压产生。这一电压经电子触发电路检测、识别、处理后，使电磁脱扣器线圈获电工作，带动主开关快速切断包括断路器在内的交流供电电源，从而起到有效保护作用。

过压保护的工作原理是：平时，电网输入电压正常时，压敏电阻器 RV 阻值很大，呈断开状态，对漏电保护电路构不成任何影响。一旦电网过压（＞ 260V）或错相（380V），则 RV 阻值急剧变小，形成一个大电流回路。此时，穿过零序电流互感器的进线电流 I_1 和经过负载及 RV 回到电源零线的电流 I_2，尽管方向相反，但大小不等，即矢量和不为零（与漏电时情形一样）。于是，零序电流互感器的次级就有感应电压产生，这一电压经电子触发电路检测、识别、处理后，同样会使电磁脱扣器线圈通电，带动主开关快速切断交流供电电源，从而使家用电器免遭过电压损坏。

过压、漏电双功能断路器“跳闸”断电后，待排除漏电故障或电网电压恢复正常后，手动合上主开关，即恢复正常供电。

1.7.2 元器件选择

改造所用的单相漏电断路器外形如图 1-57 所示，其常见型号是 NL18-20 或 DZL18-20A 型。这种漏电断路器也称漏电保护器、漏电保护开关，它技术成熟、灵敏度高、性能稳定、应用广泛；每当用电器外壳发生漏电或人体触电时，均能够自动切断供电电路，有效地保证了人身安全。这种单相漏电断路器的主开关可以随时手动“合闸”（手柄在 ON 位置）或“分闸”（手柄在 OFF 位置），具有双路闸刀开关功能，在接入配电箱的供电电路时，可省去另外安装普通总闸刀开关的麻烦。按动接入供电电路正在运行的单相漏电断路器的试验按钮，即模拟人体处于触电时的状态，正常情况下，断路器应“跳闸”切断供电电源，再手动合上主开关，即恢复正常供电。试验按钮主要用于每隔一段时间后，检查漏电保护性能是否正常可靠。

NL18-20型漏电断路器的主要技术指标：漏（触）电动作电流（额定剩余动作电流）＜30mA，动作切断电源时间（分断时间）≤0.1s；工作电源为220V、50～60Hz单相交流电，额定电流（即最大负载电流）20A；允许工作环境温度范围-5～+40℃，相对湿度＜90%。

还有一种带空气保护开关（过流开关）的单相漏电断路器，目前使用非常普遍，其常见型号为DZ47LE（YSMB45LE），外形如图1-58所示。这种单相漏电断路器实际上是一种兼具过电流、漏电保护和手动闸刀开关三种功能的“自动断路器”。它有多种电流规格可供选择，并且空气保护开关既可以是单路控制（单联），也可以是双路控制（双联）。一般的家庭配电箱中，安装了这种“自动断路器”后，就没有必要再安装闸刀开关和瓷插保险盒了。同样可以给这种“自动断路器”增加过压保护功能，其外部接线与图1-57所示的普通单相漏电断路器完全一致。

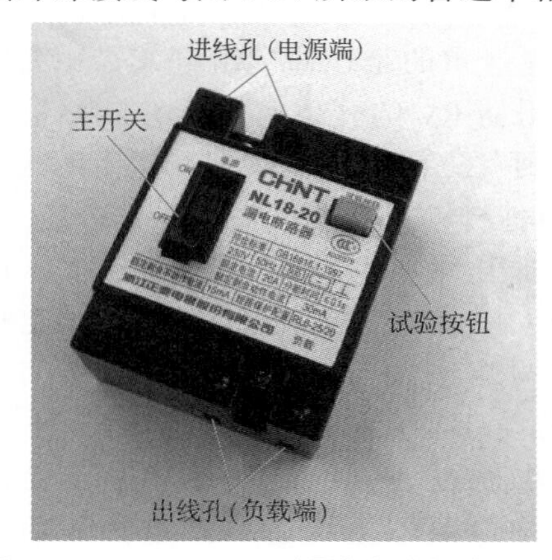

图1-57　DZL18-20A型漏电断路器外形图

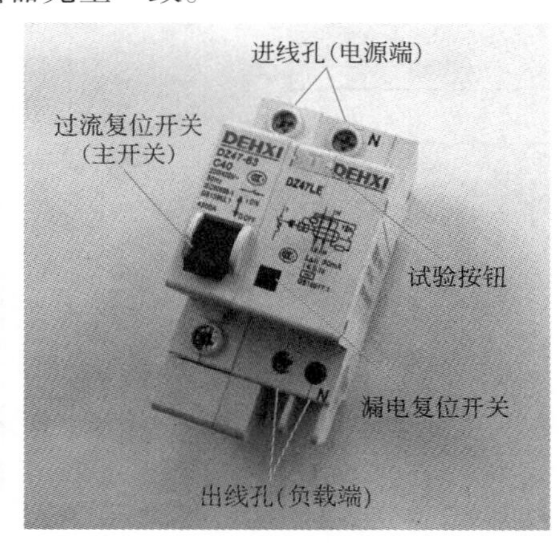

图1-58　一种DZ47LE型漏电断路器外形图

需要提醒读者注意的是：如果准备改造的现有配电箱中已经有图1-57或图1-58所示的单相漏电断路器，就没有必要再去购买新的单相漏电断路器，直接在现有的单相漏电断路器上加装氧化锌压敏电阻器RV即可。另外，目前有些厂家生产的新一代单相漏电断路器中，部分已设计有过压保护功能，对于这样的产品就没有必要再加装图1-56所示的压敏电阻器RV了。

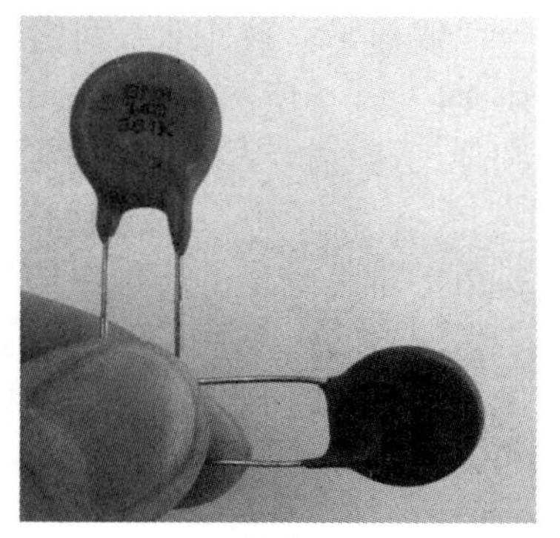
图1-59　压敏电阻器外形

RV选用标称电压（也称压敏电压）为360V、最大峰值电流≥500A的普通氧化锌压敏电阻器，常见型号有MYG360-0.5kA、MY21-360/0.5和MYL-0.5-360V等，其外形如图1-59所示。压敏电阻器是利用半导体材料的非线性特性原理制作而成的一种具有瞬态电压抑制功能的敏感器件，当外加电压瞬间超过其临界值时，压敏电阻器的阻值（平时呈现断开状态）急剧变小，形成导通大电流。压敏电阻器主要用于过电压保护、抑制浪涌电流等电路。

1.7.3 动手制作

整个制作非常简单，只需要将压敏电阻器RV按照图1-60所示的接线图，正确接入所要改造升级的单相漏电断路器电路中去即可。

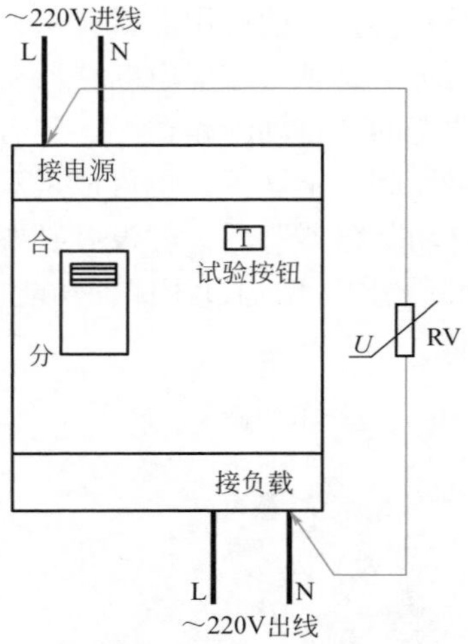

图1-60 过压、漏电双功能断路器接线图

简便的接线方法是：将压敏电阻器RV通过适当长度的导线（接头处用绝缘胶布包扎严实），一脚接在漏电断路器进线端的相线L（或零线N）接线孔上；另一脚接在出线端的N（或L）接线孔上即可。但这种方法不可靠、不安全。因为压敏电阻器RV体积小，容易受到外界的碰撞、拉扯而损坏，而更严重的是在遇到雷电或错相高电压时，压敏电阻器RV的壳体有可能在断路器上的主开关“跳闸”之前，发生爆裂并产生明火，容易引燃周围其他材料。

如果能够打开漏电断路器的外壳，将压敏电阻器RV直接并联在壳内试验按钮开关（也称漏试开关）的两端，这当然很好，但对于初学者来说，具有一定难度，并不可取。为此，笔者设计了一种较为理想的方案——将压敏电阻器RV安装在一个电灯吊线盒内，再通过外接电线接单相漏电断路器，既牢固可靠、具有阻燃作用，又可在压敏电阻器损坏后，像更换普通熔丝一样，方便地更换压敏电阻器。基于这样的理由，在此强烈推荐初学者采用这种方案。

具体的方法：首先，按照图1-61（a）所示，购买一个吊式电灯专用挂线盒（也称吊线盒），另外准备两根长度约为18cm的较粗的单股铜芯塑料电线；然后，按照图1-61（b）所示，将两根电线的一端各剥掉2cm的塑料外皮后，弯成内径ϕ4mm的圆环，通过挂线盒内的螺钉紧固在铜接线桩上；按照图1-61（c）所示，将压敏电阻器RV的两根引脚线也紧固在两个接线桩上；旋紧挂线盒的盒盖，即制成图1-61（d）所示的带保护盒的压敏电阻器RV；最后，按照图1-61（e）或图1-61（f）所示，将带保护盒的压敏电阻器RV的两根外引出电线各剥掉长约1cm的塑料外皮后，一端接单相漏电断路器进线端的相线L（或零线N）接线孔，另一端接在出线端的零线N（或相线L）接线孔即可。

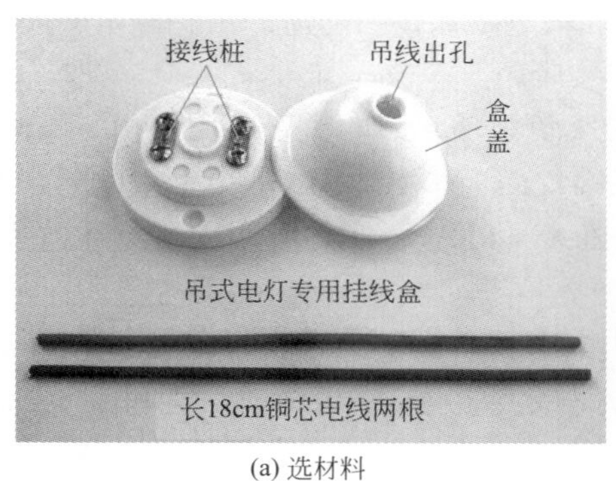

(a) 选材料

(b) 接电线

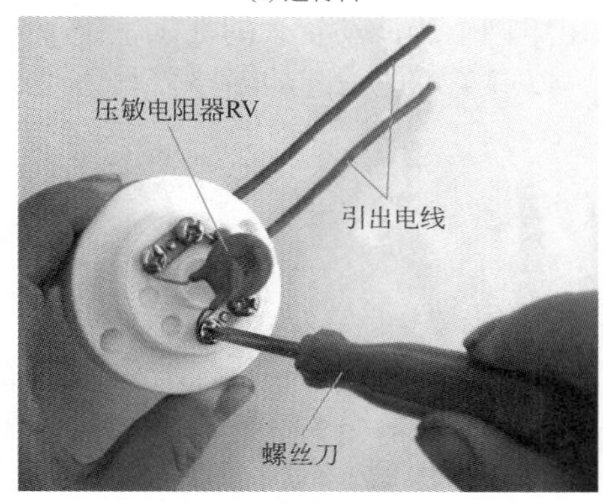

(c) 固定RV

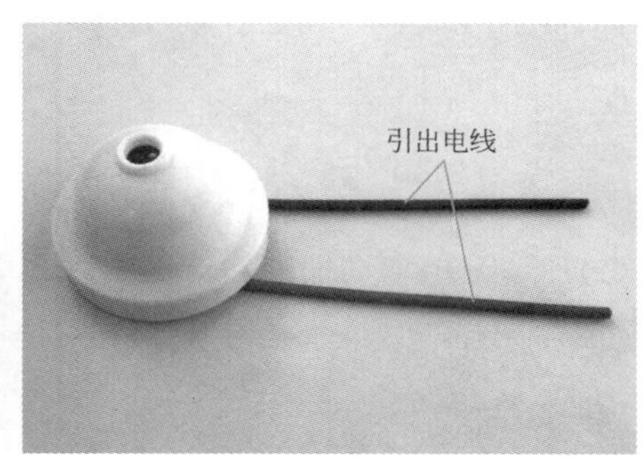

(d) 完成品

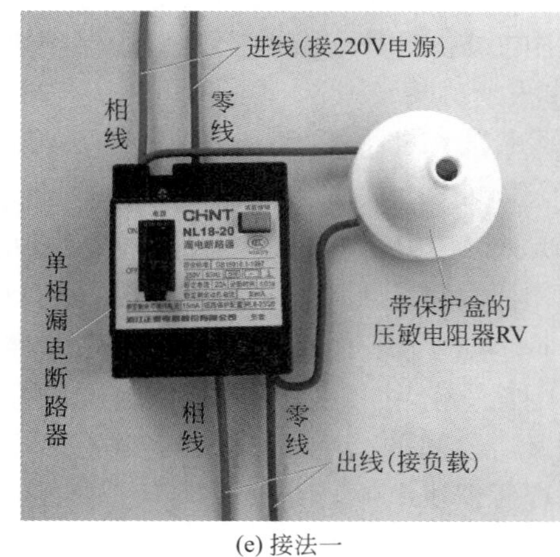

(e) 接法一

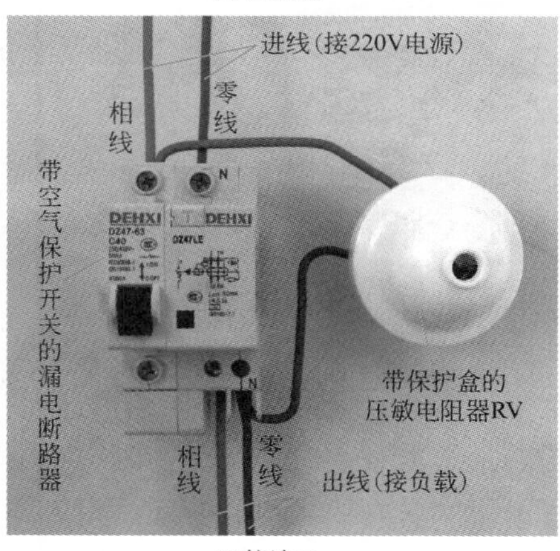

(f) 接法二

图 1-61 压敏电阻器 RV 的安装方法

1.7.4 投入使用

实际应用时，参考图 1-61（e）或图 1-61（f），将过压、漏电双功能断路器接入供电电路。注意，单相漏电断路器既可以是购买的新品，也可以是供电电路已有的现成品。这里要特别强调的是：安全第一！制作者如果不具备实际的电工操作能力，在将过压、漏电断路器接入实际供电电路或将压敏电阻器接入通电的单相漏电断路器时，必须要有电工现场指导，才能进行具体的安装应用。

过压、漏电双功能断路器能够控制的最大负载功率，取决于所用单相漏电断路器的额定电流值。例如：选用额定电流是20A的DZL18-20A或NL18-20型漏电断路器时，所能控制的最大负载功率应该是P=220V×20A=4400W，实际应用中所有通电工作的用电器电功率总和不能超过该功率数值。

过压、漏电双功能断路器在接入单相供电电路后，不会影响原有漏电保护功能的正常发挥及操作，而且一旦过压（＞260V）或漏电（≥30mA），均可在0.1s内迅速切断包括断路器在内的全部用电器电源，其性价比优于目前市售的大多数家电保护器（如冰箱过压保护器等）。对于农村等供电电网电压波动较大的地区，压敏电阻器RV的标称电压取值可增大至390V或430V，以避免可能引起的断路器频繁“跳闸”断电。

1.7.5 制作延伸

该过压、漏电双功能断路器在实际当中的使用效果非常好。笔者1999年上半年在为某地县委机要室设计的“新颖多功能配电箱”（见图1-62）中，就采用了这种过压、漏电双功能断路器。在实际运行中，曾多次在电网电压异常升高、附近居民家用电器大量损坏的情况下，自动保护了机要室的用电设备。其中有两次典型的保护事例，至今为当事人所称赞。

图1-62 新颖多功能配电箱外形图

某次供电部门维护县委机关附近的变压器，发生技术操作失误事故（主要是人为造成零线开路故障），致使机关办公楼220V供电线路瞬间变为380V高电压，多功能配电箱内的过压、漏电双功能断路器立即“跳闸”。由于是第一次发生这样的保护动作，工作人员当时还没有意识到情况的严重，不以为然地接着就去“合闸”，刚一合上即又“跳闸”，这时候操作者才有所反应，停止了继续“合闸”。事后获知，附近同一变压器供电的县委家属楼上，未有保护措施、正在通电运行的电冰箱、电视机、电灯几乎全部过电压损坏（好在当时是早晨10点左右，损坏的电视机、电灯数量还不是很多）。由于是技术操作造成的供电故障，因此当年供电部门对用户损坏的家电产品进行了统一登记和维修。

另一次是某年夏天，天空雷电交加，倾盆大雨迅速而至，过压、漏电双功能断路器突然“跳闸”。事后检查发现，机要室受到配电箱保护的正在通电运行的电脑、传真机无一损坏。而同一幢办公大楼里县委其他部门正在工作的多台传真机、电脑均遭受到雷击损坏。

过压、漏电双功能断路器以其优良的保护性能立下了汗马功劳，这使得笔者设计的独一无二的多功能配电箱得到上级机要部门的大加赞赏。随后，笔者又应邀为慕名前来的邻县数家县委机要室制作了这种配电箱，为确保通信设备的良好运行发挥了作用，受到使用者一致好评。啰嗦了这些，想必读者对图1-62所示的“新颖多功能配电箱”有了兴趣，有了制作一台在单位、家中或自己实验室里使用的打算。先别着急，待自己动手制作能力有了一定的提高后，可参考本书后面第6章的第6.10节所介绍的“多功能配电箱”实例自行尝试制作。

1.8 雷电探测器

雷雨季节，我们常会看到电光闪闪，听到雷声隆隆，这就是人们常说的雷电。雷电对人类的危害性众所周知，就每家每户而言，时有雷电引发的家庭失火、家用电器被击毁等消息见诸媒体，甚至危及人身安全的报道也屡见不鲜。据国家气象局的不完全统计，我国每年因雷击伤亡人数逾千，造成的直接经济损失更是无法估量。正因为如此，“联合国国际减灾十年委员会”将雷电灾害列为最严重的十种自然灾害之一。每年的5～9月是我国雷雨频发的季节，宣传和开展有关全民科学预防雷电灾害活动具有极其重要的意义。

日常生活中，雷电往往通过电气线路及其设备对财产和人身造成伤害，增强家庭尤其是电工的防雷电意识非常重要！如果动手制作一个如图1-63所示的雷电探测器，把它摆放在正在工作的电视机、电脑或其他家用电器的旁边，便可在雷雨到来之前，探测出远处天空云层间或云层与大地之间的放电，对雷电进行早期预警。这样，我们就可以提前采取相关的防雷击措施，如关掉电视机、拔掉电脑调制解调器的数据传输线、断开家用电器的电源、不使用电话和手机等，做到防患于未然，避免雷电造成重大伤害事故。

图1-63 雷电探测器外形图

1.8.1 工作原理

雷电探测器电路如图1-64所示，它实际上是一个高灵敏度的静电放电检测器。晶体三极管VT1、VT2组成直流耦合式自激振荡电路，其正反馈回路总增益由微调电位器RP来设定。晶体三极管VT3与晶体二极管VD、耦合电容器C4等组成整流开关电路。HA为微型压电陶瓷蜂鸣器。

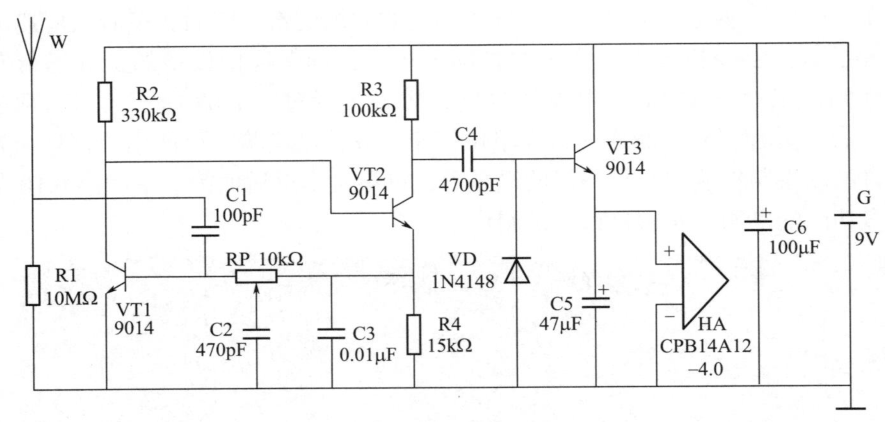

图 1-64　雷电探测器电路图

平时，由晶体三极管 VT1 和 VT2 组成的振荡电路处于临界自激振荡状态，晶体三极管 VT3 因无合适偏压而处于截止状态，压电陶瓷蜂鸣器 HA 无电不工作。此时，整个电路耗电甚微，实测静态总电流≤ 60μA。每当远处云层放电或已发生雷击（云层与地面之间的放电）时，天线 W 检测到感应电信号，并经电容器 C1 耦合到晶体三极管 VT1 的基极，触发振荡电路同步起振。于是，VT2 的集电极就会输出约 42kHz 的振荡电信号，经电容器 C4 耦合、晶体二极管 VD 整流后，向 VT3 的基极提供合适的正向偏置电压，使 VT3 导通，压电陶瓷蜂鸣器 HA 通电发出单音“嘀……”声，提醒主人：雷电将至，注意预防！

电路中，电容器 C3 设定了晶体三极管 VT2 发射极的固定相位，而接在微调电位器 RP 滑动触点上的电容器 C2 在振荡时会增加相移。C5 为晶体三极管 VT3 输出电压的滤波兼延时电容器，它不仅能够使压电陶瓷蜂鸣器 HA 两端获得平稳的工作电压，使 HA 发声更响亮，而且由于其容量选择比较大，因此还具有一定的使 HA 延时发声作用。C6 为电源滤波电容器，它能够降低电池 G 的交流内电阻，避免电路产生阻塞振荡，相对延长电池使用寿命。

1.8.2　元器件选择

该制作总共用了 19 个电子元器件和配件，可对照图 1-65 所示的实物集体照一一进行配购。各元器件具体说明如下。

晶体管 VT1 ～ VT3 均用 9014（集电极最大允许电流 I_{CM}=0.1A，集电极最大允许功耗 P_{CM}=310mW）型硅 NPN 小功率三极管，要求电流放大系数 $\beta > 200$。实际上任何同类型的小功率、高增益晶体三极管（如 3DG8、BC109C 等），都可以在这里使用。VD 用 1N4148 型硅开关二极管。

HA 选用 CPB14A12-4.0 型自带音源微型直流压电陶瓷蜂鸣器，其外形尺寸及引脚排列如图 1-66 所示。它实质上是一个内含振荡电路和压电陶瓷片的有源发声器；它不需要外加任何音频驱动电路，只要接通直流电源就能直接发声，使用非常方便。

CPB14A12-4.0的主要参数：外形尺寸为ϕ14mm×7.5mm，质量0.9g；发声频率为4.0kHz±0.5kHz（连续单音），声压电平≥80dB；直流工作电压范围3～15V，工作电流≤7mA，工作温度范围-20～70℃。该压电陶瓷蜂鸣器属于微功耗器件，被广泛应用在各种仪器、仪表和微型报警装置上作发声器件。

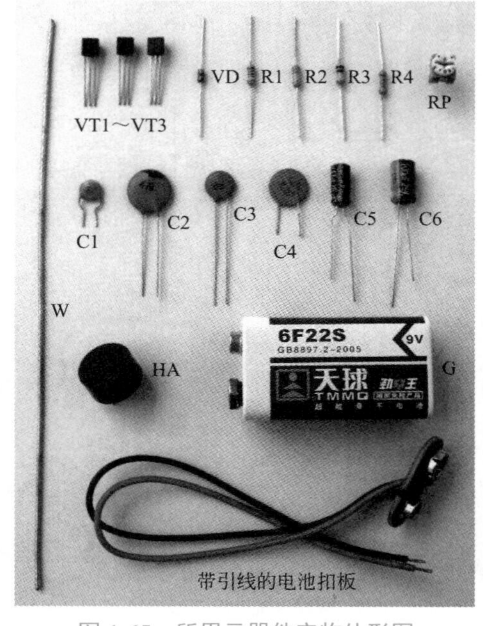

图1-65 所用元器件实物外形图

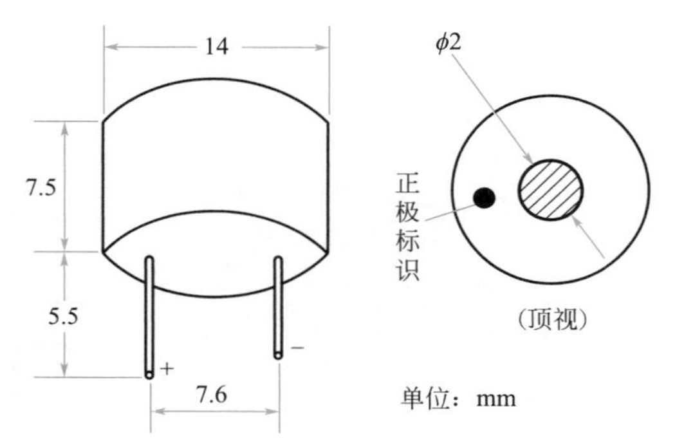

图1-66 CPB14A12-4.0型压电陶瓷蜂鸣器

RP选用普通塑料封装的小型卧式微调电位器。R1～R4一律用RTX-1/4W型碳膜电阻器。C1、C2用CC1型高频瓷介电容器；C3、C4用CT1型低频瓷介电容器；C5、C6用CD11-16V型电解电容器。

天线W可用一段ϕ1mm、长度150mm的铁(铜)丝。如果希望作品更美观一些的话，可选用便携式收音机常用的150mm长度的拉杆天线。G采用6F22-9V型叠层干电池，要求配上揿钮式接线扣板。本装置不设电源开关，用毕从揿钮式接线扣板上取下干电池即可。

1.8.3 动手制作

整个制作过程可分为焊接电路、调试电路和组装三大步骤来完成，现分步介绍如下。

第一步：焊接电路。

裁取一块尺寸约为35mm×20mm的单孔“洞洞板”，按照图1-67给出的电路板接线图进行焊接（注意：焊接面朝向读者，元器件在板的背面）。采用“洞洞板”的好处是取材简便、成本低廉、使用方便，可达到事半功倍的效果。焊接好的实物如

图 1-68 所示。

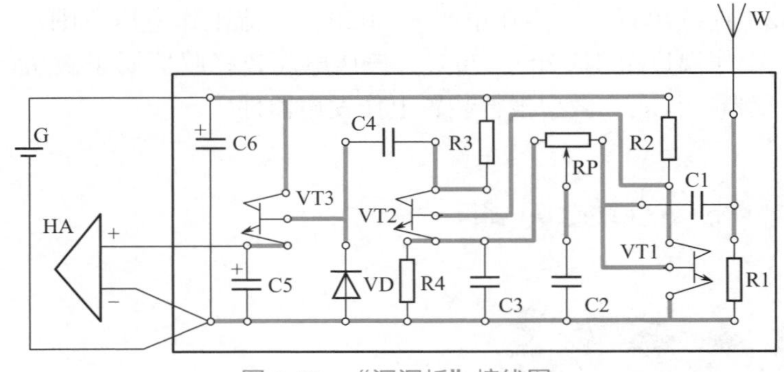

图 1-67 “洞洞板”接线图

(a) 元件面

天线W

(b) 焊接面

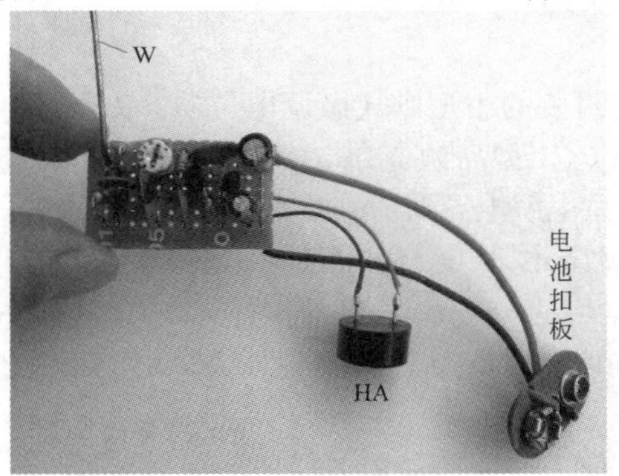

(c) 整体图

图 1-68 焊接好的电路

焊接时注意，应充分利用元器件引脚飞线连接，要求焊点光亮整洁。压电陶瓷蜂鸣器 HA 通过 4cm 长的两根细电线焊接在“洞洞板”上，电池扣板的引线长度以 7cm 左右为宜。

第二步：调试电路。

焊接好的电路，经检查无问题后，便可按图 1-69（a）所示接通 9V 叠层干电池，开始进行调试。

首先，按照图 1-69（b）所示，用小螺丝刀缓慢调节微调电位器 RP 的电阻值，使压电陶瓷蜂鸣器 HA 处于临界发声状态（即振荡电路处于临界起振状态）。调节 RP 电阻值的技巧是，可预先将小螺丝刀逆时针旋转至 HA 不发声，接着一边缓慢顺时针旋转小螺丝刀，一边听 HA 是否开始发声。当压电陶瓷蜂鸣器 HA 发声时，即停止顺时针旋转小螺丝刀，并反方向（逆时针）稍退回一点点小螺丝刀，使 HA 停止发声，即获最佳工作状态。

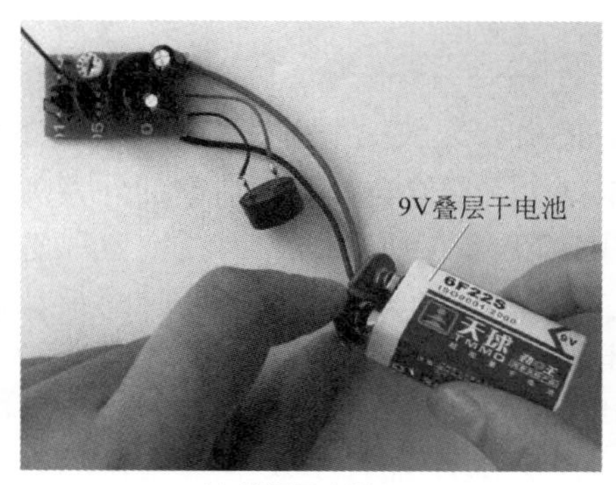

(a) 接通干电池G

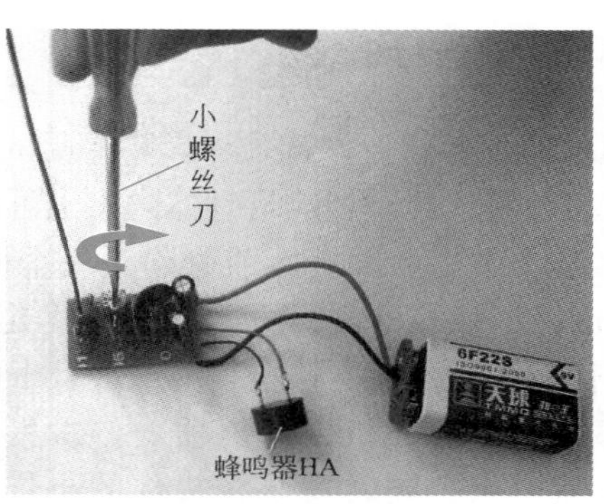

(b) 微调电位器RP

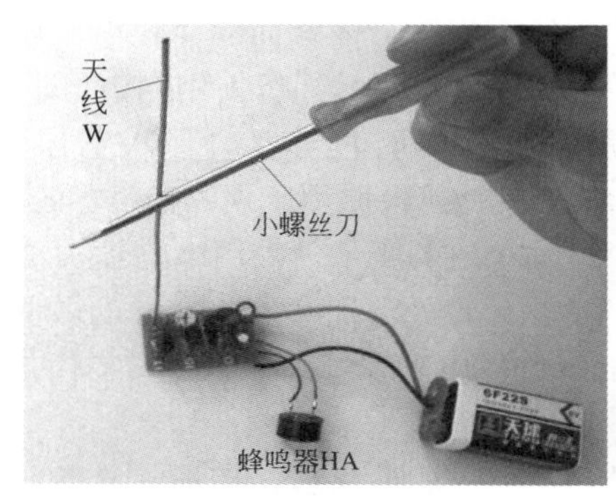

(c) 触发天线W

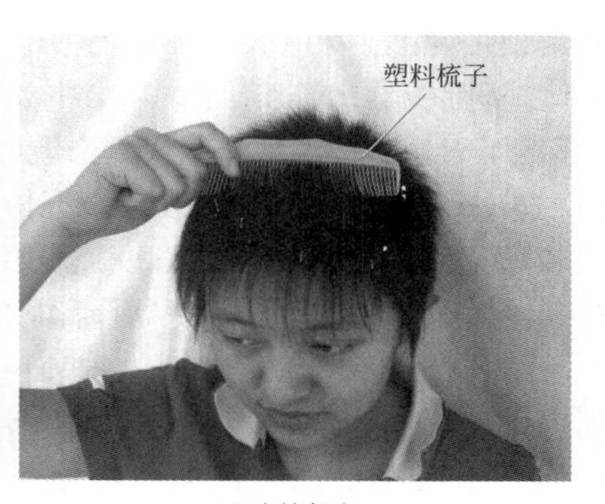

(d) 摩擦起电

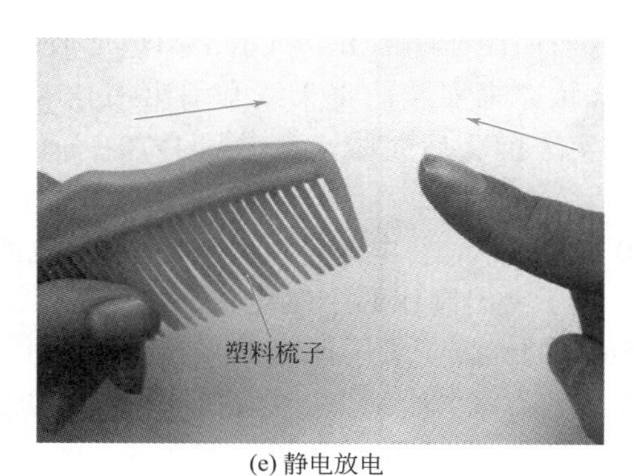

(e) 静电放电

图 1-69　电路的调试

然后，按照图1-69（c）所示，用小螺丝刀或手指直接去触及一下天线W，则压电陶瓷蜂鸣器HA应发声1～2s。如果HA连续发声或根本不发声，则说明探测器的灵敏度过高或太低，应重新微调RP，再进行检测，直到符合要求。还可以按照图1-69（d）所示，用塑料梳子连续梳干燥的头发十多下，使塑料梳子与头发摩擦后带上静电，并按图1-69（e）所示，在距离天线W约2m远的地方用手指逼近塑料梳子使其放电，以检验能否让压电陶瓷蜂鸣器HA可靠发声1～2s。如果不符合要求，亦应重新细调RP，直至达到要求为止。

第三步：进行组装。

组装的主要任务，就是将焊装并调试好的电路装入一个市售“天线宝宝”造型的塑料手机按键式儿童音响玩具体内（也可根据个人喜好选择其他造型的外壳）。

首先，到儿童玩具店铺去购买一个图1-70（a）所示的“天线宝宝”造型（身高16cm、身宽6.8cm）的手机按键式儿童音响玩具。该玩具上市时间长、销售量大、单价仅5元左右，它内装两节5号干电池，每当按动面板上的模拟手机按键（内部全部并联）时，机内扬声器会依次发出模拟电话铃声、小孩笑声、小鸟叫声和快乐儿歌声来，同时安装在头部的小灯泡还会随声音大小及节奏变化闪闪发光，十分有趣。

其次，按照图1-70（b）所示，退出“天线宝宝”身体背面的4颗小自攻螺钉，打开壳体；拆除图1-70（c）所示的所有电路及仿真天线、吊挂绳等不用；按照图1-70（d）所示，用美工刀切割掉电池仓的底部，以扩展电池仓空间，能够容纳下9V叠层干电池；按照图1-70（e）所示，用美工刀切割掉壳体前盖内“头部”原用于顶固扬声器的塑料杆，以腾出较大空间，便于安装电路板；按照图1-70（f）所示，采用电烙铁头烫孔的办法，在壳体后盖“头部”原扬声器释音孔的适当位置处分别开出ϕ5mm的微调电位器RP调节孔（用于伸进小螺丝刀头）和ϕ14mm的压电陶瓷蜂鸣器HA安装孔，并用美工刀削掉孔口沿凸出的多余塑料和毛刺等。

再次，采用电烙铁直接加热熔化热熔胶棒的简便方法，按照图1-70（g）所示，将压电陶瓷蜂鸣器HA粘固在“天线宝宝”壳体后盖“头部”所专门开出的ϕ14mm安装孔处；接着按照图1-70（h）所示，用热熔胶粘固好天线W和电池扣板的引线，注意天线W从原来安装仿真天线和引出吊挂绳的小孔引出。粘固妥当电路后，合上“天线宝宝”前、后壳体，参考图1-70（b），重新紧固好4颗小自攻螺钉。

最后，按照图1-70（i）所示，在电池仓接上9V叠层干电池，并装上电池仓后盖，电路即通电开始工作。为了突出制作的个性化特征，可按照图1-70（j）所示设计一个宽为4mm、高为4.5mm的标牌（可用计算机图形软件设计，用彩色喷墨打印机在照片纸上打印出来，并用剪刀裁剪合适），将它按图1-70（k）所示用双面不干胶粘贴在“天线宝宝”原来模拟手机按键的位置处。制作成功的雷电探测器外形如图1-70（l）所示，造型还不错吧。

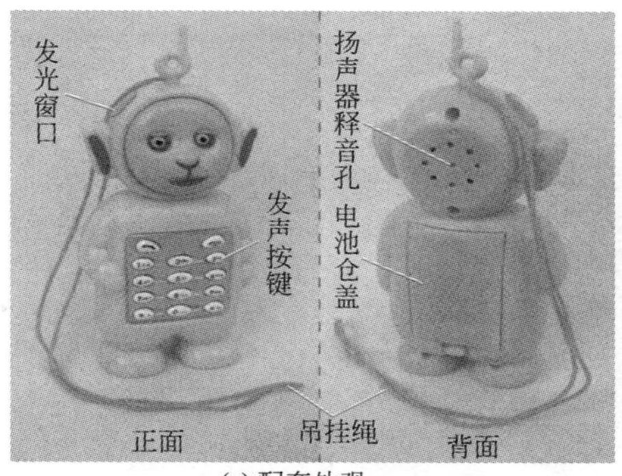

(a) 配套外观

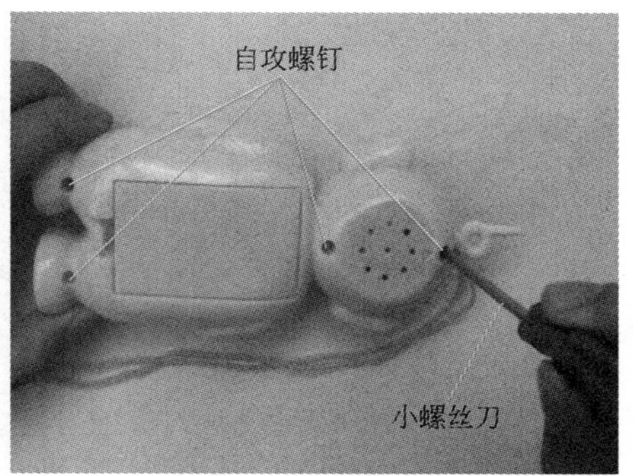

(b) 退出螺钉

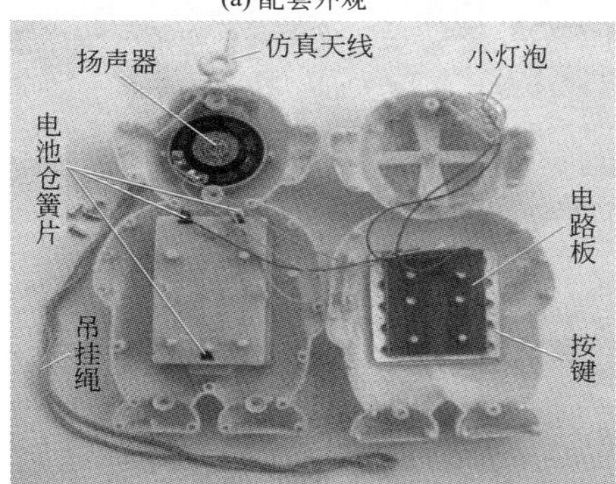

(c) 内部结构

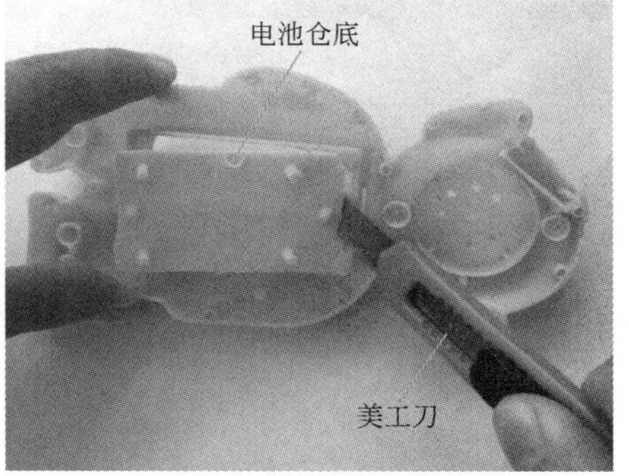

(d) 割掉仓底

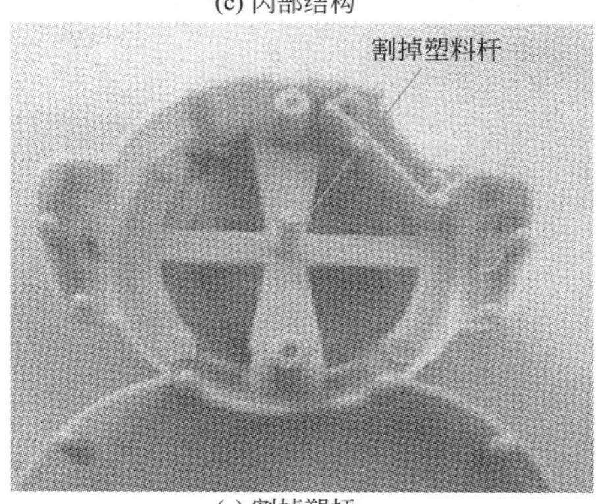

(e) 割掉塑杆

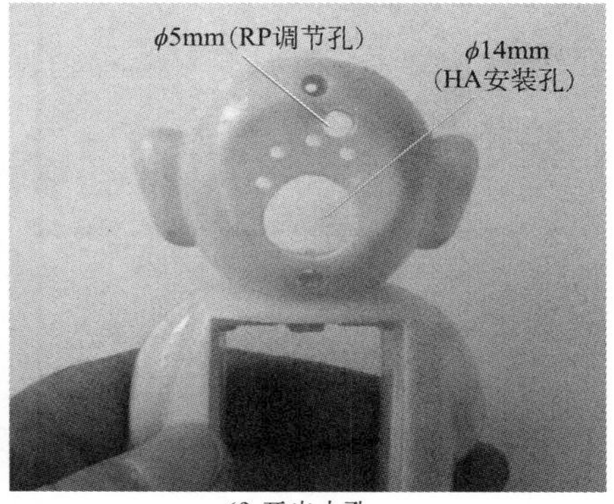

(f) 开出小孔

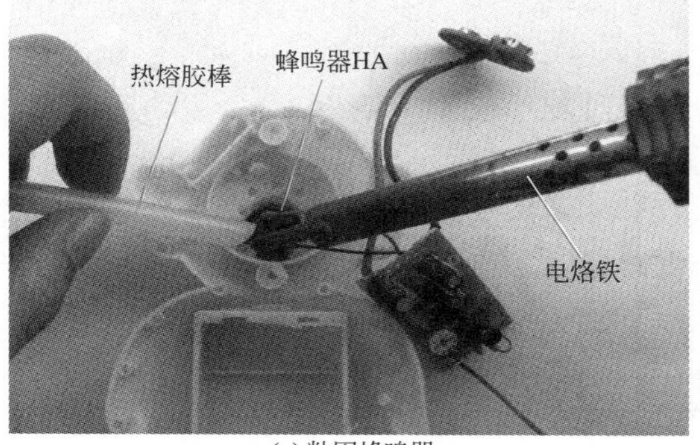

(g) 粘固蜂鸣器

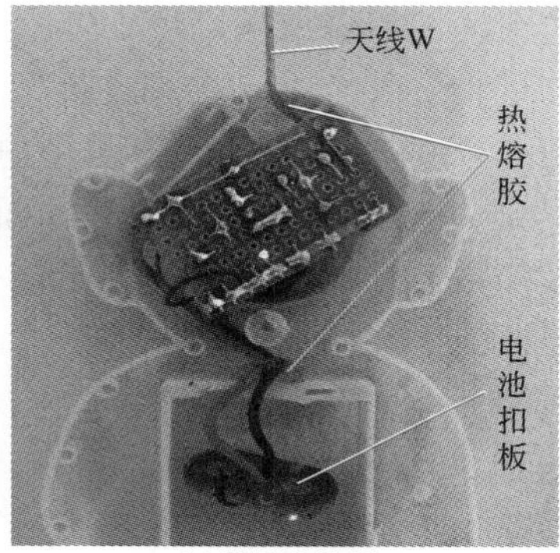

(h) 粘固电路板

图 1-70

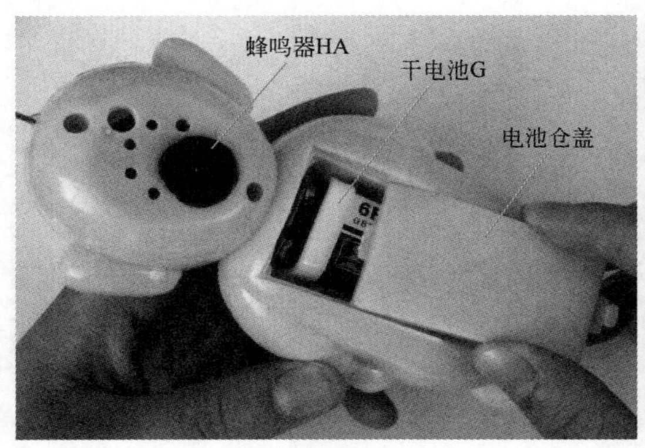

(i) 装好电池

(j) 制作标牌

(k) 粘好标牌

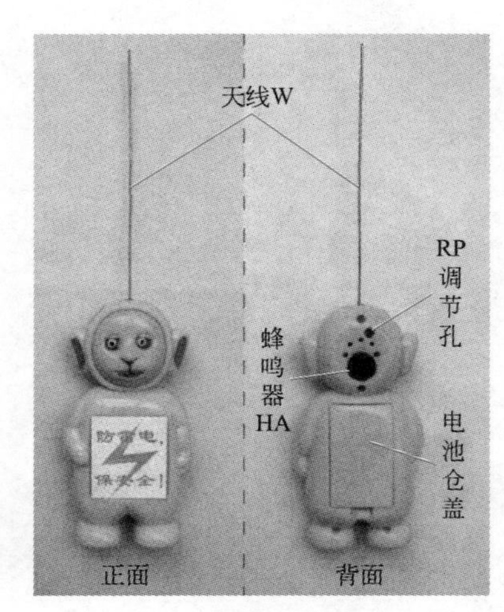

(l) 完成品

图 1-70　组装雷电探测器

1.8.4　投入使用

雷电探测器做成功以后，可像图 1-71 所示的那样摆放在电脑（或其他家用电器）旁边，进行 24h 全天候的雷电预报工作。一旦“天线宝宝”反复发声，在排除其他静电放电干扰的情况下，便说明雷电即将到来。有时“天线宝宝”发声后，隔数秒钟会听见远方传来的沉闷雷电声，而在夜晚还会看到远方天空的闪电光（与“天线宝宝”发声同步）。这是电波以 3.0×10^8m/s 的速度传播至“天线宝宝”，闪电光同样以 3.0×10^8m/s 的速度传至人眼，而雷声却以 340m/s（15℃空气中）的低速度传播至人耳的缘故。如果对照钟表读出“天线宝宝”开始发声至听见雷声的时间，再乘以 340m/s 的声音传播速度，则可求得雷电发生处到自己处的直线距离来。

需要指出的是，该雷电探测器不仅能够探测静电放电，而且能探测附近各种电器产生的“电火花”。每当开关附近的电灯或其他用电器的电源开关时，“天线宝宝”

均会发声 1 ～ 2s；而如果房间空气比较干燥，人体就会带上较高的静电，当用手去接触金属门拉手或其他物体时，只要产生静电放电，亦会触发不远处的“天线宝宝”发声 1 ～ 2s。使用中应注意加以区分，不要雷电探测器一有发声就判断为雷电将至。

图 1-71　摆放在电脑旁边的雷电探测器

如果使用中发现雷电探测器的探测灵敏度不够理想，可按照图 1-72 所示，随时将小螺丝刀伸进“天线宝宝”头部所开的电位器 RP 调节孔，按照前面所讲的电路调试方法，微调电位器 RP 的电阻值，并进行灵敏度测试，直到满意为止。

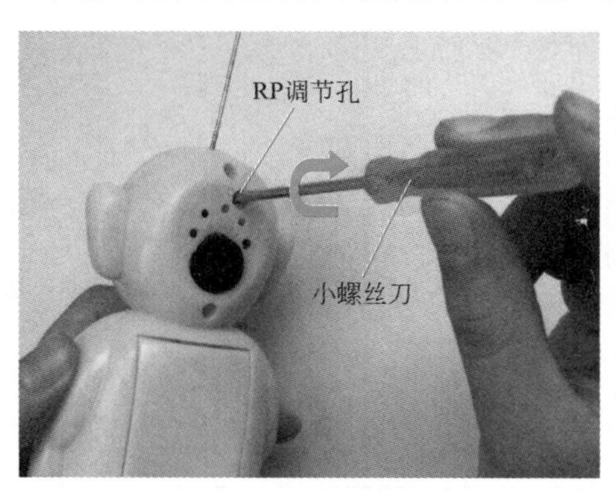

图 1-72　调节 **RP** 的方法

该雷电探测器一般可检测到半径 5km 范围内的云中放电。其电路静态工作电流 ≤ 60μA，报警时工作电流为 4mA 左右。每换一块 9V 新干电池，通常可连续监控一年时间。

1.9 多功能测电笔

电工用的普通测电笔又叫验电笔、试电笔，它有螺丝刀（也称改锥或旋凿）式和钢笔式两种外形，其结构如图 1-73 所示。测电笔是用来测试电线、用电器以及其他电气设备等是否带电的一种最常用简单工具。

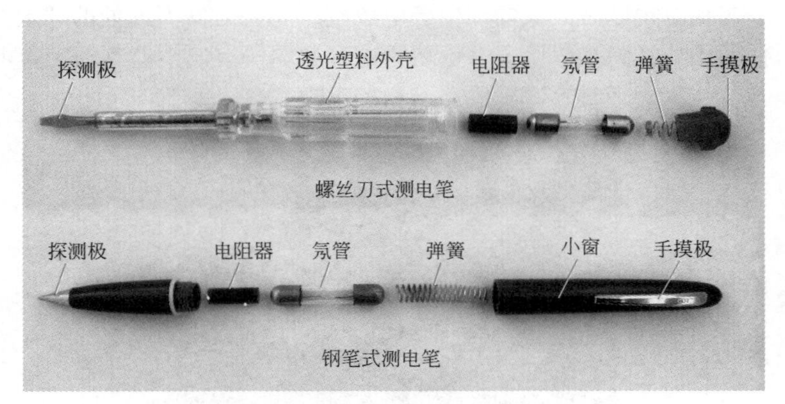

图 1-73　普通测电笔结构图

测电笔的检测原理可通过图 1-74 所示来说明：当使用者手持测电笔触及带电体时，就在带电体与大地（包括人体）之间提供了一条通路，电流 I 经电阻器、氖管到地（人体）。由于氖管的阻抗极高，电阻器的阻值也达兆欧级，因此电流 I 极微小，对人体是安全的，带电体的电压基本上都降落在电阻器和氖管上。当带电体存在 60V 以上电压时，氖管两端的电压超过其启辉电压，氖管发光，指示出被测物体带电。通常一般测电笔可以检测 60 ～ 500V 的电压。

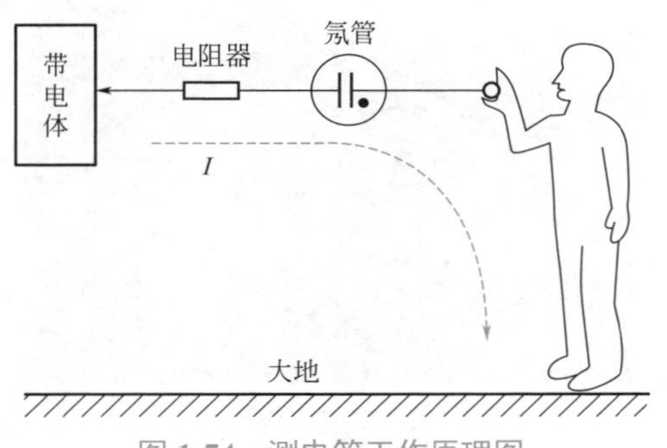

图 1-74　测电笔工作原理图

读者如果按照下面介绍的方法去做，可以将传统的氖管测电笔改造升级为多功能测电笔，它不但具有普通氖管测电笔所具备的一般验电功能，还具有隔着绝缘层测试导线通电与否及判断零线与相线、测线圈和电阻器等的通断，判断晶体二极管的极性，估测小容量电容器的容量并判断其是否断路和短路，区别直流电的正极与负极等许多功能，实为取代传统氖管测电笔的新一代产品。

这种多功能测电笔不仅保留了普通氖管测电笔所具有的体积小巧、携带方便、使用简单等优点，而且克服了以往的氖管测电笔发光亮度不够、在测量弱电或在强光下使用时很难看清氖泡亮灭的弊端，使用起来显示醒目、灵敏度高、功能齐全，在室外和野外使用均感方便自如。

1.9.1 工作原理

多功能测电笔的电路如图 1-75 所示。平时，探测极无电流或感应信号输入，晶体三极管 VT1、VT2 均截止，发光二极管 VD 不发光；当探测极有微弱电流输入或感应到电场信号时，由于晶体三极管 VT1、VT2 的高倍放大作用，因此在晶体三极管 VT2 上产生了较大的集电极电流，推动发光二极管 VD 发光指示。

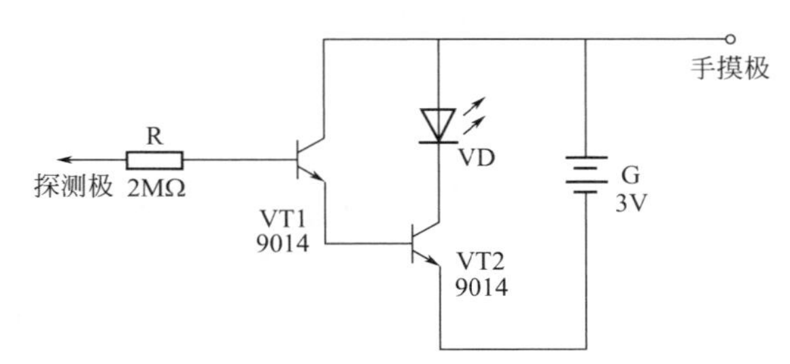

图 1-75　多功能测电笔电路图

电路中，由于晶体三极管 VT1 的发射极输出电流直接作为晶体三极管 VT2 的基极电流，故由晶体三极管 VT1、VT2 构成的放大电路放大能力很强，电路的探测灵敏度也很高。R 为人体保安电阻器，可防止人手在接触手摸极时，由探测极引入的 36V（一般场所安全电压最大值）以上电压造成触电事故。

综上所述，读者可以自己归纳出多功能测电笔与普通测电笔的区别所在：普通测电笔是直接利用所检测到的微弱电信号启辉氖管发光的，发光亮度低是其“先天不足”；而多功能测电笔则是利用检测信号作为信号源，经晶体三极管 VT1、VT2 高倍放大后，由专用电池 G 提供充足电能，驱动发光二极管 VD 发出明亮的指示光。晶体三极管 VT1、VT2 的放大作用，使得多功能测电笔的检测灵敏度也很高。不仅由探测极引入的微弱电信号能够可靠触动发光二极管 VD 发光，而且探测极感应到的微弱电信号也能够触动发光二极管 VD 发光。后面介绍的隔着交流电线绝缘外皮等进行测电，就是利用了这一新功能。

1.9.2 元器件选择

本制作所用全部电子元器件的实物外形如图 1-76 所示，各元器件具体说明如下。

晶体管 VT1、VT2 均选用 9014（集电极最大允许电流 I_{CM}=100mA，集电极最大允许功耗 P_{CM}=310mW）或 3DG8 型硅 NPN 小功率三极管，要求电流放大系数 $\beta > 100$。VD 用 5mm×2mm 方形普通红色发光二极管，如用塑料外壳是黄色或白色、但发红光的高亮度发光二极管，则效果更佳。

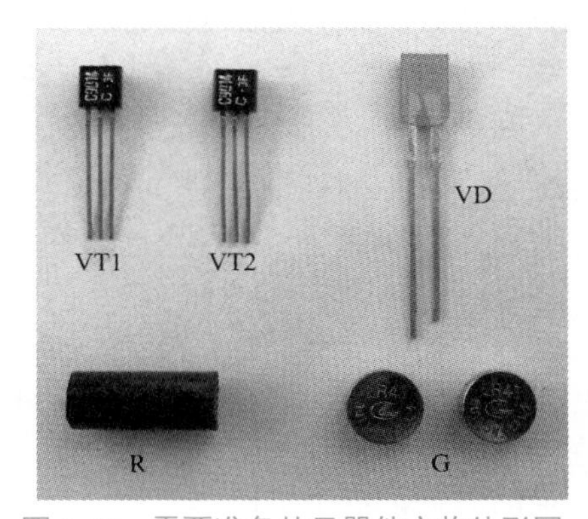

图 1-76　需要准备的元器件实物外形图

R 为欲改造升级的氖管测电笔原有电阻器，不另外选配。

G 采用两粒 AG3（ϕ7.9mm×3.6mm）或 SR41、XY-03 型氧化银纽扣式电池串联而成，电压 3V。因整个电路平时耗电甚微（实测＜1μA），故不必设电源开关。

1.9.3 动手制作

图 1-77（a）所示为该多功能测电笔的印制电路板接线图；图 1-77（b）所示是焊接好元器件的印制电路板实物照片。印制电路板可用刀刻法制作，实际尺寸仅为 17mm×7mm。

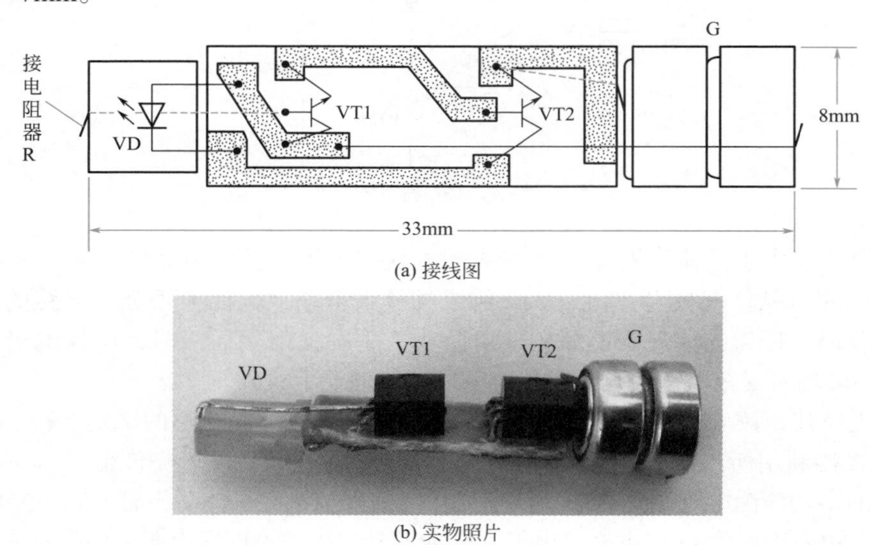

(a) 接线图

(b) 实物照片

图 1-77 多功能测电笔印制电路板图

焊接时，按图 1-77 所示把发光二极管 VD 紧焊在电路板左边的铜箔面，把晶体三极管 VT1、VT2 的引脚均齐根弯成 90°，插焊在电路板上，焊接后的多余部分应剪掉。注意：晶体三极管 VT1 的基极不要剪短，把它引至发光二极管 VD 的顶端，稍弯一下以便和测电笔内原有的电阻器可靠接触；晶体三极管 VT2 的发射极也不要剪短，按图弯过后作为电池 G 的负极接线。另外，在电路板上晶体三极管 VT1 的集电极端焊一根稍硬些的塑料外皮电线，取适当长度（约 25mm），使它和电池 G 的正极扣在一起。

为了帮助读者顺利完成焊接，图 1-78 给出了已焊接好的印制电路板正面和背面照片，供焊接时对照参考。组装好的电子电路，其整体长度和体积与氖管测电笔内部的氖管相差无几，为下一步顺利改造普通氖管测电笔奠定了基础。

多功能测电笔的装配参照图 1-79 所示进行，图 1-79（a）为内部结构剖面图；图 1-79（b）为实物装配图。所用普通氖管测电笔既可以是螺丝刀式的，也可以是钢笔式的，只要能够放入图 1-78 所示的电子电路就行。具体装配方法：打开欲改造的普通测电笔的后盖，取出里面的弹簧、氖管（不再用），放入电路板和电池，注意使晶体三极管 VT1 的基极和测电笔内的电阻器 R 接触，并使电池 G 也接触良好，然后放入弹簧、拧上后盖，多功能测电笔便装配好了。图 1-80 是制作成功的两种多功能测电笔实物外形图。

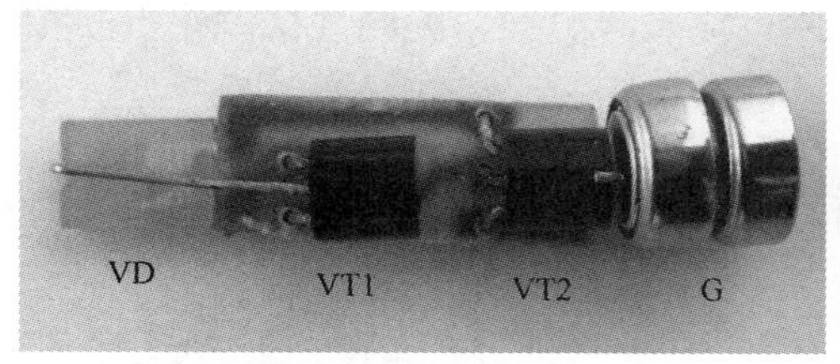

(a) 正面

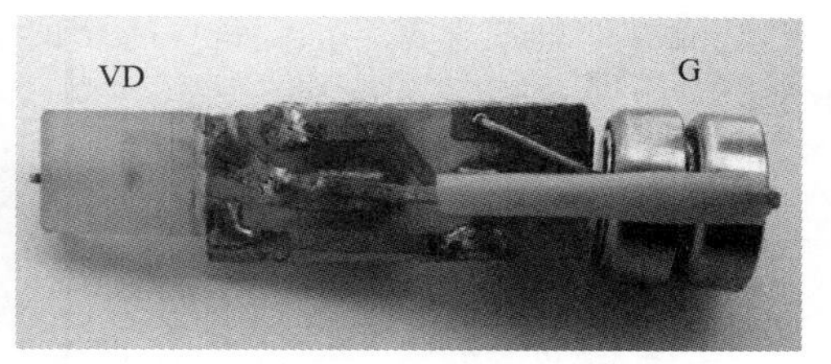

(b) 背面

图 1-78　已焊接好的印制电路板

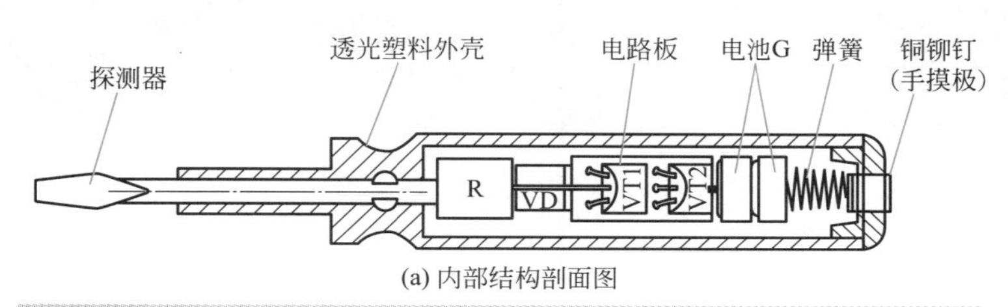

(a) 内部结构剖面图

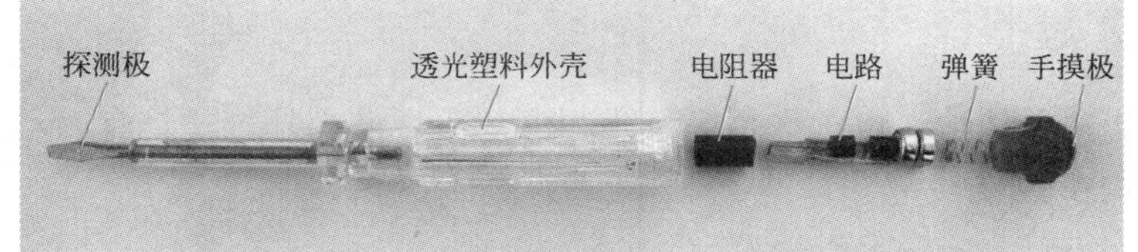

(b) 实物装配图

图 1-79　多功能测电笔装配图

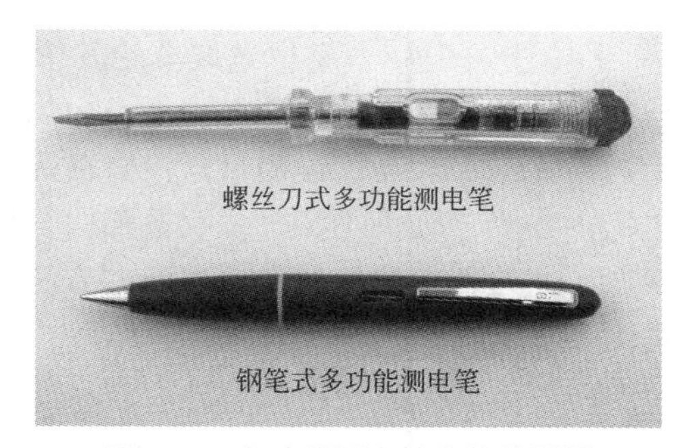

图 1-80　多功能测电笔实物外形图

制成的多功能测电笔，可采用“双手检测法”检验工作是否正常，具体方法是：按照图 1-81（a）所示，用两手分别去接触多功能测电笔的探测极和尾部的手摸极，如果发光二极管 VD 亮，则表示测电笔工作正常；否则，应检查各部件是否接触良好、焊接是否有错误、元器件是否有问题。还可采用“静电检测法”判断多功能测电笔的灵敏度，具体方法是：按照图 1-81（b）所示，手持多功能测电笔（注意手指要接触手摸极），让探测极在干燥的化纤布料上来回摩擦，所产生的静电会使发光二极管

VD 闪亮。其亮度越大，说明多功能测电笔的测电灵敏度越高。

图 1-81（a）所示的“双手检测法”，是检验多功能测电笔工作是否正常的最基本、最有效的方法。每次使用多功能测电笔前，都应采用“双手检测法”检验多功能测电笔的性能。如果发现发光二极管 VD 亮度变暗，应及时更换新的同规格氧化银纽扣式电池。

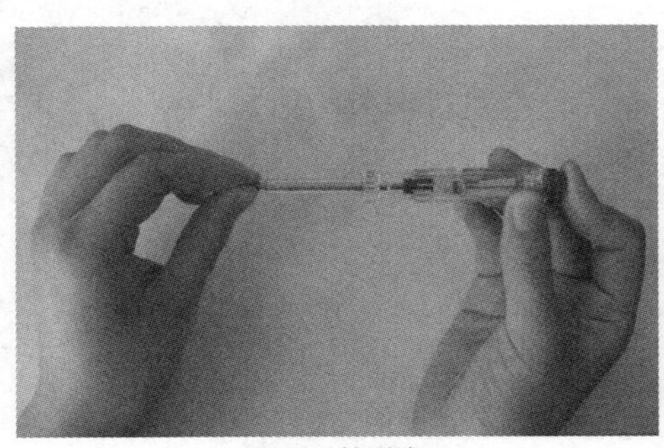

(a) 双手检测法

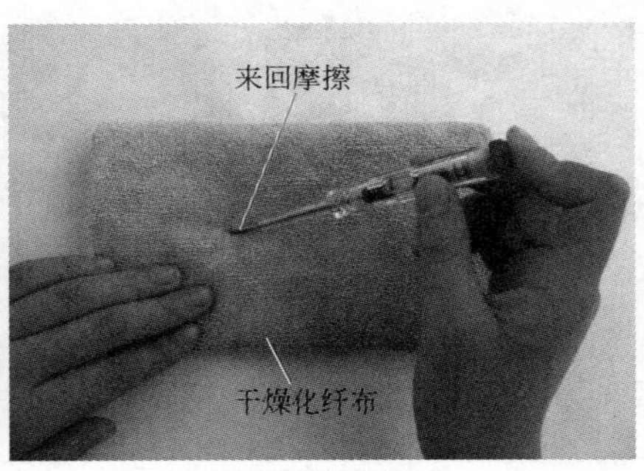

(b) 静电检测法

图 1-81　检验多功能测电笔

1.9.4　投入使用

该多功能测电笔除了可以像普通氖管测电笔一样使用外，还具有以下比较典型的用途及使用方法。

（1）检测电灯泡、日光灯管的灯丝是否烧断

家里的普通磨砂玻璃或有色白炽灯、日光灯管不能正常发光时，无法凭眼睛直接看清里面的灯丝（钨丝）是否已经被烧断，只能通过万用表测试等方法才能作出判断。若按照图 1-82 所示，一只手捏住白炽灯（或日光灯）的其中一个电极端；另一只手持着测电笔（注意手指要接触手摸极）通过探测极去触及白炽灯（或日光灯）的另外一个电极端。如果测电笔内发光二极管亮，说明灯丝没有被烧断，被测白炽灯（或日光灯）是好的；如果测电笔内发光二极管不亮，说明被测白炽灯（或日光灯）内部灯丝已经烧断，只能报废换新了。这种检测灯丝是否烧断的方法，既简便，又快捷，在检修照明电路故障时很有用。

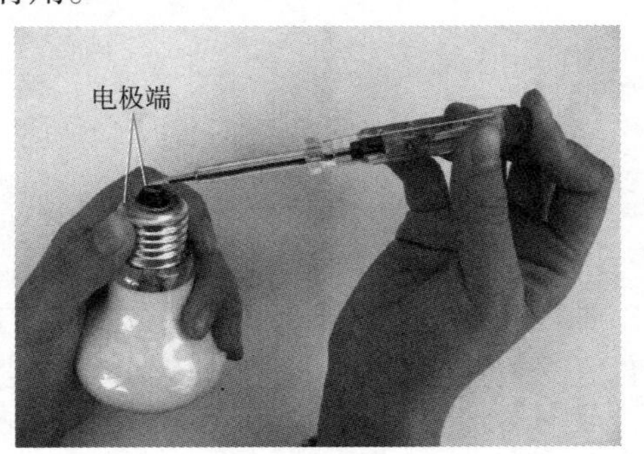

图 1-82　检测电灯泡的灯丝是否烧断

（2）检测用电器外壳是否漏电

用电器的金属外壳必须与电源插头的两电极保持良好的绝缘，否则人体触及通电工作的用电器时，就会发生触电事故。图1-83给出了用测电笔检测电烙铁外壳是否漏电的方法：一只手捏住电烙铁电源插头的电极；另一只手持着测电笔（注意手指要接触手摸极），并通过探测极去触及电烙铁的金属外壳。如果测电笔内发光二极管不亮，说明电烙铁的金属外壳与内部电路之间的绝缘性能良好；如果测电笔内发光二极管亮，说明电烙铁内部电路与金属外壳之间存在严重的漏电现象，必须在排除电烙铁故障后方可使用。其他用电器的检测方法是完全一样的。

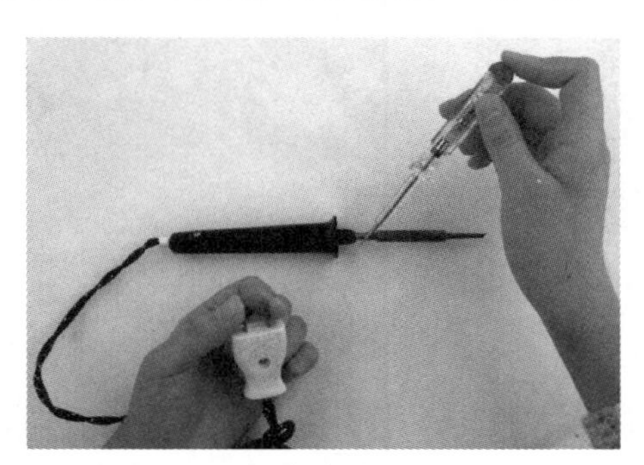

图1-83　检测电烙铁外壳是否漏电

（3）检测电感器、变压器等线圈的通断

如图1-84所示，一手持测电笔（注意手指要接触手摸极），用测电笔的探测极去触及电感器、变压器等线圈的一端；另一只手捏住线圈的另一端。如果测电笔内部发光二极管亮，说明线圈是通的；如果测电笔内部发光二极管不亮，说明线圈内部已经开路。

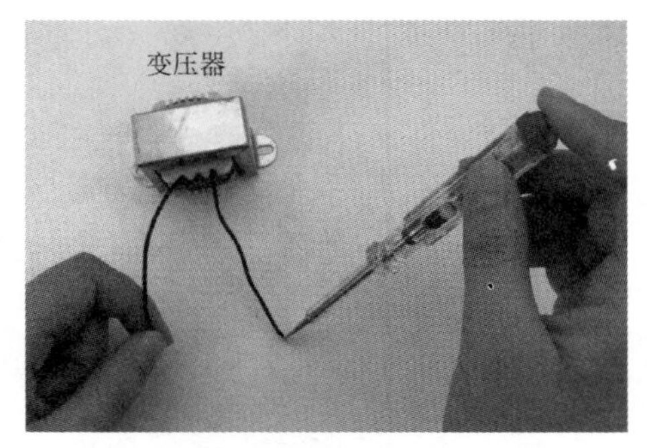

图1-84　检测变压器线圈的通断

（4）判断晶体二极管的极性

如图1-85所示，直接用一只手捏住晶体二极管的一端；另一只手接触测电笔的手摸极，并同时用探测极去接触晶体二极管的另一端。如果测电笔内部发光二极管发光，说明手捏一端是晶体二极管的正极，测电笔探测极接触的一端是负极；如果发光二极管不发光，说明情况正好相反。这里捏住晶体二极管一端的人手，相当于用指针式万用表欧姆挡判断晶体二极管极性时的黑表笔，而测电笔的探测极相当于红表笔。

掌握了这一规律，还可用这个测电笔判断电阻器是否开路，晶体三极管、晶闸管等的极性等。具体方法读者可动脑、动手总结，这里不再赘述。由于用两手代替了平常测量常用的表笔，因此操作起来比万用表还要方便。

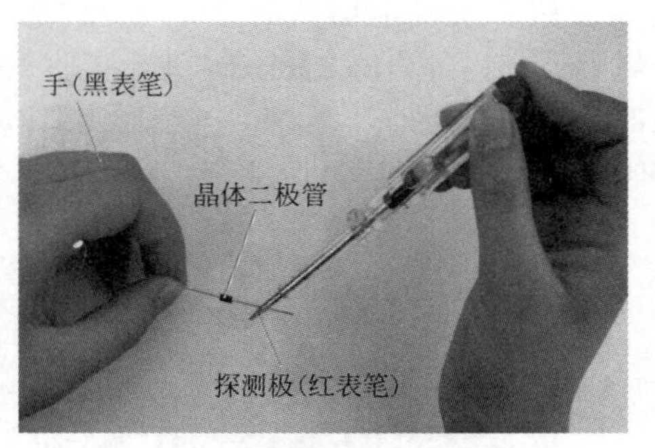

图 1-85　判断晶体二极管的极性

（5）估测小容量电容器

此测电笔可粗略估计从十几皮法到零点几微法的电容器，方法如图 1-86 所示，一开始可看到测电笔内部发光二极管发光并逐渐熄灭的电容充电过程，通过观察发光亮度及所亮时间的长短，来判断电容器容量的大小。容量越大，亮度越高，所亮时间越长；反之亦然。如果测电笔内部发光二极管常亮不灭，可判断为电容器内部击穿短路或漏电；如果测电笔内部发光二极管始终不亮，可先短路一下电容器两脚（放电）或调换电容器引脚再测试，如仍然不亮则可判断为电容器内部开路。由于测电笔电路的放大倍数非常高，因此用它测小电容器比使用万用表“R×1kΩ”挡灵敏得多。另外，电容器稍有漏电，测电笔内部发光二极管便会一直发光。但注意，不能用它来测试电解电容器。

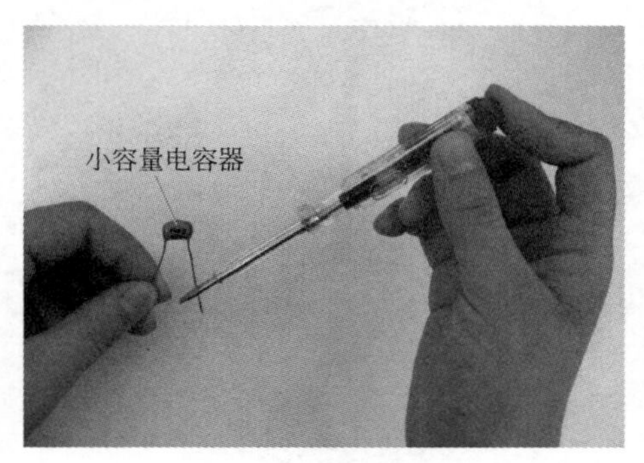

图 1-86　估测小容量电容器

（6）区别直流电的正、负极

如果不清楚 1.5 ～ 24V 的直流电源或单个电池、电池组的输出端（线）的正、负极性，可按照图 1-87 所示，直接用一只手捏住其中的一端；另一只手接触测电笔的手摸极，并同时用探测极去接触另一端。如果测电笔内部发光二极管发光，说明测电笔探测极接触的一端是正极，手捏的一端是负极；如果发光二极管不发光（1.5V 时有微光），说明情况正好相反。

用这一方法还可以判断低压（＜24V）直流电路中任意两点间的电压高低。具体方法读者可动脑、动手总结，这里不再赘述。

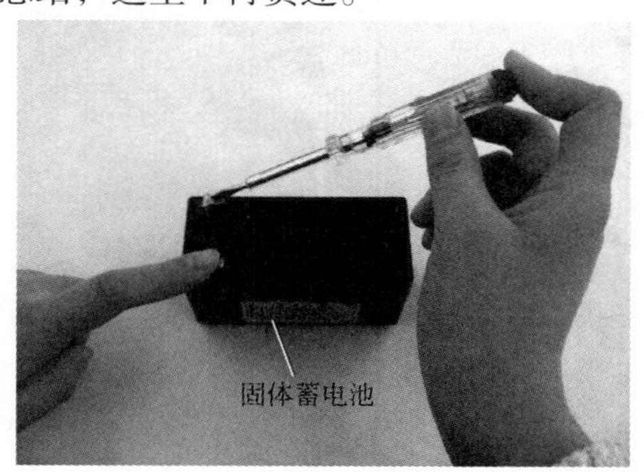

图 1-87 区别直流电的正、负极

（7）感应法测 220V 交流电

不用把测电笔的探测极接触到交流电源的金属部分，只要像图 1-88 所示的那样，将探测极靠到电线绝缘外皮、电器塑料外壳等上面，就可以通过观察测电笔内部发光二极管的亮灭，判断出被测对象是否带市电，甚至还能够分辨出单根通电的电线是相线（火线）还是零线（地线）来。

读者在摸索和总结出了经验后，利用这一方法还可隔着电热毯的布层，顺着电热丝的走向移动测电笔的探测极，尽快查找到电热毯内部的断丝位置，以及隔着塑料外皮找出通电电线中的断点位置来。

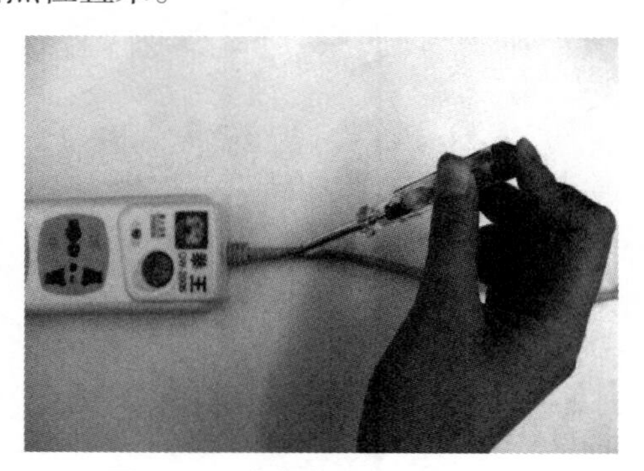

图 1-88 感应法测 220V 交流电

（8）检测用电器是否接上保护接地线

对于金属外壳与供电电路之间绝缘性能良好的用电器（可按前面的方法二进行检测），在接通 220V 交流电正常工作时，按照图 1-89 所示测量金属外壳。如果测电笔内部发光二极管不发光，说明用电器的外壳接有良好的保护接地线（或接零线）；如果测电笔内部发光二极管发光，说明用电器的外壳没有接上保护接地线，或者接线已经开路。为了确保人身安全，应按照要求给用电器的外壳接上良好的保护接地线。

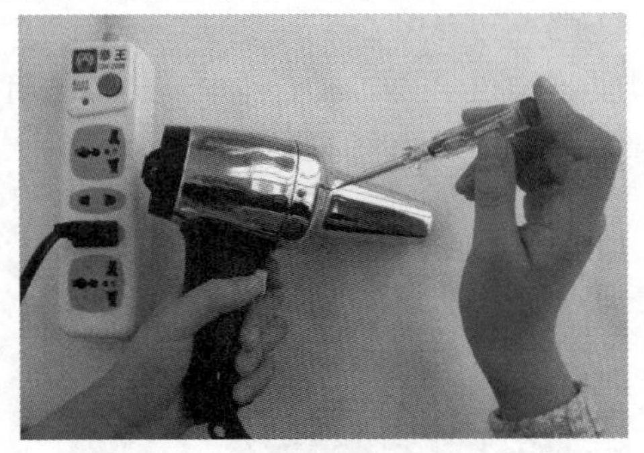

图 1-89　检测用电器是否接上保护接地线

这里需要指出的是，在检测用电器的金属外壳时，测电笔内部发光二极管发光了，并不是说用电器的外壳已经漏电带上了 220V 交流电，而是由于用电器的外壳没有接上大地线，因此所产生的极微弱的感应电压使测电笔内部的发光二极管发出了亮光。同理，按照图 1-90 所示，将测电笔的探测极插入 220V 三孔电源插座的保护接地线（或保护接零线）插孔内，如果测电笔内部发光二极管不发光，说明保护接地线（或接零线）良好；如果发光二极管发光，说明插座的保护接地线插孔形同虚设，可能是保护接地线已经开路，也可能是根本就没有接上保护接地线。

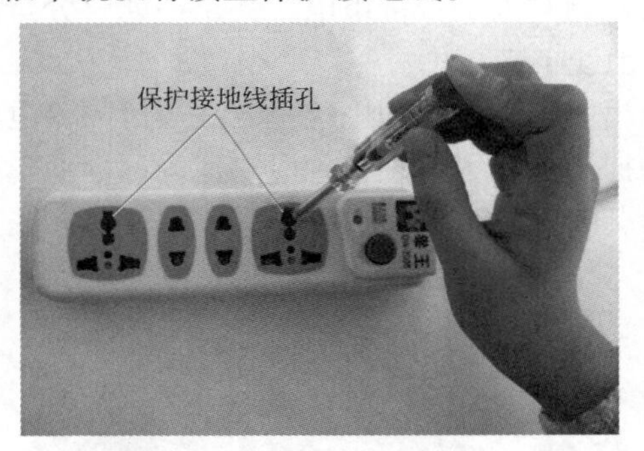

图 1-90　检测三孔电源插座是否接有保护接地线

1.10 多功能手持电钻

电钻是开展电子制作活动少不了的常用工具。这里介绍一种采用专门的套件组装而成的多功能手持电钻，它体积小巧、性能优良、动力强劲、用途广泛，不仅适合用来在电路板、金属片、塑胶板或木板上打孔，而且能够轻而易举地实现切割、打磨、雕刻或抛光等多种功能，是电工、电子爱好者不可多得的一件制作利器。

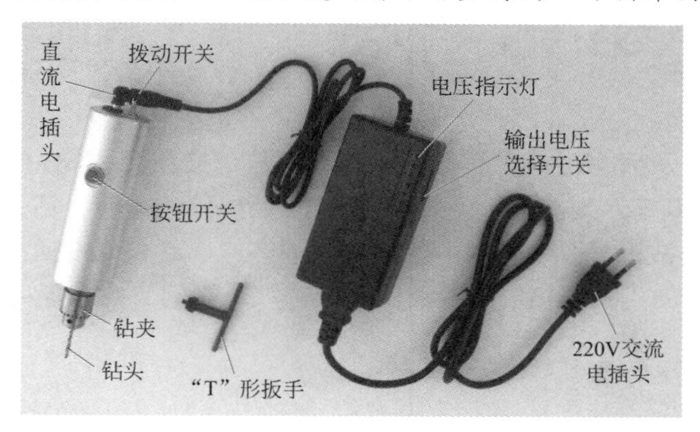

图 1-91 多功能手持电钻外形图

该多功能手持电钻的实物外形如图 1-91 所示，它采用网购的套件组装而成，其主要特点如下。一是钻孔精度高。由于采用了高精密（同心度≤ 0.1mm）、宽夹持范围（0.3 ～ 4mm）的优质钢钻夹，因此无论是钻头同心度还是钻头夹持范围，都是普通电钻夹所无法相比的。二是动力强劲。由于采用高转速、大扭力、双滚珠轴承的强磁小电动机，因此虽然体积较小（利于电钻微型化），但其扭力并不小，一般钻孔感觉力量绰绰有余。三是操作方便。在电钻圆筒外壳的手持部位和尾端，分别设有控制电源的自复位按钮开关和拨动开关，实际使用中可根据需要方便地选择其中一个开关去控制电钻的通电工作。四是功率可调。由于采用外接式调压型电源适配器供电，因此通过改变工作电压（12 ～ 24V），可轻而易举地实现电钻转速和动力大小的调节，以满足不同的使用要求。五是外观漂亮。电钻外壳采用全铝合金材料车制，实际尺寸（不包括钻夹和开关等）为 ϕ40mm×120mm，表面经过喷砂和硬化处理，不仅手感一流，而且金属外壳利于电动机散热，可延长其使用寿命。

1.10.1 工作原理

多功能手持电钻的电路如图 1-92 所示，它由安装在铝合金外壳（手持部分）内的电动控制电路和外接式调压型电源适配器两部分组成，两者之间通过直流电插座 XS 和插头 XP1 连接，使用很方便。

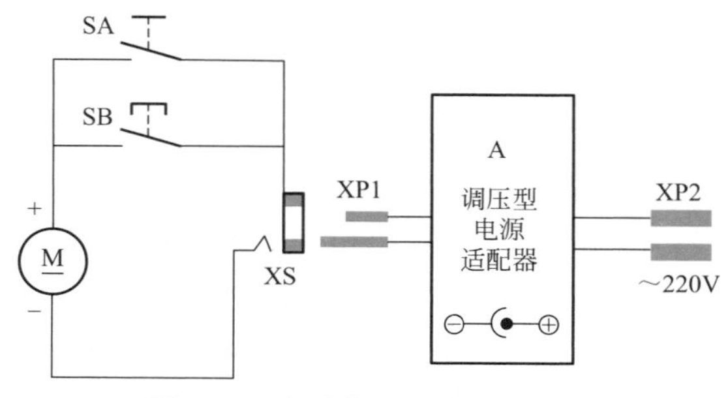

图 1-92 多功能手持电钻电路图

220V 交流电经调压型电源适配器内部电路降压、整流、滤波等一系列处理后，通过插头 XP1 和插座 XS 向手持部分的电动控制电路提供功率充足、电压可调（在 12 ～ 24V 范围内分 7 挡可调）的直流电。当按下自复位按钮开关 SB 的按钮（或将拨动开关 SA 拨至闭合状态）时，小型直流电动机 M 通电运转，直接带动钻夹及钻头（图中未绘出）旋转，从而实现电动钻孔。当松开自复位按钮开关 SB 的按钮（或将拨动开关 SA 拨至断开状态）时，小型直流电动机 M 断电停止运转，钻头亦停止旋转。如果钻夹夹持的不是钻头，而是不同形状的金刚砂高速小磨头或带柄小砂轮磨头、带柄抛光轮等夹持具，便可实现相应的电动切割、打磨、雕刻或抛光等功能。

1.10.2 元器件选择

图 1-93 给出了多功能手持电钻全部套件的实物外形图。整个套件可从淘宝网上购得，花费一般不足 100 元（不含图 1-97 所示全套夹持件约 90 元）。

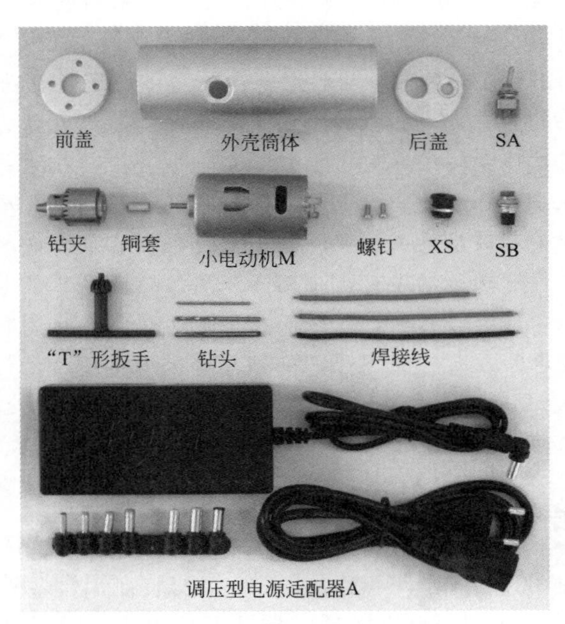

图 1-93 全部元器件和配件实物外形图

电钻外壳采用全铝合金材料，它包括 ϕ40mm×120mm 的筒体、ϕ36mm×5mm 的前盖和后盖三部分，前盖和后盖通过螺钉口可分别紧旋在筒体的两端。外壳表面采用了喷砂和硬化阳极氧化处理工艺，耐磨、耐腐蚀、易握持。

小型直流电动机 M 采用高转速、大扭力、双滚珠轴承的 555 型电机，推荐选择性价比高的香港德昌牌产品。该直流电动机采用碳刷和纯铜线，全金属外壳，内设散热风扇，运行平稳，做工相当不错。主要参数：工作电压范围 12 ～ 24V，空载电流 290 ～ 370mA，空载转速 6000 ～ 12000r/min。主要尺寸：机身直径 35.6mm，机身长度 80mm，轴长 14mm，轴径 3.17mm，质量 200g。

SB 采用 DS-316 型自复位、常开型按钮开关，其最大工作电压为交流 250V，额定电流≤ 1A，安装孔径 10mm，触点接触电阻≤ 50mΩ，机械寿命≥ 10000 次。

SA 采用 MTS-102 型单刀双掷钮子开关（也称摇头开关），本制作仅用其中一掷（即紧挨的一对引脚），其面板安装孔径 6mm，最大工作电压为交流 250V，额定电流≤ 3A，接触电阻≤ 20mΩ，机械寿命约 10000 次。SA 也可用大小相当的 KNX-2W1D、KNX102 型钮子开关来直接代替。

XS 采用孔径 5.5mm、芯极（内针）直径 2.1mm 的面板安装式直流电源插座，其接线端识别和电路符号如图 1-94 所示。这种直流电源插座内部带有自动开关（主要用于接入外接电源插头时，自动断开机内干电池，本制作未用此功能）。故其有三个接线端，使用时注意不要接错接线端。该插座的安装孔径为 11.5mm，最大工作电压一般为直流 40V，额定电流≤ 3A。

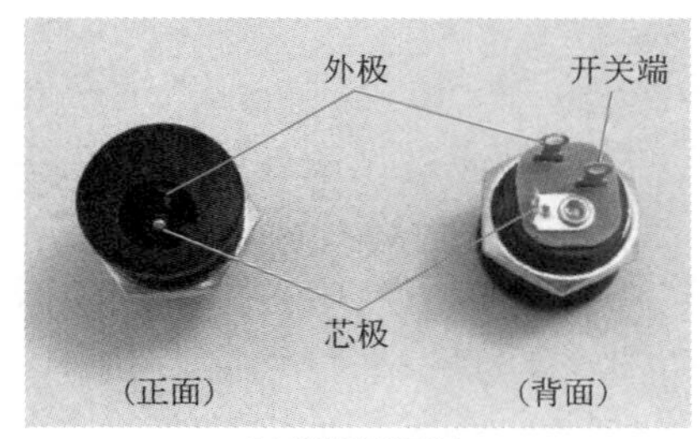

(a) 接线端识别

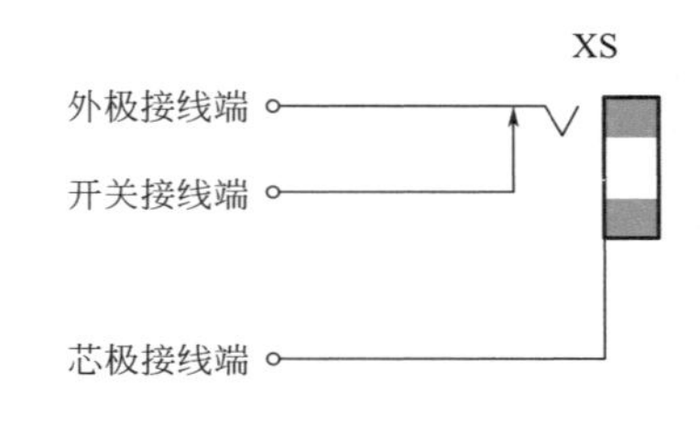

(b) 电路符号

图 1-94　直流电源插座的识别

A 采用 JT-96W 型多用途、调压型电源适配器（也称万能笔记本电脑开关电源），其外形和附件详见图 1-95。该电源适配器具有过载、过压、短路保护功能，输入电压范围为交流 95 ～ 265V，最大输出功率 96W，功率因数＞ 88%（TYP），最大输出电流 4.5A（12V）～ 4A（24V）；具有 7 挡输出电压，分别是 12V、15V、16V、18V、19V、20V 和 24V。通过拨动外壳上的 7 挡输出电压选择开关，可方便地选择所需要的输出电压（对应 LED 电压指示灯会点亮），从而使电源适配器能够满足各种用电器的不同工作电压要求；所配 8 种不同规格的直流电二芯插头，能够使电源适配器轻而易举地实现与各种用电器电源插座的可靠驳接。显然，该产品适应性强、用途广泛，是一款难得的具有较大输出功率的电源适配器。

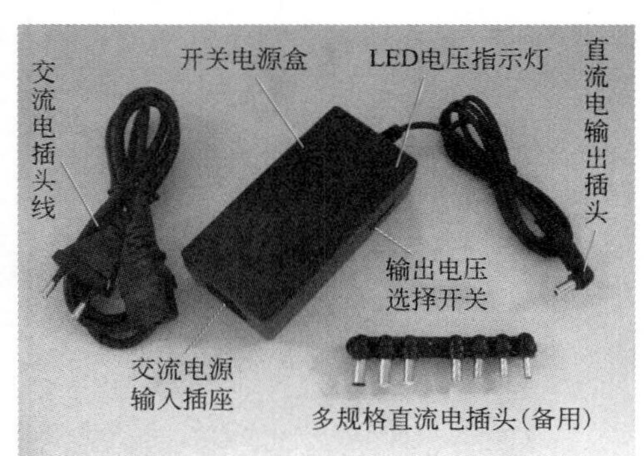

图 1-95　JT-96W 型电源适配器

钻夹推荐采用正品浙江三欧牌高精度小钻夹，型号为 JT0，其夹持钻头直径的范围是 0.3 ～ 4mm。整个钻夹采用特种工具钢制造，全长 36mm，大外径 21.5mm，小外径 15mm，后内锥孔口径 6.26mm。钻夹配套有一个“T”形小扳手，方便装卸钻头。

由于钻夹的安装孔大，而所用小型直流电动机 M 的轴较细，因此钻夹无法直接安装到电动机的轴头上面去，必须按照图 1-96 所示，通过特制的锥形黄铜套（也称黄铜连接杆）进行紧密套接。注意是直接插入，不需要螺钉等任何形式的固定。所用锥形黄铜套的最大外径（开有内孔口端）6.26mm，最大内径 3.17mm，长度 12mm。

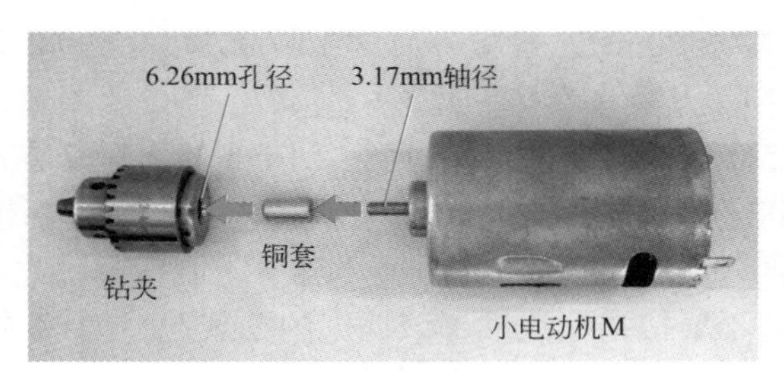

图 1-96　锥形黄铜套的功用

钻头应根据所配钻夹和使用需要选择 ϕ0.3 ～ 4mm 范围内的普通麻花钻头，对数量没有限制。当然，如果选用价格比较贵的高品质含钴超硬麻花钻头，则钻孔效果更好。

除钻头外，只要是夹持柄直径在 ϕ0.3 ～ 4mm 范围内的各种金刚砂磨针或带柄小砂轮、带柄抛光轮等都可根据需要购买，将它们直接夹持到钻夹上去，便可实现电钻的打磨、雕刻或抛光等功能。图 1-97 罗列了一些常用的夹持具，读者可根据需要选购。

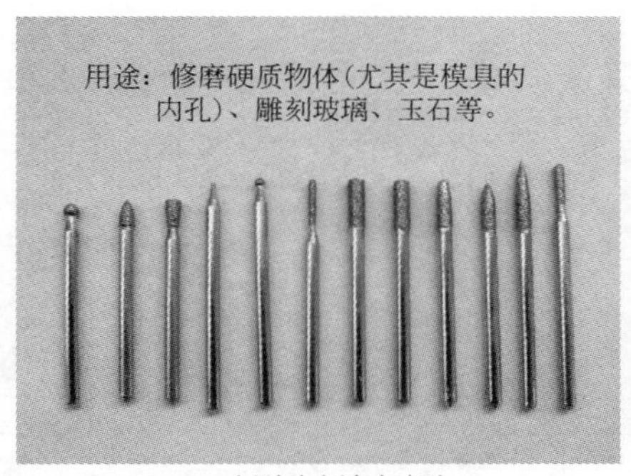

(a) 金刚砂高速小磨头

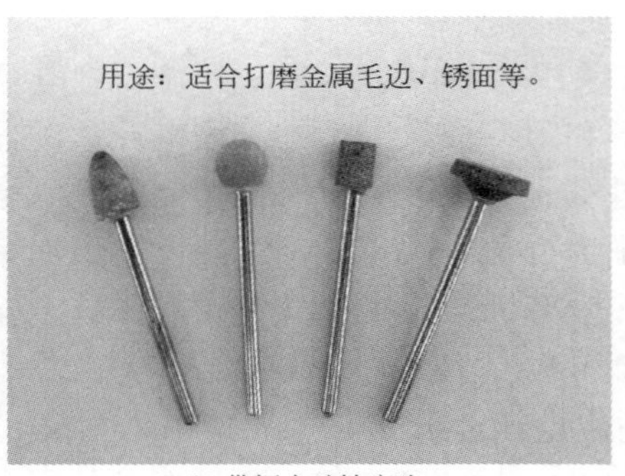

(b) 带柄小砂轮磨头

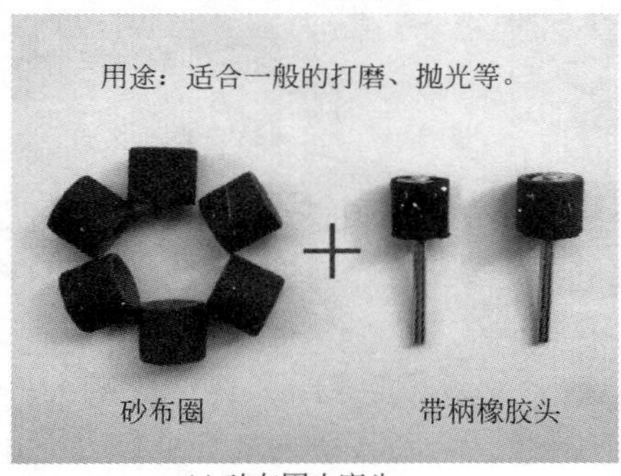

(c) 砂布圈小磨头

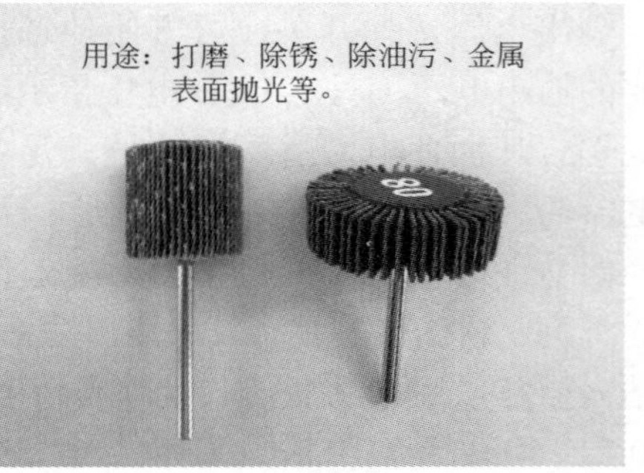

(d) 砂布百页抛光轮

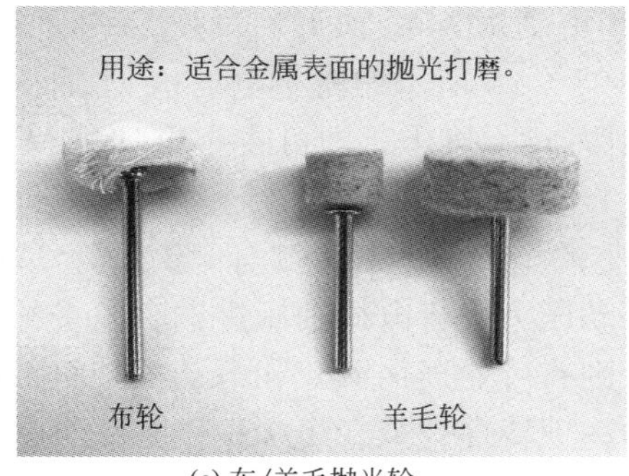

(e) 布/羊毛抛光轮

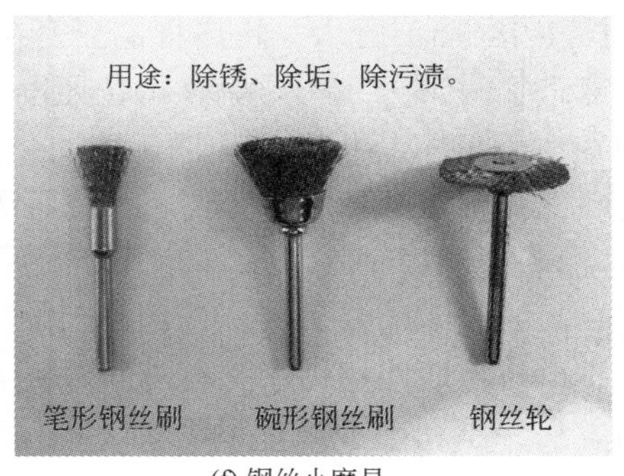

(f) 钢丝小磨具

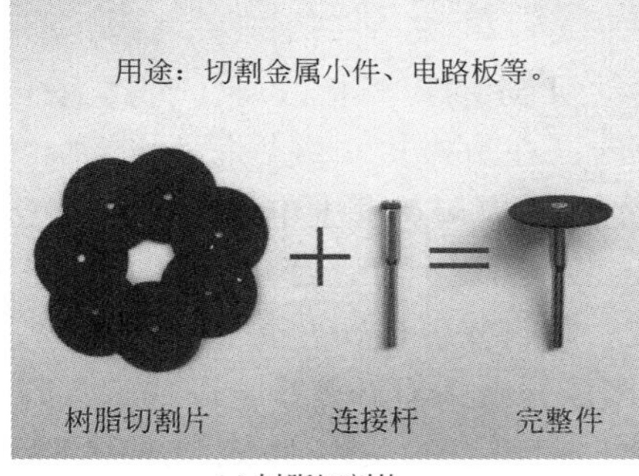

(g) 树脂切割片

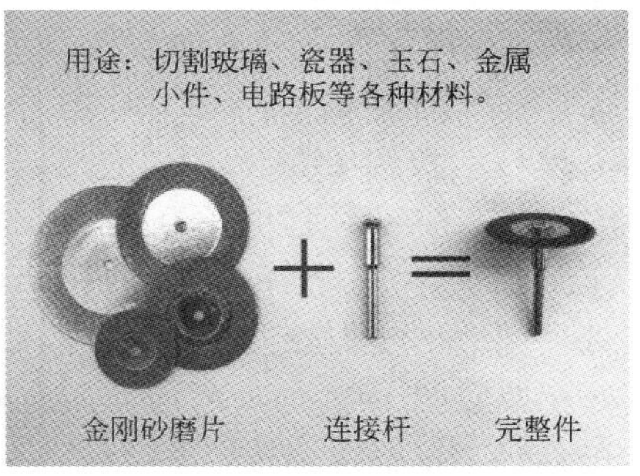

(h) 金刚砂磨片

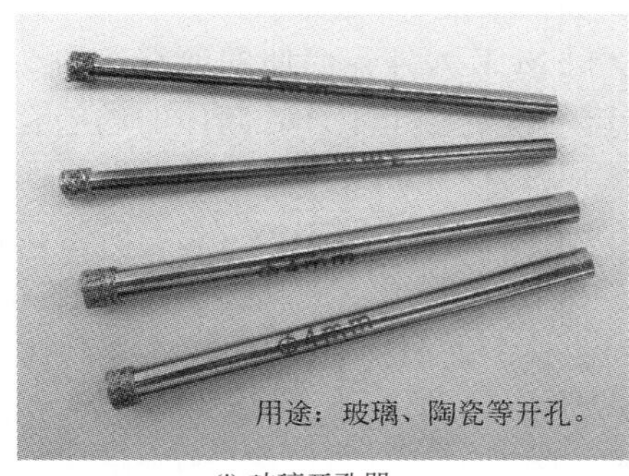

(i) 玻璃开孔器

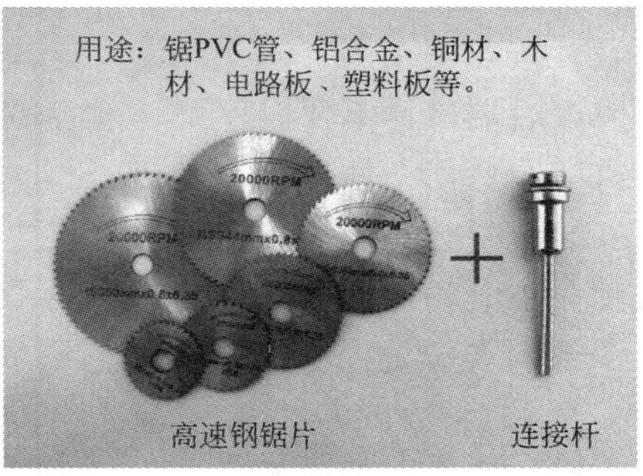

(j) 高速钢锯片

图 1-97　各种夹持具

1.10.3　动手制作

该微型电钻的组装可分为安装小电动机、焊装后盖电路、通电调试三大步骤来完成。下面按制作步骤和流程逐一介绍。

第一步：安装小电动机。

首先，按照图 1-98（a）所示，取一根 ϕ2mm 的粗铜电线，用尖嘴钳截取尺寸约 ϕ2mm×2mm 的铜粒，备用。再按照图 1-98（b）所示，用镊子夹住铜套，在点亮的蜡烛火焰上均匀加热 10 多秒钟。紧接着按照图 1-98（c）所示，将准备好的铜粒放进铜套的内孔中去（其作用是阻止下一步小电动机 M 较短的轴头全部被插入铜套内去），并按照图 1-98（d）所示，趁热将铜套套在小电动机 M 的轴头上面去。一般情况下，只能够套进去一部分，不要紧，可按照图 1-98（e）所示，将小电动机 M 翻转过来，垂直顶在桌面的木垫板（或地面）上，稍用力向下按压，即可将小电动机 M 的轴压进铜套底部。万一铜套不能套到底，按照图 1-98（f）所示，趁铜套还没有完全冷却，将小电动机 M 的尾轴端顶放在钢丝钳等平整的金属体上，用锤子轻敲铜套顶端，即可搞定。需要说明的是，工厂是用专门的手动压力机将电机轴压进铜套内去的，业余条件下不可自作聪明用锤子强行冷砸入，否则有可能损伤铜套和电动机。而采用加热铜套的方法，是利用了铜套“热胀冷缩”的物理特性，笔者多次操作，证明可以轻而易举地将铜套套在电机轴上面去。显然，无论用什么方法装上的铜套，一旦紧套在电机轴上，就很难再取下来了。

其次，按照图 1-98（g）所示，在小电动机 M 的正极接线端（旁边有一红色圆点标志）焊接上长约 140mm 的红色塑皮电线，在负极接线端焊接上长约 140mm 的黑色塑皮电线。按照图 1-98（h）所示，分别给两焊接点套上电工用的绝缘套管（如用热缩管则更理想）。接下来，按照图 1-98（i）所示，在距小电动机 M 的正极接线端 4cm 处，用电烙铁头烫去红色电线的塑皮，将自复位按钮开关 SB 的任一接线端焊接在该处。按照图 1-98（j）所示，在自复位按钮开关 SB 的另一接线端焊接上长约 120mm 的红色塑皮电线，并给焊接点套上电工用的绝缘套管。按照图 1-98（k）所示，退出自复位按钮开关 SB 上面的紧固螺母，以利于下面的安装。

最后，按照图 1-98（i）所示，将小电动机 M 装入外壳筒体的前端口内。注意：应分辨前、后端口，不要弄反了。前、后端口的区别在于，外壳筒体的内壁有一圈定位电动机的窄台阶，距前端口约 61mm，距后端口约 54mm，并且后端口一侧的筒体上开有安装自复位按钮开关 SB 的安装孔。接下来，按照图 1-98（m）所示，将外壳的前盖套在小电动机 M 的前端，并按照图 1-98（n）所示，借助尖嘴钳头及其前盖上面的两个螺钉孔，通过前盖上的丝口，将前盖按顺时针方向紧旋在外壳筒体口沿的螺口内。再按照图 1-98（o）所示，借助小螺丝刀，用两颗 M3×7（直径 3mm、长 7mm）的螺钉将小电动机 M 与前盖紧固。按照图 1-98（p）所示，用尖嘴钳将自复位按钮开关 SB 通过自带的紧固螺母，紧固在外壳筒体上所给出的安装孔内。按照图 1-98（q）所示，将钻夹直接套在铜套上去。安装好的小电动机及其配件如图 1-98（r）所示。

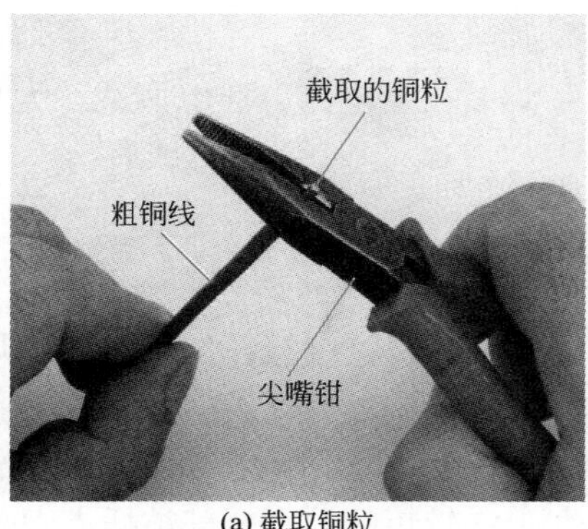

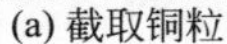
(a) 截取铜粒

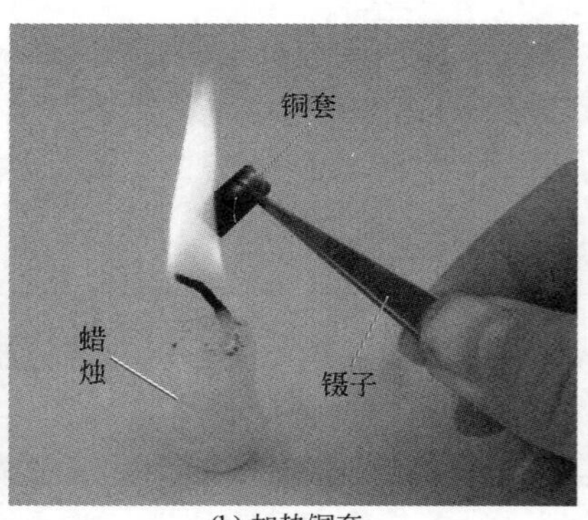

(b) 加热铜套

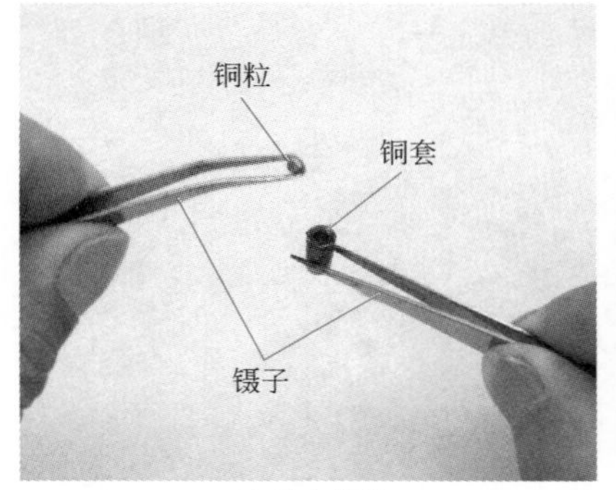

(c) 放入铜粒

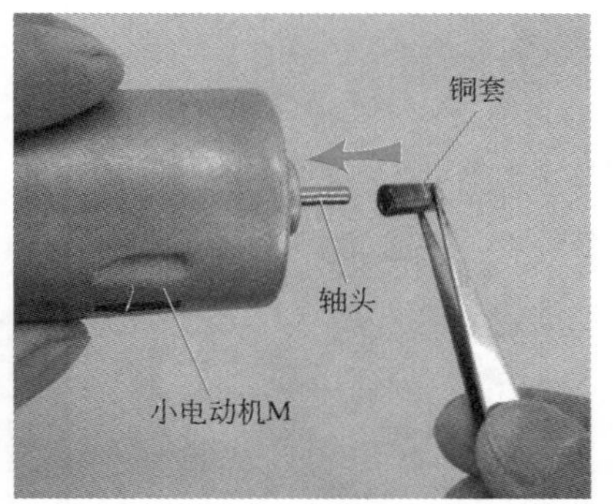

(d) 套进轴头

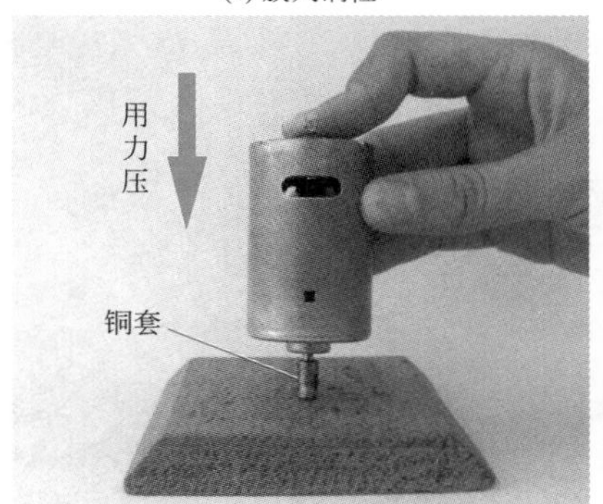

(e) 挤压到位

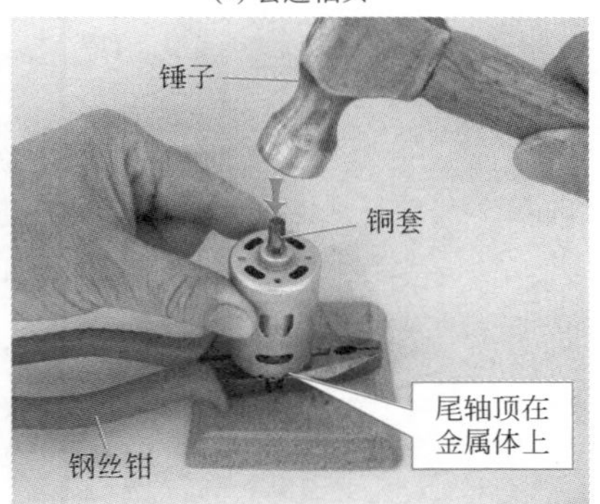

(f) 轻敲到底

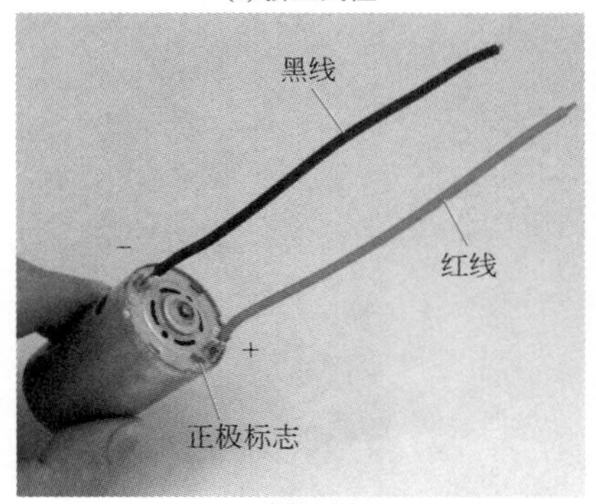

(g) 焊好电线

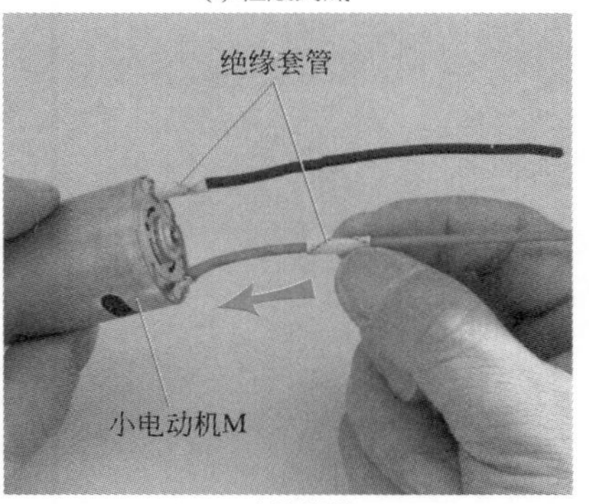

(h) 套绝缘管

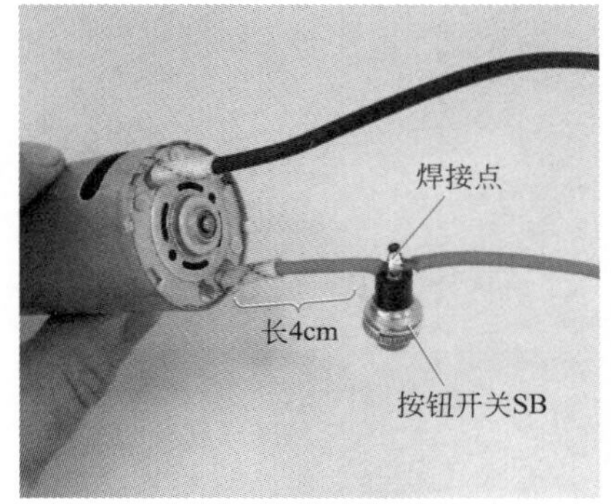

(i) 焊上开关

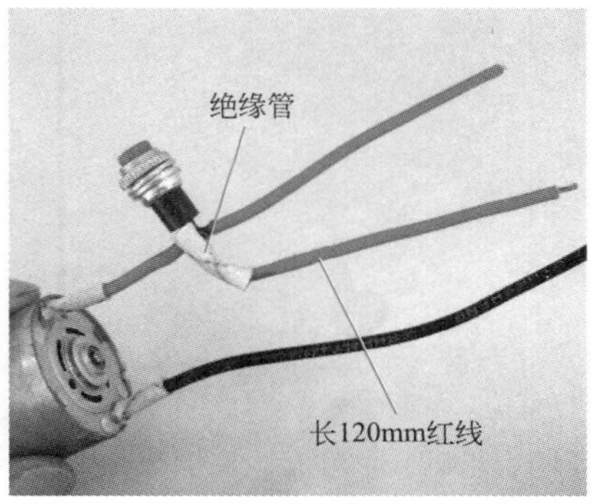

(j) 焊接红线

图 1-98

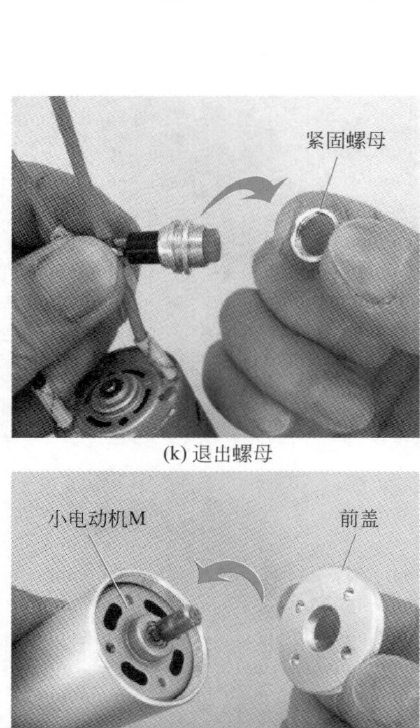

(k) 退出螺母

外壳筒体
小电动机M

(l) 伸进筒体

(m) 套上前盖

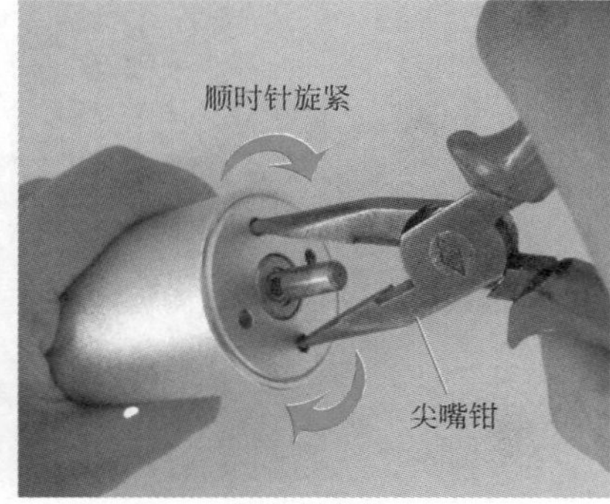

(n) 旋紧前盖

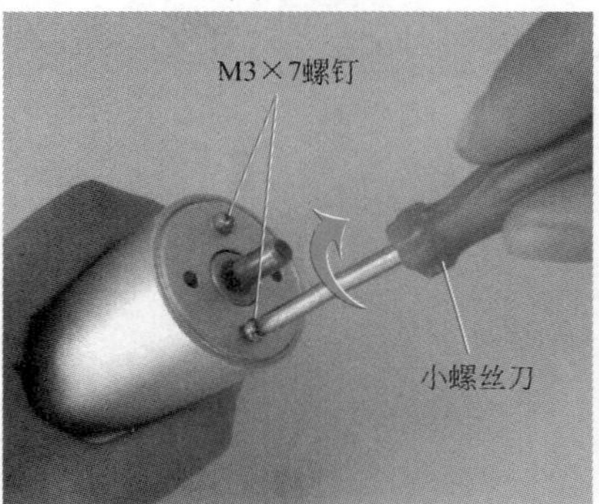

(o) 紧固螺钉

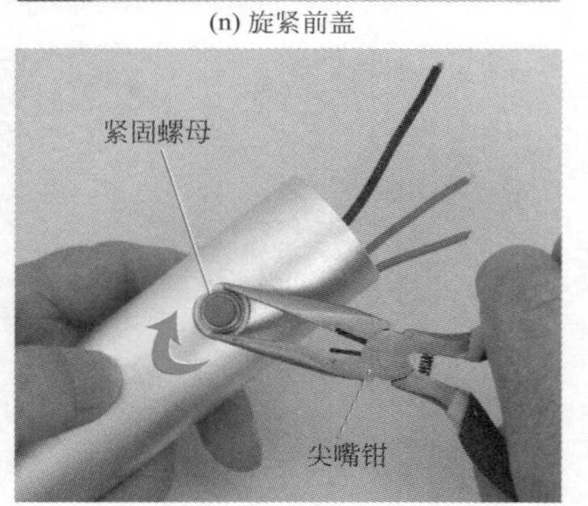

(p) 拧紧螺母

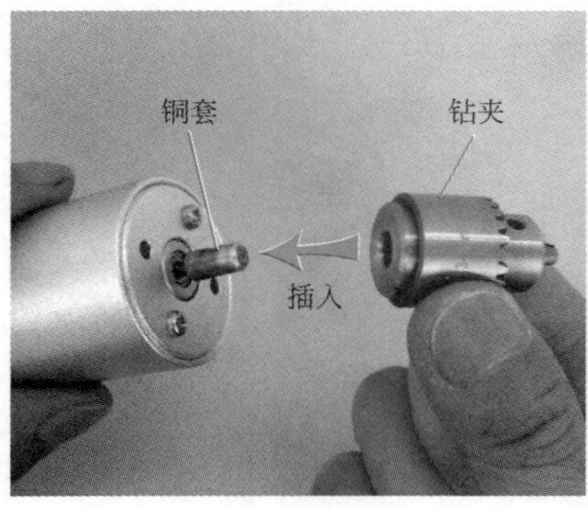

(q) 套紧钻夹

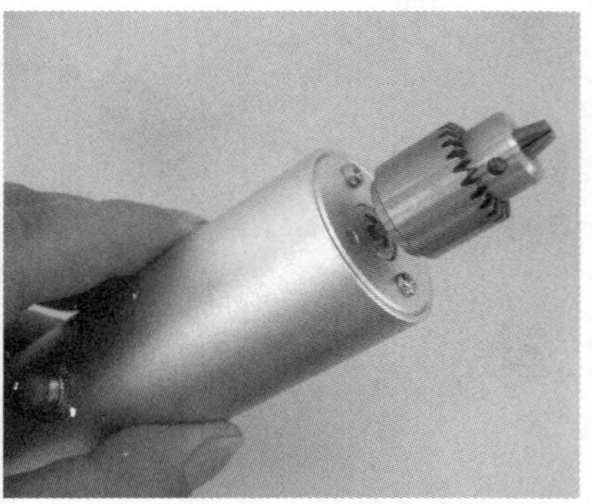

(r) 完成图

图 1-98 安装小电动机

第二步：焊装后盖电路。

首先，按照图 1-99（a）和图 1-99（b）所示，通过钮子开关 SA 和直流电源插座 XS 自带的紧固螺母，分别将它们紧固在后盖所开的两个对应圆孔内。

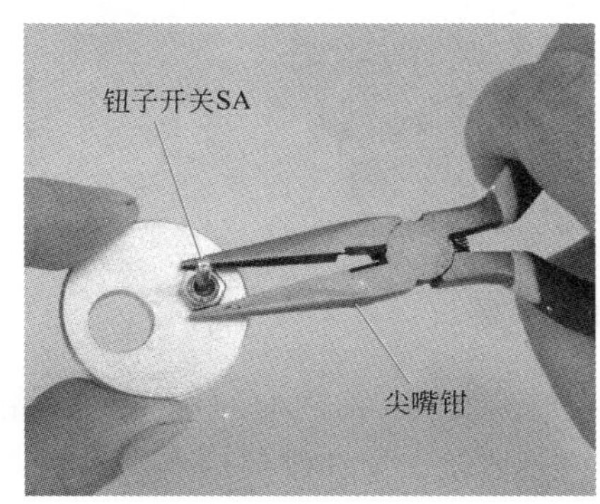

(a) 固定开关

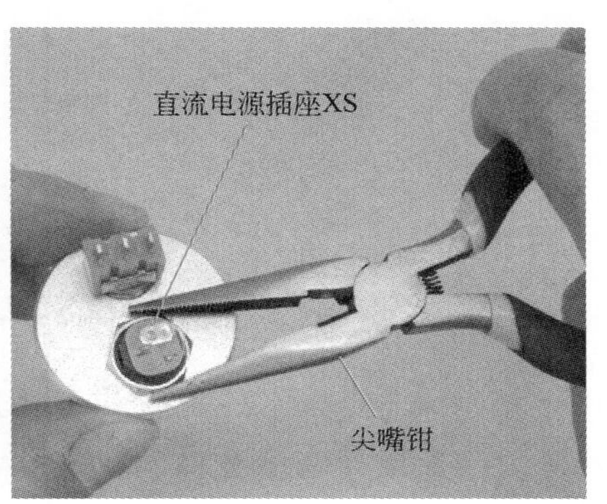

(b) 固定插座

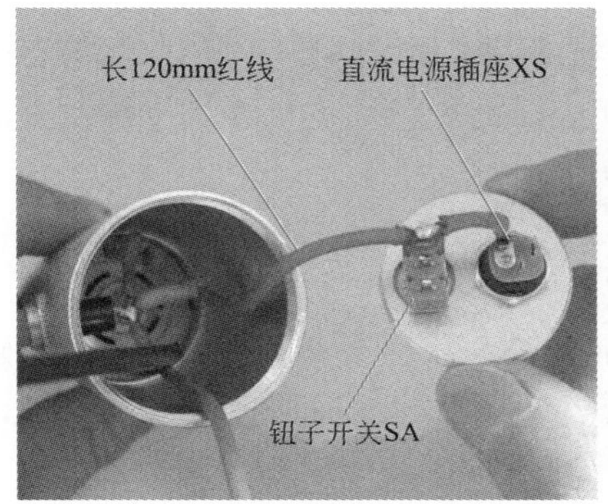

(c) 焊短红线

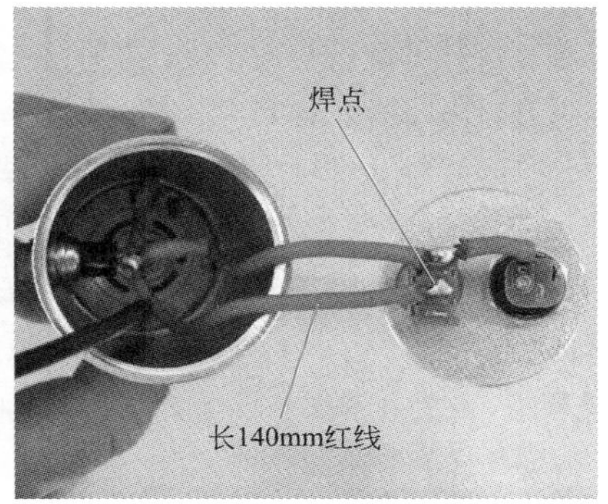

(d) 焊长红线

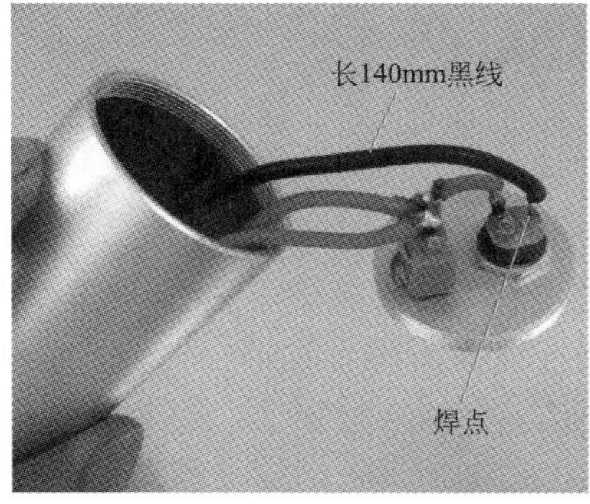

(e) 焊接黑线

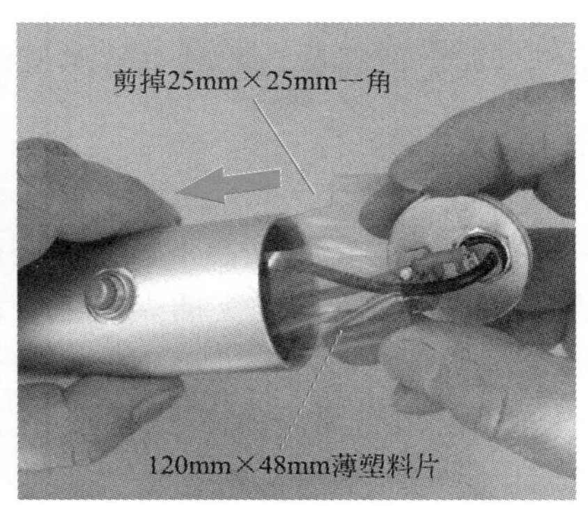

(f) 衬绝缘片

图 1-99

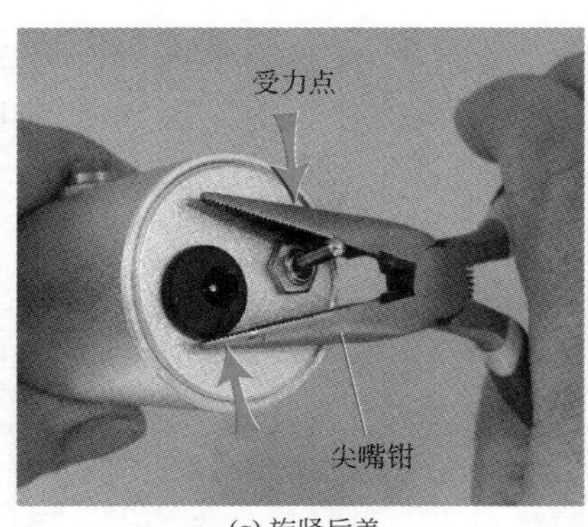

(g) 旋紧后盖

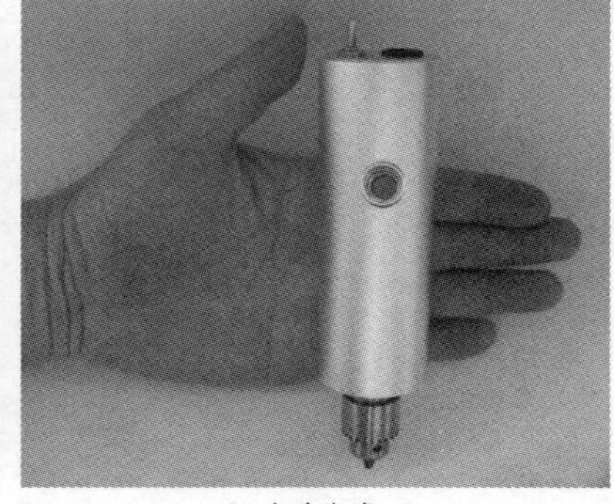
(h) 大功告成

图 1-99　焊装后盖电路

然后，按照图 1-99（c）所示，将引自按钮开关 SB 接线端的长约 120mm 的红色塑皮电线端，焊接在直流电源插座 XS 的芯极接线端，并在距焊接点 2cm 处用电烙铁头烫去红色电线的塑皮，将钮子开关 SA 的任一接线端焊接在该处。按照图 1-99（d）所示，将引自小电动机 M 正极、并连接按钮开关 SB 其中一端的长约 140mm 的红色塑皮电线端，焊接在钮子开关 SA 的另一个接线端（如中间接线端）。按照图 1-99（e）所示，将引自小电动机 M 负极端的长约 140mm 的黑色塑皮电线头，焊在直流电源插座 XS 的外极接线端。至此，电路焊接完毕。

最后，取空塑料饮料瓶或包装盒，剪取一块尺寸约为 120mm×48mm 的薄塑料片（其中一角剪掉 25mm×25mm 见方），按照图 1-99（f）所示，将其作为绝缘片内衬到外壳筒体的后部位置，以防止直流电源插座 XS 和钮子开关 SA 的接线端碰到外壳内壁。接下来，按照图 1-99（g）所示，通过后盖上的丝口，将后盖按顺时针方向紧旋在外壳筒体口沿的螺口内。由于旋紧后盖时里面的 3 根电线会跟随着相互缠绕约 6 圈，因此必须注意做到旋紧后盖上的螺钉口时不要空旋，并且在旋盖前应预先按逆时针方向（反方向）空旋后盖约 3 圈，这样可确保旋紧后盖时不会扭断里面的电线接头。至此，包括后盖电路焊装在内的组装即大功告成。

第三步：通电调试。

组装好的电钻，先不要装上钻头，可按图 1-100（a）～（c）所示，将所配调压型电源适配器的直流输出插头插入电钻后盖上的直流电源插座 XS 内，再将调压型电源适配器（输出电压预选最低挡 12V）的交流电插头接入 220V 交流市电插座，按下自复位按钮开关 SB（或拨动钮子开关 SA），电钻即通电转动。如果电钻不转动，应着重检查调压型电源适配器供电是否正常、电钻电路是否接线正确等。正常情况下，电钻夹的转动方向如图 1-100（d）所示，即电钻头朝下，钻夹按顺时针方向转动为正转；按逆时针方向转动为反转。反转时电钻的钻孔效率低，应通过对调小型直流电动机 M 的红、黑两接线头位置进行调整。

电钻通电正常转动后，可按照图 1-100（e）所示给电钻夹装上合适的钻头，注意一定要用“T”形扳手拧紧钻夹。接下来，按照图 1-100（f）所示，在一块电路板边角料（或木板、塑料板、薄铁片等）上进行打孔试验，检查同心度是否正常、打孔精度如何、不同输出电压下的打孔速度如何。无问题后，即可正式投入使用了。

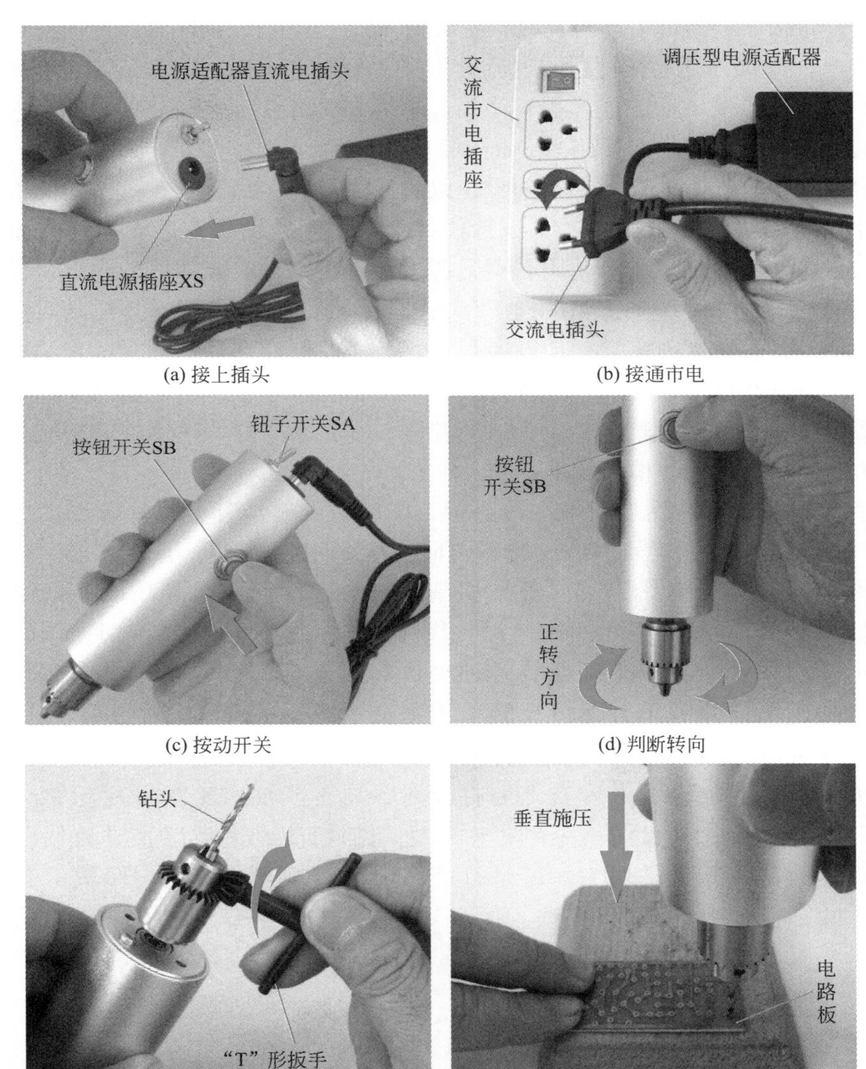

(a) 接上插头　(b) 接通市电

(c) 按动开关　(d) 判断转向

(e) 装上钻头　(f) 检测打孔

图 1-100　电钻的检测

1.10.4　投入使用

每次使用时，应先给电钻安装上合适的钻头，再给后盖上的直流电源插座 XS 接上调压型电源适配器的直流输出插头，并将调压型电源适配器的交流电插头接入

220V交流市电的插座内，右手持电钻，并用大拇指按下自复位按钮开关SB的按钮，或者用食指拨动钮子开关SA的手柄，即可开始打孔（参见图1-100）。每次使用前，还可根据打孔的实际情况，通过拨动调压型电源适配器上的7挡输出电压选择开关，选择合适的直流输出电压（如12V或15V、16V、18V、19V、20V、24V等）。通常在电路板、木板、塑料件上面打孔时，选最低12V直流电压挡即可满足需要；在金属片等硬件上打孔时，可选择较高的直流电压挡。一般电压越高，电钻转速越高，力量也越大。用毕后重复上面的逆过程（钻头可不拆卸），并将电钻及其配件装入一个体积合适的盒子内，以备下次使用。

在电路板上打孔时注意：钻孔前，建议最好用定位尖头冲子在欲钻孔的覆铜箔位置冲出小坑。尖头冲子可用普通水泥钉代替，也可用废钻头在砂轮上打磨而成。钻孔时，按照图1-100（f）所示，用右手紧握电钻，将钻头对准冲好的小坑，保持钻头与电路板面的垂直，手施加适当的向下压力即可。刚开始钻孔时，还要随时注意钻头是否偏移中心位置，如有偏移，应及时校正。校正时可在钻孔的同时适当给电钻施加一个与偏移方向相反的水平力，达到逐步校正。钻孔过程中，给电钻施加的垂直压力大小，应根据钻头的工作情况凭感觉进行控制。孔将钻穿时，送给力必须减小，以防止钻头折断、钻头卡死等情况发生。

该多功能手持电钻除了用来在电路板、塑胶板、木块、金属片等上面打孔外，还可在其钻夹上装上杆径≤4mm的不同形状的金刚砂高速小磨头或带柄小砂轮磨头、带柄抛光轮等夹持具，实现各种切割、打磨、雕刻或抛光功能。常用夹持具的外形如图1-97所示，实际使用情形如图1-101所示。这里要特别强调的是：使用时一定要注意安全，应正确安装各种夹持具，连接杆上的螺钉、钻夹等必须用力拧紧，高速钢锯片等千万不可反转，否则会造成锯片在工作中由于螺钉松动而飞出，酿成事故。用玻璃开孔器（将人工合成的金刚砂粘贴在圆形金属管端头制造而成）在玻璃或陶瓷、大理石上面打孔时，要不断加水（既可冷却钻头，避免摩擦高温损坏钻头，又可清洗金刚砂颗粒之间的粉渣，避免堵塞导致钻孔效率下降），严禁干钻。无论是切割，还是打磨、雕刻或抛光，建议均佩戴上必要的防护器具（如护目镜、防尘口罩等，必要时还可戴上布手套），安全操作始终要放在第一位。

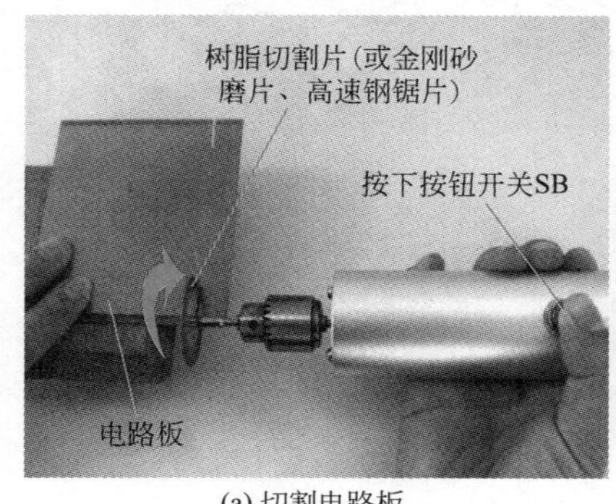

(a) 切割电路板

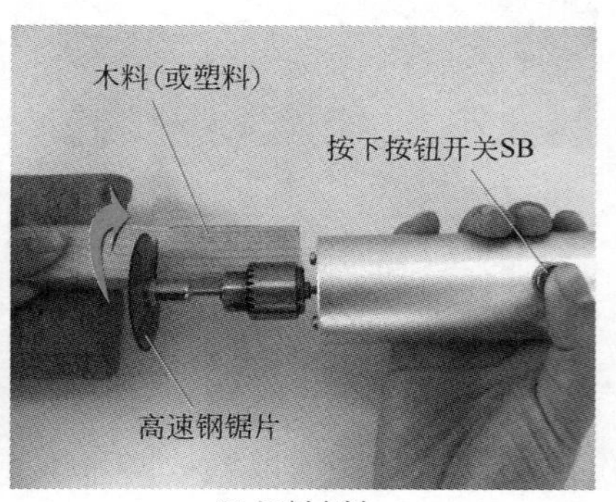

(b) 切割木料

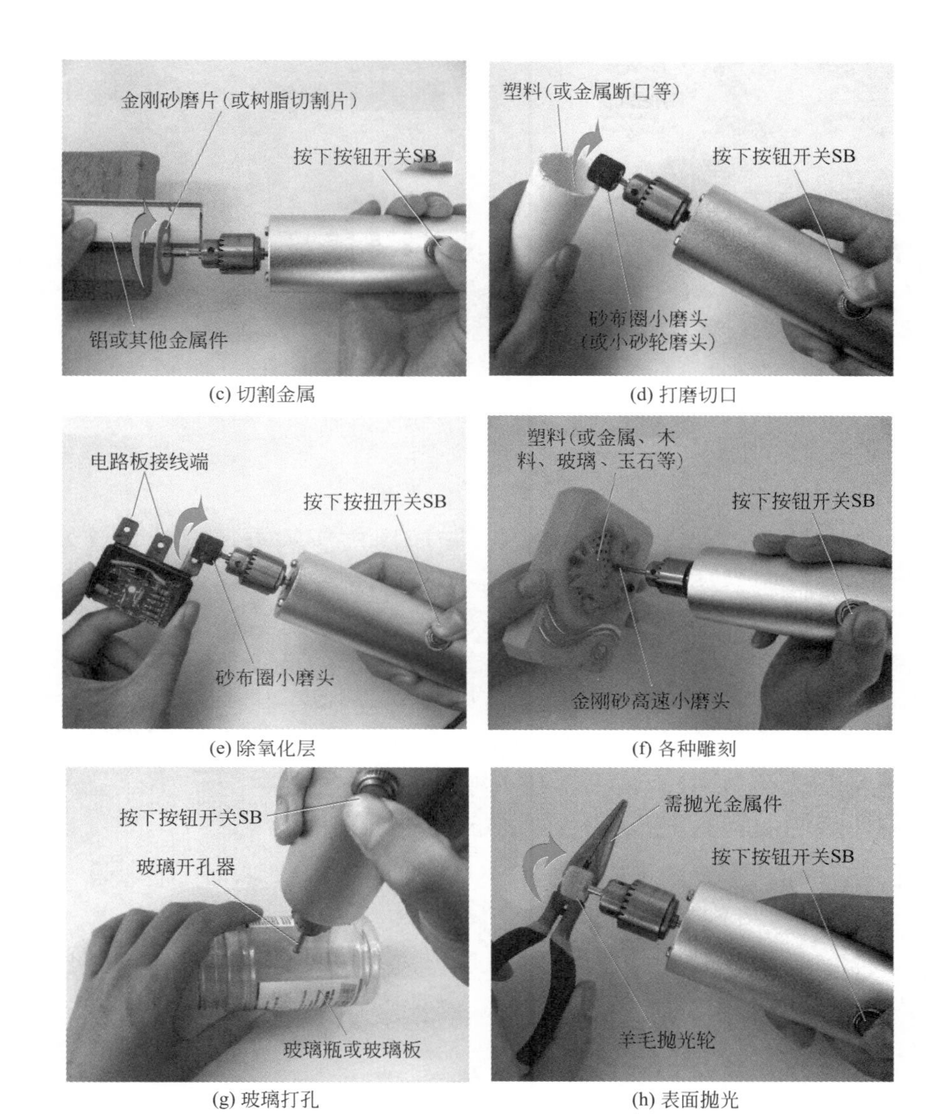

图 1-101　电钻的其他用途

该多功能手持电钻还可采用 10 节串联的 5 号可充电干电池组、12 ～ 24V 蓄电池等来供电，只要电压符合要求（12 ～ 24V）、输出电流充足（≥ 2A）即可。这样，可使得钻孔场所不受有无 220V 交流电的限制，使用更方便。

第 2 章 灯光控制类制作

人们日常生活中接触最多、应用最广泛的电器具就要算各种电灯具了。本章介绍了 10 个用于灯光控制的新颖电子小制作，可以说是给生活增光添彩、带来方便和温馨的小作品。这些制作实例是在掌握了第 1 章“手把手教你学制作”入门制作技能后的延伸和提高，可根据需要选择并自行设计具体的制作步骤和流程等，充分发挥个人能动性开展“动手做”。通过制作与使用，读者能够尽快成为一名运用电子小作品来实现照明灯具控制的“电工小达人”。

2.1 安全型床头灯开关

床头灯开关以其使用灵活、方便，而受到许多家庭欢迎。但普通的床头灯开关由于直接与市电相通，因此使用时不十分安全，尤其是有小孩的家庭，更让家长担忧。这里介绍的安全型床头灯开关简单易制，可有效解决这一问题。

2.1.1 工作原理

安全型床头灯开关的电路如图 2-1 虚线右边所示。整流二极管 VD1 ～ VD4 和单向晶闸管 VS 组成交流开关主回路，高阻值的电阻器 R1、R2（阻值均为 1.5MΩ）和手动开关 SA 组成开关的控制回路。

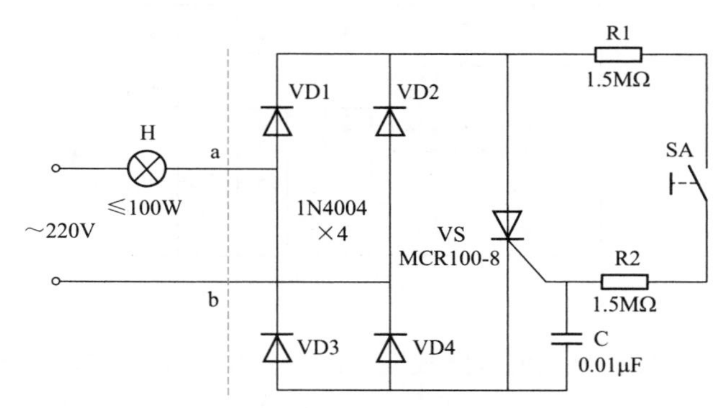

图 2-1 安全型床头灯开关电路图

闭合手动开关 SA，单向晶闸管 VS 通过电阻器 R1、R2 获得触发电流而导通，被控电灯 H 即获得全波交流电正常发光；断开手动开关 SA，单向晶闸管 VS 在交流电过零时截止，电灯 H 熄灭。由此可见，这里的“开灯”与“关灯”操作，与普通床头灯开关没有什么两样。但是连接手动开关 SA 的电线回路中串联有高阻值的保安电阻器 R1 和 R2，有着较好的市电隔离特性。所以无论小孩是用嘴咬破开关引线的绝缘皮层，还是将开关塞进口里，均可免遭电击危害。

电路中，电容器 C 的作用是吸收单向晶闸管 VS 的控制极（门极）的干扰脉冲，可防止手动开关 SA 引线过长时外界感应杂波造成的单向晶闸管 VS 频繁通断。

2.1.2 元器件选择

VS 宜采用控制极触发电流 I_{GT} ≤ 20μA 的小型塑封单向晶闸管，如 MCR100-8（额定正向平均电流 0.8A，额定工作电压 600V）、BT169D（1A、400V）、CR1AM6（1A、

400V）型等。这类塑封单向晶闸管的外形如同普通塑料封装的小功率三极管，其实物外形和引脚排列参见图 1-17。

VD1 ～ VD4 均用 1N4004（最大整流电流 1A，最高反向工作电压 400V）硅整流二极管。如用常见的 1N4007（1A、1000V）型硅整流二极管，则更可靠。

C 用 CT1 型瓷介电容器，标称容量为 0.01μF。R1 和 R2 均用 RTX-1/4W 型、标称阻值是 1.5MΩ 的碳膜电阻器，注意：R1、R2 对人体安全至关重要，其阻值不得低于 1.5MΩ。要特别留意不要误用成 1.5kΩ 或 1.5Ω 的低阻值电阻器。

SA 为交流 220V 普通床头专用引线式船形开关。

2.1.3 制作与使用

图 2-2 所示为该安全型床头灯开关的印制电路板接线图。印制电路板最好采用环氧基质单面铜箔板，其实际尺寸约为 40mm×25mm，可用刀刻法加工制作，既不需要专用药水腐蚀，也不必钻孔。

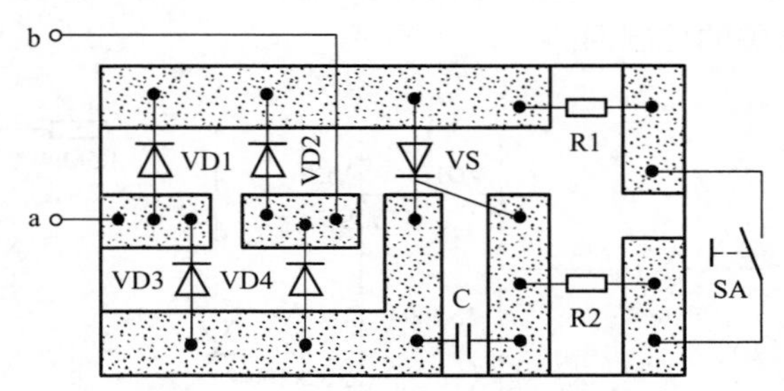

图 2-2 安全型床头灯开关印制电路板图

将元器件全部焊接在自制的电路板铜箔面上，并选择或自制一个体积合适的绝缘小盒，将手动开关 SA 除外的电路板装固在小盒内。只要元器件质量有保证、焊接无误，电路不用任何调试便可正常工作。

实际应用时，将开关小盒固定在被控制照明电灯 H 的附近或灯座腔内，其 a、b 两根引线头不分顺序串入被控制照明电灯的相线（火线）回路中去，手动开关 SA 则通过双股塑皮电线引到床头处去即可。注意：被控电灯泡的总功率不宜超过 100W。另外，在加装开关小盒之前，必须先断开 220V 交流电的入户总开关，避免带电安装，谨防触电！

2.2 门控照明灯开关

给家中室内普通照明电灯附加上门控开关，在不影响电灯正常使用的前提下，可使电灯新增主人进出房门自动照明和房门未关妥光提醒两种功能，为你的家庭生活带来方便和安全。

整个门控开关仅由5个电子元器件和2个接线桩构成，制作成本低，经笔者实际安装使用，证明效果良好。心动不如行动，赶快按下面的介绍自己动手制作吧！

2.2.1 工作原理

门控照明电灯的电路如图2-3所示。虚线右边为原照明电灯电路，左边为新增门控开关电路。新增门控开关的两个接线桩X1、X2，直接与原电灯开关SA两端相接。当SA闭合时，电灯H正常发光，新增门控开关不起作用；只有在SA断开的条件下，新增门控开关才会发挥作用。平常，新增门控开关在电灯开关SA断开时，自身耗电甚微，实测静态电流小于2.2mA。

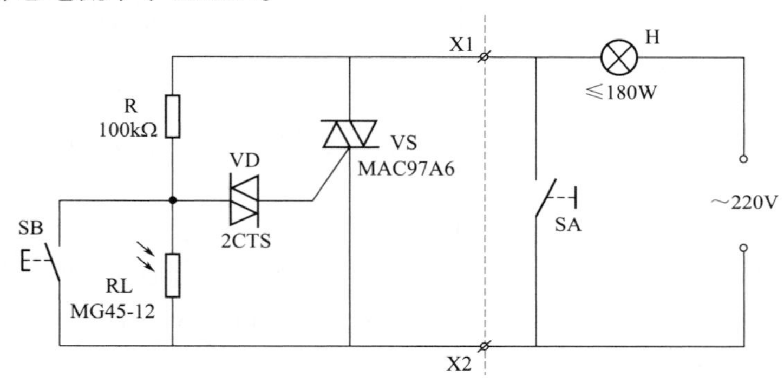

图2-3　门控照明电灯电路图

新增门控开关电路主要由双向晶闸管VS、双向触发二极管VD、光敏电阻器RL和小型轻触开关SB等组成。平时，房门关闭时SB受门扇作用处于接通状态，RL两端被短路，VS因无触发电压而截止。所以不管是白天还是夜晚，只要门关闭着时，电灯H均不会受门控开关控制而发光。当房门被打开时，SB随着门扇的移开而自动断开，RL两端将产生一交流电压。此电压大小由电阻器R和RL串联电路对220V交流电的分压（忽略H灯丝电阻）确定，当它超过VD的转折电压时，VD和VS先后导通，H通电发光。在白天，由于环境光线较强，因此RL的阻值较小，两端分电压一直小于VD的转折电压，VD和VS均处于截止状态，H不会发光；只有在夜晚环境光线弱下来时，RL的阻值上升，相应地它两端的分电压也增加，直至大于VD的转折电压，使VD和VS相继导通，H才会发光。

总之，门控开关只有在房门被打开、环境光线较弱时，才会控制电灯H发光，并且随着环境光线的减弱，电灯发出的亮度相应增强，直至全亮。随着环境自然光线的增强，电灯发光相应减弱，直至熄灭。

2.2.2 元器件选择

VS选用MAC97A6（额定通态电流I_T=1A，断态重复峰值电压U_{DRM}≥600V）或BCR1AM-6（额定通态电流I_T=1A，断态重复峰值电压U_{DRM}≥400V）型普通双向晶闸管，其外形如同普通塑封小功率三极管，实物及引脚排列如图 2-4 所示。双向晶闸管又叫双向可控硅，它是一种具有三个 PN 结的功率型半导体器件，共有三个引出脚：第一阳极 T1、第二阳极 T2 和控制极（也称门极）G。焊接时要认清引脚，不可弄错。

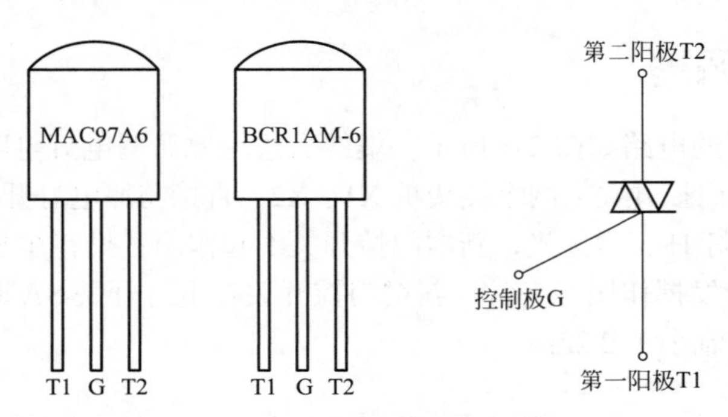

图 2-4　小型塑封双向晶闸管

VD 选用转折电压在 20 ～ 40V 之间的双向触发二极管，如 2CTS、2D201YR、DB3 型等。

RL 用普通 MG45-12 型塑料树脂封装光敏电阻器，要求亮阻和暗阻相差倍数愈大愈好；其他亮阻≤ 2kΩ、暗阻≥ 1MΩ、工作电压≥ 50V 的普通光敏电阻器也可代用。R 采用 RTX-1/2W 型碳膜电阻器。SB 用 14mm×14mm 小型轻触开关。X1、X2 用拆自废旧壁开关或插座的铜质接线桩。

2.2.3　制作与使用

图 2-5 为门控照明灯开关的印制电路板接线图。印制电路板用刀刻法制作而成，实际尺寸约为 24mm×24mm。

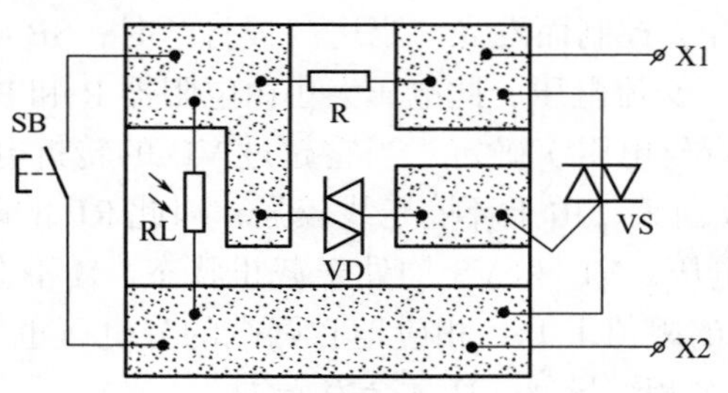

图 2-5　门控照明灯开关印制电路板图

全部元器件焊接在印制电路板上，接线桩 X1、X2 应直接固定在电路板上。焊接好的电路板装入体积合适的绝缘密闭小盒内，并注意在盒子下侧面（相对于安装面而言）为光敏电阻器 RL 开出感光窗口，在上侧面为 X1、X2 开出接线孔；在盒子面板开孔伸出小型轻触开关 SB 的按键帽。

焊装好的门控照明灯开关，参照图 2-6 所示，固定在房内门框顶部合适位置处，并在门扇相应位置处固定一磷铜片，要求平常房门紧闭时，磷铜片压住 SB 按键，使

SB 处于接通状态；门稍一打开，磷铜片又能离开紧压着的 SB 按键，使 SB 能够马上复位。门控照明灯开关的接线桩 X1、X2，应通过一定长度的双股塑皮电线，不分顺序直接跨接在欲控制室内照明电灯的电源开关两端。注意：被控电灯只能是白炽灯泡，并且总功率不得超过 180W；在加装门控开关前，必须先断开 220V 交流电的总电源开关，严禁带电加装！

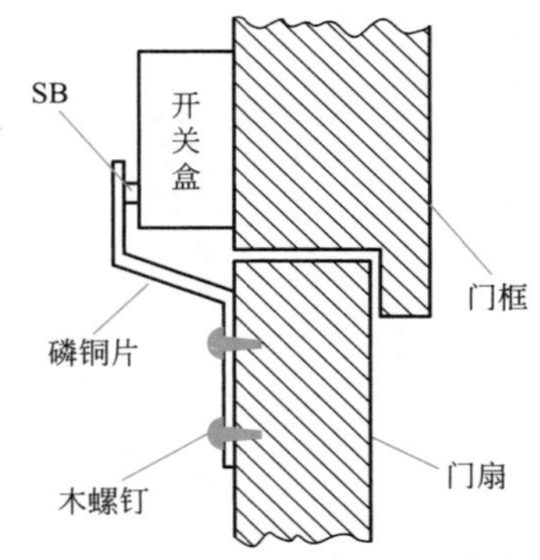

图 2-6 门控开关安装示意图

如果使用中感到新增门控灯开关的光灵敏度不够，即天黑后电灯不能够随着房门的打开而自动点亮，应重点检查光敏电阻器 RL 是否受到室内其他光线的直射干扰；如果天尚未全黑时，电灯便随着房门的打开而自动点亮，说明 RL 接受的自然光线太少，必要时可用双股软导线直接将 RL 引至（注意要采取绝缘保护措施）门外或气窗口等环境自然光较强的地方去。另外，RL 质量太差时，也会出现这类光灵敏度差的现象，应更换光敏电阻器试一下。

加装上门控开关的照明电灯，在日常生活中使用既简便又有效。

① 当夜晚回家进屋时，随着房门的被打开，室内电灯即自动点亮。这时进屋后先不要关门，应先闭合室内电灯开关，然后关门，这样可保持室内电灯一直在亮，直到断开电灯开关为止。

② 晚上出门时，应先开门，然后关电灯开关，这样电灯可一直亮到锁房门为止。

③ 晚上上床睡觉前关灯，如果电灯关不灭，说明房门忘记关或未关死，应先关好房门再就寝，以免发生失窃或其他不测事件。

2.3 延时关灯控制器

给普通电灯开关（尤其是位置不易变动的壁式开关）加装下面介绍的延时关灯控制器，可使其具有延时关灯功能，它能给我们的生活带来许多方便。如果将它安装于卧室中，晚上睡觉前我们就不用在关灯后摸黑上床；用于客厅、厨房等房间，可以使人在关掉灯开关后不必摸黑出房门。

该延时关灯控制器成本低，制作和安装使用也都很简单，大家不妨动手试一试。

2.3.1 工作原理

延时关灯控制器的电路如图 2-7 虚线右边所示，虚线左边是为便于说明原理而绘出的被控照明电灯原有电路。延时关灯控制器通过 a、b 两根电线跨接在照明电灯原有手动开关 SA 两端。

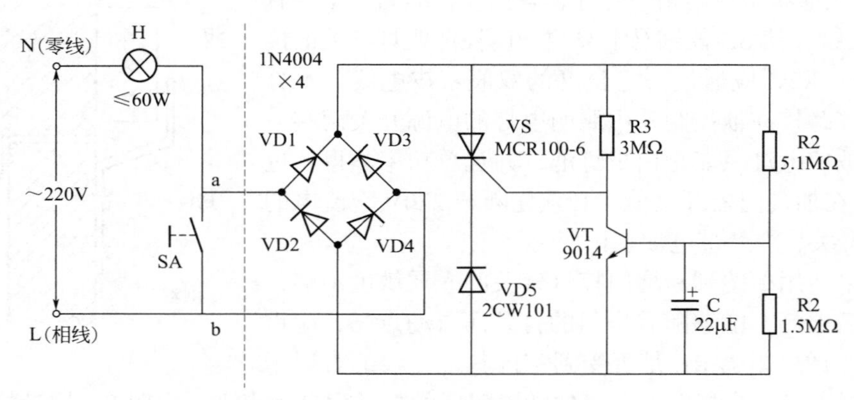

图 2-7 延时关灯控制器电路图

闭合手动开关 SA，电灯 H 通电正常发光。断开手动开关 SA 后，单向晶闸管 VS 通过限流电阻器 R3 获得了合适的触发电流而开通，电灯 H 并不因断开手动开关 SA 而马上熄灭。单向晶闸管 VS 的主回路中串入了稳压二极管 VD5，使得 VS 开通后的管压降（约 0.8V）和 VD5 稳压值相加产生约 3.8V 电压。此电压经电阻器 R1 对电容器 C 充电，使其两端电压不断上升。经过一段时间（延时时间），电容器 C 两端充电电压达到 0.65V 以上，晶体三极管 VT 获得合适偏压而导通，从而将单向晶闸管 VS 的触发端短路，使单向晶闸管 VS 失去合适触发电流而在交流电过零时关断，电灯 H 自动断电熄灭。此时，延时关灯控制器自身耗电甚微，实测总电流小于 77μA。当再次闭合手动开关 SA 时，电灯 H 发光；同时，电容器 C 两端所充电荷通过电阻器 R2 很快泄放掉，为下一次延时关灯做好准备。

电路中，延时关灯的时间长短，主要由电容器 C 和电阻器 R1、R2 的参数大小决定。如果按图 2-7 所标参数选择元器件，实测每次延时关灯的时间约为 30s。

2.3.2 元器件选择

VS 选用 MCR100-6（额定正向平均电流 0.8A，额定工作电压 400V）或 BT169D（1A、400V）、CR1AM-6（1A、400V）小型塑封单向晶闸管，要求控制极（也叫门极）触发电流 $I_g \leqslant 30\mu A$。这几种单向晶闸管的外形如同普通塑料封装小功率三极管，其实物外形和引脚排列参见图 1-17，制作时注意不要接错引脚。

VT 用 9014（集电极最大允许电流 I_{CM}=0.1A，集电极最大允许功耗 P_{CM}=310mW）或 3DG8 型硅 NPN 小功率三极管，要求电流放大系数 $\beta > 100$。VD1 ～ VD4 均用 1N4004 型硅整流二极管；VD5 用 3V、1W 硅稳压二极管，如 2CW101、1N4727 型等。

电容器 C 用 CD11-10V 型电解电容器。电阻器 R1 ～ R3 一律用 RTX-1/8W 型碳膜电阻器。

2.3.3 制作与使用

图 2-8 为该延时关灯控制器的印制电路板接线图。印制电路板用刀刻法制作，实际尺寸约为 30mm×20mm。

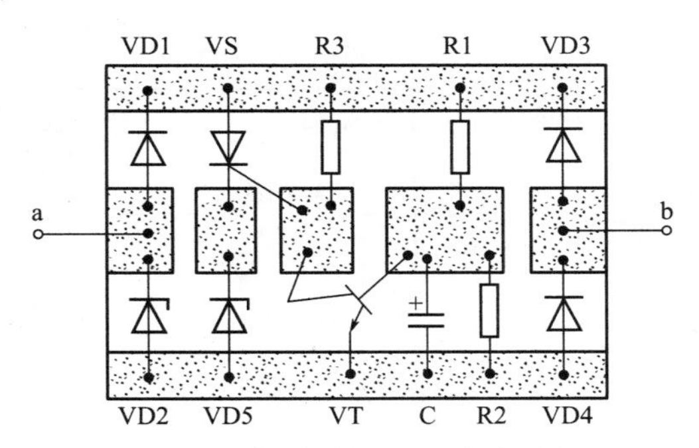

图 2-8　延时关灯控制器印制电路板图

焊接好的电路板可直接接入欲控制照明电灯的电源开关两端，要求被控电灯只能是白炽灯泡，且总功率不得超过 60W。当然在正式加装前，必须首先断开 220V 交流电的总电源开关，严禁带电加装！如果所接的开关是壁式开关，可将电路板直接装进壁式开关的接线暗盒内，其 a、b 引线头不分次序并接在开关的两个接线柱上。如果是拉线开关，则应按照图 2-9 所示，先将电路板装入一体积合适的绝缘密闭小盒内，然后将 a、b 引线头接开关两接线端即可。

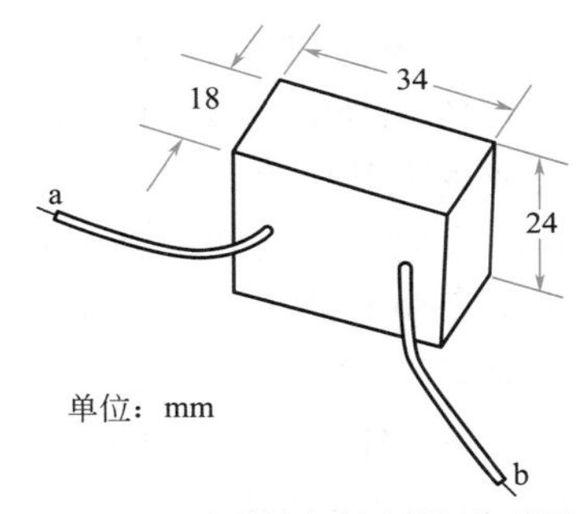

图 2-9　延时关灯控制器外形图

本延时关灯控制器电路简洁、设计合理，只要焊接无误，无须任何调试便能正常工作。如果嫌延时关灯时间太短，可通过适当增大电容器 C 的容量来加以调节；如果嫌延时关灯时间太长，可通过适当减小电容器 C 的容量来加以调节。

2.4 光控延时壁灯开关

在壁灯（或床头灯、台灯）的座腔内附加下面介绍的光控延时开关，可使壁灯新增环境光线突变自动延时点亮功能：每当关掉室内其他照明灯后，它便能自动点亮弱光照明 1min 左右，避免了主人摸黑上床或锁门外出，给家庭夜生活带来诸多方便。

新增光控延时开关电路设计合理，制作成本低，而且它的接入并不影响原壁灯手动开关对灯光的正常控制。

2.4.1 工作原理

光控延时壁灯的电路如图 2-10 所示。其中：虚线右边为壁灯原有电路；虚线左边为新增光控延时开关电路。

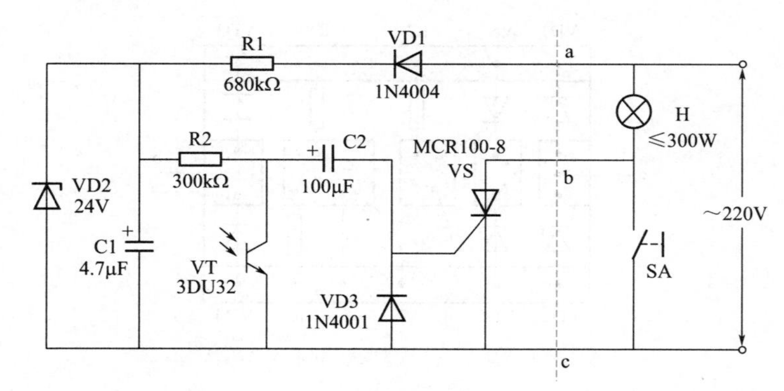

图 2-10　光控延时壁灯电路图

220V 交流电经晶体二极管 VD1 半波整流、电阻器 R1 降压限流、稳压二极管 VD2 限压和电容器 C1 滤波后，输出约 24V 直流电压，供光控开关电路工作用电。白天或夜晚其他电灯点亮时，光电三极管 VT 受光照呈导通状态，单向晶闸管 VS 无合适触发电流而关断，电灯 H 不亮。当室内光线突然变暗（关灯）时，光电三极管 VT 失去光照而趋于完全截止，电容器 C2 正端电位跳高，电容器 C1 通过电阻器 R2、单向晶闸管 VS 的控制端对电容器 C2 充电，充电电流作为触发电流使单向晶闸管 VS 开通，电灯 H 通电（约 99V 直流脉动电压）发出柔弱照明光。经过一段时间（延时时间），电容器 C2 充电电流小于单向晶闸管 VS 的最小触发电流，单向晶闸管 VS 在交流电过零时关断，电灯 H 自动熄灭。

当天黑室内光线缓慢变暗时，由于电容器 C2 的正端电位随着光电三极管 VT 的逐渐截止而缓慢升高，其充电电流始终低于单向晶闸管 VS 的最小触发电流，故电灯 H 不会点亮。当天亮或再次开亮其他电灯时，光电三极管 VT 导通，电容器 C2 正端电位下降，电容器 C2 所充电荷通过光电三极管 VT 和晶体二极管 VD3 泄放掉，为再次延时开灯做好准备。

电路中，电灯延时点亮的时间长短，主要由电容器 C2、电阻器 R2 的数值大小确定，此外还与光电三极管 VT 的光电变化参数以及单向晶闸管 VS 的最小触发电流大小有关。按图选用元件，实测延时时间为 1 ～ 1.5min。整个开关电路自身耗电甚微，实测总电流为 0.13mA 左右。

2.4.2 元器件选择

VS 选用 MCR100-8（额定正向平均电流 0.8A，额定工作电压 600V）或 BT169D（1A、400V）、CR1AM-6（1A、400V）小型塑封单向晶闸管，其外形和引脚排列参见图 1-17，要求门极触发电流≤ 20μA。

VT 用 3DU32 型硅光电三极管。VD1、VD3 分别用 1N4004（最大整流电流 1A，最高反向工作电压 400V）和 1N4001（1A、50V）型硅整流二极管，VD2 用 24V、0.25W 普通硅稳压二极管，如 1N4116 或 2CW66 型等。

R1、R2 均用 RTX-1/8W 型碳膜电阻器。C1、C2 用 CD11-25V 型电解电容器。

2.4.3 制作与使用

图 2-11 为光控延时壁灯开关的印制电路板接线图。印制电路板实际尺寸约为 35mm×25mm。

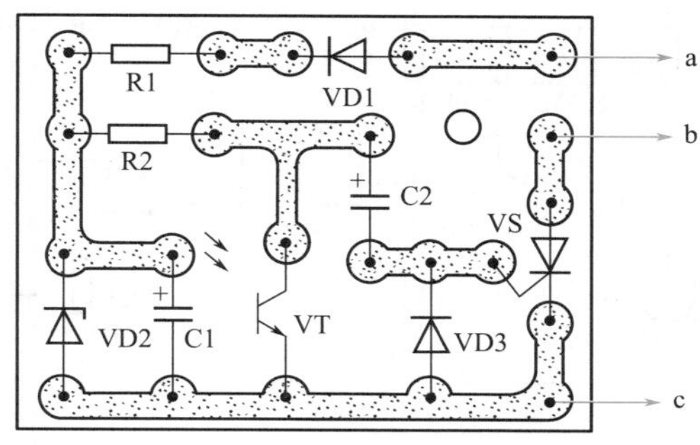

图 2-11 光控延时壁灯开关印制电路板图

焊接好的电路板直接装入所控壁灯（或床头灯、台灯）的座腔内，并按图 2-10 所示，通过 a、b、c 三根引线头与所控电灯电路正确相接。光电三极管 VT 应伸出灯座外固定，要求既能避开自身灯光照射，又能良好接受室内其他常用照明灯直射。

新增光控延时开关只要元器件质量有保证、焊接无误，一般无须调试即可正常工作。如果嫌电灯每次延时照亮的时间太长（或太短），可通过适当减小（或增大）电容器 C2 或电阻器 R2 的参数来加以调节。如果电灯在延时熄灭前出现严重闪烁、甚至无法熄灭现象，一般多是由光电三极管 VT 受到不易被人发觉的灯光反射光所引起，只要重新调整一下光电三极管 VT 的安装位置或角度（必要时可加装一段黑色塑料管），便可排除故障。

使用时注意：此光控延时开关只适合控制标称功率为 300W 以内的白炽灯，不可用于控制日光灯或其他感性负载，否则会损坏电感器具与开关内部的单向晶闸管。安装或调节光控延时开关电路前，必须先断开 220V 交流电的总电源开关，切记不要带电安装，谨防触电！

2.5 声光双控延时灯开关

这里介绍的声光双控延时灯开关具有声音与光亮同时控制功能，它只在夜晚有脚步声或其他声响时才延时工作，非常适合用来控制楼道、走廊、厕所等处的照明电灯，可杜绝“长明灯”，达到节约电能和延长电灯泡使用寿命的效果。

该开关性价比高，非常适合业余电工、电子爱好者制作。由于它的产品一致性好，因此也适合厂家成批生产。

2.5.1 工作原理

声光双控延时灯开关的电路如图 2-12 所示，其中 H 是为便于说明原理而绘出的被控照明电灯。单向晶闸管 VS 和晶体二极管 VD2 ～ VD5 组成了开关的主回路；CMOS 数字集成电路 A（Ⅰ～Ⅳ）与外围元器件组成了自动控制电路；电阻器 R7、R8 和电容器 C3 组成了电阻降压滤波电路，输出约 10V 直流电，供控制电路工作用电。

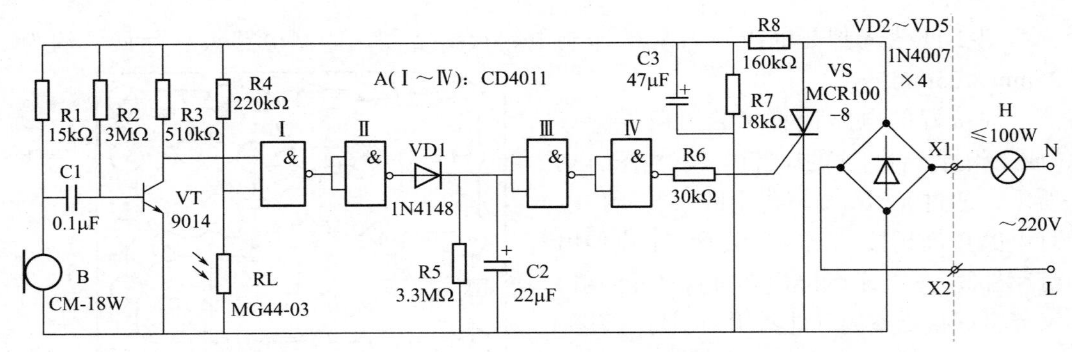

图 2-12　声光双控延时灯开关电路图

接通 220V 电源，控制电路处于守候状态，门Ⅰ的两个输入端电压中至少有一个低于其阈值电平（约 $1/2V_{DD}$），门Ⅱ和门Ⅳ均输出低电平，单向晶闸管 VS 因无触发信号而阻断，被控电灯 H 不亮。当夜晚话筒 B 接收到附近人走路脚步声或说话声时，晶体三极管 VT 输出放大后的音频信号，其正脉冲电压（$>1/2V_{DD}$）经门Ⅰ、门Ⅱ整形后，使门Ⅱ输出高电平。该高电平一面通过晶体二极管 VD1 向电容器 C2 充电，一面通过门Ⅲ整形后控制门Ⅳ输出高电平，使单向晶闸管 VS 导通，电灯 H 通电自动发光。声响过后，电容器 C2 通过电阻器 R5 缓慢放电，维持门Ⅳ继续输出高电平，使电灯 H 延时点亮约 1min。随后，电容器 C2 两端电压下降至 $1/2V_{DD}$ 以下，控制电路恢复守候状态，电灯 H 自动熄灭。如果是白天，由于光敏电阻器 RL 受光照呈低阻值，与光敏电阻器 RL 相接的门Ⅰ输入端为低电平（$<1/2V_{DD}$），门Ⅰ被“封锁”，声音信号无法加到后面的延时电路，故单向晶闸管 VS 始终保持关断状态，电灯 H 不亮。

2.5.2 元器件选择

A（Ⅰ～Ⅳ）选用 CD4011 型二输入端四与非门数字集成电路，它采用双列直插形式封装，共有 14 个引脚，其引脚排列如图 2-13 所示。该集成电路也可用 CC4011、TC4011 或 MC14011 型等同类数字集成电路直接进行代换。

VS 选用 MCR100-8（额定正向平均电流 0.8A，额定工作电压 600V）或 BT169D（1A、400V）、CR1AM-6（1A、400V）小型塑封单向晶闸管，其实物外形和引脚排列参见图 1-17，制作时注意不要接错引脚。

VT 用 9014（集电极最大允许电流 I_{CM}=0.1A，集电极最大允许功耗 P_{CM}=310mW）

或 3DG8 型硅 NPN 小功率三极管，要求电流放大系数 β > 100。VD1 选用 1N4148 型硅开关二极管，VD2 ~ VD5 用 1N4007 型硅整流二极管。

B 选用 CM-18W 型（ϕ10mm×6.5mm）高灵敏度驻极体话筒，它的灵敏度划分成五个挡，分别用色点来表示：红色为 -66dB，小黄为 -62dB，大黄为 -58dB，蓝色为 -54dB，白色 > -52dB。本制作中宜选用白色点或蓝色点的产品，以获得较高的灵敏度。B 也可用蓝色点、高灵敏度的 CRZ2-113F 型驻极体话筒来直接代替。

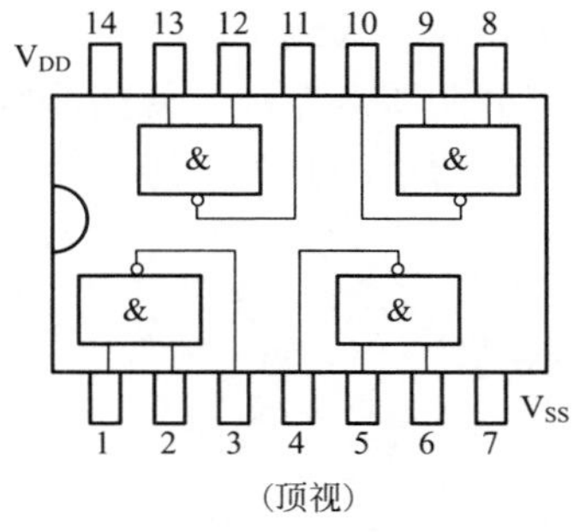

图 2-13　CD4011 的引脚排列图

RL 用 MG44-03 型塑料树脂封装光敏电阻器，其他亮阻 ≤ 5kΩ、暗阻 ≥ 1MΩ 的光敏电阻器也可代用。R1 ~ R8 均用 RTX-1/4W 型碳膜电阻器。C1 用 CT1 型瓷介电容器，C2、C3 用 CD11-16V 型电解电容器。X1、X2 用拆自废旧电灯壁开关或插座上的小型铜质接线桩。

2.5.3 制作与使用

图 2-14 是该声光双控延时灯开关的印制电路板接线图。印制电路板最好采用环氧基质铜箔板制作，实际尺寸约为 45mm×40mm。

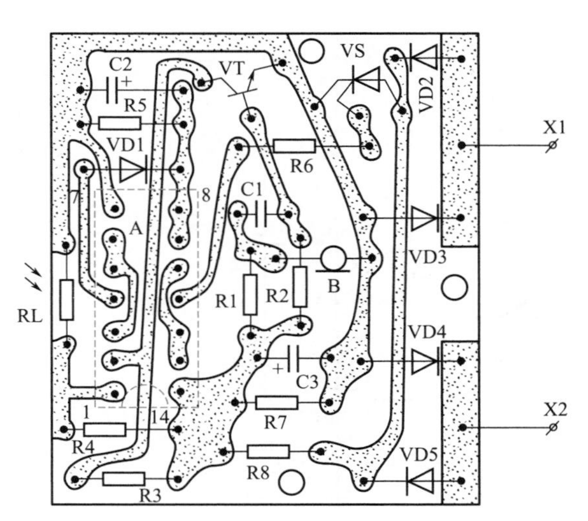

图 2-14　声光双控延时灯开关印制电路板接线图

焊接好的电路板可装入体积合适的绝缘小盒内，亦可安装在经过改造后的 86 或 75 系列壁式开关盒内。注意在盒面板为话筒 B 开出受音孔、为光敏电阻器 RL 开出感光孔。通过改变电阻器 R2 的阻值，可调整声控灵敏度；通过改变电阻器 R4 的阻值，可调整光控灵敏度；通过改变电阻器 R5 的阻值或电容器 C2 的容量，可调整延时照明的时间。一般按图 2-12 所示选择元器件参数，无须任何调试便可正常工作。

该声光双控延时灯开关适合控制 100W 以内的普通白炽灯泡。它的最大特点是采用相线（火线）L进开关的两线制，可以直接取代普通机械式手动开关而不必更改原有的照明灯布线，使用非常方便。如果将它直接跨接在原有机械式开关两端，则可同时保留手动开关功能，使用更灵活、更方便。

2.6 旋钮式无级调光开关

这里介绍一种典型的旋钮式无级调光开关，它通过人手转动电位器旋钮，来对白炽灯进行无级调压，实现连续调光。这种调光开关具有体积小、效率高、调光平稳等特点，目前市售的各种普通调光台灯大多数都采用这类调光开关。

2.6.1 工作原理

旋钮式无级调光开关的电路如图2-15虚线框内所示，虚线框外是为便于说明原理而绘出的被控电灯电路。旋钮式无级调光开关主要由阻容移相电路和双向晶闸管交流开关两大部分组成。

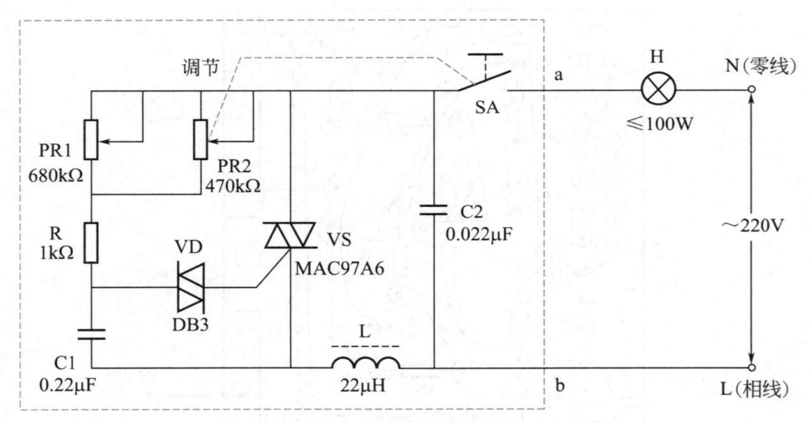

图2-15　旋钮式无级调光开关电路图

闭合电源开关SA后，220V交流电通过电位器RP1、RP2和电阻器R向电容器C1充电，当电容器C1两端充电电压达到双向触发二极管VD的转折电压时，VD和双向晶闸管VS相继导通，使被控电灯H得电发光。当交流电压过零反向时，双向晶闸管VS自行关断，电容器C1又开始反向充电，并重复上述过程。可见，在交流电压每一周期内，双向晶闸管VS在正、负半周均对称导通一次。如果调节RP1的阻值大小，就会改变电容器C1的充电速率，从而在任意半个周期内使双向晶闸管VS的触发导通时间前移或后退，即改变了双向晶闸管VS导通角的大小，相应地加在电灯H两端的平均电压也随之变化，故实现无级调光目的。

电路中，微调电位器 RP1 并联在手调电位器 RP2 两端，通过适当调节微调电位器 RP1 的阻值，可消除手调电位器 RP2 在阻值调大时所出现的灯灭“死区”，从而使灯光变化范围正好与手调电位器 RP2 的阻值调节范围相吻合。电感器 L 和电容器 C2 构成高频滤波电路，它能有效抑制双向晶闸管 VS 工作时产生的高次谐波，以减小对附近调幅收音机和其他通信设备造成的不同程度干扰。

2.6.2 元器件选择

VS 选用 MAC97A6（额定通态电流 I_T=1A，断态重复峰值电压 $U_{DRM}\geqslant$ 600V）或 BCR1AM-6（I_T=1A，$U_{DRM}\geqslant$ 400V）型普通双向晶闸管，其外形和引脚排列参见图 2-4。VD 选用转折电压在 20～40V 之间的双向触发二极管，如 2CTS、2D201YR、DB3 型等。

RP1 选用 WH7-A 型微调碳膜电位器，RP2 选用带单联开关的 WTK-1A 型碳膜电位器。R 用 RTX-1/8W 型碳膜电阻器。C1 用 CJ11-160V 型金属化纸介电容器，C2 用 CL11-400V 型涤纶电容器。电感器 L 除了采用工字形磁芯的成品电感器外，还可以自制：采用 ϕ10mm 的工字形磁芯或黑白电视机行线性调节电感的磁芯，用 ϕ0.6mm 左右的漆包线绕 30 匝即可。

2.6.3 制作与使用

图 2-16 为该旋钮式无级调光开关的印制电路板接线图。印制电路板实际尺寸约为 40mm×40mm；要求采用环氧基质单面铜箔板制作，纸质板因受潮后绝缘电阻容易变小，故不宜采用。

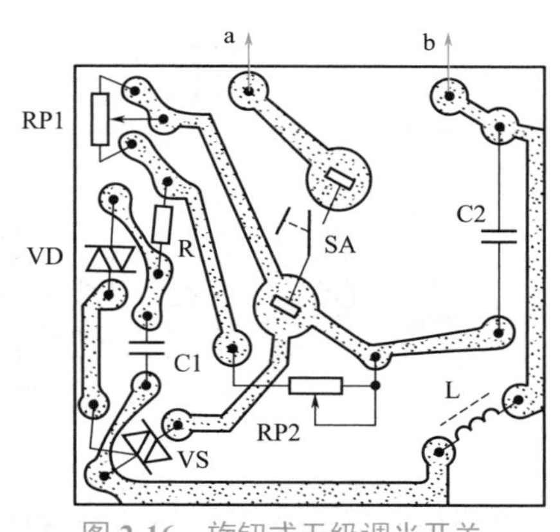

图 2-16 旋钮式无级调光开关印制电路板接线图

焊接好的电路板可直接装入采用白炽灯的普通台灯底座腔内，以便将普通台灯改造升级为调光台灯。具体方法是：拆掉台灯座上的电源开关，改装成带开关的调光电位器 RP2。注意调光电位器 RP2 的开关引脚直接插入印制电路板的对应孔内焊牢，这样电位器固定好以后，印制电路板自然也就固定不动了。印制电路板上的 a、b 引线头，不分顺序与台灯原开关两接线头连接即可。

调试时，接通 220V 交流市电，将调光电位器 RP2 的阻值调至最大位置，用小螺钉旋具微调 RP1 阻值，使被控电灯 H 刚好发光（最暗光），即可投入正式使用。此调光开关可控制标称功率 100W 以内的白炽灯，灯泡实际耗电取决于发光亮度大小，与灯泡上所标瓦数无关。

顺便指出，读者也可将上面介绍的旋钮式无级调光开关装在大小与 86 系列或 75 系列开关面板完全一样的塑料板上，制成“无级调光壁式开关”，用于取代控制室内其他照明用白炽灯泡的普通壁式开关，以实现对照明灯泡的无级调光和节电。

2.7 手摸式无级调光开关

这里介绍一种采用专门集成电路制作的手摸式无级调光开关，它通过人手触摸电极片来实现对普通白炽灯的开、关及连续调光控制，方便而且有趣。

每当使用者长时间触摸电极片时，灯光会由暗渐亮、又由亮渐暗进行无级循环变化，手指离开电极片后灯光亮度即被固定下来；如短时间触摸电极片，则不仅可进行“开”“关”灯操作，而且预调的亮度可被电路记忆存储至下一次开灯。

2.7.1 工作原理

手摸式无级调光开关的电路如图 2-17 虚线右边所示，左边是为便于说明原理而绘出的被控电灯电路。

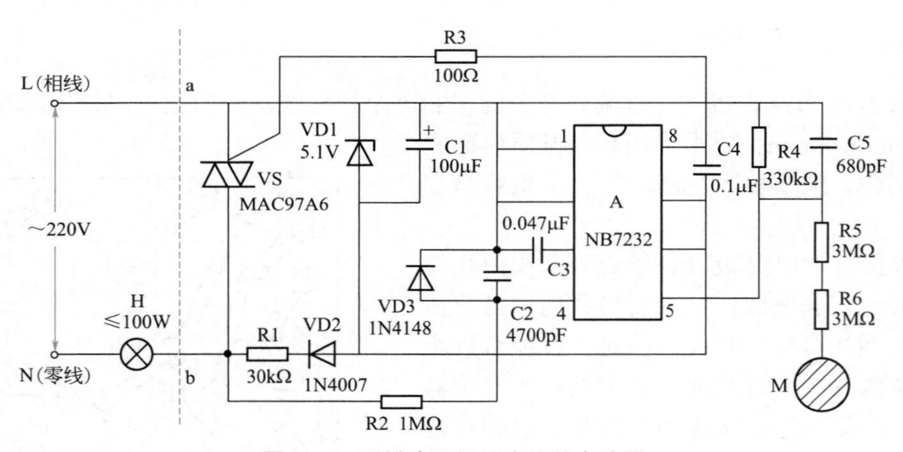

图 2-17 手摸式无级调光开关电路图

电路核心器件 A 是一块新颖触摸调光集成电路 NB7232，它是老产品 LS7232 的改进产品，但性能要好得多。NB7232 采用先进 CMOS 工艺制造，DIP-8 脚塑封，能在 4.5 ～ 9V 电压下工作，典型工作电压为 5V（而老产品 LS7232 是采用 PMOS 工艺制成的，电源电压高达 12 ～ 18V）；NB7232 内含四个缓冲输入、相位检测锁相、亮度状态记忆、控制逻辑、相位角点控制、数字比较和输出驱动等电路。NB7232 的引脚排列及内部电路方框图如图 2-18 所示，各引脚功能如下：第 1 脚（V_{DD}）为电源正端；第 2 脚（DOZE）为延迟熄灯时钟脉冲信号输入端，每引入一个负脉冲，灯光变暗一些，灯光从最亮变到最暗共需 83±3 个脉冲；该脚功能本制作未开发利用，故接 V_{DD} 端；第 3 脚（CAP）为内部锁相环路的外接电容器端；第 4 脚（SYN）为电源频率同步信号输入端，由内部锁相环路锁定后作为移相电路及亮度记忆电路产生输出触发脉冲的零相位基准；第5脚（SEN）为触摸控制输入端，低电平有效；第6脚（SLAVE）为按键控制输入端，内设特殊逻辑电路，高电平触发有效，在长线远距离控制时不易受干扰造成误动作；第7脚（V_{SS}）为电源负端；第8脚（OUT）为双向晶闸管导通角控制输出端，它能输出83±3级不同的负脉冲调光控制信号和高电平关灯信号。

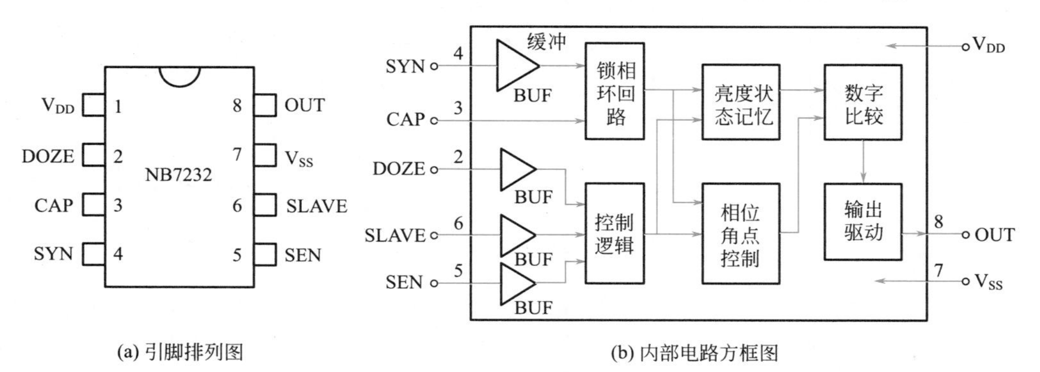

(a) 引脚排列图 (b) 内部电路方框图

图 2-18 NB7232 调光控制专用集成电路

NB7232的直流电特性如表2-1所示，其主要参数指标：开关时间不超过332ms（约1/3s），调光时间大于332ms，调光周期7.64s，调光移相范围41°～159°，可控制50Hz及60Hz的交流电。

表 2-1 NB7232 的直流电特性

参 数	符号	条件	最小值	典型值	最大值
工作电压 /V	V_{DD}	—	4.5	5	9
工作电流 /μA	I_{DD}	V_{DD}=+5V 无输出	—	400	600
输入高电平 /V	V_{IH}	—	2	3	8
输入低电平 /V	V_{IL}	—	1	2	5
输出电流 /mA	I_{OS}	V_{DD}=+5V $V_{OL}=V_{DD}-4$	—	10	—
输出高电平 /V	V_{OH}	—	—	5	—
输出低电平 /V	V_{OL}	—	—	1.5	—

当用手触摸电极片M时，手触时间在332ms（约1/3s）以内，呈现开灯或关灯功能；当触摸时间大于332ms时，电路即进入亮度调节功能。调光采用移相方式，相角大小控制灯光的明亮程度，调光移相范围41°～159°，其中41°对应微亮，159°对应最亮。灯光由最亮逐渐变暗直到微亮，又逐渐向最亮变化，这样变化一周需7.64s。触摸停止，其亮度被稳定并记忆。只要不间断电源，下次再开灯仍起始于这一亮度，但灯光变化

与上一个调光状态相反。触摸及对应相角移位波形如图 2-19 所示。

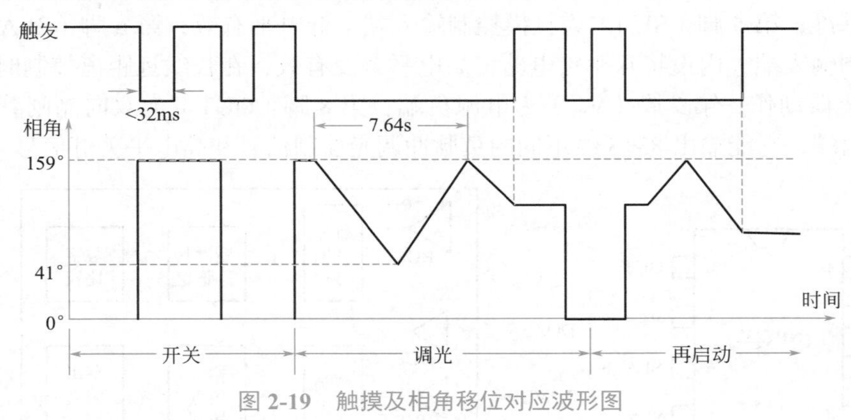

图 2-19　触摸及相角移位对应波形图

稳压二极管 VD1、整流二极管 VD2、限流电阻器 R1 与滤波电容器 C1 等组成了电阻降压半波整流稳压电路，输出约 5.1V 直流电供触摸调光集成电路 A 用电。电阻器 R2 用于从市电中截取过零信号。电容器 C2 用于滤除尖脉冲干扰。R3 为双向晶闸管 VS 控制极的限流电阻器。R4 为触摸灵敏度调节电阻器，取值范围 330 ～ 560kΩ。R4 阻值越大，触摸灵敏度越高；R4 阻值越小，触摸灵敏度也越小。R5、R6 为人体保安电阻器，两者阻值之和高达 6MΩ，并且有意设计不用一个电阻器来代替。这样，万一有一个电阻器受潮或碰触短路，也不会使人手在触摸电极片 M 时发生触电事故。

2.7.2　元器件选择

A 除用 NB7232 型专用触摸调光集成电路外，还可用 CS7232、SM7232、BA2103 型等同类产品直接代换，所制调光开关性能指标相差无几。

VS 用 MAC97A6（额定通态电流 $I_T \geqslant$ 1A，断态重复峰值电压 $U_{DRM} \geqslant$ 600V）或 BCR1AM-6（$I_T \geqslant$ 1A，$U_{DRM} \geqslant$ 400V）等小型塑封双向晶闸管，其外形如同普通塑料封装的小功率三极管，实物及引脚排列参见图 2-4。

VD1 用 5.1V、0.5W 普通硅稳压二极管，如 1N4625、2CW53 型等；VD2 用 1N4007 型硅整流二极管；VD3 用 1N4148 型硅开关二极管。

R1 用四只 120kΩ 的 RTX-1/4W 型碳膜电阻器并联构成，以缩小体积，满足功率要求；其余电阻器均可采用 RTX-1/8W 型碳膜电阻器。C1 用 CD11-10V 型电解电容器；C2、C5 用 CC1 型瓷介电容器；C3、C4 用 CT1 型瓷介电容器。

2.7.3　制作与使用

图 2-20 是该调光开关的印制电路板接线图。印制电路板最好采用环氧基质单面铜箔板制作，实际尺寸约为 48mm×30mm。焊接时电烙铁外壳一定要良好接地，以免交流感应电压击穿触摸调光集成电路 A 内部的 CMOS 电路。

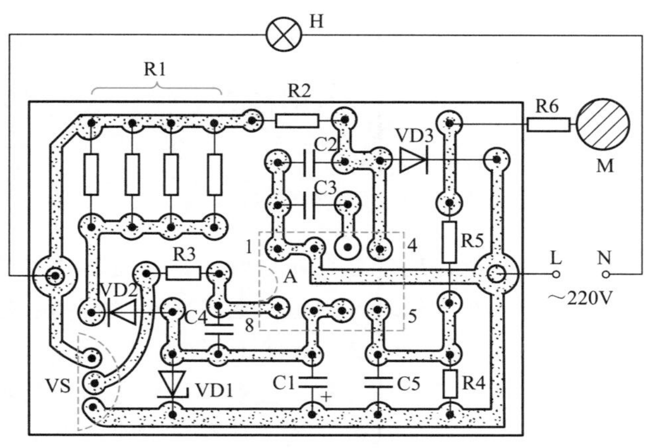

图 2-20 手摸式无级调光开关印制电路板接线图

调光开关壳体可参照图 2-21，借用 86 系列或 75 系列壁式单二极插座面板改造而成。具体方法是：拆除插座背面的结构件，仅用其面板。用厚 1mm 的铜皮加工两个“L”形状接线脚，用 2 颗 ϕ3mm 螺钉将接线脚、印制电路板紧紧固定在面板背后，接线脚就是开关对外的 a、b 两个引线端。触摸电极片 M 用黄铜片或马口铁皮剪成 ϕ25mm 的圆形，用强力胶粘盖在插座面板原插孔位置上，背面通过人体保安电阻器 R6 连通电路板。

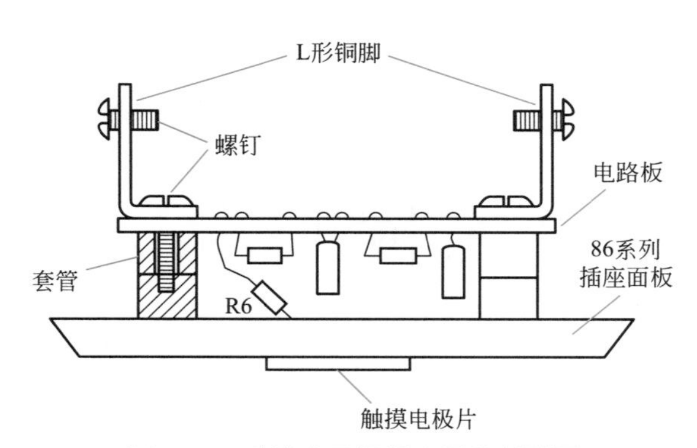

图 2-21 手摸式无级调光开关装配图

整个调光开关对外只有 a、b 两个引线端，可像普通机械开关一样直接串在交流电源的相线回路中，这是符合电工接线规范的。如被控电灯标称功率超过 100W，则需要相应加大双向晶闸管 VS 的额定工作电流容量。本电路只要接线正确，不用任何调试就能正常工作。

焊接好的电路板也可直接装入普通白炽台灯（或壁灯）的底座腔内，制成新型高档触摸调光台灯。这时的触摸电极片 M 不一定用专门的金属片，可巧妙地用台灯的金属外壳或灯罩金属架来代替，使用起来更方便应手。如果通电后触摸不起作用，只要调换一下台灯插头在 220V 交流电源插座内的位置即可解决问题。

2.8 光控闪烁安全警示灯开关

城建施工（如铺设下水管道、地下电缆等）时，需在道路开挖的沟坑旁挂上红色安全警示灯，以防止夜晚行人和车辆跌入沟道；电视发射塔和高层建筑物顶部按有关规定必须装上红色高空障碍警示灯，以确保夜间飞机安全航行……

为此，笔者精心设计、制作了一种具有光控和闪烁双重功能的安全警示灯专用开关，用它直接去替换原警示灯的普通机械开关，使警示灯白天自动熄灭，傍晚自动点亮，并且发出十分引人注目的闪烁光，从而达到无人操作和节电的目的。整个开关仅用 7 个电子元件构成，造价低，经实际使用证明效果很好。

2.8.1 工作原理

光控闪烁安全警示灯开关的电路如图 2-22 虚线框内所示，虚线框外是为便于说明原理而绘出的被控警示灯电路。VS 是双向晶闸管，其控制极触发电压通过双向触发二极管 VD2（这里作单向触发二极管用）从电容器 C 两端获得。

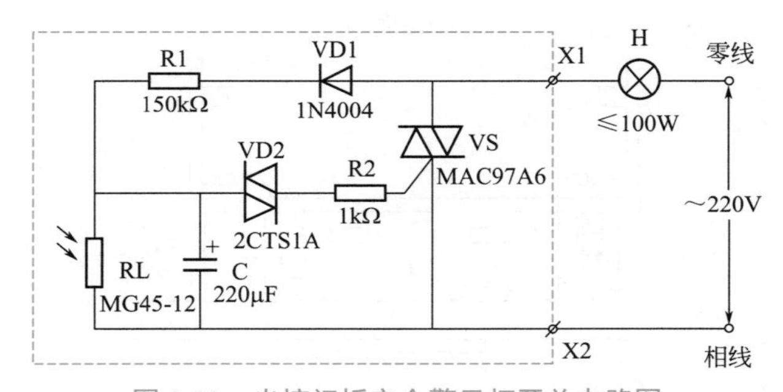

图 2-22　光控闪烁安全警示灯开关电路图

接通电源后，220V 交流电经晶体二极管 VD1 半波整流后，通过电阻器 R1 对电容器 C 充电。因充电电流很小，故警示灯 H 不会亮。电容器 C 两端充电电压高低则受制于电阻器 R1 和光敏电阻器 RL 的分压值。白天，光敏电阻器 RL 受自然光照射呈低阻值（≤ 2kΩ），电容器 C 两端电压超不过双向触发二极管 VD2 的转折电压（30V 左右），双向晶闸管 VS 因无触发电压而截止，警示灯 H 不亮。夜晚，环境自然光线变暗，光敏电阻器 RL 呈高阻值（可达 1MΩ 以上），电容器 C 两端充电电压不断升高，当超过双向触发二极管 VD2 的转折电压时，双向触发二极管 VD2 导通，电容器 C 通过双向触发二极管 VD2 和电阻器 R2 放电，双向晶闸管 VS 获得足够触发电流而导通，警示灯 H 通电发光；当电容器 C 放电到一定程度时，双向触发二极管 VD2 重新截止，双向晶闸管 VS 失去触发电流而在交流电过零时关断，警示灯 H 熄灭。随后，电容器 C 按上述过程反复充电、放电，使双向晶闸管 VS 不断地截止与导通，控制警示灯 H 发出闪烁亮光。

电路中，警示灯 H 的闪光周期（即闪光快慢）主要由电阻器 R1、电容器 C、双向触发二极管 VD2 和电阻器 R2 的数值大小确定。按图选用元器件，实测闪光周期为 0.6s 左右。警示灯 H 的光控灵敏度则受控于电阻器 R1、双向触发二极管 VD2 和光敏电阻器 RL 自身的光电参数。整个开关在白天自身耗电甚微，实测总电流＜ 0.66mA。

2.8.2 元器件选择

VS 选用 MAC97A6（额定通态电流 $I_T \geqslant$ 1A，断态重复峰值电压 $U_{DRM} \geqslant$ 600V）或 BCR1AM-6（$I_T \geqslant$ 1A，$U_{DRM} \geqslant$ 400V）等小型塑封双向晶闸管，其外形如同 9014 型塑封小功率三极管，实物及引脚排列参见图 2-4。

VD1 用 1N4004 型硅整流二极管，VD2 选用转折电压为 26 ～ 40V 的双向触发二极管，如国产 2CTS1A 或进口 DB3 型等。

RL 用普通 MG45-12 型塑料树脂封装光敏电阻器，其他亮阻≤ 2kΩ、暗阻≥ 1MΩ、工作电压≥ 50V 的光敏电阻器也可代用。R1、R2 均采用 RTX-1/8W 型碳膜电阻器。C 用 CD11-50V 型电解电容器，要求体积尽量小些，以利于安装。

2.8.3 制作与使用

图 2-23 是该安全警示灯开关的印制电路板接线图。印制电路板实际尺寸仅为 20mm×20mm，可用刀刻法在边角料上加工而成。

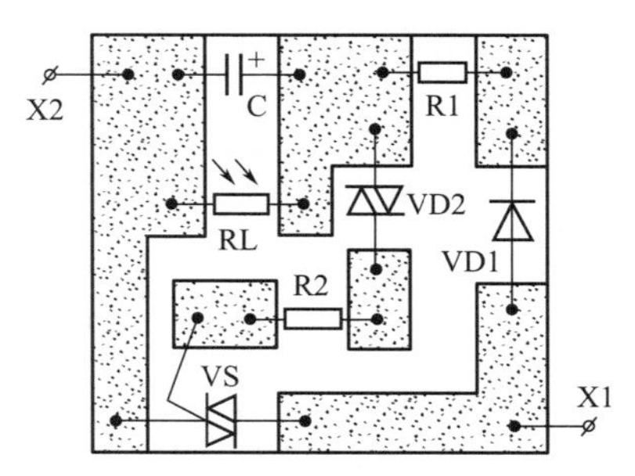

图 2-23 光控闪烁安全警示灯开关印制电路板接线图

焊接好的电路板装入经过改造后的吊式电灯专用挂线盒内，光敏电阻器 RL 从原吊线孔伸出，并加装透明塑料做的防尘罩。挂线盒内原有的接线桩直接用作 X1、X2 接线桩（具体可参见图 1-18 和图 1-19）。这种巧用电灯挂线盒做成的光控闪烁安全警示灯开关，不仅外壳美观、绝缘性能好，而且安装时与普通拉线开关有很好的互换性，使用非常方便。

该光控闪烁安全警示灯开关适合控制 220V、15 ～ 100W 的红色钨丝灯泡，它的接线方法与普通机械开关相同，完全符合电工接线规范。实际应用时，只需把开关的两个接线桩头 X1 与 X2，不分顺序串入警示灯相线（火线）一侧回路即可。但要注意的是开关安装位置有讲究，应避开风雨侵蚀和灯光直射处，选择在感受自然光良好的地方固定。

2.9 教室照明灯时控开关

各学校的教室照明灯平常只在学生上晚自习时使用，每天开、关灯时间是准确一致的。故可用这里介绍的时控开关来实现无人自动控制。

该时控开关经实际应用，证明工作稳定可靠，它杜绝了工作人员不能按时开关灯现象，既确保了学校夜晚作息时间不受影响，又具有一定节电效果。

2.9.1 工作原理

教室照明灯时控开关的电路如图 2-24 所示。单向晶闸管 VS1、VS2 构成了双稳态触发器，利用虚线框内所示的电子表Ⅰ和Ⅱ所产生的闹铃信号分别作为单向晶闸管 VS1、VS2 的触发信号，进而通过电磁继电器 K 控制交流接触器 KM，最后由交流接触器触点 KM1、KM2 完成对各教室照明灯 H1 ～ H*n*（*n* 为自然数）的亮灭控制。

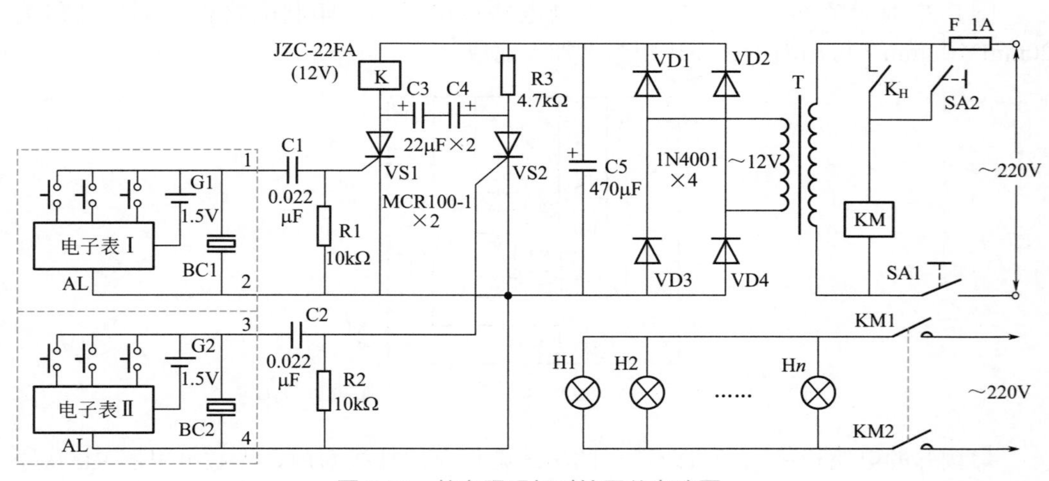

图 2-24　教室照明灯时控开关电路图

闭合电源开关 SA1，220V 交流市电经电源变压器 T 降压、晶体二极管 VD1 ～ VD4 桥式整流和电容器 C5 滤波后，输出约 12V 的直流电压，供控制电路工作用电。此时，单向晶闸管 VS1、VS2 因无触发信号均处于截止状态，电磁继电器 K 和交流接触器 KM 均无电不动作，被控照明灯 H1 ～ H*n* 不亮。晚上，当电子表Ⅰ

按预定的时间报闹时，取自表内压电蜂鸣片 BC1 两端的部分报闹电信号经电容器 C1 耦合至单向晶闸管 VS1 的控制端，直接触发单向晶闸管 VS1 导通，一方面使电容器 C3、C4 串联构成的无极性电容器充上右正左负约 12V 的直流电压；另一方面使电磁继电器 K 通电动作，其常开触点 K_H 接通交流接触器 KM 的电源，使交流接触器 KM 两触点 KM1、KM2 自动接通照明灯电路，被控照明灯 H1 ～ H*n* 通电发光。待熄灯时间到后，电子表Ⅱ报闹，其部分报闹信号经电容器 C2 耦合至单向晶闸管 VS2 的控制端，使单向晶闸管 VS2 受触发导通，电容器 C3、C4 所充电压反向加至单向晶闸管 VS1 的阳极与阴极之间，使单向晶闸管 VS1 阳极电位瞬间过零，于是单向晶闸管 VS1 关断，电磁继电器 K 及交流接触器 KM 先后断电释放，被控照明灯 H1 ～ H*n* 熄灭；与此同时，电容器 C3、C4 被充上左正右负约 12V 直流电压。当第二天晚上电子表Ⅰ再次报闹时，单向晶闸管 VS1 又一次导通，电容器 C3、C4 反向充电，单向晶闸管 VS2 因阳极电位瞬间过零而关断……如此反复，实现每天灯光无人操作自动准时控制。

电路中，SA1 作为控制电路的电源开关，可以在节假日打开它，使被控照明灯 H1 ～ H*n* 不再定时通电工作。SA2 为人工辅助开灯控制开关。每当遇到阴雨天或其他特殊情况需要开灯时，闭合开关 SA2，可随时开亮被控照明灯 H1 ～ H*n*；断开开关 SA2，则被控照明灯 H1 ～ H*n* 熄灭。

2.9.2 元器件选择

电子表Ⅰ、Ⅱ选用具有报闹功能的普通产品，要求不带整点报时或具有整点报时“取消”功能。VS1、VS2 宜采用触发电流很小的塑封单向晶闸管，如 MCR100-1 或 BT169D、CR1AM-6、2N6565 型等，其实物引脚排列参见图 1-17。VD1 ～ VD4 用 1N4001 或 1N4007 型硅整流二极管。

R1 ～ R3 均用 RTX-1/8W 型碳膜电阻器。C1、C2 均用 CT1 型瓷介电容器；C3 ～ C5 均用 CD11-16V 型电解电容器。

SA1、SA2 均用 KNX-2W1D 型单刀双掷（仅用其中一掷）小型钮子开关，亦可用 KNP1 型船形开关。F 用 BGXP-1A 型保险管，并配套 BLX-1 型机装式保险管座。

K 选用 JZC-22FA/012-1Z 型超小型中功率电磁继电器（外形及引脚排列参见图 3-22），其触点负荷为 3A×220V（交流），体积仅为 22.5mm×16.5mm×16.5mm，可直接焊在印制电路板上。KM 用线圈工作电压是 220V 的交流接触器，其触点额定电流根据所控照明灯总功率大小来确定。如选择触点额定电流为 20A，则可控制 4kW 以内的照明灯，完全满足一般学校的需要。T 用输入电压是 220V、输出电压是 12V、额定功率≥ 3W 的小型优质电源变压器，要求长期通电运行不过热。

2.9.3 制作与使用

图 2-25 为该教室照明灯时控开关的印制电路板接线图，印制电路板实际尺寸约为 60mm×40mm。印制电路板也可直接采用相同大小的单孔“洞洞板”，并充分利用元器件引脚飞线连接，以省去加工专用印制电路板的麻烦。

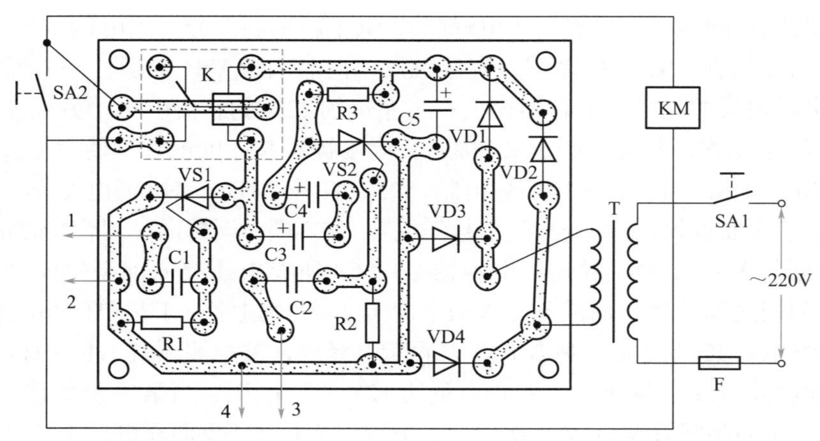

图 2-25　教室照明灯时控开关印制电路板接线图

焊接时，电路板上的外引线头 1 ～ 4，应按照图 2-24 所示，分别接两块电子表内的压电蜂鸣片 BC1 和 BC2 的两端，注意电烙铁外壳应良好接地，以免交流感应电压击穿表内 CMOS 大规模集成电路。焊接好的电路板连同电源变压器 T 装入一绝缘小盒内，盒面板固定电子表Ⅰ和Ⅱ，并开孔固定控制开关 SA1、SA2 和熔丝座。交流接触器 KM 用双股导线引出盒外，直接固定在配电室内电控板空闲位置处，其常开触点 KM1、KM2 可直接并接在被控照明灯原有总闸开关的两端，亦可串入教室照明灯总回路中去。

实际应用时，调电子表Ⅰ的报闹时间，确定好晚上开灯时间；调电子表Ⅱ的报闹时间，确定好熄灯时间。一般只要元器件质量有保证、焊接无误，即可满意工作。顺便指出：电子表使用一段时间后，应及时更换表内电池，以免因表停而造成时控开关失灵。

该时控开关除用于控制教室照明灯外，还可用于控制公园、广场、机关单位的路灯，广告箱、阅报栏的照明灯，以及电视差转机的总电源等。用于控制功率不大（≤ 500W）的广告箱灯、阅报栏灯时，可省掉交流接触器，直接用电磁继电器 K 的常开触点 K_H 去控制负载灯。

2.10 霓虹灯循环发光控制器

这里介绍一种制作容易、成本低廉、工作稳定可靠的霓虹灯循环发光控制器。其控制程序为：灯 1 亮→灯 2 亮→灯 3 亮→灯 4 亮→停留片刻全熄灭，然后又从头开始重复工作。

该控制器经笔者长期使用，证明效果良好，它非常适合用来控制 4 颗文字构成的霓虹灯组，如“×× 大厦”“×× 超市”“×× 宾馆”“×× 中学”和“欢度春节”

等，当然也适合控制一些图案造型的霓虹灯或普通彩灯。

2.10.1 工作原理

霓虹灯循环发光控制器的电路如图 2-26 所示，它由电源变换、程序控制信号发生器和光电耦合交流无触点开关三部分组成。为了便于说明原理，绘出电灯 H1 ～ H4 以代表被控霓虹灯组。

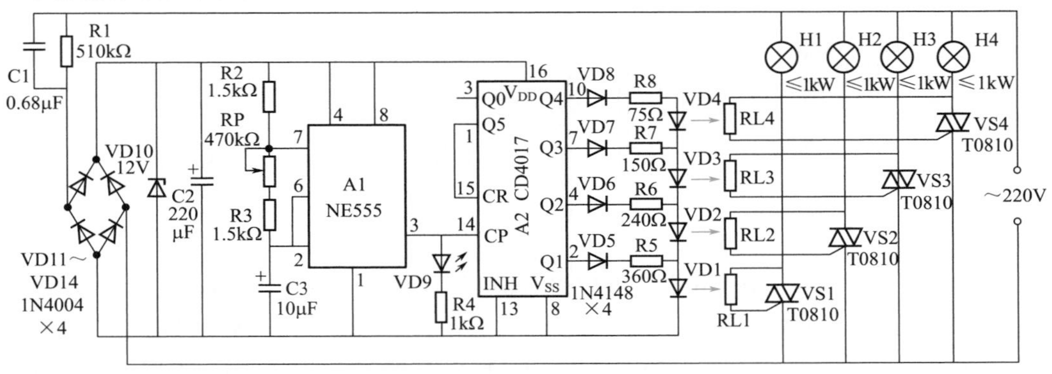

图 2-26　霓虹灯循环发光控制器电路图

接通电源，220V 交流市电经电容器 C1 降压限流、晶体二极管 VD11 ～ VD14 桥式整流、稳压二极管 VD10 稳压和电容器 C2 滤波后，输出 12V 直流电压，向程序控制信号发生电路供电。“555”时基集成电路 A1 与电位器 RP、电阻器 R2 和 R3、电容器 C3 等组成了超低频振荡器，由 A1 第 3 脚输出的时钟脉冲进入十进制计数器 / 脉冲分配器 A2，使其输出端 Q0 ～ Q5（第 3、2、4、7、10、1 脚）顺序输出高电平。当 Q0 输出高电平时，被控霓虹灯组 H1 ～ H4 全部处于熄灭状态；当 Q1 ～ Q4 顺序输出高电平时，发光二极管 VD1 ～ VD4 依次点亮，所对应的光敏电阻器 RL1 ～ RL4 将顺序由高阻值变为低阻值，使双向晶闸管 VS1 ～ VS4 随之由阻断变为导通，控制 H1 ～ H4 顺序点亮；当 Q5 输出高电平时，VS1 ～ VS4 因失去光电触发信号而在交流电过零时全部关断，H1 ～ H4 同时熄灭，Q5 输出的正脉冲信号直接送入清零端 CR（第 15 脚），使 A2 自动清零。随后，上述过程又从头开始重复进行。

电路中，每路灯顺序点亮时间及全熄停留的时间均相同，可通过调节电位器 RP 在 0.5 ～ 6.5s 间连续选择。VD9 为该时间显示发光二极管。

2.10.2 元器件选择

A1 选用 NE555 型“555”时基集成电路，也可用同类产品 5G1555、FX555 或 LM555 等直接来代换，其引脚功能及排列参见图 1-27；A2 选用 CD4017 型十进制计数器 / 脉冲分配器集成电路，也可用 CC4017、MC14017 等型集成电路直接代换。

VS1 ～ VS4 均用 T0810（额定通态电流 I_T=8A，断态重复峰值电压 U_{DRM}、U_{RRM} ≥ 1000V）双向晶闸管，如用 T0805（8A、500V）或 BT137（8A、600V）、

BCR8AM-8（8A、600V），则应在其主电极（第一阳极和第二阳极）两端并联上型号为MYH1-470/1的压敏电阻器，以防止霓虹灯升压变压器产生的自感电压击穿管子。这几种双向晶闸管的外形与引脚排列如图2-27所示。

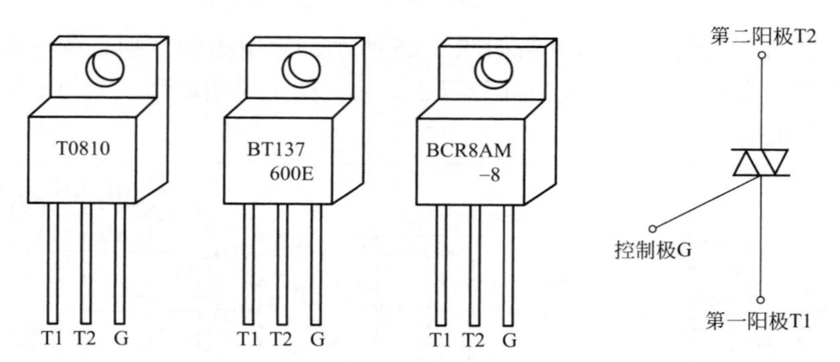

图2-27　几种常用双向晶闸管外形与引脚排列图

VD1～VD4均用ϕ5mm高亮度发光二极管；VD5～VD8用1N4148型硅开关二极管；VD9用普通ϕ5mm红色发光二极管；VD10用12V、0.5W普通硅稳压二极管，如2CW60、1N759、1N963型等；VD11～VD14均用1N4004或1N4007型硅整流二极管。

RL1～RL4均用MG45-52型塑料树脂封装光敏电阻器，其他亮阻≤2kΩ、暗阻≥1MΩ、工作电压≥250V的光敏电阻器也可代用。RP选用WH20A型滑杆电位器。R1～R8一律用RTX-1/4W型碳膜电阻器。C1选用优质CBB13-630V型聚丙烯电容器；C2、C3用CD11-16V型电解电容器。

2.10.3　制作与使用

图2-28为该霓虹灯循环发光控制器的印制电路板接线图，印制电路板实际尺寸约为140mm×65mm。印制电路板也可直接采用相同大小的单孔“洞洞板”，并充分利用元器件引脚飞线连接，以省去加工专用印制电路板的麻烦。焊接时注意：电烙铁外壳一定要良好接地，以免交流感应电压击穿集成电路A2内部CMOS电路。

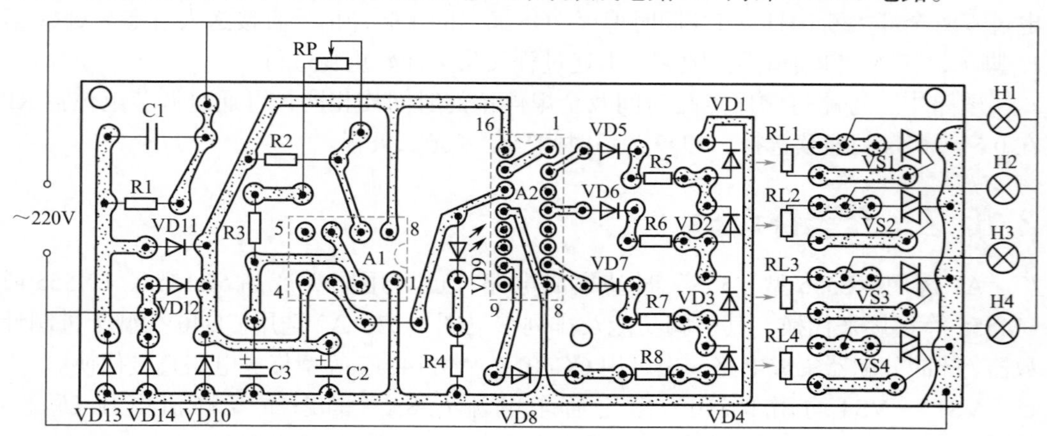

图2-28　霓虹灯循环发光控制器印制电路板接线图

高亮度发光二极管 VD1 ～ VD4 与对应光敏电阻器 RL1 ～ RL4，在焊入电路板前应首先组装成四个光电耦合器。具体方法参见图 2-29：先用透明胶带纸将高亮度发光二极管与光敏电阻器对顶卷好，然后套上一段黑色塑料管，两端用黑色沥青或胶粘封好即成。这种自制光电耦合器每只成本很低，经实际使用证明效果很好。

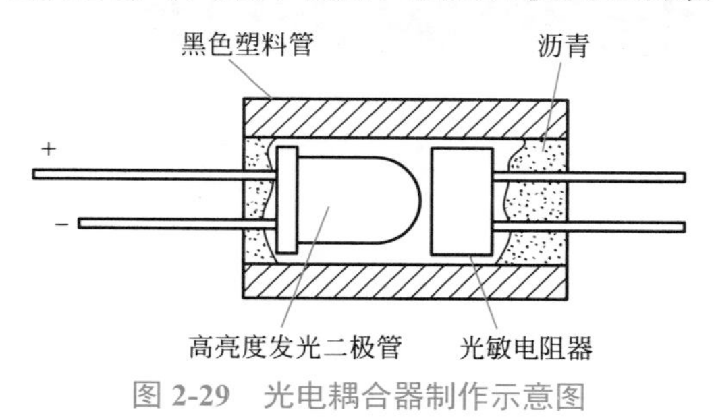

图 2-29　光电耦合器制作示意图

焊接好的电路板装入一体积合适的绝缘密闭盒内。盒面板分别开孔伸出发光二极管 VD9 的管帽和固定电位器 RP，并引出 220V 市电接线和霓虹灯电源控制线（可通过电工用多眼接线端子连接内、外线，接线端子直接固定在控制盒侧面）。应该注意的是：双向晶闸管 VS1 ～ VS4 在满负载（1000W）工作时，应加装上一定尺寸的铝散热板，以免过热造成管子损坏。

装配成的霓虹灯循环发光控制器，只要元器件质量有保证、焊接无误，无须任何调试便可投入使用。

第 3 章 家电控制类制作

各种家用电器是千家万户日常生活的“好帮手”，是现代家庭科技文明和时尚生活的象征之一。本章介绍了 10 个用于控制家庭常用电气设备的新颖电子小制作，堪称改善现有家电性能、提高安全性和方便操作的“给力”方案！这些制作实例是读者在掌握了第 1 章“手把手教你学制作”入门制作技能后的延伸和提高，可根据需要选择并自行设计具体的制作步骤和流程等，充分发挥个人能动性开展“动手做”。通过制作与使用，读者能够尽快成为一名运用电子小作品来改造和升级家用电器的“行家里手”！

3.1 通用型家电遥控器

这里介绍的通用型家电遥控器，可以很方便地将各种轻触按键控制的家用电器改造、升级为“四路及以下无线电遥控 + 轻触”控制，而且不必改动原机线路。

此方案简单易行，对家用电器外壳不作任何“破坏”，通用性强，使用效果良好，是电工、电子爱好者改造和升级家用电器的理想选择。

3.1.1 工作原理

通用型家电遥控器的电路如图 3-1 所示。A1、A2 分别为无线电遥控专用数字编码发射器及接收解码模块，A3 为“四合一”光电耦合器，它既使遥控电路与电器轻触开关在电气上保持完全隔离，又具有良好的遥控指令信号传递功能。

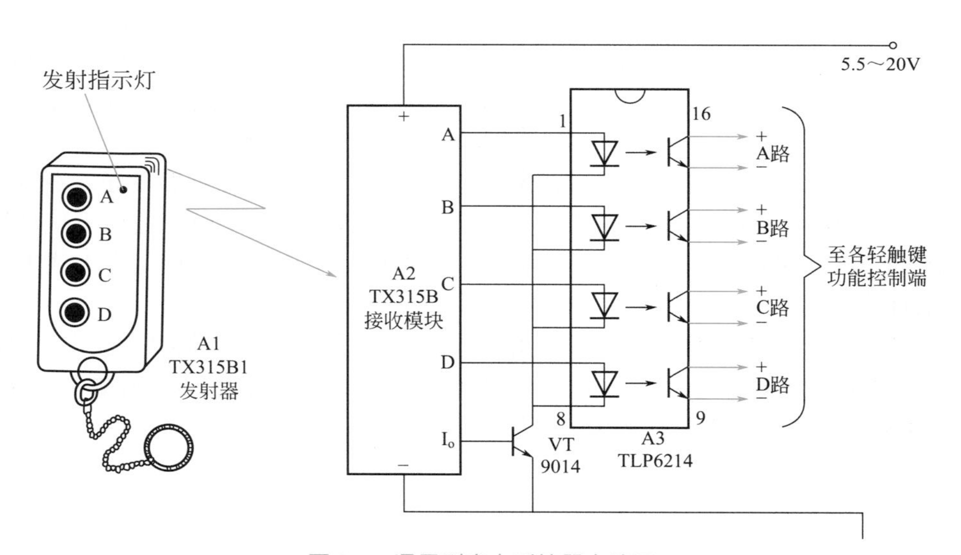

图 3-1 通用型家电遥控器电路图

当在有效作用距离范围（≤ 60m）内按动发射器 A1 上的 A ～ D 任意按键时，接收解码模块 A2 的对应解码信号输出端便输出高电平、I_o 端输出正脉冲，于是晶体三极管 VT 导通，使光电耦合器 A3 中相应的发光二极管发光，对应光敏三极管由常态时的截止转为导通（导通时间取决于发射器 A1 的按键时间）。由于光敏三极管的两端直接并联在家用电器的轻触按键开关两端，管子的导通等效于按下轻触键，因此便实现了对家电轻触开关功能的无线电遥控。

3.1.2 元器件选择

A1、A2 选用国产 TX315B1 型全晶振式、高稳定度四位无线电编码遥控专用发射与接收组件，它包括一只微型化的钥匙扣式数字编码发射器和一只模块化的接收解码器。发射器 A1 的外形如图 3-1 左边所示，其体积约 74mm×37mm×15mm，在面板上设有 A、B、C、D 四位按键和一个发光二极管指示灯，机内装有 AG23-12V 型电池。当按动按键时，发光管点亮，机内数字编码电路工作并驱动频率为 315MHz 的超高频发射电路，将载有数字信号的高频电磁波通过印刷板天线发射出去。发射器工作时电流约 7mA，不发射时不耗电。

接收解码模块 A2 的外形及引脚排列如图 3-2 所示，其体积约 47mm×32mm×17mm，内有高频超外差接收电路、信号检出及处理电路、译码电路等，可直接输出互锁的四路（A、B、C、D 端）高电平信号和一路（I_o 端）非锁存正脉冲信号。通常，A、B、C、D 端也称为四位数据输出端，它们与发射器上 A、B、C、D 四位数据发射按键一一对应；I_o 端称为解码有效输出端，所输出正脉冲脉宽基本上与有效按动发射器按键时间同步。接收解码模块工作电压范围 5.5 ～ 20V，工作电流（各输出端悬空）6mA；接收灵敏度 5 ～ 10μV，接收频率 315MHz，带宽 250kHz；各输出端最高电压（空载）4.5V、最大电流（短路）2mA。

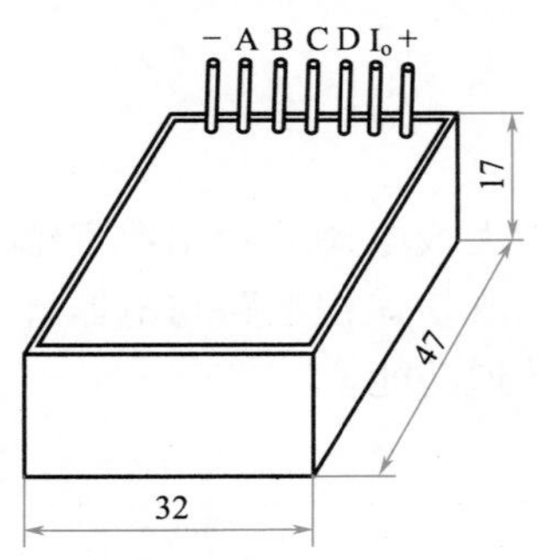

图 3-2 TX315B1 型无线电遥控接收解码模块

TX315B1 型无线电遥控组件的内部编、解码在出厂时已配对编设好，不重复组码高达 17.7 万组，具有良好的抗干扰性能；有效遥控距离≤ 60m，适应工作环境温度 -25 ～ 70℃。TX315B1 型组件也可用 T996/T998-12V 型四位高稳定度无线电遥控组件来直接代换。

A3 选用 TLP6214 型“四合一”光电耦合器，它采用双列 16 脚塑料封装。VT 用 9014（集电极最大允许电流 I_{CM}=100mA，集电极最大允许功耗 P_{CM}=310mW）或 3DG8 型硅 NPN 小功率三极管，要求电流放大系数 $\beta > 30$。

3.1.3 制作与使用

图 3-3 为该通用型家电遥控器接收部分的印制电路板接线图，印制电路板实际尺寸约为 65mm×60mm。印制电路板可直接采用相同大小的单孔“洞洞板”，并充分利用元器件引脚飞线连接，以省去加工专用印制电路板的麻烦。

除发射器 A1 以外，焊接好的遥控接收电路板直接装入欲改造的家用电器内部空闲位置处。安装时注意：电路板上的接收解码模块 A2，应尽量远离大的金属体，以免因电波被削弱或屏蔽而造成遥控距离缩短甚至无法工作。安装时无须改动家用电器原有的线路，其电源可直接取自家用电器内部现成的 6 ～ 20V 直流电源，不必另外设专门的电源变换电路；光电耦合器 A3 内部各光敏三极管的外引线直接并联在家用电器的轻触开关两端即可。在轻触开关两端并联线头时应注意：光敏三极管的集电极接高电位端、发射极接低电位端；如果各轻触键有公共端，则可按电位高低将光敏三极管的某一极性电极连接在一起，再用一根导线引出并焊接，这样可省去 1 ～ 3 根导线。

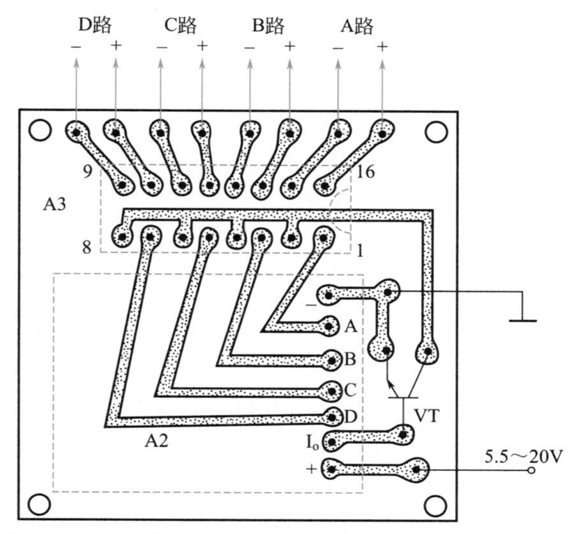

图 3-3　通用型家电遥控器接收部分印制电路板接线图

装配好的遥控器，电路无须任何调试便可投入使用。但使用时应注意：发射器 A1 由一节 A23-12V 型电池供电，当发射指示灯变暗且遥控距离明显缩短时，应及时更换相同规格的新电池。

3.2 接打电话的静音装置

日常生活中，由于主人正在欣赏高级音响系统的音乐或歌曲，而没能听见电话铃声的情况时有发生；另外，主人要打电话时，也得先关掉音响系统的电源或关小音量才行，挺麻烦的。

本装置在电话铃声响起或主人拿起听筒拨电话号码时，能够自动切断音响系统的电源，让主人在“静音”环境下接打电话。接打完电话，只要按动一下装置上的启动按钮开关，音响系统即恢复正常工作。

3.2.1 工作原理

接打电话的静音装置电路如图 3-4 所示。SB 为启动按钮开关，XS 为音响系统的电源插座。VD6 为电路通电待工作发光二极管指示灯。

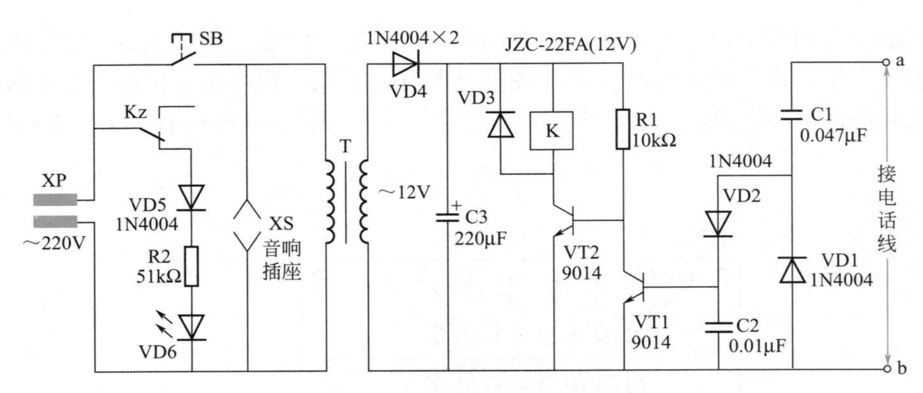

图 3-4 接打电话的静音装置电路图

平时，电话线路上有 40 ～ 60V 的直流电压，由于这个直流电压不能通过电容器 C1，因此也就不能触发电路工作。当主人按下启动按钮开关 SB 时，音响系统从插座 XS 内获得 220V 交流电工作；与此同时，220V 交流电经电源变压器 T 降压、晶体二极管 VD4 半波整流和电容器 C3 滤波后，输出约 12V 直流电，使得晶体三极管 VT2 导通、电磁继电器 K 通电吸合，由电磁继电器 K 的转换触点 Kz 自动接通启动按钮开关 SB 两端，完成电路“自锁”。这样，在人手松开启动按钮开关 SB 后，音响系统仍能够保持通电工作状态。

一旦电话铃声响起或主人拿起听筒拨电话号码，电话线路上会产生交流电信号。这种交流电信号经电容器 C1 耦合、晶体二极管 VD1 和 VD2 整流、电容器 C2 滤波后，向晶体三极管 VT1 提供合适的正向偏流，于是晶体三极管 VT1 导通，晶体三极管 VT2 随之截止，电磁继电器 K 断电释放，其触点 Kz 自动切断插座 XS 的电源，使音响系统骤然停止发声，以便让主人在“静音”环境下接听或拨打电话。此时，发光二极管 VD6 发光，也可提示主人有电话，而不是电网停电引起音响系统“静音”。如要消除“静音”，只需要再次按动一下启动按钮开关 SB，即可使音响系统继续放音。

3.2.2 元器件选择

晶体管 VT1、VT2 均用 9014（集电极最大允许电流 I_{CM}=0.1A，集电极最大允许功耗 P_{CM}=310mW）或 3DG8 型硅 NPN 小功率三极管，要求电流放大系数 $\beta > 100$。VD1 ～ VD5 均用 1N4004 型硅整流二极管，VD6 用 ϕ5mm 普通红色发光二极管。

R1 用 RTX-1/8W 型碳膜电阻器；R2 用 RTX-1/2W 型碳膜电阻器。C1 用 CJ11-160V 型金属化纸介电容器；C2 用 CT1 型瓷介电容器；C3 用 CD11-16V 型电解电容器。

K 用 JZC-22FA/012-1Z 型超小型中功率电磁继电器（外形及引脚排列参见图 3-22），其触点负荷为 220V×3A（交流），完全可满足控制需要。T 用市售 220V/12V、1.5W 小型电源变压器。SB 可用市售交流电铃专用按钮开关，亦可用 KWX-2 型微动开关来代替。XP 用市售交流电两极电源插头。XS 用机装式交流电两孔插座，亦可用普通壁式插座来代替。

3.2.3 制作与使用

图 3-5 是该静音装置的印制电路板接线图。印制电路板实际尺寸约为 50mm×40mm，可采用简便易行的“刀刻法”制作，也可直接采用相同大小的单孔“洞洞板”来替代。

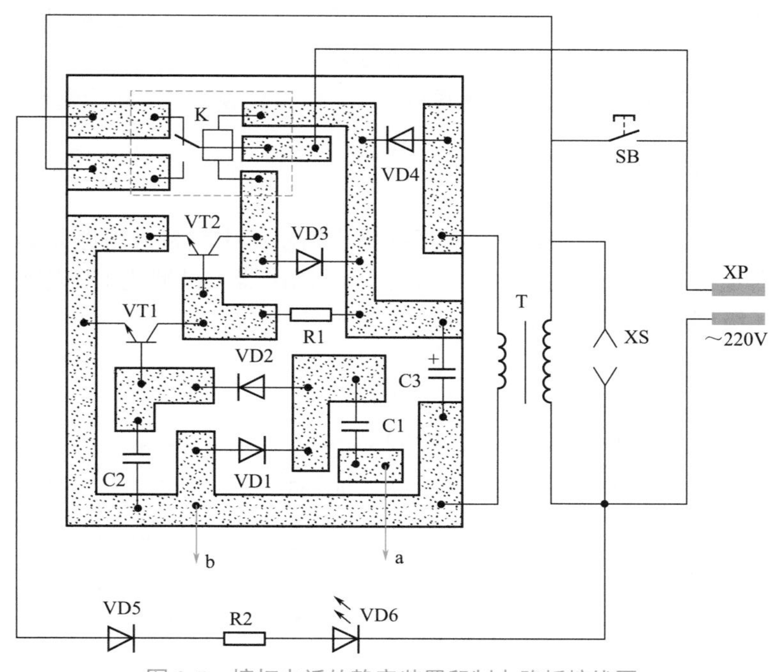

图 3-5 接打电话的静音装置印制电路板接线图

焊接好的电路板连同电源变压器 T 一起装入体积合适的绝缘小盒内。盒面板开孔固定发光二极管 VD6 及插座 XS、启动按钮开关 SB。电源插头 XP 则通过长约 1.5m 的双股软塑皮电线引出盒外；a、b 引线头不分次序，直接接在电话机接线盒内的两接线桩上即可。

装配成的静音装置，只要元器件质量有保证、焊接无误，电路无须任何调试，便可投入使用。

3.3 电风扇定时调速器

夏日炎炎，人们开动电风扇是为了吹风消暑。但由于气温的差别，使用者的不同，对风速和风量的要求也不一样，因此需要对电风扇进行调速。在热天入睡时，如果电风扇具有定时功能，则可在人入睡后自动停转，从而避免因长时间吹风而损害身体；另外，在人离开房间忘记关闭电风扇时，亦可延时自动关闭电风扇，既节约用电、延长电风扇使用寿命，又可防止意外事故的发生。

但这些非常有用的调速、定时功能普通电风扇根本不具备，给使用带来许多不便。何不自己动手制作一台电风扇定时调速器呢？它不仅能够让普通电风扇定时（≤ 2h）关闭，而且能进行无级电子调速；它对外只有两个接线端，可以直接用来代换普通电风扇原有的机械式电源开关，安装简单，使用方便。

整个制作电路简单、成本低廉、使用效果好，非常适合电工、电子爱好者进行制作。

3.3.1 工作原理

电风扇定时调速器的电路如图 3-6 虚线框内所示，虚线框外电路是为便于说明原理而绘出的普通电风扇原有接线电路。整个定时调速器由机械式电源定时开关 SA 和双向晶闸管无级调压器两大部分组成。

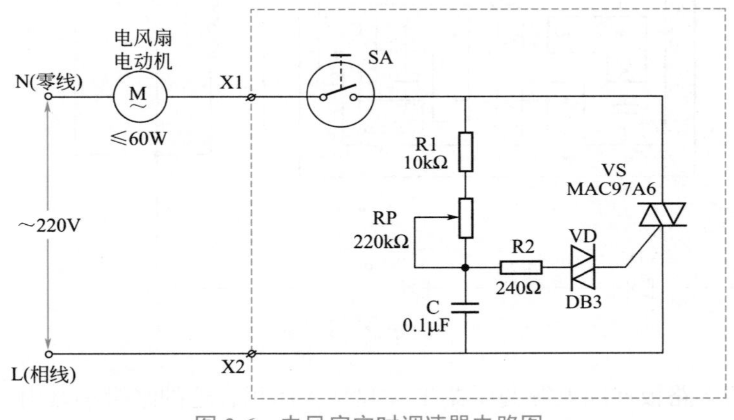

图 3-6　电风扇定时调速器电路图

机械式电源定时开关 SA 为市售电风扇专用定时开关，它内部以发条作为储能动力，通过齿轮组变速后控制“开关”触点的定时断开；另外，还兼有通过人工手动旋钮，随时控制“开关”触点闭合或断开功能（相当于手动电源开关），操作起来非常方便。

双向晶闸管 VS、双向触发二极管 VD 和外围阻容元件等，构成了一个典型交流电无级调压器。当机械式电源定时开关 SA 处于闭合状态时，220V 交流电通过电阻器 R1 和电位器 RP 向电容器 C 充电，当电容器 C 两端充电电压达到双向触发二极管 VD 的转折电压时，双向触发二极管 VD 和双向晶闸管 VS 相继导通，使被控电风扇的电动机 M 通电运转，电风扇即送出凉风。当交流电压过零反向时，双向晶闸管 VS 自行关断，电容器 C 又开始反向充电，并重复上述过程。可见，在交流电压每一周期内，双向晶闸管 VS 在正、负半周均对称地导通一次。如果调节电位器 RP 的阻值大小，就会改变电容器 C 的充电速率，从而在任意半个周期内，均使双向晶闸管 VS 触发导通时间前移或后退，即改变了双向晶闸管 VS 的导通角大小，相应地加在电动机 M 两端的平均电压也随之变化，故实现了电风扇无级调速的目的。

3.3.2 元器件选择

机械式电源定时开关SA采用市售普通电风扇专用的发条驱动式120min电源定时开关，要求配带合适的塑料旋钮。该定时开关在家用电器维修部或电气配件商店均可以购买到。

VS选用额定通态电流I_T=1A、断态重复峰值电压U_{DRM}≥600V的普通小型塑封双向晶闸管，如MAC97A6、BCR1AM-8型等，其外形如同普通塑封小功率三极管，实物及引脚排列参见图2-4。双向晶闸管又叫双向可控硅，它是一种具有三个PN结的功率型半导体器件，共有三个引出脚：第一阳极T1、第二阳极T2和控制极（也称门极）G，焊接时要认清引脚，不可弄错。

VD选用转折电压为26～40V的双向触发二极管，如进口DB3或国产2CTS1A型等；手头暂缺该管时，可用普通测电笔中使用的小氖泡来代替。

RP选用WH5-1型单联小型碳膜电位器，要求配带合适的塑料旋钮。R1、R2均用RTX-1/8W型碳膜电阻器。C用CL11-100V型涤纶电容器，亦可用CJ11-160V型金属化纸介电容器。

X1、X2均用能够直接在电路板上固定的小型接线桩，亦可拆用废旧交流电壁式开关上的铜质接线桩头。

3.3.3 制作与使用

图3-7为该定时调速器的印制电路板接线图。印制电路板实际尺寸约为68mm×35mm，要求采用环氧基质单面铜箔板制作。电路板中间位置开出ϕ6mm的圆孔，用于固定电位器RP。两个接线桩X1、X2直接固定在电路板铜箔面一侧，以方便使用时接线。

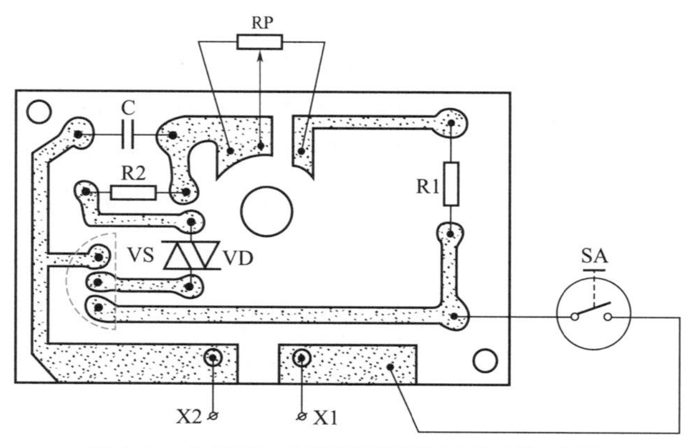

图3-7 电风扇定时调速器印制电路板接线图

焊接好的电路板，根据所控制电风扇不同，分以下两种装配方式：一是，如果所

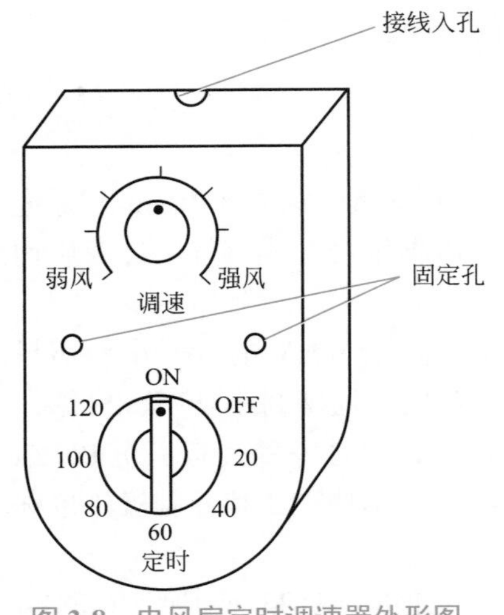

图 3-8　电风扇定时调速器外形图

控制电风扇为普通吊扇，则按图 3-8 所示，将电路机芯装入尺寸约为 130mm×80mm×35mm 的塑料小盒内，并事先在盒面板开孔以便安装机械式电源定时开关 SA 旋钮和电位器 RP 旋钮，在面板适当位置处标出 SA 的“开(ON)”“关(OFF)”挡位和定时时间，以及电位器 RP 旋钮的调速范围等；盒子顶侧为电路板上的接线桩 X1、X2 开出接线入孔。二是，如果所控制电风扇为普通台扇，则可不必用专门的外壳，而只需将电路机芯直接装入台扇的底座腔内，并在台扇底座面板上合适位置处开孔安装定时开关 SA 旋钮和电位器 RP 旋钮即可。

不论是哪一种装配方法，电路板上的 X1、X2 接线桩均应按照图 3-6 所示，不分顺序串入欲控制电风扇的相线(火线)一侧回路中。电路机芯装入台扇底座时，X1、X2 应不分顺序接原有电源开关的两端（原开关既可保留，也可拆除）。由于该定时调速器采用对相线的“两线制”控制电风扇，其接线方法与普通电源开关完全一样，因此在改造现有的普通吊扇时，可以直接取代普通壁式电源开关，而不必更改吊扇原有的电源布线，省去了安装时的许多麻烦。但应注意：在安装之前一定要先断开 220V 交流电的总电源开关，谨防触电。

该定时调速器适合控制 60W 以内的普通电风扇。若被控电风扇功率较大（≥ 60W）时，只要选用额定通态平均电流大一些（如 2A、3A 等）的双向晶闸管 VS，即可满足使用要求。

电风扇定时调速器的具体操作方法如下。

① 每次使用时，应首先将调速旋钮按顺时针方向转至“强风”位置（因为低速挡时电风扇不容易启动），然后将定时旋钮转至“ON”挡位，此时电风扇开始运转；当需要电风扇停止运转时，只要将定时旋钮转至“OFF”挡位即可。

② 若需定时关闭电风扇，只要将定时旋钮按顺时针方向转动到所需要的时间刻度即可，定时结束时旋钮自然返回至“OFF”挡位，电风扇即自动停止运转。

③ 电风扇运转时，若需要降低转速（减小风力），可将调速旋钮逆时针转至合适位置处；若需要提高转速（增强风力），则应将调速旋钮顺时针转至合适位置处。

3.4 换气扇触摸延时开关

换气扇是一种将室内不洁有害的油烟等废气排到室外去的理想家用清洁电动器

具。目前，市售换气扇的停转一般用拉线开关来控制，使用不太方便。如果给它加装上触摸式延时开关，则只要主人用手去摸一下开关盒上的金属片，即可控制换气扇延时工作一段时间，然后自动断电停止运转，操作非常方便。

3.4.1 工作原理

换气扇触摸延时开关的电路如图 3-9 虚线右边所示，虚线左边是为便于说明原理而绘出的普通换气扇原有接线图。

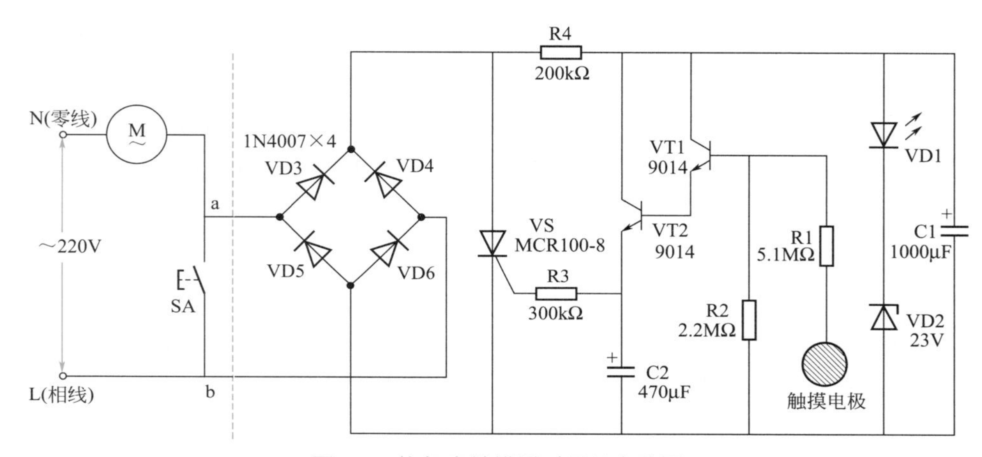

图 3-9 换气扇触摸延时开关电路图

平时，220V 交流市电经晶体二极管 VD3 ~ VD6 桥式整流、电阻器 R4 限流、发光二极管 VD1 和稳压二极管 VD2 稳压后，给储能电容器 C1 充足了约 24.6V 电压。此时，晶体三极管 VT1、VT2 和单向晶闸管 VS 均处于截止状态，通过换气扇电动机 M 的电流很小，换气扇电动机 M 不运转，整个新增控制电路耗电仅为 0.21W 左右。当用手摸一下触摸电极时，人体感应的交流电压经电阻器 R1、R2 加至晶体三极管 VT1 的发射结，晶体三极管 VT1、VT2 立即导通，使电容器 C1 对 C2 充上约 15V（实测）电压；与此同时，电容器 C2 通过电阻器 R3、单向晶闸管 VS 的控制端构成放电回路，使单向晶闸管 VS 获得合适触发电流而导通，换气扇电动机 M 通电运转。经过一段时间（延时时间），电容器 C2 两端放电电压下降至 5V 以下，单向晶闸管 VS 因得不到足够的触发电流而在交流电过零时关断，换气扇电动机 M 自动停止运转。

电路中，换气扇电动机 M 每次延时运转的时间长短与单向晶闸管 VS 的触发电流、稳压二极管 VD2 的稳压值、电阻器 R3 的阻值、电容器 C1 和 C2 的容量大小等有关，按图选用元器件，实测每次延时时间为 4.5min；如将电容器 C2 的容量改为 220μF，则延时为 2min 左右。发光二极管 VD1 主要起通电指示灯作用，将它与触摸电极安装在一块时，还可起到显示触摸电极位置的作用。

3.4.2 元器件选择

VS 选用 MCR100-8（额定正向平均电流 0.8A，额定工作电压 600V）或 CR1AM-8（1A、600V）小型塑封单向晶闸管，其外形和引脚排列参见图 1-17，要求控制极（也叫门极）的触发电流 $I_g \leqslant 15\mu A$。

VT1、VT2 可用 9014（集电极最大允许电流 I_{CM}=0.1A，集电极最大允许功耗 P_{CM}=310mW）或 3DG8 型硅 NPN 小功率三极管，要求电流放大系数 $\beta > 150$。VD1 用 ϕ3mm 高亮度红色圆形发光二极管；VD2 用 23V、0.25W 普通硅稳压二极管，如 2CW65、1N4115 型等；VD3 ～ VD6 均用 1N4007 型硅整流二极管。

R1 ～ R4 一律用 RTX-1/4W 型碳膜电阻器。R1 为人体保安电阻器，其阻值高达 5.1MΩ，注意不可弄错！也可用两只 2.7MΩ 左右的电阻器串联起来组成 R1，这样万一有一个电阻器受潮或碰触短路，也不会使人手在接触到触摸电极时发生电击事故。C1 用 CD11-25V 型电解电容器，C2 用 CD11-35V 型电解电容器。触摸电极用五分硬币大小的不锈钢或铝圆片即可。

3.4.3 制作与使用

图 3-10 是该换气扇触摸延时开关的印制电路板焊接图。印制电路板实际尺寸约为 60mm×35mm，可用刀刻法加工而成。

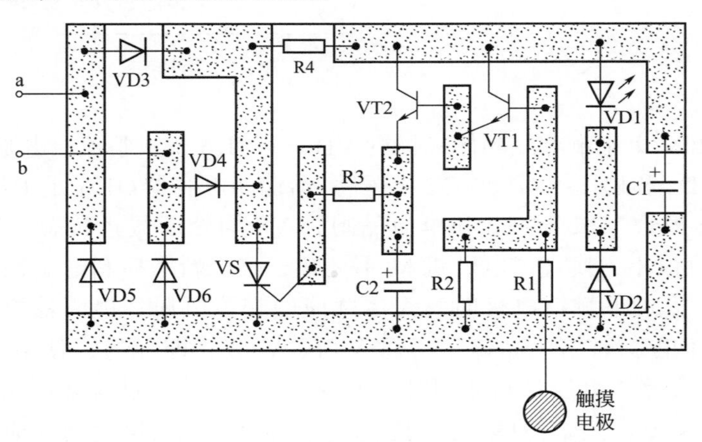

图 3-10 换气扇触摸延时开关印制电路板焊接图

焊接好的电路板可装入一体积合适的绝缘密闭小盒内。盒面板用强力胶粘固触摸电极，并在其正中（或旁边）开孔伸出发光二极管 VD1 的管帽；盒侧面引出双股软塑料外皮电线，其中 a、b 两接线头不分次序并接在换气扇原有的拉线开关 SA 两端即可。

读者还可参见图 2-21，将焊接好的电路板直接安装在 86 系列或 75 系列壁式单二极插座面板的背面，制成互换性很强的壁式触摸延时开关，使应用更加方便。

本触摸延时开关电路简洁、设计合理，只要安装正确，无须任何调试，通电后就能控制换气扇正常工作。而且它的接入，并不影响换气扇原有拉线开关 SA 的正常使用。

3.5 吸油烟机轻触控制开关

目前，面板使用薄膜按键的吸油烟机多采用由CMOS集成电路或专用单片机、驱动晶闸管、三端稳压器等构成的控制电路，电路显得复杂，成本也高。

为此，笔者采用具有辅助触点的新型继电器和转换式轻触开关等设计制作了一种简化的轻触式控制开关，其成本比相同功能的其他电路要低得多。由于使用元器件较少，因此故障率相应也低；抗干扰性强，可靠性高；自身耗电小（实测工作时仅0.7W左右），关机后（不包括电源变压器）无静态耗电。

3.5.1 工作原理

吸油烟机轻触控制开关的电路如图3-11所示。为便于说明工作原理，绘出了被控制对象——电动机M、电灯H和它们的熔丝F等。具有辅助触点的电磁继电器K1及K2、转换式轻触开关SB1～SB3等，构成了交叉控制的互锁开关，用于控制吸油烟机电动机M的运行（快速、慢速）和停止；晶体三极管VT、具有辅助触点的电磁继电器K3、转换式轻触开关SB4等构成了单键双稳态开关，用于控制吸油烟机照明灯H的亮灭。电源变压器T、整流二极管VD6～VD9和电容器C2等构成了电源变换电路，将220V交流市电变换成为12V左右的直流电，供控制电路工作用电。

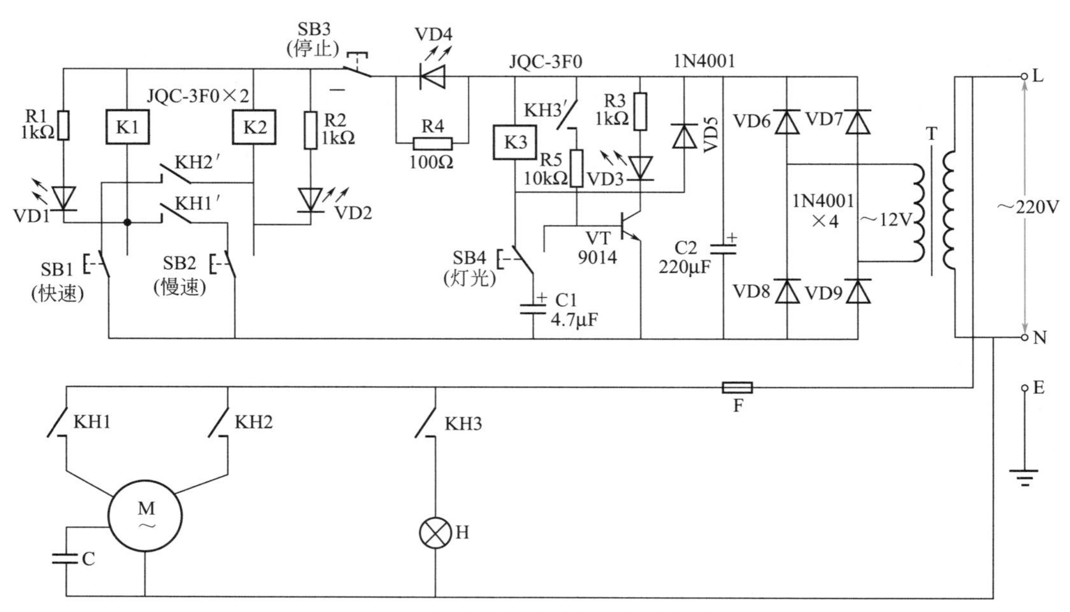

图3-11 吸油烟机轻触控制开关电路图

平时，继电器K1～K3均处于释放状态，电动机M无电不运转，电灯H亦不发光。当按下轻触开关SB1时，继电器K1通电吸合，其常开触点KH1接通电动机M的供电回路，使电动机M通电高速运转；与此同时，继电器K1的辅助触点KH1′闭合，使继电器K1的线圈通过辅助触点KH1′、轻触开关SB2构成新的供电回路，在轻触开关SB1复位后使继电器K1仍保持吸合状态不变。当按下轻触开关SB2时，一方面继电器K1供电回路被切断，继电器K1释放，电动机M断电停止高速运转；另一方面，继电器K2通过轻触开关SB2得电吸合，使其常开触点KH2接通，电动机M通电处于慢速运转状态。与此同时，继电器K2的辅助触点KH2′闭合，使继电器K2的线圈通过辅助触点KH2′、轻触开关SB1构成新的供电回路，在轻触开关SB2复位后使继电器K2仍保持吸合状态不变。当按下轻触开关SB3按钮时，正在吸合的继电器K1或K2立即断电释放，电动机M亦断电停止运转，实现了吸油烟机的关机。

当按动轻触开关SB4时，已充足电（实测≤14V）的电容器C1，通过晶体三极管VT的发射结快速放电，放电电流使晶体三极管VT导通，继电器K3得电吸合，由其常开触点KH3接通照明电灯H的供电回路，使之通电发光；与此同时，辅助触点KH3′亦吸合，通过限流电阻器R5为VT提供偏流，使继电器K3在轻触开关SB4复位后仍保持吸合状态不变。再次按动轻触开关SB4时，由于电容器C1两端电压（约0.1V）不能突变，故晶体三极管VT瞬间失去合适偏压（约0.65V）而截止，继电器K3断电释放，由其常开触点KH3切断照明电灯H的供电回路，使电灯H断电熄灭；辅助触点KH3′则切断晶体三极管VT的偏流回路，使晶体三极管VT在轻触开关SB4复位后仍保持截止状态不变。由此实现了每按动一次轻触开关SB4，即改变一次电灯H的工作状态。

电路中，发光二极管VD1～VD3通过各自的限流电阻器R1～R3并联在继电器K1～K3两端，由于它们跟随对应继电器的吸合与释放而亮灭，故能直观显示出电动机M的运转情况（快速或慢速）和电灯H的亮灭状态。发光二极管VD4和分流电阻器R4串联在电动机M的控制电路供电回路中，可直观显示电动机M工作与否。

3.5.2 元器件选择

K1～K3选用国产JQC-3F0型带辅助触点的小型电磁继电器，它是在普通单转换触点（1Z）继电器的线圈回路中增加了一个辅助触点生产而成，外形与普通继电器几乎没有两样，其外形尺寸及引脚排布如图3-12所示。该继电器除了具有普通单转换触点继电器的所有功能外，还能够让辅助触点去控制线圈自保或信号指示、电平输出等，以便让出主触点去控制被控对象（负载），这比相同条件下非得使用双转换触点（2Z）继电器价格要低，体积要小。

JQC-3F0型继电器的主要技术参数：线圈工作电压12V（或5V、6V、9V和24V等），线圈功耗≤0.36W；触点形式为1Z（转换型主触点）和1H（常开型辅助触点），主触点负荷为交流 5A×240V 或直流 10A×28V；使用环境温度范围 -40 ～ +85℃，绝缘电阻≥ 100MΩ，触点接触电阻≤ 100mΩ，工作寿命约 10 万次，主触点间介质耐压≥ 750V（50Hz 下 1min 不击穿）、线圈与触点间介质耐压≥ 1500V，质量约 10g。

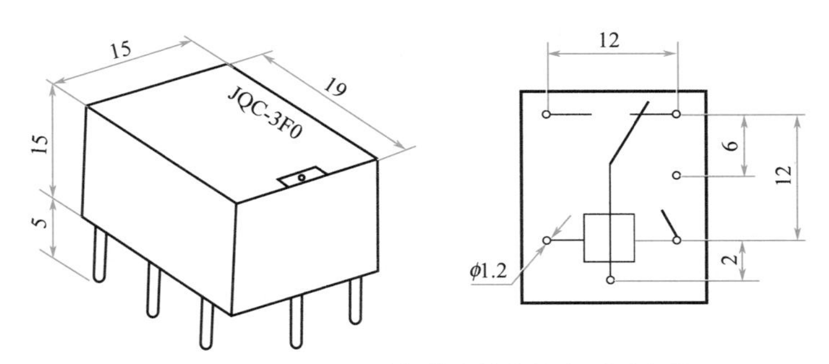

图 3-12 JQC-3F0 型带辅助触点的小型继电器

SB1 ～ SB4 均用 KJ-123 型转换式轻触开关，它既可当作一般的普通轻触开关来使用，也可作为常闭型轻触开关或转换型轻触开关来灵活运用，用途十分广泛。KJ-123 的外形尺寸为 12mm×12mm×4mm，其外形和引脚排布等如图 3-13 所示，它的脚距等均按标准设计生产，手感与普通轻触开关一样，触点最大负荷为直流 0.25A×28V，完全能够满足一般使用要求。

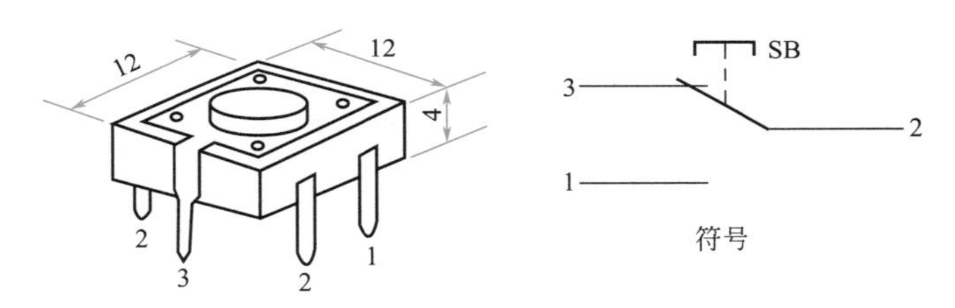

图 3-13 KJ-123 型转换式轻触开关

晶体管 VT 用 9014（集电极最大允许电流 I_{CM}=0.1A，集电极最大允许功耗 P_{CM}=310mW）或 3DG8 型硅 NPN 小功率三极管，要求电流放大系数 β > 150。VD1 ～ VD4 均用 ϕ5mm 普通红色发光二极管；VD5 ～ VD9 均用 1N4001 或 1N4004、1N4007 型硅整流二极管。

R1 ～ R5 均用 RTX-1/8W 型碳膜电阻器。C1、C2 均用 CD11-25V 型电解电容器。T 用 220V/12V、1.5W 小型优质电源变压器，要求长时间通电运行不发热。

3.5.3 制作与使用

图 3-14 为该吸油烟机轻触控制开关的印制电路板（不包括电源变换电路）焊装图。印制电路板最好采用环氧基质单面铜箔板制作，实际尺寸约为 110mm×30mm。焊接时注意：发光二极管 VD1 ～ VD4 和轻触开关 SB1 ～ SB4 均应焊接在电路板铜箔面

一侧，以利于在吸油烟机控制面板上固定安装。

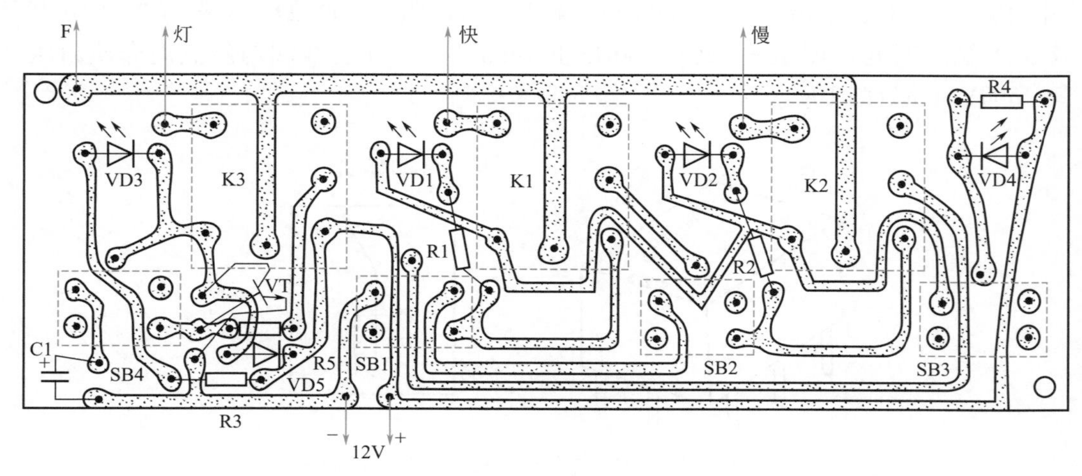

图 3-14　吸油烟机轻触控制开关印制电路板（不包括电源变换电路）焊装图

制作成的吸油烟机轻触控制开关板，电路无须任何调试，便可投入使用。它既可直接用于改造家庭现有吸油烟机的普通控制开关或替换已经损坏而无法修复的电子控制开关，也可直接作为吸油烟机生产厂家的配套组件。使用时，将控制开关板直接安装在所要控制的吸油烟机面板（外饰塑料印字薄膜）上，然后按照图 3-11 所示电路，通过多股导线与被控设备接通即可。

3.6 电饭煲自动煮饭控制器

普通电饭煲外接下面介绍的控制器后，能够定时自动接通电源，让家中无人煮饭的双职工下班一回家就能吃到喷香的米饭。

3.6.1 工作原理

电饭煲自动煮饭控制器实际上是一个交流定时开关，其电路如图 3-15 所示。虚线框内为带闹响功能的四指针石英钟，B 为钟内电磁讯响器。

平时，单向晶闸管 VS 无触发信号处于阻断状态，电磁继电器 K 无电不吸合，其常开触点 K_H 断开电饭煲电源，使电饭煲处于待煮饭状态。当石英钟按照主人事先设定好的时间发出闹“铃”时，由电磁讯响器 B 输出的部分报闹电信号，经电容器 C1 耦合至单向晶闸管 VS 的控制端，直接触发单向晶闸管 VS 导通，使电磁继电器 K 得电吸合，其常开触点 K_H 接通电饭煲电源，即实现电饭煲无人操作定时自动通电煮饭。

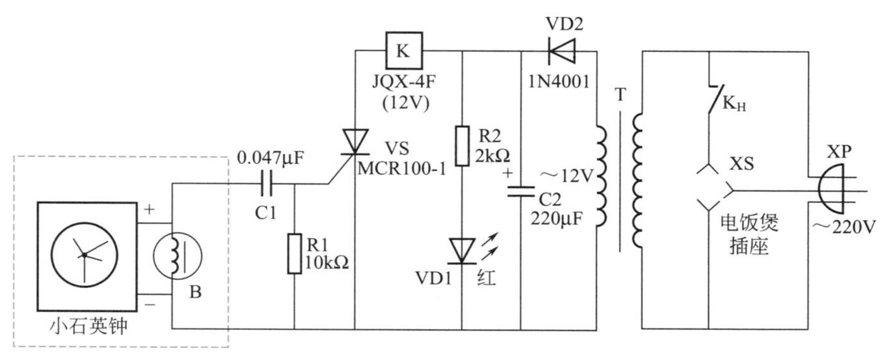

图 3-15　电饭煲自动煮饭控制器电路图

电路中，220V 交流市电经电源变压器 T 降压、晶体二极管 VD2 半波整流和电容器 C2 滤波后，向控制电路提供约 12V 直流稳定工作电压。限流电阻器 R2 和发光二极管 VD1 构成控制器通电指示灯电路。

3.6.2 元器件选择

VS 用 MCR100-1 或 BT169D、CR1AM-6、2N6565 型小型塑封单向晶闸管，要求触发电流尽可能小些。这类小型塑封单向晶闸管的外形如同普通塑料封装的 9013 型晶体三极管，其实物外形和引脚排列参见图 1-17。VD1 可用 ϕ5mm 普通红色发光二极管，VD2 用 1N4001 或 1N4004 型硅整流二极管。

R1、R2 均用 RTX-1/4W 型碳膜电阻器。C1 用 CT1 型瓷介电容器，C2 用 CD11-25V 型电解电容器。石英钟选用市售小型台式四指针带闹“铃”功能的那一种，使用前须打开机芯后盖，从电磁讯响器 B 两端焊接并引出两根软细导线。

K 用 JQX-4F 型中功率电磁继电器，宜选工作电压 12V、触点形式为 4H 那种，使用时将 4 组常开触点全部并联起来，以增大带负载能力。T 用 220V/12V、3W 小型成品电源变压器，要求长时间通电不发热。XP 宜采用 250V、10A 单相三爪交流电插头，XS 采用机装（或壁式）250V、10A 单相三孔交流电插座。

3.6.3 制作与使用

图 3-16 是该电饭煲自动煮饭控制器的印制电路板接线图。印制电路板实际尺寸约为 55mm×45mm，可用刀刻法加工而成。

焊接好的电路板装入容积合适的绝缘小盒内。盒面板固定石英钟，并开孔固定发光二极管 VD1 和插座 XS；盒侧后面打孔，通过长约 1.5m 的电热器具专用大电流三股铜芯线引出电源插头 XP。焊接时电烙铁外壳要良好接地，以免交流感应电压击穿石英钟内部 CMOS 集成电路。装配成的电饭煲自动煮饭控制器，只要元器件质量有保证、焊接无误，无须任何调试便可投入使用。

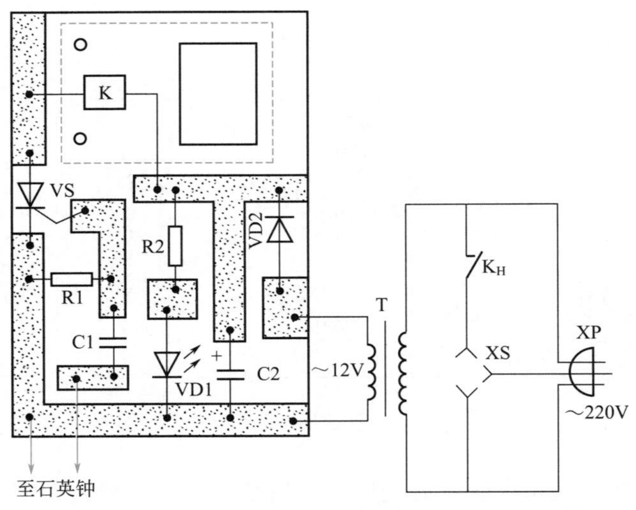

图 3-16　电饭煲自动煮饭控制器印制电路板接线图

每次使用时，在早晨（或下午）上班前将米淘洗好下锅加水，将控制器上石英钟响闹的时间设定在下班回家前的 1h 左右（具体视个人情况而定），将电源插头 XP 接入 220V 市电插座，电饭煲插头则接入控制器的插座 XS 内，并同时按下电饭煲上电源按键开关，即可放心离去。待下班回到家，拔掉控制器的电源插头 XP，便可揭锅盖吃到香喷喷的米饭了。

3.7 微波炉延时完全断电装置

用单片机控制的微波炉均不另设总电源开关，长时间处于待机状态，虽然耗电甚微，但往往会因电网异常波动而导致微波炉内部元器件损坏；同时，长时间通电也会导致某些元器件加速老化。虽然每次使用微波炉后拔下电源插头或关掉插座上的电源开关，就可避免上述问题发生，但许多人经常会忘记这样去做，而且觉得麻烦。

这里介绍一种微波炉专用延时完全断电装置，它能够在既不改动微波炉电源接线，也不改动内部线路的前提下，实现微波炉延时自动完全关闭电源。

3.7.1　工作原理

微波炉延时完全断电装置的电路如图 3-17 所示。“555”时基集成电路 A 与外围阻容元件 R2、C4 等构成了一个设计独特的延时电路，通过新型按键式电磁继电器 K 控制接在插座 XS 内的微波炉电源通断。K_H 为按键式电磁继电器转换型主触点的常开组触点，K_H' 为常开型辅助触点。发光二极管 VD5 为电路工作状态指示灯。

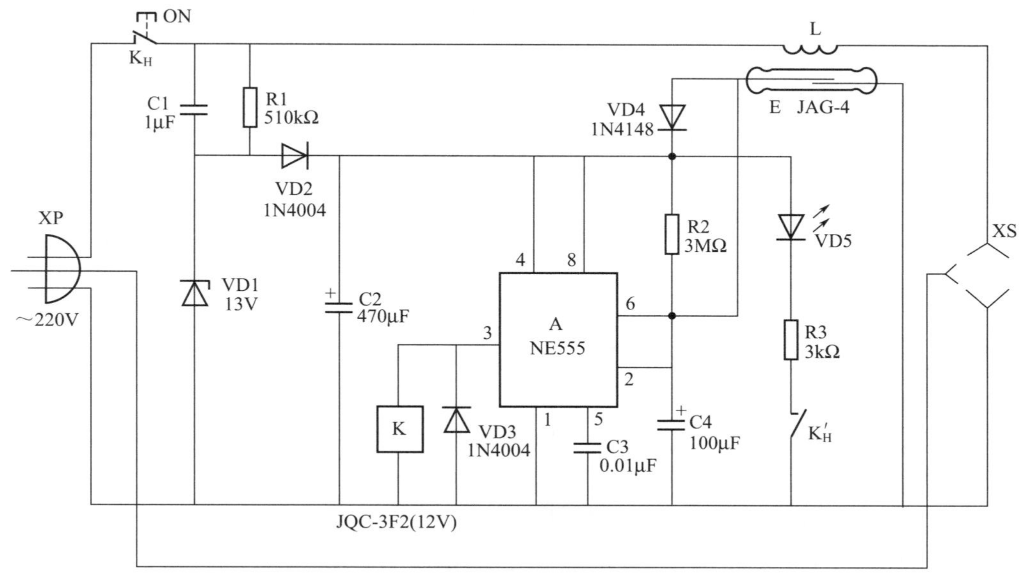

图 3-17 微波炉延时完全断电装置电路图

平时，按键式电磁继电器 K 的常开触点 K_H 和 K_H' 均呈断开状态，整个电路无电不工作，发光二极管 VD5 不亮，接在插座 XS 内的微波炉亦不通电。当人手按动一下按键式电磁继电器 K 上面的 ON 按键时，其常开触点 K_H 和 K_H' 均闭合，接在插座 XS 内的微波炉立即进入通电状态；与此同时，220V 交流市电经电容器 C1 降压限流、稳压二极管 VD1 稳压、晶体二极管 VD2 半波整流和电容器 C2 滤波后，输出约 12.3V 直流电。该直流电一方面通过限流电阻器 R3 使发光二极管 VD5 点亮；另一方面，通过电阻器 R2 对电容器 C4 进行充电，由于充电需要一定时间，因此时基集成电路 A 的第 2、6 脚暂处于低电位，其输出端第 3 脚为高电平，按键式电磁继电器 K 通电吸合。这时，手松开按键式电磁继电器 K 上面的 ON 按键后，其常开触点 K_H 和 K_H' 依靠电磁作用仍然闭合，保持电路通电状态不变。若在 5.5min 内不开启微波炉，则电容器 C4 两端的充电电压就会积累达到时基集成电路 A 直流工作电压的 2/3（约 8.2V），于是时基集成电路 A 内部电路发生翻转，其第 3 脚输出低电平，按键式电磁继电器 K 断电释放，其常开触点 K_H 和 K_H' 跳开，发光二极管 VD5 熄灭，插座 XS 不再向微波炉供电。此时，电容器 C4 通过晶体二极管 VD4 和时基集成电路 A 内部电路迅速放电（小于 1s），为下一次启动电路做好准备。

若在按下 ON 按键后的 5.5min 内开启了微波炉，市电便会经干簧管 E 外面的线圈 L 向微波炉供电，线圈 L 产生的电磁力使干簧管 E 内部两常开触点吸合，将电容器 C4 短路，导致电容器 C4 两端的电压始终充不到时基集成电路 A 直流工作电压的 2/3 以上，电路始终保持通电状态不改变，发光二极管 VD5 持续点亮。当微波炉使用结束时，内部加热电路自动切断，通过线圈 L 的供电电流大幅下降，干簧管 E 内部的两触点无法保持电磁吸合而依靠自身弹性跳开，切断了电容器 C4 的放电回路，经 5.5min 后，电容器 C4 两端电压便上升至时基集成电路 A 直流工作电压的 2/3 以上，时基集成电路 A 的第 3 脚输出由高电平跳变为低电平，按键式电磁继电器 K 释放，其常开触点 K_H 和 K_H' 断开，切断微波炉电源和电路自身电源，发光二极管 VD5 亦熄灭，实现了自动完全断电。

电路中，按键式电磁继电器 K 每次延时释放（从微波炉使用结束算起）的时间长短，主要由电阻器 R2 和电容器 C4 的数值大小来确定，具体可由公式 $t \approx 1.1R_2C_4$ 来计算；按图所示选择元器件，每次延时时间约为 5.5min。

3.7.2 元器件选择

K 采用新型按键式电磁继电器 JQC-3F2 或 JQC-3F1 型，它相当于一个安培级按钮开关与普通电磁继电器的“二合一”组合体。这种按键式电磁继电器的外形及尺寸如图 3-18（a）所示，它分线路板式（型号 JQC-3F1）和面板式（型号 JQC-3F2）两种安装形式；它顶面装有 PVC 薄膜面的启动按键（有“ON”标识），引脚采用标准小型电磁继电器的脚距尺寸；有一组转换型主触点（1Z）和一组常开型辅助触点（1H），与一般普通电磁继电器的不同之处是这些触点同时也作为启动按键的触点，故它既受线圈控制，也受启动按键的控制，其引脚功能及排列如图 3-18（b）所示；主要技术参数与普通电磁继电器 JQC-3F（T73）相差无几。此电磁继电器可广泛应用于定时开关、断电保护器、温控开关、充电保护器等电路中，方便地实现线圈自保和电源完全自动关闭等功能。

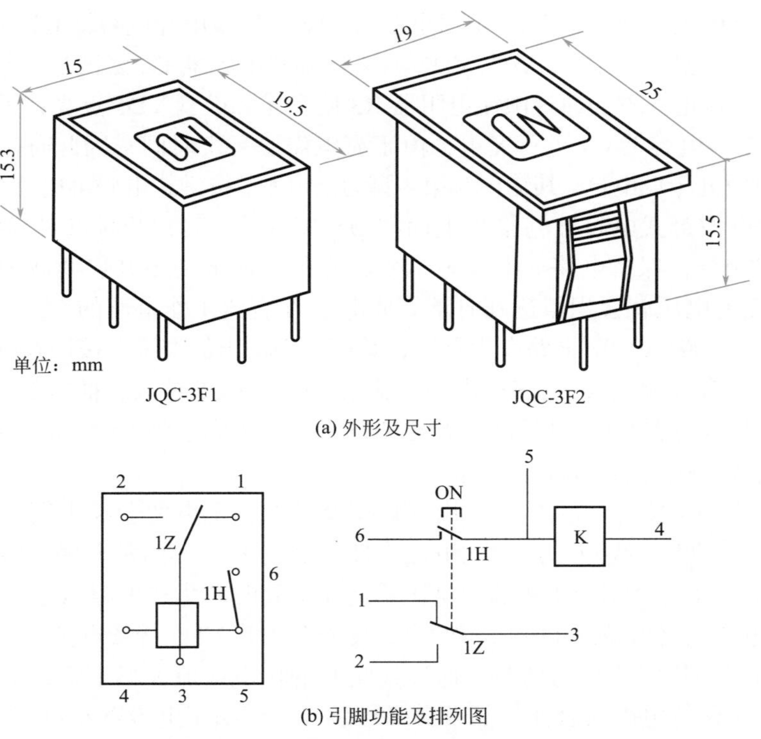

图 3-18 JQC-3F1/JQC-3F2 型按键式电磁继电器

按键式电磁继电器的主要技术参数：线圈工作电压分直流5V、6V、9V、12V和24V五种，线圈功耗≤0.36W；触点形式为1Z（转换型主触点）和1H（常开型辅助触点），主触点负荷为交流5A×240V或直流10A×28V；使用环境温度范围-40～85℃，绝缘电阻≥100MΩ，触点接触电阻≤0.1Ω，电气寿命1×10^5次，机械寿命1×10^7次，主触点间介质耐压≥750V（50Hz下1min内不击穿）、线圈与触点间介质耐压≥1500V，质量约11g。

按键式电磁继电器的最大特点是：在用于各种手动无源启动、自动完全断电控制电路时，可省掉一个数安培级的启动按钮开关；其辅助触点可用作线圈自保、信号指示、电平输出控制等，以便让出主触点去控制负载，这比相同条件下非得使用双转换触点的普通电磁继电器价格要低、体积要小。另外，我们知道普通电磁继电器具有在额定电压下吸合后，将其维持电压降低一半甚至更低而不影响其状态的特性。按键式电磁继电器由于采用按键触发吸合，因此它的吸合电压可以直接设计成维持电压，从而比起同类型的普通电磁继电器来功耗要小得多，具有显著的节能效果。

A选用NE555或μA555、LM555、5G1555等型“555”时基集成电路，其引脚功能及排列参见图1-27。VD1选用稳定电压是13V、最大耗散功率是1W的普通硅稳压二极管，如2CW111、1N4743型等；VD2、VD3均用1N4004型硅整流二极管；VD4用1N4148型硅开关二极管；VD5可用普通ϕ5mm红色发光二极管。

E选用体积较小的JAG-4型（ϕ3mm×20mm）常开触点干簧管。外面套一段长25mm的塑料管后，用ϕ0.8mm漆包线绕10匝。由于各种微波炉的功率有所不同，匝数可能有所增减，因此以微波炉工作或自动停止时，干簧管内部两常开触点能够可靠吸合或断开为准。

R1～R3均用RTX-1/8W型碳膜电阻器。C1用优质CBB13-400V型聚丙烯电容器；C2、C4均用CD11-25V型电解电容器；C3用CT1型瓷介电容器。XS用机装式250V、10A三孔交流电插座，XP配用相应的三爪交流电插头。

3.7.3 制作与使用

图3-19为该微波炉延时完全断电装置的印制电路板接线图。印制电路板采用环氧基质单面铜箔板制作，实际尺寸约为60mm×40mm；也可直接采用相同大小的单孔“洞洞板”来代替，并充分利用元器件引脚飞线焊接，以省去加工专用印制电路板的麻烦。

焊接好的电路板参照图3-20所示，装入尺寸约为95mm×45mm×30mm的塑料盒内：盒背面开孔固定220V电源插头XP；盒正面开孔伸出按键式电磁继电器K的启动按键、发光二极管VD5的发光帽，并开孔固定向微波炉供电的插座XS。

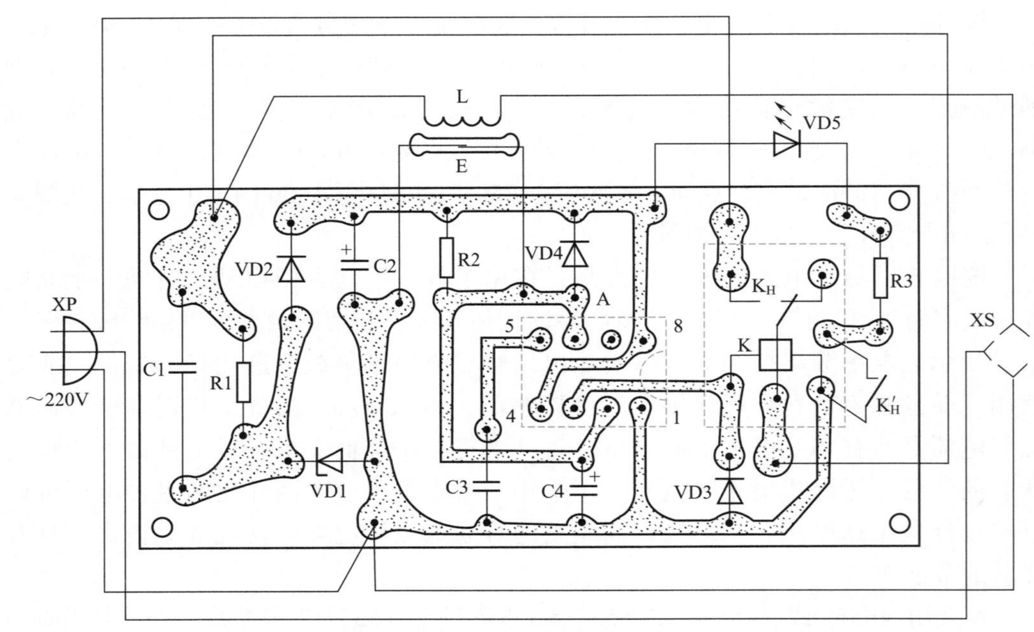

图 3-19　微波炉延时完全断电装置印制电路板接线图

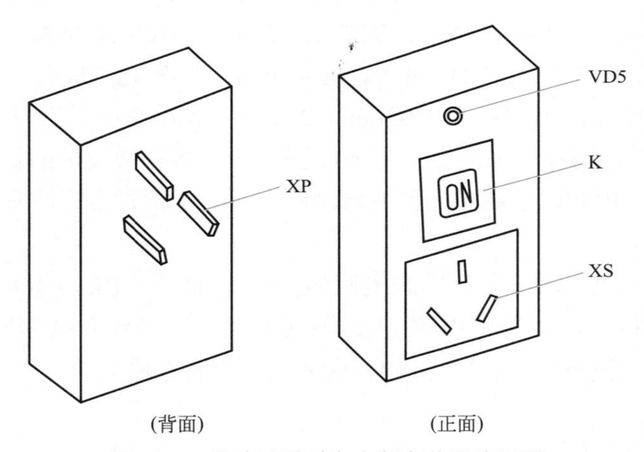

图 3-20　微波炉延时完全断电装置外形图

装配成的微波炉延时完全断电装置，只要元器件质量有保证，接线无误，无须任何调试便可满意工作。如果对微波炉每次延时断电的时间长短不满意，可通过适当增减电阻器 R2 或电容器 C4 的数值大小来加以调节。如需延长时间，可增大电阻器 R2 或电容器 C4 数值；反之，则应减小电阻器 R2 或电容器 C4 数值。

该微波炉延时完全断电装置除了适合控制 1000W 以内的各型普通微波炉外，还适合其他采用单片机的电器使用。使用时严防控制装置受潮或进水，以免发生短路或漏电故障。

3.8 电脑外设自动开关

目前，大多数电脑的外部设备（如显示器、多媒体音箱、打印机、扫描仪、甚至外“猫”等）均通过各自的220V交流电源插头单独供电。每次使用电脑时不仅开、关电源十分麻烦，而且有时关掉主机电源后常忘了关其他外部设备的电源开关，既浪费电能又会缩短设备的使用寿命，甚至还会酿成火灾等严重事故。

如果按下面介绍的方法对电脑进行一番改造，则可实现各种外部设备的220V交流工作电源随主机电源自动同步接通和断开，从而有效地解决了上述问题。

3.8.1 工作原理

电脑外设自动开关的电路如图3-21右边所示。我们知道：电脑主机背面由里向外安装的ATX开关电源一般有两个电源接口，一个用来输入交流220V电源；另一个用来输出显示器电源。实际上这两个电源接口是直接并联在一起的，如图3-21左边所示，主机开关电源对显示器供电不做任何控制。现在我们将显示器电源接口扩展为电脑外部设备（包括显示器）的电源接口，在接口上接一多用电源插座（图中未绘出），供插接外部各种设备的电源插头；同时，断开显示器接口背面（在开关电源内部）的电源相线，如图3-21左边所示，串入电磁继电器K的触点K_Z去控制多用插座，而电磁继电器K的线圈两端则直接接在开关电源的直流12V输出端上。这样，当主机开机工作时，电磁继电器K就会通电吸合，其触点K_Z接通外部设备的电源，使它们开始工作；当主机关机时，电磁继电器K亦断电释放，其触点K_Z切断外部设备的电源，使它们自动停止工作。

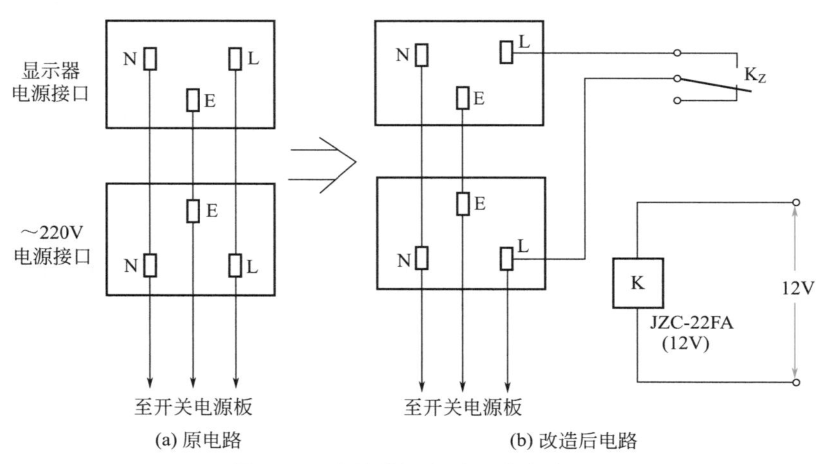

图3-21 电脑外设自动开关电路图

3.8.2 元器件选择

K 选用 JZC-22FA/012-1Z 型超小型中功率电磁继电器，其外形及引脚排列如图 3-22 所示。该电磁继电器的触点负荷为 220V×3A（交流），完全满足控制一般显示器和电脑外部设备的需要；外形尺寸仅为 22.5mm×16.5mm×16.5mm，可方便地装入电脑的开关电源内部。

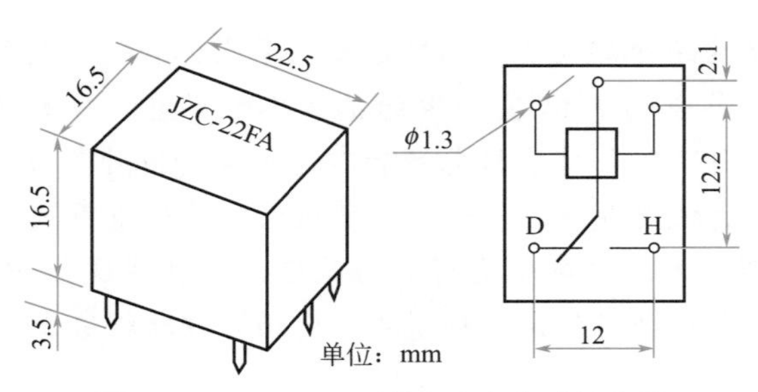

图 3-22 JZC-22FA 型中功率电磁继电器

另外，选一个交流 220V 多用移动式电源插座，供插接电脑外设电源插头；而多用电源插座引出线所接的普通插头，则应改换成与电脑主机上显示器插口相匹配的品字型三极插头（即母座式插头），以便驳接。

3.8.3 制作与使用

首先，依次打开欲改造的电脑主机箱及开关电源，将电磁继电器 K 用强力胶粘固在开关电源内部空闲位置处；然后，按图 3-21 所示断开显示器电源接口与 220V 交流电源输入接口之间的相线（火线）L 连线，接入电磁继电器 K 的触点 K_Z（仅用常开触点），并就近将电磁继电器 K 的线圈通过两根细电线接在开关电源 +12V 输出端（一般黄色线为“+12V”，黑色线为公共接地端 GND，具体引线开关电源的外壳上均有详细说明）上；最后，按照拆卸顺序的逆过程安装好开关电源和电脑主机。至此，改造成功了。

安装时注意：目前一些电脑主机所用的开关电源已经省掉了显示器专用电源输出接口，在改装时就得自行增加一个电源输出插口，这比较麻烦并多有不便。显然，有意识地选择具有交流 220V 电源输出插口的开关电源进行改装，实为上策。

使用时，在电脑主机的原显示器接口（也称交流 220V 电源输出插座）上插接专配的多用电源插座，并在多用电源插座上插接显示器等各种电脑主机外部设备的电源插头（注意：多用电源插座原有的电源开关均置于闭合状态）。这样，在启动或关闭主机时，可自动接通或切断所有外部设备的电源。由于电磁继电器 K 的触点容量有限，因此多用插座内不宜接入其他大功率的外部设备，要求各种设备的总功率之和不超过 500W。

3.9 通/断两用定时器

本装置能够对500W（感性负载限制在100W）以内的各种家用电器进行定时开启或定时关闭。由于采用场效应晶体管对电容器恒流充电，因此定时时间较长，可在150min内连续调节；定时器设计用电容器降压限流供电和双向晶闸管交流开关电路，具有体积小、无触点、功耗低（实测自身耗电＜0.45W）、效率高、寿命长等特点。

3.9.1 工作原理

通/断两用定时器的电路如图3-23所示，它由电源变换、定时电路和交流无触点开关等三部分组成。

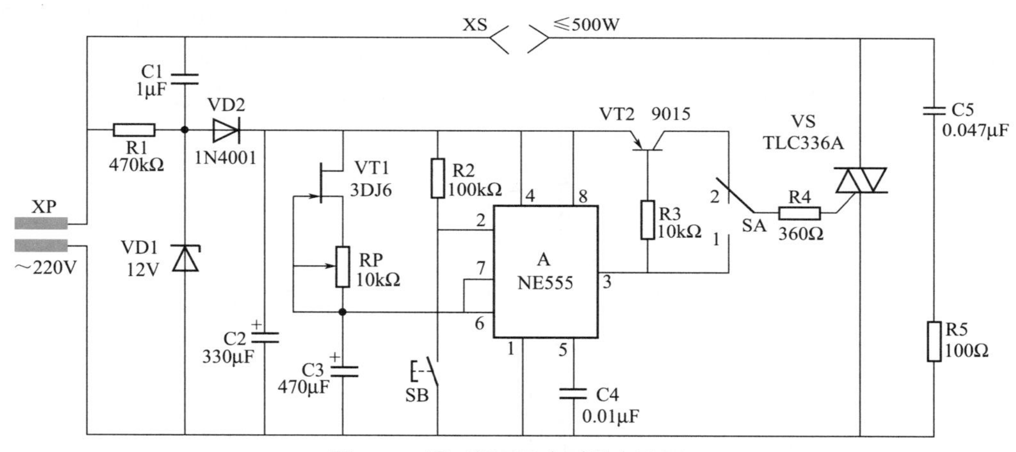

图3-23 通/断两用定时器电路图

电容器C1、稳压二极管VD1、整流二极管VD2和电容器C2等组成简易降压整流滤波电路，将220V交流电变换成约11.3V的平滑直流电，供定时控制电路工作。“555”时基集成电路A接成单稳态工作模式，按一下启动按钮开关SB，时基集成电路A就会被置位，其第3脚输出高电平，如果此时功能选择开关SA拨至位置“1”，则双向晶闸管VS导通，供电插座XS所接的家用电器通电工作；与此同时，场效应晶体管VT1与电位器RP构成的充电恒流源对定时电容器C3进行恒流充电，当电容器C3两端电压升高至电源电压的2/3（约7.5V）时，时基集成电路A由置位状态转换为复位状态，其第3脚突变为低电平，双向晶闸管VS阻断，供电插座XS断电，从而实现了对被控家用电器的定时关机。

如果将功能选择开关SA拨至位置“2”，则情况恰好相反，按动启动按钮开关SB后，

“555”时基集成电路A的第3脚输出高电平，晶体三极管VT2、双向晶闸管VS均处于截止状态，接在供电插座XS上的家用电器断电不工作。经过充电延时，时基集成电路A的第3脚恢复为低电平，晶体三极管VT2、双向晶闸管VS先后导通，供电插座XS输出交流电，从而实现了对家用电器的定时开机。

电路中，电位器RP的阻值大小决定了场效应晶体管VT1漏极电流I_D的大小，也就决定了电容器C3的充电速率；通过改变电位器RP的阻值，即可实现定时时间的连续调节。电容器C5、电阻器R5串联组成RC吸收网络，主要用于消除感性家用电器在通、断电瞬间所产生的高电压，防止感应电压击穿双向晶闸管VS。

3.9.2 元器件选择

A可选用进口NE555或国产5G1555、SL555、μA555型等“555”时基集成电路，其引脚功能及排列参见图1-27。

VS选用TLC336A（额定通态电流I_T=3A，断态重复峰值电压U_{DRM} ≥ 600V）或BCR3AM-6（3A、400V）型双向晶闸管，它们的实物引脚排列和电路符号如图3-24所示，满负载（500W）使用时应加装散热板。双向晶闸管又叫双向可控硅，它是一种具有三个PN结的功率型半导体器件，共有三个引出脚：第一阳极T1、第二阳极T2和控制极（也称门极）G。焊接时要认清引脚，不可弄错。

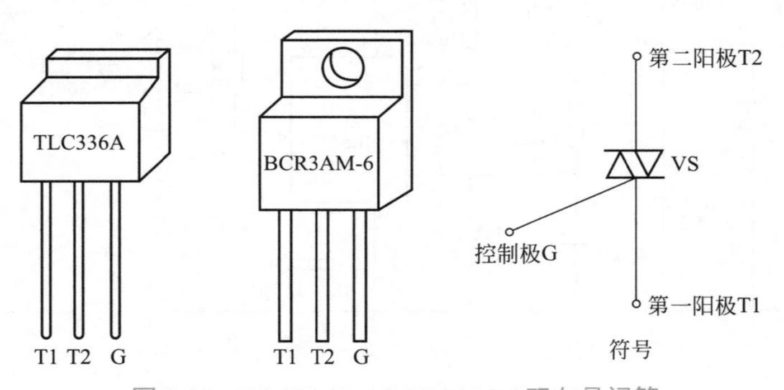

图3-24　TLC336A、BCR3AM-6双向晶闸管

VT1选用3DJ6或3DJ7型N沟道结型场效应晶体管，要求它的饱和漏源电流I_{DSS}在1～3mA之间；该结型场效应晶体管有金属管壳和塑料两种封装形式，外形和引脚排列如图3-25所示。这里特别要指出的是：对于结型场效应晶体管，由于它的漏极D和源极S是对称的，因此可以互换使用；虽然用万用表测量时漏极与源极之间正、反向电阻有时略有差异，但不影响两脚对换使用。

VT2用9015（集电极最大允许电流I_{CM}=−0.1A，集电极最大允许功耗P_{CM}=310mW）或3CG21型硅PNP小功率三极管，要求电流放大系数β ≥ 50。VD1选用稳压值是12V、最大耗散功率是0.5W的普通硅稳压二极管，如1N759、UZ-12B型等。VD2用1N4001或1N4004型硅整流二极管。

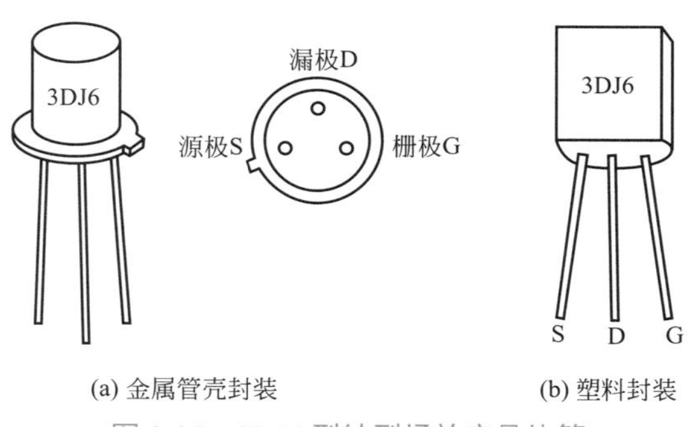

(a) 金属管壳封装 (b) 塑料封装

图 3-25 3DJ6 型结型场效应晶体管

RP 选用 WH5-1 型单联小型碳膜电位器，要求配带合适的塑料旋钮。R1 ～ R4 均用 RTX-1/4W 型碳膜电阻器。C1 选用优质 CBB13-630V 型聚丙烯电容器；C2、C3 均用 CD11-16V 型电解电容器，其中 C3 一定要选用漏电小的电解电容器，如要求达到更高的延时精度，可采用 CA42-10V 型钽电解电容器；C4 用 CT1 型瓷介电容器；C5 用 CL11-400V 型涤纶电容器。

SB 选用 KAX-4 型按钮开关，亦可用体积更小的 6mm×6mm 小型轻触开关。SA 选用 CKB-1 型单刀双掷拨动开关。XP 用 220V 交流电二极插头。XS 选用机装式两孔交流电源插座。

3.9.3 制作与使用

图 3-26 为该通 / 断两用定时器的印制电路板接线图。印制电路板采用环氧基质单面铜箔板制作，实际尺寸约为 55mm×35mm；也可直接采用相同大小的单孔“洞洞板”来代替，并充分利用元器件引脚飞线焊接，以省去加工专用印制电路板的麻烦。

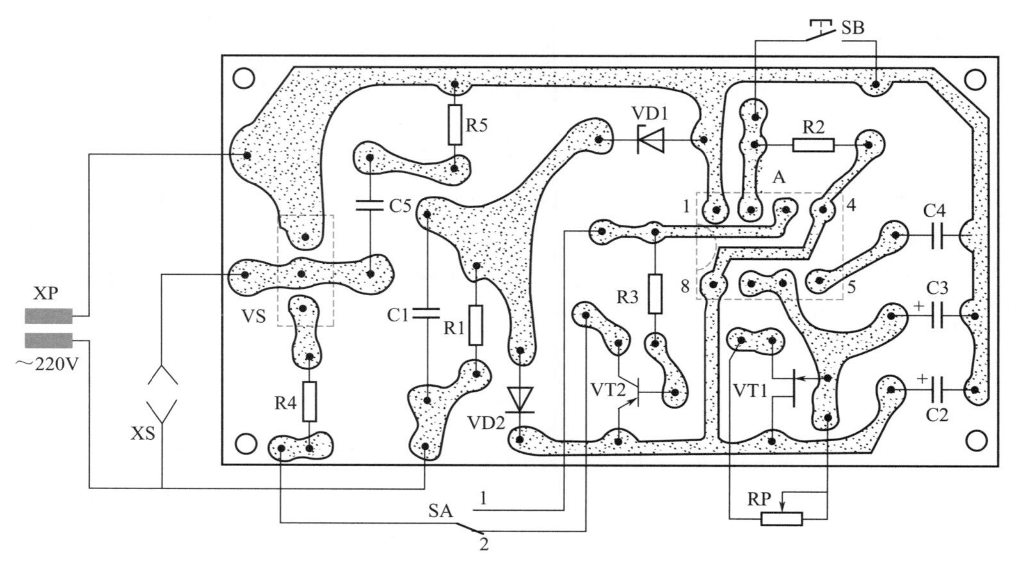

图 3-26 通 / 断两用定时器印制电路板接线图

焊接好的电路板如图 3-27 所示，装入尺寸约为 80mm×60mm×30mm 的塑料盒内。盒背面开孔固定 220V 电源插头 XP；盒正面分别开孔固定启动按钮开关 SB、定时时间调节电位器 RP、功能选择开关 SA 以及向家用电器供电的插座 XS。电位器 RP 旋钮附近的面板上还应通过实验，标出定时时间的刻度，以方便使用。

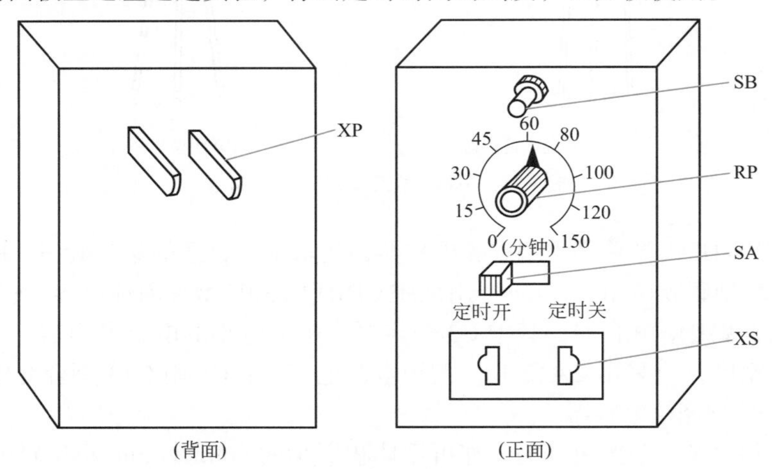

图 3-27　通 / 断两用定时器外形图

装配成的通 / 断两用定时器，电路一般无须任何调试，便可投入正常使用。该定时器可广泛用于对电风扇、电热毯、收音机、电视机、照明台灯等家用电器设备的定时控制。使用时严防定时器受潮或进水，以免发生短路或漏电故障。

3.10 家用多功能电子控制器

这里介绍的多功能电子控制器，能够实现对家用电器的功率调节、间歇工作时间控制，并可实现对彩灯组的音乐控制。控制器最大可控功率达 500W，自身耗电小于 0.3W。

此控制器造价不足 10 元，实际使用效果良好，受到广大电工、电子爱好者和有关电子生产厂家的热烈欢迎。

3.10.1　工作原理

多功能电子控制器的电路如图 3-28 所示，它由交流无级调压电路、间歇通断的交流开关电路和线控式音乐彩灯控制电路等三大部分组成。其中：SA 为功能选择开关，VS 为共用双向晶闸管，XS1 为被控家用电器电源插座。

当功能选择开关 SA 拨至位置“1”时，电位器 RP2、电阻器 R4、电容器 C5、双向触发二极管 VD3 和双向晶闸管 VS 等组成简易典型交流无级调压器。在插座 XS1 内接入电灯或普通电风扇、普通电熨斗等家用电器，通过调节电位器 RP2，可使加在家用电器两端的电压在 0 ～ 220V 之间连续可调，家用电器的实际电功率随之改变，从而实现对家用电器的调光或调速、调温。

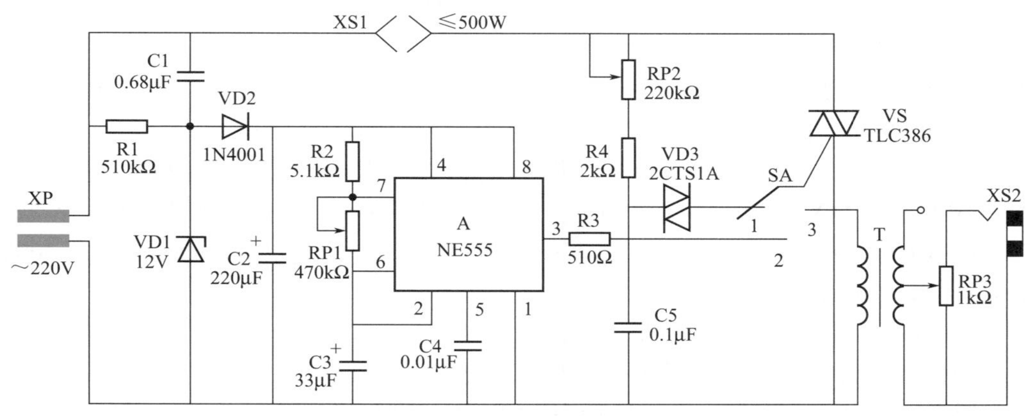

图 3-28　多功能电子控制器电路图

当功能选择开关 SA 拨至位置“2”时，“555”时基集成电路 A 和外围阻容元器件、双向晶闸管 VS 等组成自动间歇通断的交流无触点开关。其中：“555”时基集成电路 A 和电阻器 R2、电位器 RP1、电容器 C3 等构成典型无稳态自激多谐振荡器。220V 交流电经电容器 C1 降压限流、稳压二极管 VD1 稳压、晶体二极管 VD2 半波整流和电容器 C2 滤波后，向无稳态自激多谐振荡器提供约 11.3V 直流工作电压。此时，时基集成电路 A 的第 3 脚所输出的脉冲方波信号经限流电阻器 R3 加至双向晶闸管 VS 的控制端，可控制接入插座 XS1 内的彩灯组闪闪发光；通过改变电位器 RP1 的阻值，可使彩灯组的闪光周期在 0.3 ～ 21.5s 之间连续调节。如在插座 XS1 中接入普通电风扇，通过调节电位器 RP1 的阻值，可控制电风扇时停时转，风量按照“停→逐渐增大→逐渐减小→停……”如此反复循环，产生出模拟自然风的效果来。

当功能选择开关 SA 拨至位置“3”时，双向晶闸管 VS 与升压兼隔离变压器 T、分压电位器 RP3 等组成线控式音乐彩灯控制器。从插孔 XS2 输入取自收录机（或其他音响设备）扬声器两端的部分音乐电信号（> 0.35V），通过调节电位器 RP3，即可使接入插座 XS1 内的彩灯组随音乐节奏闪闪发光。

3.10.2　元器件选择

A 选用 NE555 型“555”时基集成电路，也可用同类产品 5G1555、FX555 或 LM555 等直接来代换，其引脚功能及排列参见图 1-27。

VS 宜选用 TLC386 型双向晶闸管，要求额定通态电流 $I_T \geqslant 3A$，断态重复峰值电压 $U_{DRM} \geqslant 700V$，触发电流 I_G 越小越好。如果采用 BCR3AM-6（3A、400V）等型双向晶闸管，由于它们的断态重复峰值电压较低，因此为了防止感性家用电器在通、断电瞬间产生的高电压击穿管子，可如图 3-23 所示加入由电容器 C5、电阻器 R5 串联组成的 RC 吸收网络；还可通过在双向晶闸管的两主电极端并联一只标称电压为 390V、峰值电流≥ 100A 的普通氧化锌压敏电阻器（型号：MYG390-0.1A 或 MY21-390/0.1 等），来保护双向晶闸管不被瞬间感应高电压击穿。

VD1 选用稳压值是 12V、最大耗散功率是 0.5W 的普通硅稳压二极管，如 1N759、UZ-12B 型等。VD2 用 1N4001 或 1N4004 型硅整流二极管。VD3 选用转折电压为 26 ～ 40V 的双向触发二极管，如国产 2CTS1A 或进口 DB3 型等；手头暂缺该管时，可用测电笔中的小氖泡来代替。

RP1 ～ RP3 均用 WS5-1 型有机实芯电位器，亦可用 WH9-1 型合成碳膜电位器。R1 ～ R4 均用 RTX-1/4W 型碳膜电阻器。C1 宜用优质 CBB13-630V 型聚丙烯电容器；C2、C3 均用 CD11-16V 型电解电容器；C4 用 CT1 型瓷介电容器；C5 用 CJ11-400V 型金属化纸介电容器。

T 是升压（1 ∶ 2）兼隔离变压器，可用晶体管收音机里常用的小型推挽输入变压器来代替，要求初、次级间绝缘性能一定要良好。XP 用 220V 交流电二极插头。XS1 用机装式双孔交流电插座，XS2 可用 CKX2-3.5 型二芯插座。SA 用小型单刀三位（1×3）拨动开关。

3.10.3 制作与使用

图 3-29 为该多功能电子控制器的印制电路板接线图。印制电路板采用环氧基质单面铜箔板制作，实际尺寸约为 80mm×40mm；也可直接采用相同大小的单孔“洞洞板”来代替，并充分利用元器件引脚飞线焊接，以省去加工专用印制电路板的麻烦。

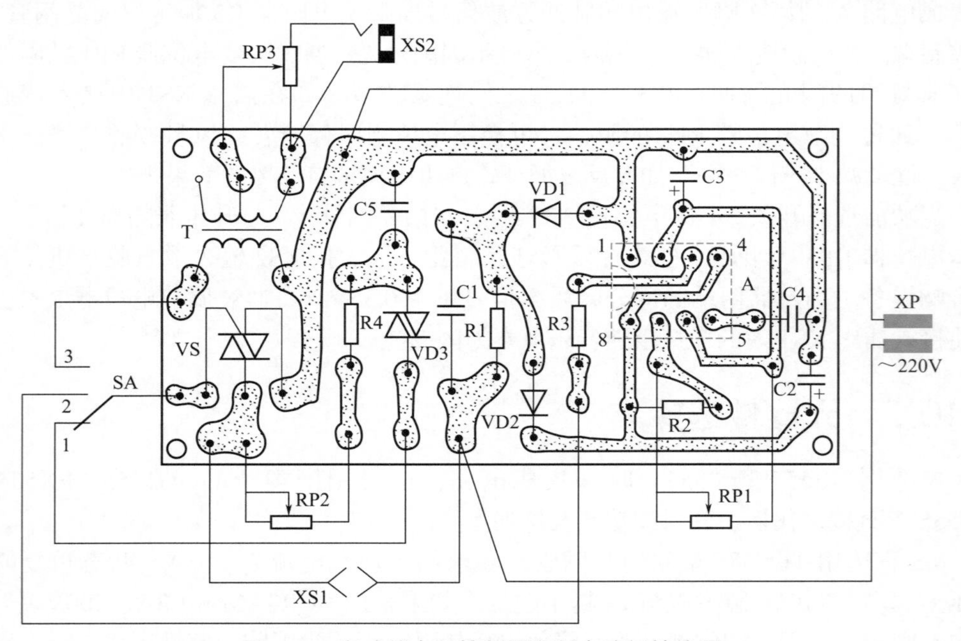

图 3-29 多功能电子控制器印制电路板接线图

整个控制器电路按照图 3-30 所示，装入一个尺寸约为 110mm×85mm×30mm 的塑料绝缘小盒内。盒子面板开孔固定安装插座 XS1、插孔 XS2、电位器 RP1 ～ RP3 和功能选择开关 SA；盒侧面开孔通过长约 1.5m 的双股软电线引出电源插头 XP。只要元器件质量有保证、焊接无误，无须任何调试便可投入使用。

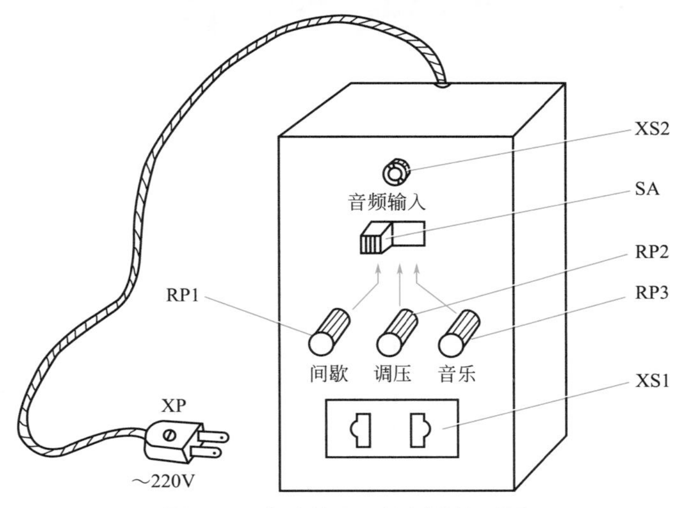

图 3-30　多功能电子控制器外形图

该多功能电子控制器用于对家用电器进行功率调节或间歇工作控制的方法，已在“工作原理”中讲明白了，这里不再赘述。

当用音乐电信号控制彩灯组时，应将收录机（或其他音响设备）扬声器两端引来的两根导线通过 ϕ3.5mm 小型二芯插头接插孔 XS2，并将功能选择开关 SA 拨至“3”位置，调节电位器 RP3，可使接入插座 XS1 内的彩灯组跟随音乐（歌曲）声节奏起伏发出最为干脆、明快的闪光来。但需要说明的是，在从普通收录机里取得音频控制电信号时，因扬声器在机内不便于接线，故可采用简便巧妙的接法：在接线的端头接上 ϕ3.5mm 小型二芯插头，并将该插头插入收录机外接扬声器或耳机插孔内。注意不要全部插进去，以使插头刚好与收录机接通，但又不影响扬声器正常放音为好。

彩灯组可用市售 220V、15 ～ 25W 有色钨丝灯泡并联构成，但总功率（各并联灯泡的瓦数之和）不得超过 500W；也可采用市售节日闪光彩灯链（灯泡套有塑料花，每串 20 个，工作电压为交流 220V）一至数串并联构成，使用前将各串灯链的第一只带双金属片（原来控制自闪光用）的小灯泡改换成普通备用灯泡，不再让彩灯链自动闪亮。连接好的彩灯组，其引线头处应接上普通交流电源二极插头，以方便地插入控制器上的插座 XS1 内。

第 4 章 电气控制类制作

本章介绍了 10 个用于电气控制方面的新颖电子制作项目，均为笔者反复设计与实践的成果，性价比高，实用性强，可以很好地解决一些实际当中遇到的电气设备控制问题。这些制作实例亦是在掌握了第 1 章“手把手教你学制作”入门制作技能后的延伸和提高，可根据需要选择并自行设计具体的制作步骤和流程等，充分发挥个人能动性开展“动手做”。通过动手制作并投入使用，读者很快会成为一名运用电子小作品来解决电工经常碰到的一些实际问题的“能工巧匠”！

4.1 多地控制交流开关

该多地控制交流开关线路简单、成本低廉、工作稳定可靠，它不仅能够很好地实现从三处或更多的地方控制同一台用电器电源的通断，而且可实现在走廊两端和楼梯上下控制同一盏电灯亮灭，可广泛应用到工农业生产和生活当中去。

4.1.1 工作原理

多地控制交流开关的电路如图 4-1 所示，它以国产新型记忆自锁继电器 K 为核心器件构成。由于记忆自锁继电器具有动作记忆、触点自锁、平时不耗电等特点，因此可以很容易地实现开关的双稳态转换。220V 交流电经电阻器 R 限流、晶体二极管 VD1 半波整流、稳压二极管 VD2 稳压和电容器 C 滤波后，输出 12V 直流电，供记忆自锁继电器 K 用电。这里电阻器 R 的阻值取得较大，可有效降低开关自身耗电（实测仅 50mW 左右）；电容器 C 的容量取得比较大，具有一定储能作用，可满足记忆自锁继电器 K 的线圈在工作时所必需的脉冲电功率。

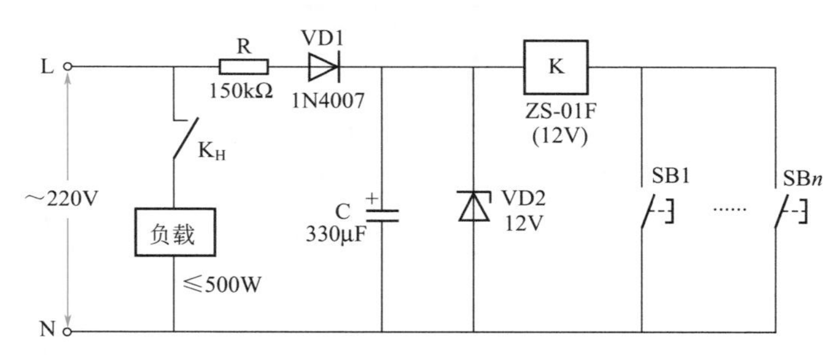

图 4-1　多地控制交流开关电路图

SB1 ～ SBn 为按钮开关（n 为自然数）。当按动任意一个按钮开关时，电容器 C 通过记忆自锁继电器 K 的线圈快速放电，放电电流使记忆自锁继电器 K 吸合，由其常开触点 K_H 接通负载电源。随后，记忆自锁继电器 K 依靠内部特殊机械结构保持“锁定”状态，使负载始终通电工作。当再次按动 SB1 ～ SBn 中任意一个按钮开关时，已充足电的电容器 C 通过记忆自锁继电器 K 的线圈又一次快速放电，放电电流使记忆自锁继电器 K 释放，由其常开触点 K_H 自动切断负载电源。

4.1.2 元器件选择

K 选用线圈工作电压是 12V 的国产新型 ZS-01F 型记忆自锁继电器，它实质上是一种静态不耗电的双稳态继电器；它的外形与普通继电器相同，其外形尺寸及引脚排列参见图 1-49。该自锁继电器仅需在吸合时以一定功率的脉冲触发驱动（普通继电器吸合时需要持续的工作电流），吸合后触点的工作状态则由内部特殊的机械结构来保持“锁定”。这样，继电器在稳定工作时其线圈不耗电，需要释放时，则再施加一同样极性和功率的脉冲即可使触点释放。在整个自锁、释放过程中，所需能耗很小，且平时不耗电。该产品的应用可大大简化电路、降低成本、节省电耗。

VD1 用 1N4007（最大整流电流为 1A，最高反向工作电压 1000V）或 1N4004（1A、400V）型硅整流二极管；VD2 用稳定电压是 12V、最大耗散功率是 0.25W 的普通硅稳压二极管，如 1N4106、2CW60 型等。

R 用 RJ-1/4W 型金属膜电阻器，标称阻值为 150kΩ。C 用 CD11-16V 型电解电容器，标称容量为 330μF。SB1 ～ SB*n* 用交流电按钮开关，具体数量（即 *n* 个）根据实际需要来确定。

4.1.3 制作与使用

图 4-2 为该多地控制交流开关的印制电路板接线图。印制电路板实际尺寸约为 50mm×30mm。印制电路板也可直接采用相同大小的单孔“洞洞板”，并充分利用元器件引脚飞线连接，以省去加工专用印制电路板的麻烦。

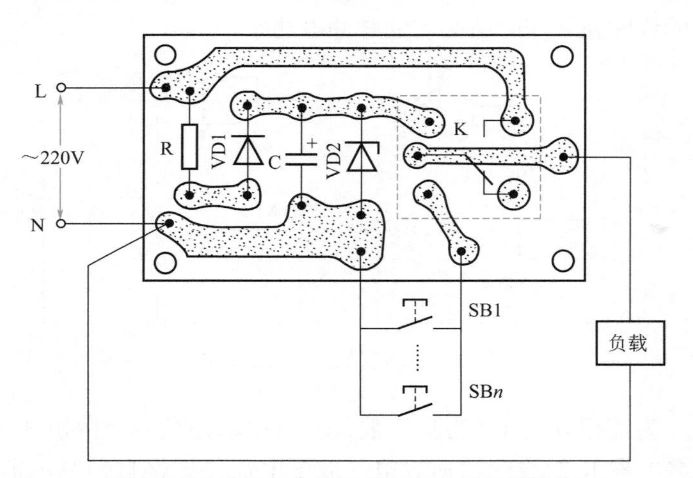

图 4-2　多地控制交流开关印制电路板接线图

焊接好的电路板可装入体积合适的绝缘密闭小盒内，亦可直接装入被控用电器内部。按钮开关 SB1 ～ SB*n* 则通过双股电线引至各控制点固定。只要元器件质量有保证，接线无误，无须任何调试便可满意工作。

该多地控制交流开关可控制 500W 以内（感性负载限制在 100W 以内）的各种交流用电器。如果被控负载功率较大，则应通过合适的交流接触器去间接控制负载。

4.2 单按钮控制的双路交流开关

这里介绍一种设计新颖、独具特色、性价比高、操作灵活方便的双路交流开关，它通过一个单按钮可随意控制两路交流开关的“关闭”或“打开”，可广泛应用于工农业生产或生活用电控制（如灯光控制等）中去。

4.2.1 工作原理

单按钮控制的双路交流开关电路如图4-3所示。非门（反相器）Ⅰ～Ⅲ与晶体二极管VD1和VD2、电容器C2和C3、电阻器R2等组成了一个短脉冲信号识别电路，非门Ⅳ～Ⅵ与晶体二极管VD3、电阻器R3、电容器C4等组成了一个长脉冲（低电平）信号识别电路。K1、K2为国产新型记忆自锁继电器，它具有动作记忆、触点自锁、平时不耗电等特点，可以很容易地实现开关的双稳态转换。220V交流电经晶体二极管VD7半波整流、电阻器R6限流、稳压二极管VD6稳压和电容器C5滤波后，输出12V直流电，供控制电路用电。这里电阻器R6取值较大，可有效降低开关自身的耗电（实测仅50mW左右）；电容器C5容量取得比较大，具有一定储能作用，可满足记忆自锁继电器K1、K2线圈工作时所必需的脉冲功率。

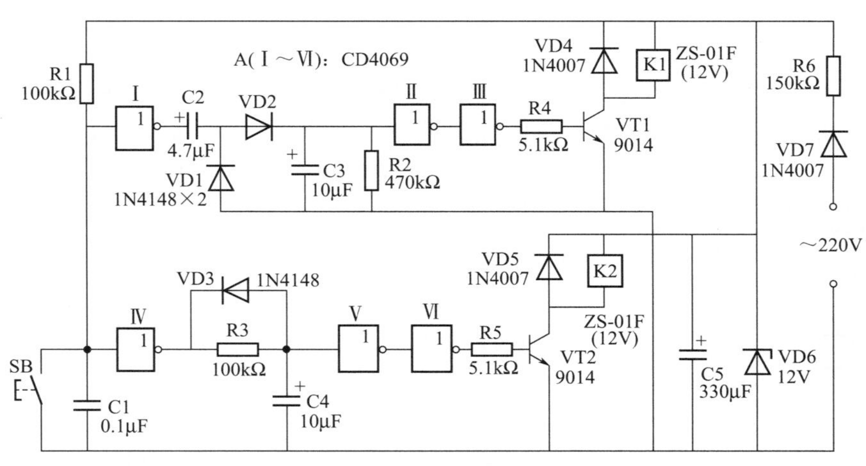

图4-3 单按钮控制的双路交流开关电路图

当较长时间（＞1s）按下按钮开关SB时，非门Ⅰ、非门Ⅳ均输出高电平（长正脉冲信号），使得12V直流供电分别通过电容器C2、晶体二极管VD2和电阻器R3对电容器C3与C4充电，电容器C4两端充电电压很快超过1/2V_{DD}，非门Ⅴ、非门Ⅵ先后翻转，非门Ⅵ输出高电平使晶体三极管VT2导通，电容器C5通过记忆自锁继电器 K2 的线圈快速放电，放电电流使记忆自锁继电器 K2 获足够脉冲功率而吸动，由其触点（图中未绘出）接通被控负载电源。随后，记忆自锁继电器 K2 依靠内部特殊机械保持“锁定”状态，使负载始终通电工作。当再次按动按钮开关 SB 发出长脉冲信号时，已充足电的电容器 C5 通过记忆自锁继电器 K2 的线圈又一次快速放电，放电电流使记忆自锁继电器 K2 获得脉冲功率而释放，由其触点切断被控负载电源。上述过程中，由于电容器 C2 的隔直流电作用，电容器 C3 两端始终不会获得大于 $1/2V_{DD}$ 的充电电压，故其后级电路也不会工作。

当以每秒钟至少 1 次的速度连续按动按钮开关 SB 的按钮 3 ～ 4 次时，在非门Ⅰ输出端就会连续输出短促的正脉冲信号，经电容器 C2 耦合（晶体二极管 VD1 为其提供放电回路）、晶体二极管 VD2 隔离，使电容器 C3 两端充电电压很快积累达到 $1/2V_{DD}$，于是非门Ⅱ、非门Ⅲ先后翻转，非门Ⅲ输出高电平使晶体三极管 VT1 导通，记忆自锁继电器 K1 获脉冲功率而吸动，由其触点控制负载（图中未绘出）通电工作。当再次按动按钮开关 SB 发出短脉冲串信号时，记忆自锁继电器 K1 再次获脉冲功率释放，被控负载断电停止工作。上述过程中，非门Ⅳ虽然也输出正脉冲，但每次高电平保持时间小于 1s，电容器 C4 充电电压达不到 $1/2V_{DD}$，而在下一个正脉冲到来之前，电容器 C4 又通过晶体二极管 VD3、非门Ⅳ输出端快速地泄放掉了所充电荷。故电容器 C4 两端电压一直达不到非门Ⅴ的翻转阈值电压，记忆自锁继电器 K2 始终不会动作。

综上所述，只要用不同方式按动按钮开关 SB，就可随心所欲地控制两路交流负载电源“接通”或“断开”。

4.2.2 元器件选择

K1、K2 选用国产新型 ZS-01F（12V）型记忆自锁继电器（亦称双稳态继电器），其外形与普通继电器无两样，但内部结构却大不一样。ZS-01F（12V）的外形尺寸及引脚排列参见图 1-49，其主要参数：线圈工作电压为 12V 矩形脉冲或电容脉冲，脉宽 ≥ 20ms；线圈瞬时消耗功率 ≤ 0.9W；外形尺寸 24mm×22mm×16mm（不包括引脚），质量 ≤ 14g，寿命 10 万次；有一组转换触点，负荷为交流 3A×220V 或直流 5A×28V。该产品的应用可大大简化电路、降低成本、节省电耗。

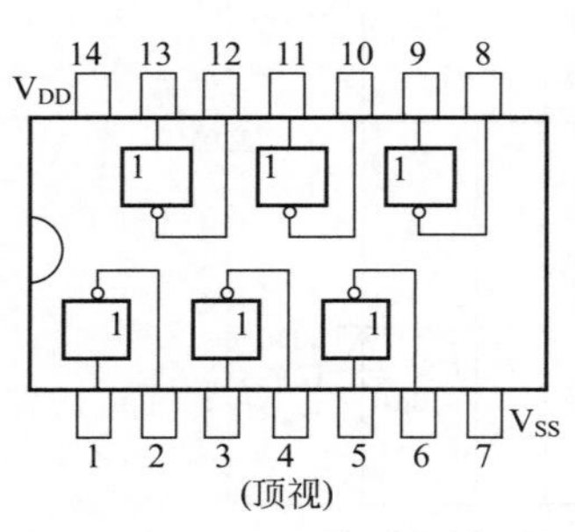

图 4-4　CD4069 的引脚排列图

A（Ⅰ～Ⅵ）选用一块 CD4069 型 CMOS 六非门（反相器）数字集成电路。它采用塑料双列直插形式封装，共有 14 个引出脚，其引脚排列如图 4-4 所示。CD4069 也可用 CC4069、TC4069 或 MC14069 型同类数字集成电路块来直接进行代换。

VT1、VT2 均用 9014（集电极最大允许电流 I_{CM}=100mA，集电极最大允许功耗 P_{CM}=310mW）或 3DG8 型硅 NPN 小功率三极管，要求电流放大系数 $\beta > 100$。

VD1 ～ VD3 均用 1N4148 型硅开关二极管；VD4、VD5 和 VD7 均用 1N4007 型硅整流二极管；VD6 用 12V、0.25W 普通硅稳压二极管。

R1 ～ R5 均用 RTX-1/8W 型碳膜电阻器，R6 用 RJ-1/4W 型金属膜电阻器。C1 用 CT1 型瓷介电容器，C2 ～ C5 均用 CD11-16V 型电解电容器。SB 用 KAX-4 型按钮开关，亦可用交流电门铃专用的按钮开关来代替。

4.2.3 制作与使用

图 4-5 为该单按钮控制的双路交流开关印制电路板接线图，印制电路板实际尺寸约为 75mm×50mm。焊接时注意：电烙铁外壳一定要良好接地，以免交流感应电压击穿数字集成电路 A 内部 CMOS 电路！数字集成电路 A 直接焊接在电路板铜箔面上；为了方便焊接，应事先将其引脚朝外弯折成“L”形。

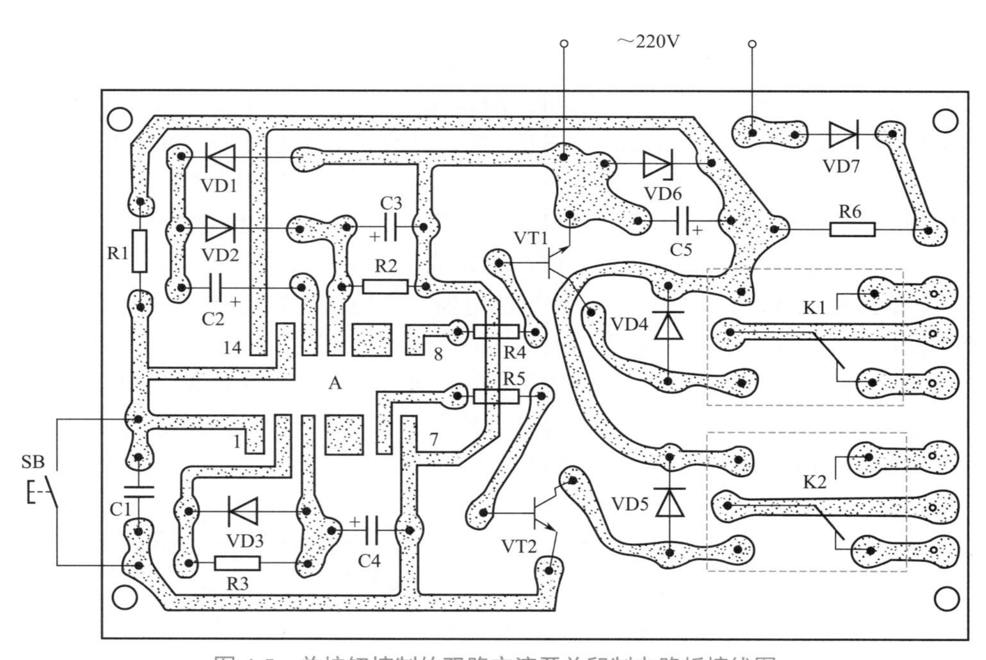

图 4-5 单按钮控制的双路交流开关印制电路板接线图

焊接好的电路板可装入体积合适的绝缘密闭小盒内，亦可根据实际应用情况直接装入被控电气设备内部。按钮开关 SB 既可固定在外壳上便于人手操作的部位，也可通过双股塑皮电线引至其他地方安装。电路板上记忆自锁继电器 K1、K2 的控制触点（为单转换触点），各有三个引线头，实际应用时可根据需要灵活选择运用。只要元器件质量有保证、焊接无误，电路无须任何调试便可投入正常使用。

这种交流开关每路可控制 500W 以内（感性负载限制在 100W 以内）的各种交流用电器。如果被控负载功率较大，应通过合适的交流接触器去间接控制负载。

4.3 四路无线电遥控交流开关

笔者将四位无线电遥控专用数字编码发射、接收组件和新型记忆自锁继电器组合在一起，制作成了电路简单、工作稳定、性价比高的四路无线电遥控交流开关。该开关可控制四路 500W 以内（电动机等感性负载限制在 100W 内）的各种用电器，有效遥控距离≤ 60m。开关自身功耗很小，实测＜ 0.12W。

4.3.1 工作原理

四路无线电遥控交流开关的电路如图 4-6 所示。A1 为四位无线电遥控专用数字编码发射器，A2 为与发射器配对的接收解码器模块。A1、A2 内部的编、解码在出厂时已配对编设好，不重复组码高达 17.7 万组，具有良好的抗干扰性能。K1 ～ K4 为国产新型记忆自锁继电器，它采用脉冲吸合、复位的工作方式，既简化电路、降低成本、节省电耗，又能很方便地实现开关的双稳态控制。电容器 C1 和 C2、电阻器 R1、晶体二极管 VD5 和 VD6、稳压二极管 VD7 等组成了简易电源变换电路，向接收解码器模块 A2 单独提供 6V 工作电压，避免与继电器共用电源时因电压波动而造成的接收解码器模块 A2 工作不稳定。电阻器 R2、晶体二极管 VD8、稳压二极管 VD9 和电容器 C3 组成了另一个简易电源变换及储能电路，向记忆自锁继电器 K1 ～ K4 提供足够的脉冲电功率。这里电容器 C3 容量取得比较大，具有一定储能作用，可满足记忆自锁继电器 K1 ～ K4 动作时所必需的脉冲电功率。

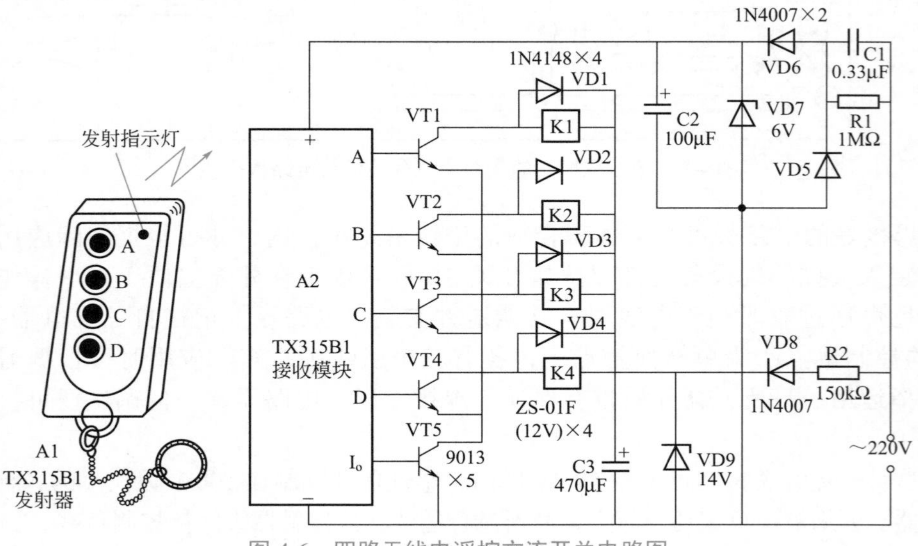

图 4-6　四路无线电遥控交流开关电路图

当在有效作用距离范围内按动发射器A1上的A键时，接收解码器模块A2的对应解码信号输出端A输出高电平，解码有效非锁存输出端I_o输出正脉冲（时间长短对应发射器A1的按键时间），于是晶体三极管VT1、VT5导通，电容器C3通过记忆自锁继电器K1的绕组快速放电，放电电流使记忆自锁继电器K1产生机械"记忆"吸合，由其触点（图中未绘出）控制相应负载通电工作。当再次按动发射器A1上的A键时，晶体三极管VT1、VT5再次导通，已充足电的电容器C3通过记忆自锁继电器K1的绕组再次快速放电，放电电流使记忆自锁继电器K1释放，由其触点切断被控负载电源。同样，按动发射器A1上的B～D键时，对应晶体三极管VT2～VT4及VT5导通，对应记忆自锁继电器K2～K4吸合或释放，从而完成对相应负载电源的"开"或"关"控制。

电路中，由于晶体三极管VT1～VT4和VT5连接成非锁存输出形式，因此四路开关控制状态互相不会发生影响和干扰。

4.3.2 元器件选择

A1、A2选用国产TX315B1型全晶振式、高稳定度四位无线电遥控专用数字编码发射与接收组件，它包括一只微型化的匙扣式数字编码发射器和一只模块化的接收解码器。发射器A1的外形如图4-6所示，其体积约为74mm×37mm×15mm；接收解码器模块A2的外形及引脚排列如图3-2所示。A1、A2也可用T996/T998-12V型四位高稳定度无线电遥控组件来直接代换。

K1～K4选用工作电压是12V的国产新型ZS-01F型记忆自锁继电器（亦称双稳态继电器），其外形与普通电磁继电器无两样，但内部结构却大不一样。ZS-01F（12V）的外形及引脚排列等参见图1-49，主要参数等详见相关文字部分介绍。

VT1～VT5均用9013或9014型硅NPN晶体三极管，要求电流放大系数$\beta>50$。VD1～VD4均用1N4148型硅开关二极管；VD5、VD6和VD8均用1N4007型硅整流二极管；VD7用6V、0.25W普通硅稳压二极管；VD9用14V、0.25W普通硅稳压二极管。

R1、R2均用RTX-1/4W型碳膜电阻器。C1用优质CBB13-630V型聚丙烯电容器；C2、C3均用CD11-25V型电解电容器。

4.3.3 制作与使用

图4-7是四路无线电遥控交流开关（实际上是接收控制电路部分）的印制电路板接线图，印制电路板实际尺寸约为100mm×65mm。印制电路板也可直接采用相同大小的单孔"洞洞板"，并充分利用元器件引脚飞线连接，以省去加工专用印制电路板的麻烦。

除发射器A1外，焊接好的接收控制电路板全部安装在体积合适的绝缘小盒内，亦可根据实际应用情况直接装入被控电气设备内部（要求电器外壳必须是非金属）。安装时注意：电路板上的接收解码器模块A2，应远离大的金属体，以免因接收电波被削弱或屏蔽而造成遥控距离缩短甚至无法工作；电路板上记忆自锁继电器 K1 ～ K4 的控制触点（为单转换触点）各有三个引线头，实际应用时可根据需要灵活选择运用。只要元器件质量有保证、焊接无误，不用任何调试便可投入使用。

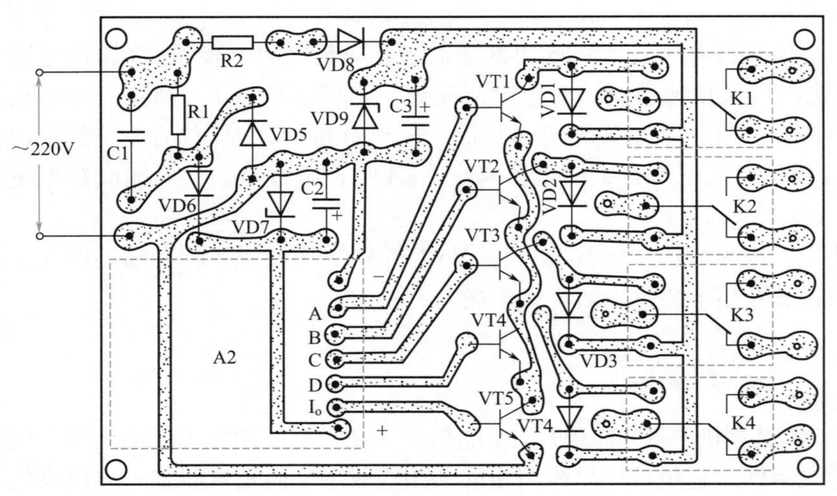

图 4-7　四路无线电遥控交流开关印制电路板接线图

发射器 A1 体积微小，可穿在锁匙扣上随身携带，给使用带来方便。还可根据需要，选购数只相同的发射器（须编码配对），供多人携带使用。

实际应用时，如果继电器的触点所控制的是电动机或大电流、高电压的负载，应外接图 4-8 所示的消火花干扰电路，否则，有可能出现未接负载时遥控距离很远，接了负载后遥控距离很近、甚至不能遥控的现象。图 4-8 中电容器 C 及电阻器 R 的数值选择，与用电器的功率大小和所加电压高低有关。以 300W 负载、220V 供电为例，R 可取 10Ω、1W 电阻器，C 可取 0.1μF、400V 电容器。负载功率越大，电容器的容量应越大，电阻器的瓦数也应越大；电压越高，电容器的耐压也越高。

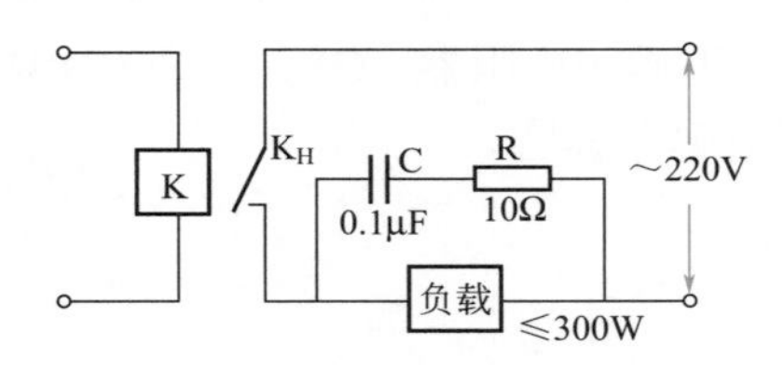

图 4-8　消火花干扰电路图

另外，在操作发射器 A1 时注意：每次按键时间要求 ≥ 1s，两次按键间隔须 ≥ 5s（这是电路板上电容器 C3 放电后，再次充足电所必需的时间），否则按动遥控键无法使对应继电器正常动作；当发射器 A1 上的指示灯变暗、且遥控距离明显缩短时，说明发射器内部所用 A23-12V 型电池电能即将耗尽，应及时更换相同规格的新电池。

4.4 无线电遥控电动葫芦

电动葫芦又称单梁吊车，是工矿企业常用的简单移动起重设备；它造价低、维护方便、适用于较狭窄的场所，因而得到广泛应用。电动葫芦的起重量从0.5t到50t不等。常用的5t以下电动葫芦装在工字钢梁上，由电动机经减速机构带动钢丝绳，牵引吊钩上下起吊重物；由另外的小车行走电动机牵引电动葫芦，在工字钢梁上实现左右移动。其控制方法是从装在电动葫芦一侧的电控箱中引出一根多芯电缆，接一操作按钮盒，通过四个按钮控制电动葫芦完成提升、下降和左、右行走四个动作。每当电动葫芦吊起重物需要左、右移动时，操作者都要手持按钮盒，一边眼盯着重物，一边跟着电动葫芦行走，既不安全，又不方便。

如果采用下面介绍的无线电遥控装置对电动葫芦进行操纵，便可使上述问题迎刃而解。

4.4.1 工作原理

无线电遥控电动葫芦的电路如图4-9所示，其中：虚线右边为电动葫芦原有控制线路；虚线左边为新增无线电遥控电路（注意SQ属右边电路）。A1为性能达到工业级水准的高稳定度、晶振式无线电编码发射器，A2为配套的无线电接收解码器模块。

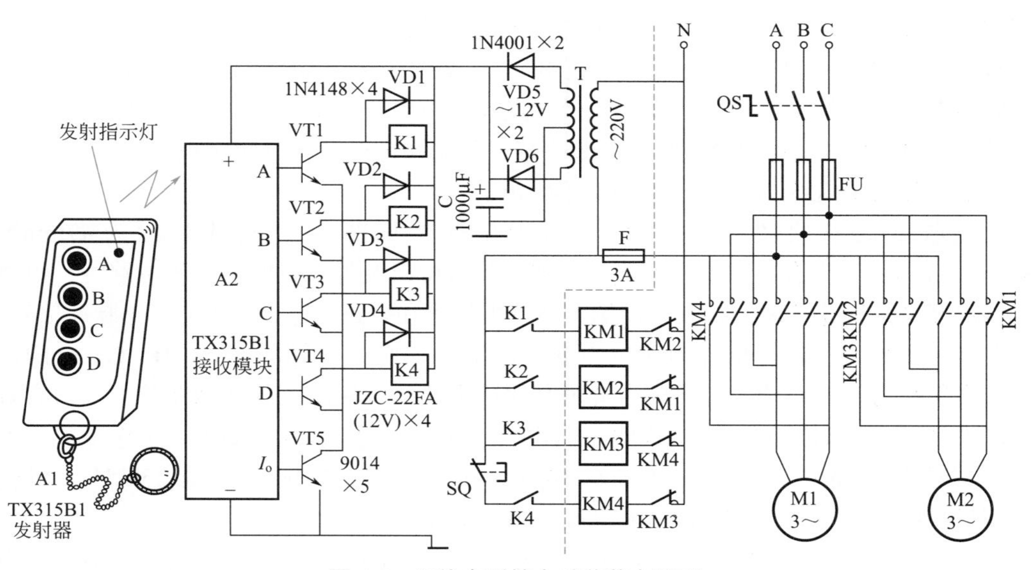

图4-9 无线电遥控电动葫芦电路图

380V三相交流电源从铁壳开关QS送出，经钢索上悬挂的移动电缆（起重量大的用角钢滑触线）提供给两台电动机的控制箱。提升电动机M1和行走电动机M2都是三相异步电动机，均可正、反向运转。SQ是电动机M1的提升限位开关。电路要求电动机M1的提升、下降和电动机M2的左、右行走四个完成动作均为单动，即同一时间内只能完成其中一种动作。发射器A1的四个按键正好可控制四种动作，但接收解码器模块A2有五个输出端，其中A、B、C、D输出端（通常称四位数据输出端）具有互锁存特性，直接用于电动葫芦的控制显然不行；而另一个输出端I_o（通常称解码有效输出端）具有非锁存特性，其输出脉冲信号长短对应于按动发射器A1上的按键时间。我们通过晶体三极管VT1～VT5将接收解码器模块A2输出的信号转换成四路非锁存形式，并通过电磁继电器K1～K4完成对交流接触器KM1～KM4的控制，进而实现对电动机M1、M2的控制。

当按下发射器A1上的A键时，接收解码器模块A2的对应输出端A和解码有效输出端I_o同时出现高电平，晶体三极管VT1和VT5导通，电磁继电器K1和交流接触器KM1先后吸合，电动机M2通电作右行；当松开发射器上A键时，接收解码器模块A2的解码有效输出端I_o输出消失，晶体三极管VT5和VT1先后截止，电磁继电器K1和交流接触器KM1随之断电释放，电动机M2停止右行。同理，按动发射器A1上的B键、C键和D键时，分别可控制电动机M2或M1完成左行、下降和提升三种动作。

4.4.2 元器件选择

A1、A2选用国产TX315B1型全晶振式、高稳定度四位无线电遥控专用数字编码发射与接收组件，它包括一只微型化的匙扣式数字编码发射器和一只模块化的接收解码器。发射器A1的外形如图4-9左边所示，其体积约为74mm×37mm×15mm，在面板上设有A、B、C、D四位按键和一个发光二极管指示灯，机内装有AG23-12V型电池。当按动按键时，发光二极管点亮，机内数字编码电路工作并驱动频率为315MHz的超高频发射电路，将载有数字信号的高频电磁波通过印刷板天线发射出去。发射器工作时电流约7mA，不发射时不耗电。

接收解码器模块A2的外形及引脚排列参见图3-2，其体积约为47mm×32mm×17mm，内有高频超外差接收电路、信号检出及处理电路、译码电路等，可直接输出互锁的四路（A、B、C、D端）高电平信号和一路（I_o端）非锁存正脉冲信号。通常，A、B、C、D端也称为四位数据输出端，它们与发射器上A、B、C、D四位数据发射按键一一对应；I_o端称为解码有效输出端，所输出正脉冲脉宽基本上与有效按动发射器按键时间同步。接收解码器模块工作电压范围5.5～20V，工作电流（各输出端悬空）6mA；接收灵敏度5～10μV，接收频率315MHz，带宽250kHz；各输出端最高电压（空载）4.5V，最大电流（短路）2mA。

TX315B1型无线电遥控组件的内部编、解码在出厂时已配对编设好，不重复组码高达17.7万组，具有良好的抗干扰性能；有效遥控距离≤60m，适应工作环境温

度 -25 ～ 70℃。TX315B1 型组件也可用 T996/T998-12V 型四位高稳定度无线电遥控组件来直接代换。实际上，目前一些厂家生产的不同型号（各厂家自行命名）的工业级水准的高稳定度、晶振式四位无线电遥控组件，只要接收解码器模块的工作电压符合要求，一般均可直接用来替代图 4-9 中的数字编码发射器 A1 和接收解码器模块 A2。

VT1 ～ VT5 均用 9014（集电极最大允许电流 I_{CM}=100mA，集电极最大允许功耗 P_{CM}=310mW）或 9013 型硅 NPN 三极管，要求电流放大系数 $\beta > 50$。VD1 ～ VD4 均用 1N4148 型硅开关二极管，VD5、VD6 均用 1N4001 或 1N4004 型硅整流二极管。

K1 ～ K4 均用 JZC-22FA/012-1Z 型超小型中功率电磁继电器，其触点负荷为 220V×3A（交流），完全满足本制作要求。T 用输入电压是 220V、输出电压是双 12V、额定输出功率是 3W 的优质成品电源变压器，要求确保长时间运行不过热。C 用 CD11-25V 型电解电容器，标称容量为 1000μF。F 用 BGXP-3A 型保险管，并配套 BLX-1 型保险管座。

4.4.3 制作与使用

图 4-10 为该无线电遥控电动葫芦（实为接收控制器低压部分）的印制电路板接线图。印制电路板实际尺寸约为 100mm×65mm。印制电路板也可直接采用相同大小的单孔“洞洞板”，并充分利用元器件引脚飞线连接，以省去加工专用印制电路板的麻烦。

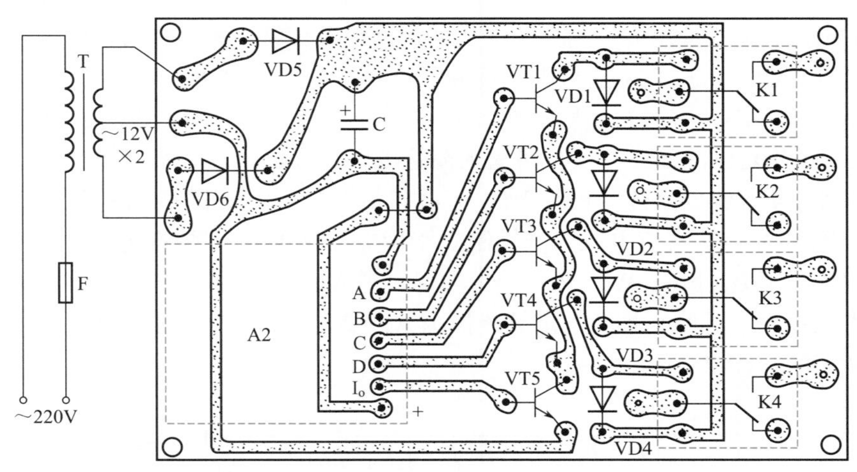

图 4-10　无线电遥控电动葫芦印制电路板接线图

除发射器 A1 外，焊接好的电路板可装入一个酚醛塑料制的双极按钮盒中，尺寸约 110mm×75mm×50mm。该按钮盒很结实，又密封良好；将它安装到电动葫芦电控箱一侧，具体方法是：在电控箱侧面开一个 ϕ20mm 左右的圆孔，焊上一段长约 150mm、另一端头带螺纹的钢管，并将控制盒用配套螺母紧固到钢管上。这样管中可以穿过控制线，而盒中无线电接收解码器模块 A2 又远离了金属物，避免了无线电波被屏蔽或吸收。控制盒共有八根引出线与电动葫芦原有的电气控制部分电路相接，具体见图 4-9。若不拆掉原控制电缆及按钮盒，还可以实现有线操纵、无线电遥控两种控制。

该装置的有效遥控距离可达 60m。使用时注意：在按动发射器 A1 上的 C 键或 D 键进行重物降、升时，严禁同时按动 A 键或 B 键进行重物右、左行。因为起重安全操作规程中规定，起重机在起吊重物时，禁止横拉斜拽。尤其对于单梁电动葫芦，整个起重装置是靠四个行走小轮悬挂在一根工字钢梁上的，小车行走机构大都没有制动器，在起吊重物时同时按下提升和行走两个按键横拉斜拽，更是不允许的。

4.5 有线广播自动开机装置

本装置适合在工厂、机关单位、学校等内部有线广播设备上安装使用，它能够在早晨自动开播有线广播，避免了广播管理人员因睡眠过头而耽误按时播放节目。

4.5.1 工作原理

有线广播自动开机装置的电路如图 4-11 所示。该电路实质上是一个定时很准确的交流电源开关，它每天清晨（或其他时间）可按小石英钟调定的响闹时间自动接通广播设备的电源。虚线框内为带闹铃功能的四指针小石英钟，其中 B 为钟内电磁讯响器。A 为光电耦合器，它将交流电与小石英钟电路隔离开来，以防止用户操作小石英钟时发生触电事故。K 为国产新型脉冲驱动双稳态继电器，它采用主线圈 L1 脉冲吸合、副线圈 L2 脉冲复位的工作方式，可大大简化电路、降低成本、节省电耗。220V 交流电经电阻器 R4 限流、晶体二极管 VD1 半波整流、稳压二极管 VD2 稳压和电容器 C2 滤波后，输出约 14V 直流电压，供控制电路用电。这里电阻器 R4 取值很大，既使控制器自身耗电不超过 42mW，又利于单向晶闸管 VS 导通后自行关断；电容器 C2 容量取得也比较大，可使其具有一定储能作用，以满足脉冲驱动双稳态继电器 K 线圈动作时所必需的脉冲电功率。

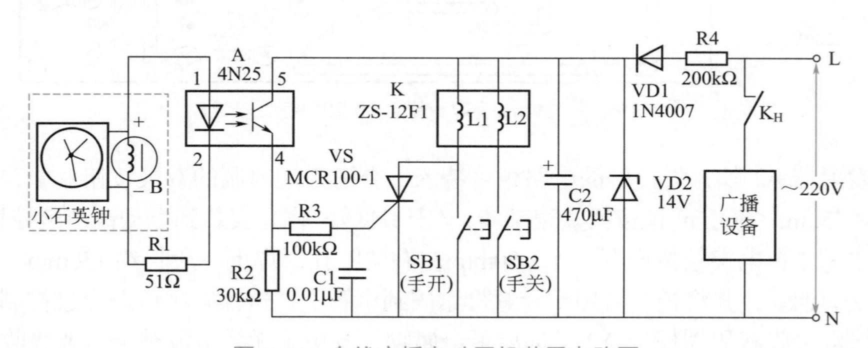

图 4-11　有线广播自动开机装置电路图

当石英钟按照事先设定好的时间发出闹“铃”时，由电磁讯响器B输出的部分报闹电信号，经限流电阻器R1加至光电耦合器A的第1、2脚，使光电耦合器A内藏发光二极管点亮、对应光敏三极管由原来的截止状态转为导通状态，单向晶闸管VS获得触发电流亦导通。于是电容器C2通过脉冲驱动双稳态继电器K的主线圈L1快速放电，放电电流使其触点K_H吸合，广播设备自动通电工作。电容器C2放电结束后，由于电阻器R4输出电流（实测＜0.42mA）小于单向晶闸管VS的维持导通电流，故单向晶闸管VS自行关断，但触点K_H却依靠内部特殊机械结构来保持“锁定”，实现了有线广播无人操作自动通电播放预选节目。用手按动关机按钮开关SB2，则脉冲驱动双稳态继电器K的副线圈L2从电容器C2两端获得同样大小的脉冲功率而使触点K_H释放，从而使广播自动中止播音。

电路中，SB1为手动开机按钮开关，主要用于中午、傍晚等时间播送节目时的人工开机。

4.5.2 元器件选择

K选用国产ZS-12F1型脉冲驱动双稳态继电器（亦称记忆自锁继电器或双线圈脉冲驱动继电器），其外形尺寸及引脚排布如图4-12（a）所示。该器件共有七个接线端子，其中扁粗的A、B、C三个端子，为转换触点端子；圆细的四个接线端子，为双触发线圈端子（L1为脉冲吸合线圈，L2为脉冲复位线圈）。触发端与控制触点端的波形关系如图4-12（b）所示。

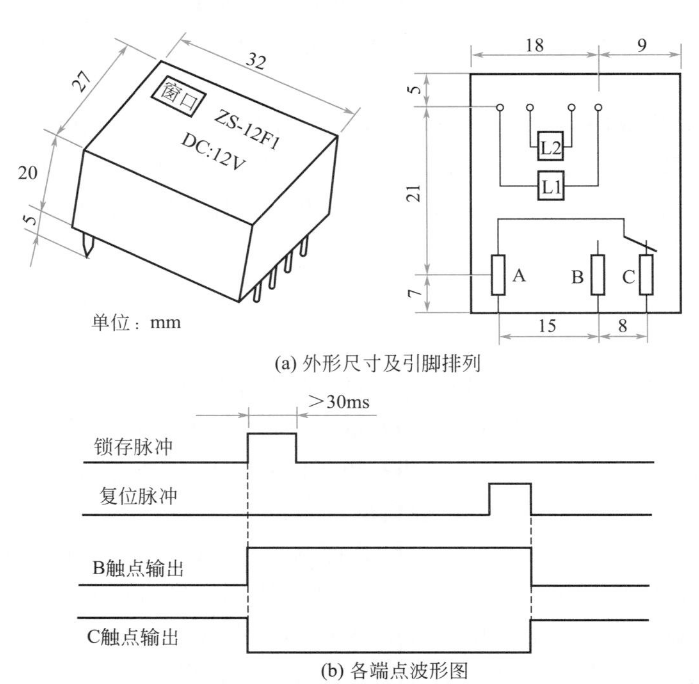

图4-12 ZS-12F1型脉冲驱动双稳态继电器

ZS-12F1 的主要参数：绕组工作电压为 12V（其他可从厂家定做）电容脉冲或矩形脉冲，脉宽＞ 30ms，瞬态功率＜ 1.6W；设有一组转换触点，常开（A、B 端）及常闭（A、C 端）触点负荷分别为 30A×220V（交流）、20A×220V（交流），触点寿命可达 2 万次；绝缘电阻 1000MΩ，介质耐压 2500V（50Hz 下 1min 不击穿），使用环境温度范围 −40 ～ +55℃。这种继电器的最大特点是采用脉冲电压驱动和机械结构保持自锁，由于不需要维持电流，因此它是节约电能的；由于通过机械结构使触点保持自锁状态，因此它又是简单和安全可靠的。

A 采用 4N25 型光电耦合器，它采用双列直插式 6 脚塑料封装，内藏一个发光二极管和一只光敏三极管，可很方便地实现电 - 光 - 电转换耦合，其外形及引脚功能示意图如图 4-13 所示。

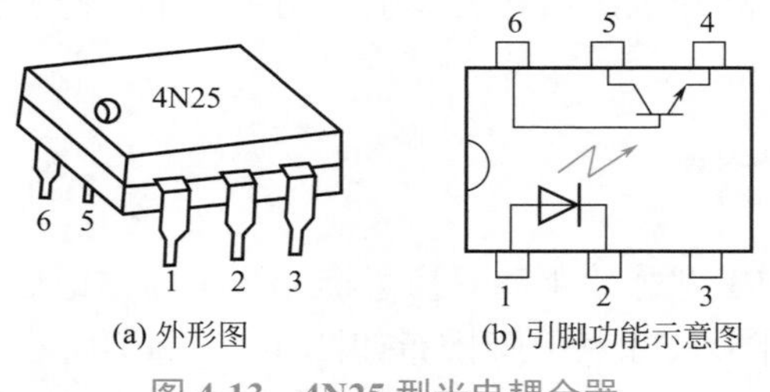

(a) 外形图　　(b) 引脚功能示意图

图 4-13　4N25 型光电耦合器

VS 用 MCR100-1 或 BT169D、CR1AM-6 型小型塑封单向晶闸管，其外形如同普通塑封小功率三极管，实物外形和引脚排列参见图 1-17。VD1 用 1N4007 型硅整流二极管；VD2 用 14V、0.25W 普通硅稳压二极管，如 1N4108、2CW61 型等。

R1 ～ R4 均用 RTX-1/4W 型碳膜电阻器。C1 用 CT1 型瓷介电容器，C2 用 CD11-16V 型电解电容器。小石英钟选用市售小型台式四指针带闹“铃”功能的那一种，使用前须小心打开机芯后盖，从电磁讯响器 B 两端引出两根软细导线。SB1、SB2 均用 KAX-1 型按钮开关。

4.5.3　制作与使用

图 4-14 为该有线广播自动开机装置的印制电路板接线图。印制电路板最好采用环氧基质铜箔板制作，实际尺寸约为 60mm×45mm。焊接时注意：电烙铁外壳一定要良好接地，以免交流感应电压击穿小石英钟内 CMOS 集成电路。

焊接好的电路板可装入广播调控台或单独的绝缘小盒内，并在调控台或单独绝缘小盒的适当位置固定小石英钟。小石英钟两根外引线应分极性接电路板上的对应接点。电路板上的 L（相线）、N（零线）两引线端，可直接接在广播设备 220V 交流电源的进线端；脉冲驱动双稳态继电器 K 的触点 K_H 引出线，则应串入广播设备的总交流电回路中。该装置只要元器件质量有保证、焊接无误，无须任何调试便可投入使用。

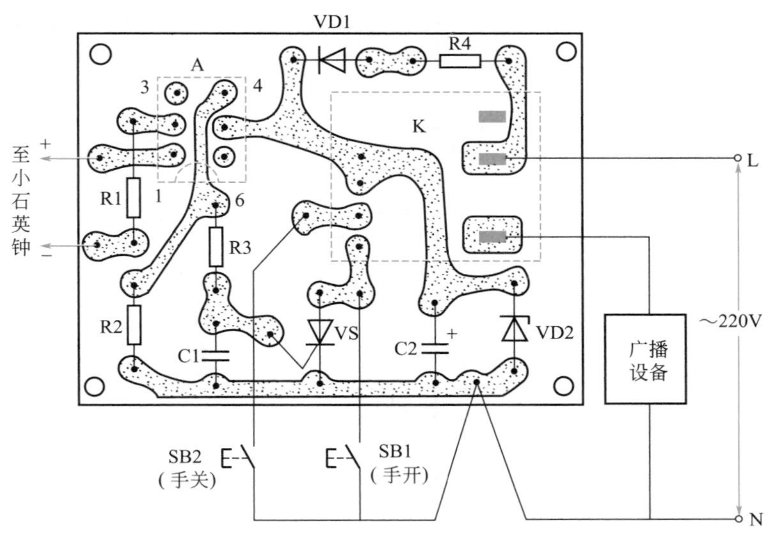

图 4-14 有线广播自动开机装置印制电路板接线图

使用时，将小石英钟响闹时间设定在每天早晨开始广播的时间，并事先预选好广播设备所要播放的节目（转播电台节目要求调准频率，播放磁带节目应按下放音键），在晚上睡觉前接通广播设备的总交流电源开关。这样，第二天的早晨设定时间一到，广播设备就会自动开机播放节目；广播结束时间一到，可通过按动按钮开关 SB2 实现关机。中午、傍晚等时间播放节目时，可通过按动按钮开关 SB1 来实现开机，通过按动按钮开关 SB2 来实现关机。如果发现小石英钟所设定的响闹时间会干扰傍晚的广播，可通过事先关闭、事后再打开小石英钟背面的止闹开关来加以排除。

4.6 数字式恒温控制器

这里介绍一种适合在电孵化、种子发芽和菌类培养等恒温箱上使用的数字式恒温控制器，它的控温精度可达到 ±0.5℃。

4.6.1 工作原理

数字式恒温控制器的电路如图 4-15 所示。当恒温箱内温度低于设定值时，可调式电接点玻璃水银温度计 WXG 的内部接点断开，双向晶闸管 VS 经指示灯 H 获得交流触发电流而导通，电热丝通电发热；当恒温箱内温度升到设定值以上时，可调式电接点玻璃水银温度计 WXG 的接点接通，指示灯 H 发出接近正常时的亮光，双向晶闸管 VS 因失去触发电流而关断，电热丝停止加热。上述过程反复进行，使得恒温箱内的温度始终趋向动态恒定。

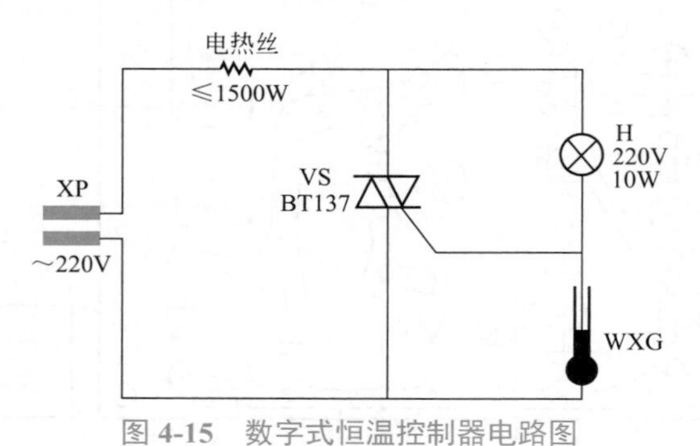

图 4-15　数字式恒温控制器电路图

电路中，指示灯 H 一物两用，它既作双向晶闸管 VS 的控制极限流电阻，又作电热丝工作状态指示灯（灯亮电热丝停止加热，灯灭电热丝开始加热），设计巧妙而且合理。

4.6.2　元器件选择

WXG 选用分度值≤ 1℃的 WXG-11t 型可调式电接点玻璃水银温度计，测温范围根据需要确定，测温精度一般由最小刻度确定。这种电接点玻璃水银温度计的外形如图 4-16 所示，它是根据水银遇热膨胀的原理而制成的温度传感器。温度升高时，水银沿玻璃管上升，一旦水银与玻璃管中的铂丝相接触，即可通过两根引出电线（一根内接铂丝，另一根内接水银）接通外电路；当温度降低时，玻璃管内的水银则下降，水银与铂丝脱离接触，外接电路即被断开。实际使用时，通过旋转顶部的调整帽（内装有磁钢），便可间接控制铂丝上升或下降，借以调整和设定需要控制的温度；并且预定的控制温度与测试环境的实际温度均可直接在温度计上分别指示出来。可见，采用这种电接点玻璃水银温度计作为温度传感及控制器件，不仅可以简化电路结构，而且准确、直观、工作可靠。除了图 4-16 所示最常用的“直形”可调式电接点玻璃水银温度计外，还有尾部形状做成 90° 角形和 135° 角形等的同类产品，以适应不同场合测温的需要。

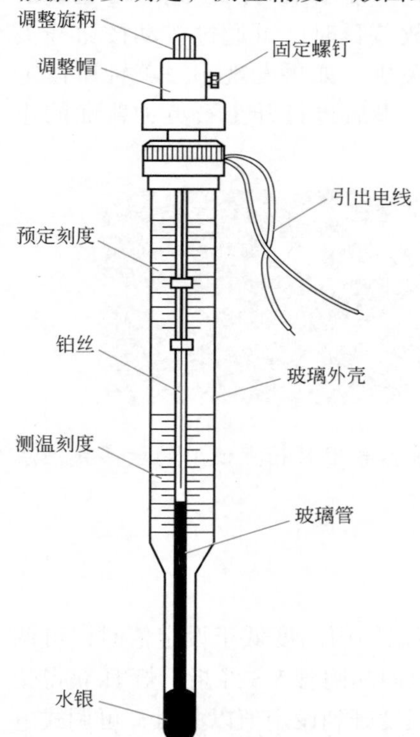

图 4-16　电接点玻璃水银温度计

VS 选用 BT137 型（额定通态电流 I_T=8A，断态重复峰值电压 U_{DRM}、U_{RRM} ≥ 600V）普通双向晶闸管，也可用 BTA08-600V 或 T0805（8A、

500V）、BCR8AM-8（8A、600V）型等同类产品直接代换，在满负载（1500W）使用时需加装铝散热板。这几种双向晶闸管的外形与引脚排列参见图2-27。

电热丝根据恒温箱大小等实际情况确定电功率，可用数根电热毯专用电热丝并联构成，亦可用电炉丝来代替。H用市售“迷你”灯专用220V、10W钨丝灯泡。XP用普通交流电二极电源插头。

4.6.3 制作与使用

可调式电接点玻璃水银温度计WXG和电热丝均装设在恒温箱内，其余元器件装在箱外通风散热处，并用绝缘盒罩住，以免发生人体触电事故。箱内电热丝应安装在底部，且分布要均匀。

使用时，首先调节温度计顶端活动螺母，使温度计内接触电极指定到欲恒定的温度数值上；然后，将电源插头XP插入220V交流市电插座内即可。

4.7 浴池水温控制器

一些矿山、工厂、部队等单位的集体浴池，其热水加温方法一般是：先将冷水放入浴池内，然后将锅炉蒸汽注入水中，将冷水加热。由于这种加热方法是通过人工去控制蒸汽阀门的，因此经常会出现不是水温过高，就是水温过低的情况，甚至发生烫伤人员或使入浴人员受凉感冒的事故。

为了有效避免上述问题的发生，不妨给采用锅炉蒸汽加热水的浴池安装上下面介绍的浴池水温控制器。它不仅可以实现浴池的自动控温，而且可实现水温的任意调节。

4.7.1 工作原理

浴池水温控制器的电路如图4-17所示。PSSR为新型交流参数固态继电器，这里它起着交流电隔离和水温自控无触点交流开关双重作用。WXG1、WXG2为可调式电接点玻璃水银温度计，它们分别限定了浴池水的最低温度和最高温度，调节各自顶端的活动螺母，可连续改变其控温点；一般将WXG1调定为37℃、WXG2调定为40℃，将浴池水温控制在37～40℃较为合适。

当浴池水温低于37℃时，可调式电接点玻璃水银温度计WXG1、WXG2的水银接点均断开，交流参数固态继电器PSSR的低无源电阻控制端第3、4脚开路，其交流无触点输出端第5、6脚接通，电磁阀YV通电打开阀门，锅炉蒸汽便通过管道（图中未绘出）源源不断地注入浴池水中，使水温不断上升；当水温升到37℃以上时，可调式电接点玻璃水银温度计WXG1的水银接点接通，但由于并接在电磁阀YV两端的电磁继电器 K 通电工作，其常闭触点 K_D 早已切断了可调式电接点玻璃水银温度计 WXG1 的回路，因此浴池加热过程仍将继续进行；当水温升到 40℃时，可调式电接点玻璃水银温度计 WXG2 的水银接点接通，交流参数固态继电器 PSSR 的第 3、4 脚接通，输出端第 5、6 脚断开，电磁阀 YV 失电关阀，浴池水才得以停止被加热。随着时间的推移，浴池水温会逐渐下降。当水温低于 40℃时，尽管可调式电接点玻璃水银温度计 WXG2 的电接点断开了，但由于此时电磁继电器 K 的常闭触点 K_D 和可调式电接点玻璃水银温度计 WXG1 的接点都是接通的，因此电磁阀 YV 并不会马上开阀；直到水温低于 37℃后，可调式电接点玻璃水银温度计 WXG1 的接点也断开，电磁阀 YV 才会又一次开阀向浴池注入蒸汽。上述过程循环进行，从而使浴池水温始终保持在 37 ～ 40℃之间。

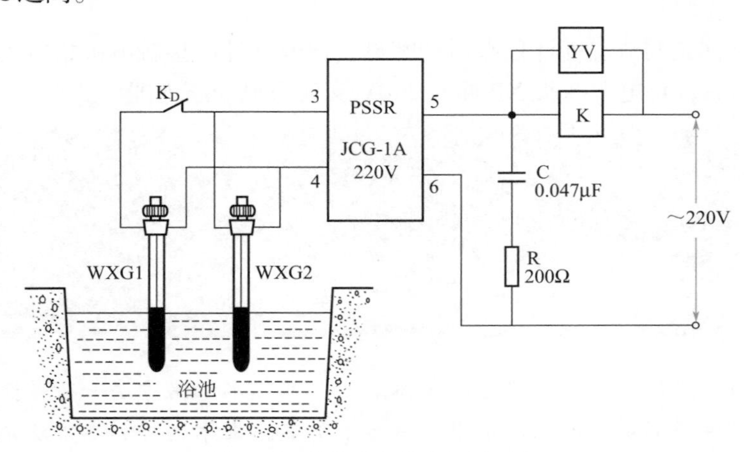

图 4-17　浴池水温控制器电路图

电路中，电阻器 R 和电容器 C 串联组成 RC 吸收网络，主要用于防止属感性负载的电磁阀 YV 和电磁继电器 K 在通、断电瞬间，所产生的瞬间感应电压击穿交流参数固态继电器 PSSR 的输出端第 5、6 脚。

4.7.2　元器件选择

WXG1、WXG2 均选用分度值≤ 1℃的 WXG-11t 型可调式电接点玻璃水银温度计，测温范围在 0 ～ 50℃之间即可。这种电接点玻璃水银温度计的外形参见图 4-16，它的使用不仅可以简化电路结构，而且准确、直观、工作可靠。

PSSR 选用 JCG-1A/220V 型参数固态继电器，其外形和引脚排列如图 4-18 所示。该器件是在普通固态继电器基础上由我国自行研制成功的一种新型固态继电器，它能接受正功率驱动、零功率驱动、负功率驱动等多种电参量的控制，因而比一般的固态继电器有着更加广泛的用途。

JCG-1A/220V 型参数固态继电器的引脚功能及参数：第 1 脚为正功率（有源）驱动端，驱动电压（直流）1 ～ 100V，驱动电流 2 ～ 500μA。第 2、3 脚分别为高无源电阻驱动端和低无源阻抗驱动端，由于这两种驱动方式都不需要向控制端注入功率，因此统称为零功率驱动端。第 2 脚门限电阻为 10 ～ 100kΩ，第 3 脚门限阻抗值（包括纯电阻、纯电感、纯电容）为 0.5 ～ 10kΩ。第 2 脚有一个 3V 直流电压输出，功率为 0.1 ～ 0.6mW，还可向外接微功耗电路供电，实现负功率驱动。第 4 脚为公共控制端。第 5、6 脚为交流输出端，额定电压 220V，通态压降≤ 3V。该器件通断时间 1 ～ 10ms，控制端与输出端间绝缘电阻≥ 100MΩ。

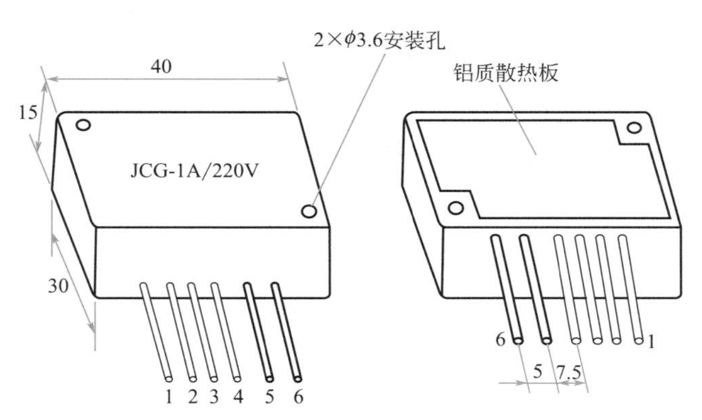

图 4-18　JCG-1A/220V 型参数固态继电器外形和引脚排列

R 用 RTX-1/4W 型碳膜电阻器，阻值为 200Ω。C 用 CL11-400V 型涤纶电容器，容量为 0.047μF。

YV 选用国产 BQY22D 型防爆、防水二位二通汽液电磁阀，要求额定工作电压为交流 220V，公称通径根据实际汽管口径选择。K 选用额定工作电压为交流 220V 的 JZX-2F 型等小型电磁继电器。

4.7.3　制作与使用

该浴池水温控制器无须制作印制电路板，装配起来比较简单：首先，将电接点玻璃水银温度计 WXG1、WXG2 和电磁阀 YV 除外的其余元器件全部固定安装在一个体积合适的绝缘小盒内。为了防止交流参数固态继电器 PSSR 的接线头相互间发生碰头短路故障，应给接头处套上合适的绝缘管。然后，通过三根塑料外皮电线从盒内引出 WXG1、WXG2，通过双股塑料外皮电线从盒内引出电磁阀 YV。电接点玻璃水银温度计 WXG1、WXG2 应安装在浴池中既远离蒸汽管口又能够良好反映平均水温的地方，并且用铁丝网罩住，以防损坏。电磁阀 YV 串入蒸汽管道回路即可。

制作时注意：为了防止交流参数固态继电器 PSSR 因过热而损坏，应为其加装上一定尺寸的铝散热板。由于交流参数固态继电器 PSSR 的第 1 脚灵敏度很高，不用悬空时很容易受到外界感应信号的干扰，故制作时可将此脚与公共端第 4 脚短接起来，以获得良好的稳定性。

装配成的浴池水温控制器，只要元器件质量有保证、接线无误，通上 220V 交流电后便可良好工作。通过调节电接点玻璃水银温度计 WXG1 顶端的活动螺母，可使 WXG1 的控制温度指定到欲限定的最低水温数值（一般为 37℃）上；通过调节电接点玻璃水银温度计 WXG2 顶端的活动螺母，可使 WXG2 的控制温度指定到欲限定的最高水温数值（一般为 40℃）上。这样，浴池水温便始终自动保持在理想的 37 ～ 40℃。

4.8 喷泉自动控制器

喷泉是现代都市生活中颇受人们喜爱的一种公众场所美化娱乐设备。目前许多城市的街心花园、游乐场、文化宫、宾馆及一些学校、单位等处，都有各具特色的喷泉点缀其间，成为引人注目的一景。除大型喷泉为声光变幻式外，绝大多数喷泉为间歇式定时喷溅，以节约用水和用电。这样，便经常出现喷溅时无人观赏，而有人观赏时又不喷溅的现象，既煞风景，又白白浪费水电。

如果采用下面介绍的喷泉自动控制器来控制这种喷泉，则当有人走近喷泉时，喷泉会立即自动喷溅；而当人离开喷泉时，经短暂延时，喷泉会自动停止工作，从而有效地解决了上述不足之处。

4.8.1 工作原理

喷泉自动控制器的电路如图 4-19 所示（为便于说明原理，绘出了被控水泵电机 M）。微波探测器 A1 和晶体三极管 VT 等组成了人体探测触发电路，“555”时基集成电路 A2 和电阻器 R3、电容器 C1 等构成了单稳态延时电路；电源变压器 T、晶体二极管 VD2、VD3 和电容器 C3 等构成了隔离降压整流滤波电路，向控制电路提供所需的直流电源；电磁继电器 K 为执行机构，由其常开触点 K_H 直接控制水泵电动机 M 的电源通断。

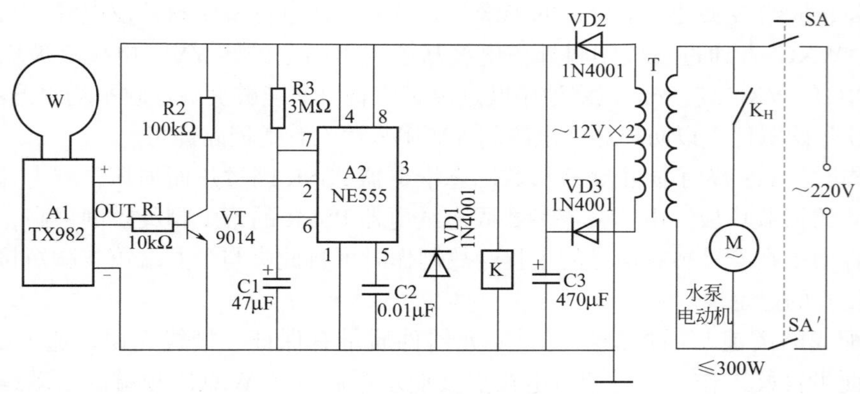

图 4-19　喷泉自动控制器电路图

平时，通电的微波探测器 A1 在其环状天线 W 的轴心方向产生一个椭圆形、半径 2 ～ 6m（可调）的空间微波探测场，构成了立体方位的探测区域。此状态下微波探测器 A1 的 OUT 端输出低电平，晶体三极管 VT 处于截止状态；由时基集成电路 A2 等构成的单稳态电路处于稳定态（也叫复位状态），时基集成电路 A2 的第 7 脚和第 1 脚之间所接内部放电管处于导通状态，电容器 C1 两端被短路无法充电，时基集成电路 A2 的第 3 脚输出低电平，电磁继电器 K 不吸合，其常开触点 KH 打开，水泵电动机 M 断电不工作，喷泉不喷溅。

当有人走近喷泉时，会对微波探测器 A1 的环状天线 W 所发射出的微波产生反射作用，其反射回波会使原波的场频频率（或相位）相应发生变化，这一变化信号经环状天线 W 接收和微波探测器 A1 内部专用微处理器一系列检出、放大、整形、延时处理后，从 OUT 端输出高电平脉冲信号。该高电平脉冲信号经限流电阻器 R1 加至晶体三极管 VT 的基极和发射极之间，使晶体三极管 VT 导通，由其集电极输出负脉冲电信号，触发时基集成电路 A2 等构成的单稳态电路立即翻转进入暂态。一方面，时基集成电路 A2 的第 3 脚输出高电平，电磁继电器 K 得电吸合，其常开触点 K_H 接通电机 M 的电源，使喷泉自动喷溅；另一方面，时基集成电路 A2 内部放电管截止，第 7 脚不再短路定时电容器 C1，电源便开始通过电阻器 R3 向电容器 C1 充电，使时基集成电路 A2 的阈值端第 6 脚电位不断升高。当电容器 C1 两端电压充到超过时基集成电路 A2 的第 5 脚电位时，单稳态电路结束暂态翻回稳态，时基集成电路 A2 的第 3 脚恢复低电平，电磁继电器 K 断电释放，其常开触点 KH 切断电机 M 的电源，从而使喷泉自动停止喷溅。与此同时，时基集成电路 A2 内部放电管再次导通，电容器 C1 通过时基集成电路 A2 的第 7 脚和第 1 脚放电，为下次受触发后延时工作做好准备。

电路中，单稳态电路的延时时间由电阻器 R3、电容器 C1 的时间常数确定，一般由公式 t=1.1R_3C_1 来估算，采用图中数值约为 2.5min。延时时间应根据喷泉实际所处的环境情况来合理选择。延时时间选择过长，喷泉在人离开后长时间工作，白白浪费水电；延时时间过短，在人未离去时喷泉电机频繁启动，会缩短电磁继电器 K 和电机 M 的使用寿命。

4.8.2 元器件选择

A1 选用国产 TX982 型微波探测器（也叫雷达探测模块、人体探测器），它包含了环状天线 W 和微波发射与接收、信号放大与识别等电路，能够以非接触形式探测出周围一定距离内的运动人体或物体，并转换成高电平信号输出。由于 TX982 内部采用了专门的微处理集成电路，并应用了先进的模糊检测电子技术与数字化功能处理方式，因此具有探测灵敏度高、作用范围大、抗干扰性强、可靠性能好、安装使用简便等优点，可广泛应用于各种自动检测、自动报警和自动控制产品中。

TX982 的外形和引线功能如图 4-20 所示。该器件系模块化产品，全部电路焊装在尺寸约为 46.5mm×32mm×17mm（不包括安装支架）的塑料小盒内。盒顶部安装有 ϕ90mm 的微型环状天线；盒底部安装有塑料固定架；盒侧面设有一个红色发光二极管和一个灵敏度调节孔。红色发光二极管用来指示 TX982 的工作状态（平时熄灭，通电初始化和探测到移动人体、物体时发光）。灵敏度调节孔用来调节探测距离，顺时针调探测距离变近；逆时针调探测距离变远。TX982 共有三根外接线，通过长约 1.2m 的双芯屏蔽线引出，其红线接电源正极，网线接电源负极，白线为信号输出端（OUT）。白线静态时输出低电平，探测到移动人体或物体时输出高电平。实际应用时，如模块引出线太短，可用相同的双芯屏蔽线进行加长。

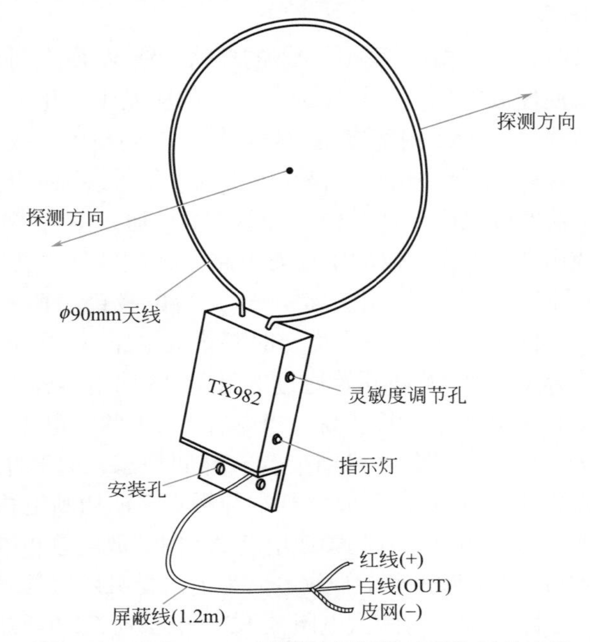

图 4-20　国产 TX982 型微波探测器外形和引线功能

TX982 的主要参数：工作电压范围 12 ～ 15V，静态守候电流 5mA 左右；初次加电时延迟开启时间（即锁闭时间）60 ～ 90s，监控距离在 2 ～ 6m 之间连续可调；触发输出时间≥ 5s（厂家可根据用户要求定制不同的时间），输出形式为电压方式，有输出时电压≥ 7V；工作温度范围 -25 ～ 45℃。

A2 选用 NE555 或 SL555、LM555、5G1555 等型号时基集成电路，其引脚功能及排列参见图 1-27，性能和参数见相关文字介绍。晶体管 VT 用 9014（集电极最大允许电流 I_{CM}=0.1A，集电极最大允许功耗 P_{CM}=310mW）或 3DG8 型硅 NPN 小功率三极管，要求电流放大系数 $\beta > 50$。VD1 ～ VD3 均用 1N4001 或 1N4004 型硅整流二极管。

R1 ～ R3 均用 RTX-1/8W 型碳膜电阻器。C1、C3 均用 CD11-25V 型电解电容器；C2 用 CT1 型瓷介电容器。K 用 JZC-22FA/012-1Z 型超小型中功率电磁继电器，要求选用触点负荷为 250V×7A（交流）的产品，以获得比较强的带负载能力；该继电器外形尺寸仅为 22.5mm×16.5mm×16.5mm，可直接焊在印制电路板上。T 用 220V/12V×2.3W 小型成品电源变压器，要求长时间通电运行不过热。SA（包括 SA′）用电气设备常用的闸刀开关即可。

4.8.3 制作与使用

图 4-21 为该喷泉自动控制器的印制电路板接线图。印制电路板最好采用环氧基质铜箔板制作，实际尺寸约为 55mm×35mm。印制电路板也可直接采用相同大小的单孔“洞洞板”，并充分利用元器件引脚飞线连接，以省去加工专用印制电路板的麻烦。

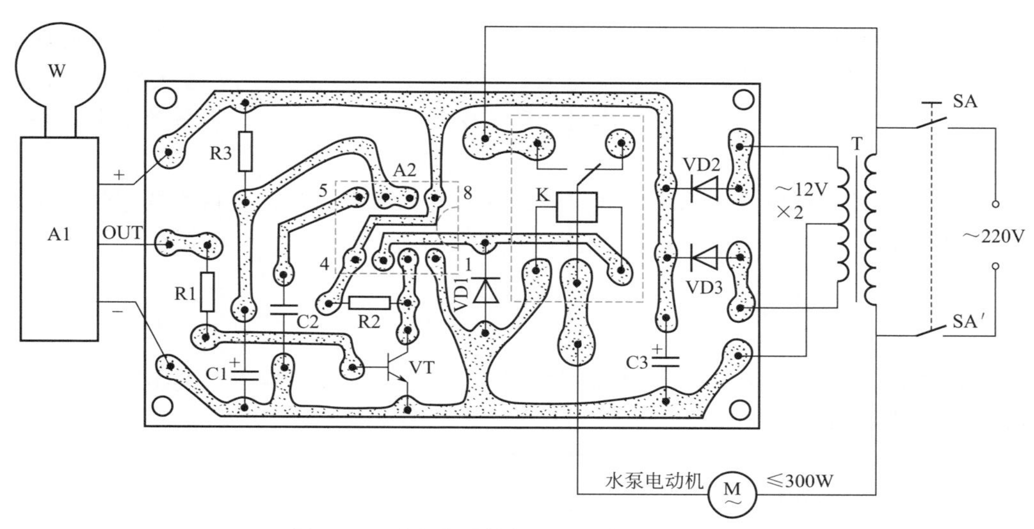

图 4-21 喷泉自动控制器印制电路板接线图

焊接好的电路板连同电源变压器 T 一块装入体积合适的绝缘小盒内。盒侧面开出小孔，通过微波探测器 A1 自带的 1.2m 长双芯屏蔽线（不够可用同样的线加长）引出微波探测器，通过普通双股电线分别引出电动机 M 的接线和交流 220V 电源开关 SA（包括 SA′）的接线。由于电动机 M 的功率比较大，因此从电磁继电器 K 引出来的交流电控制线和交流供电接线均要用一定粗度的铜芯线。

实际安装时，将电路盒固定在喷泉水泵电动机 M 附近，微波探测器 A1 则固定在能够良好探测到观看喷泉人体的位置处。由于环状天线 W 的轴心方向监测能力较强，因此应尽量使轴心指向被监控区域；必要时可摆动天线（仅作微调操作）调整监测方向及角度。天线环平面要求远离大的金属体 50mm 以上，以免造成接收回波的灵敏度严重变差；天线还要远离各种自动、风动物体等，以免造成喷泉的误工作。

实际应用时，用小螺钉旋具细调微波探测器 A1 侧面的灵敏度微调电位器，即可获得合适的人体探测灵敏度。如果对喷泉每次延时工作的时间不满意，可通过适当增减电阻器 R3 阻值或电容器 C1 容量来加以调整。如果水泵电动机 M 的功率超过 300W，或者电动机 M 采用的是三相交流电机，则应通过合适的交流接触器去间接控制电动机（即图 4-21 中电动机 M 的位置接交流接触器，接触器常开触点串入单相或三相电机电源回路）。

4.9 插“匙”取电器

这里介绍一种线路新颖简单、工作稳定可靠的插“匙”取电器（也称“节能保安开关”），它能够同步控制房间内所有电器的电源通断，可广泛应用于各大宾馆、饭店、招待所的客房间，亦可用于易燃品库房、图书室、实验室等场所，在节约用电、安全用电方面发挥出独到作用。

该装置的另一个特点是采用单线进出，即只有两根引出线，室内安装布线简单，具有普遍推广价值。

4.9.1 工作原理

插“匙”取电器的电路如图 4-22 虚线左边所示，右边是为便于说明原理而绘出的被控电器接线图。

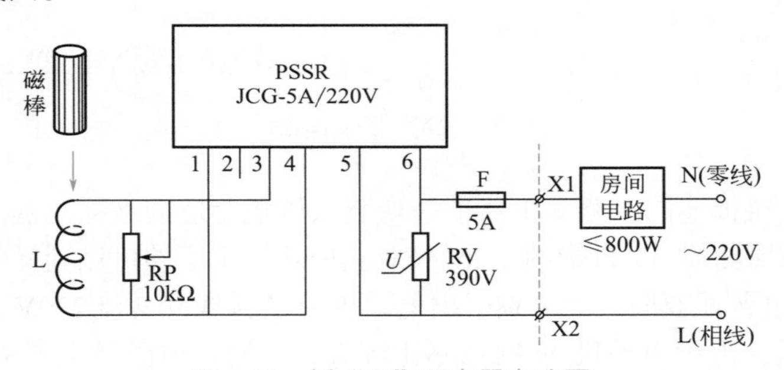

图 4-22 插“匙”取电器电路图

电路的核心器件是一个交流参数固态继电器 PSSR，它是一种六端固体器件，外形和引脚排列参见图 4-18。该器件是在普通固态继电器基础上由我国自行研制成功的一种新型固态继电器，它能接受正功率驱动、零功率驱动、负功率驱动等多种电参量的控制，因而比一般的固态继电器有着更加广泛的用途。器件各引脚功能及参数：第 1 脚为正功率（有源）驱动端，驱动电压（直流）1 ～ 100V，驱动电流 2 ～ 500μA。第 2、3 脚分别为高无源电阻驱动端和低无源阻抗驱动端，由于这两种驱动方式都不需要向控制端注入功率，因此统称为零功率驱动端。第 2 脚门限电阻为 10 ～ 100kΩ，第 3 脚门限阻抗值（包括纯电阻、纯电感、纯电容）为 0.5 ～ 10kΩ。第 2 脚有一个 3V 直流电压输出，功率为 0.1 ～ 0.6mW，还可向外接微功耗电路供电，实现负功率驱动。第 4 脚为公共控制端。第 5、6 脚为交流输出端，额定电压 220V，通态压降≤ 3V。该器件通断时间 1 ～ 10ms，控制端与输出端间绝缘电阻≥ 100MΩ。

本制作应用了参数固态继电器PSSR的第3、4脚对第5、6脚的无源驱动功能，其典型控制特性如图4-23所示。从图中可以看出，当第3、4脚外接的无源阻抗型（包括纯电阻、纯电感、纯电容）敏感元件阻值小于Z_0（器件驱动门限值，常在1～2kΩ之间）时，输出开关端端电压$U_{5、6}$等于电源电压，相当于输出开关断开；当外接电阻阻值大于Z_0时，输出开关端压降$U_{5、6}$接近零，相当于输出开关接通。

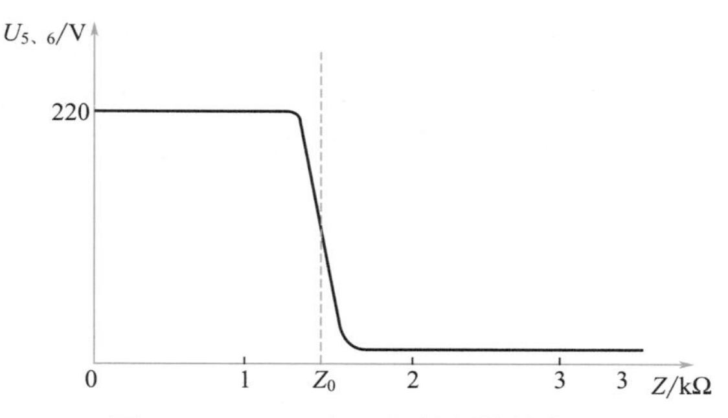

图4-23　PSSR低无源控制特性曲线

在图4-22电路中，参数固态继电器PSSR的第3、4脚所接敏感元件为一空心线圈L，平时，空心线圈L的电感量较小，因而其感抗也较小，并远小于参数固态继电器PSSR的低无源阻抗驱动门限值Z_0，这时参数固态继电器PSSR的第5、6脚间阻断，房间内所有电器处于断电状态。当有人将作为钥匙的磁棒插入空心线圈L时，空心线圈L的电感量大增，其感抗也随之增大，并超过参数固态继电器PSSR的门限值Z_0，于是参数固态继电器PSSR的第5、6脚间导通，自动向房间内各用电器供电。

电路中，微调电位器RP用来调节参数固态继电器PSSR的门限值Z_0，其阻值大小决定插“匙”取电动作灵敏度。RV为压敏电阻器，其作用是保护参数固态继电器PSSR输出开关端不受过电压的冲击。F为快速熔断器，它能在用电器不慎发生短路故障时，保护参数固态继电器PSSR不被损坏。由于参数固态继电器PSSR第1脚的灵敏度很高，悬空不用时很容易受到外界感应信号的干扰，故这里将此脚与公共端第4脚短接。

4.9.2　元器件选择

PSSR选用我国自主开发研制的JCG-5A/220V型参数固态继电器。VR用MYG391型氧化锌压敏电阻器，要求峰值电流≥100A。RP用国产WS30型（ϕ8.6mm×10.3mm）小型立式有机实心微调电位器，标称阻值为10kΩ（常标注成103字样），亦可用其他普通小型微调电位器来代替。

空心线圈L需自制，可在ϕ15mm×35mm的硬塑料管上用ϕ0.4mm左右的漆包线密平绕50～80匝而成。磁棒“钥匙”用收音机里常用的中波圆磁棒加工而成，截取尺寸约为ϕ10mm×40mm；将磁棒封装在合适的塑料管内，尾端系上房间门锁钥匙或

"住房卡"，以便加强管理。

X1、X2用电工常用的双线胶木（或瓷质）接线端子。F用额定电流为5A的RS型快速熔断器，要求配带专供在电路板上焊装的金属座夹。

4.9.3 制作与使用

图4-24为该插"匙"取电器的印制电路板接线图。印制电路板最好采用环氧基质铜箔板制作，实际尺寸约为40mm×35mm。印制电路板也可直接采用相同大小的环氧基质单孔"洞洞板"，并充分利用元器件引脚飞线连接，以省去加工专用印制电路板的麻烦。

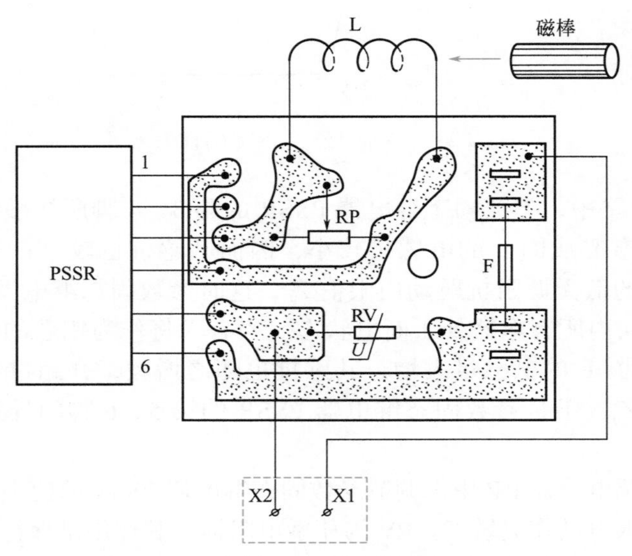

图4-24　插"匙"取电器印制电路板接线图

焊接好的电路板装入体积合适的绝缘小盒内，盒面板开出插入磁棒"钥匙"的小圆孔。注意：参数固态继电器PSSR在满负载（800W）使用时，应加装足够的散热器，要求散热器表面温度最好不超过50℃。焊装好的取电器可安装在房间内靠近门口的地方，其接线端子X1、X2的两根外引线不分顺序串入房间220V交流电源进入线的相线（火线）一侧回路。

电路调试很简单：将磁棒"钥匙"插入空心线圈L内，调节微调电位器RP使室内开关已闭合的电灯可靠点亮即可。为了增加电路可靠性，调整完后还可用固定电阻器（如RTX-1/8W型）代替微调电位器RP。

该插"匙"取电器用于宾馆的客房间时，由于取电器的"钥匙"与客人"住房卡"联系在一起，客人进房取电，人离房带卡时自动拔"钥匙"断电，故对客人住房不会带来太多麻烦或不便。经实际使用，证明效果良好。

4.10 单按钮控制电动机启停装置

这里介绍一种安全型低压单按钮控制电动机启停装置，它能很方便地实现电动机的低压安全单按钮控制、远距离控制和多地控制，可广泛应用于工农业生产中。

4.10.1 工作原理

单按钮控制电动机启停装置的电路如图4-25所示。PSSR为新型交流参数固态继电器，这里利用了其无源零功率驱动功能（无须向控制端第2、4脚注入功率）和良好的电隔离特性。K1、K2为交流电磁继电器，KM为交流接触器。M为被控电动机。

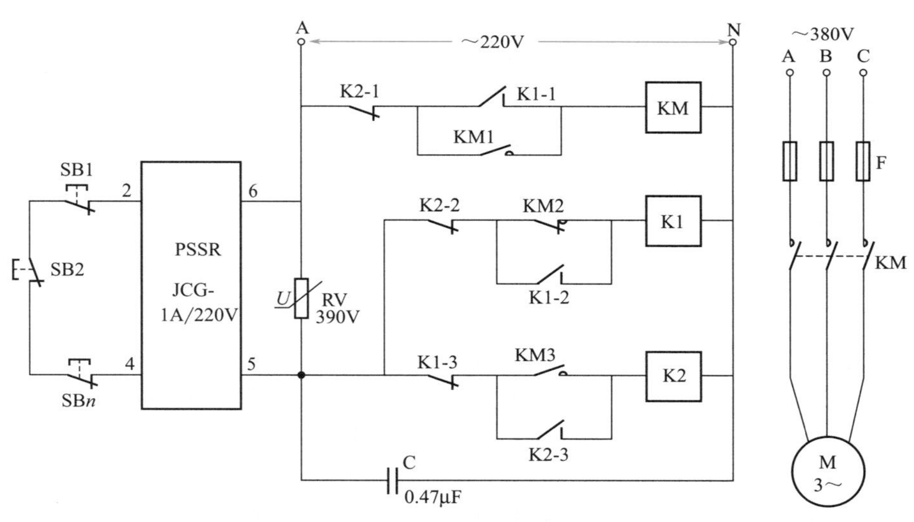

图4-25 单按钮控制电动机启停装置电路图

启动电动机时，按下按钮开关SB1（或SB*n*），交流参数固态继电器PSSR的零功率驱动端第2、4脚间断开，其交流输出端第5、6脚之间导通，交流电磁继电器K1通电吸合。交流电磁继电器K1吸合后，其常开触点K1-1闭合，交流接触器KM线圈通电，交流接触器KM的常开主触点接通电动机M电源，使电动机M启动运转。交流接触器KM的常开辅助触点KM1、KM3闭合，常闭辅助触点KM2断开。这时，交流电磁继电器K2的线圈因交流电磁继电器K1的常闭触点K1-3已断开而不能通电。所以交流电磁继电器K2不能吸合。手松开按钮开关后，因为交流接触器的常开辅助触点KM1已闭合自锁，所以交流接触器KM仍吸合，电动机继续运转。但这时交流电磁继电器K1因按钮开关SB1（或SB*n*）松开、交流参数固态继电器PSSR输出端第5、

6 脚之间断开而断电释放，其常闭触点 K1-3 复位，为下次启动交流电磁继电器 K2 做好准备。

当电动机需要停转时，第二次按下按钮开关 SB1（或 SBn），因为交流电磁继电器 K1 的线圈通路被接触器常闭辅助触点 KM2 切断，所以交流电磁继电器 K1 不会吸合，而交流电磁继电器 K2 因线圈通电吸合。交流电磁继电器 K2 吸合后，其常闭触点 K2-1 断开，切断交流接触器 KM 的线圈电源，交流接触器 KM 释放，电动机 M 断电停转。同时，交流电磁继电器 K2 的常闭触点 K2-2 切断交流电磁继电器 K1 的线圈通路，使交流电磁继电器 K1 在交流接触器 KM 辅助触点 KM2 复位后仍不能通电吸合。手松开按钮开关后，交流电磁继电器 K2 释放，电路恢复初始状态。

当第三次按下按钮开关 SB1（或 SBn）时，重复上述启动时的动作。可见，当按钮开关 SB1（或 SBn）按下奇数次时，电动机启动运转；而当按钮开关 SB1（或 SBn）按下偶数次时，电动机则停止运转。

进一步分析电路可知：只有当按钮开关 SB1（或 SBn）按下时，交流电磁继电器 K1 或 K2 才通电，而电动机正常运转或停转时，交流电磁继电器 K1、K2 均呈断电状态，可有效避免电力浪费。由于交流参数固态继电器 PSSR 控制端与输出端之间绝缘电阻高达 100MΩ，故按钮开关与交流电源之间有良好的绝缘性，按钮开关具有低电压（PSSR 的第 2、4 脚间输出电压约 3V）、无火花、安全等控制特性。

如果延长交流参数固态继电器 PSSR 与按钮开关之间的两根导线，则可实现远距离控制电动机的目的。如果在按钮开关回路中串联 n 个（n 为自然数）相同的按钮开关，则可很方便地实现电动机的多地控制。

4.10.2 元器件选择

PSSR 选用国产 JCG-1A/220V 型交流参数固态继电器，它能接受正功率驱动、零功率驱动、负功率驱动等多种电参量的控制，因而比一般的固态继电器有着更加广泛的用途。JCG-1A/220V 型参数固态继电器的外形和引脚排列、电参数和特性等详见图 4-18 及其相关文字部分介绍。

RV 用 MYG-391K 型氧化锌压敏电阻器，要求峰值电流≥ 100A，其作用是使交流参数固态继电器 PSSR 的输出开关端不受过电压的冲击。C 为校正电容器，用来防止交流参数固态继电器 PSSR 的第 5、6 脚间漏电流（一般＜ 2mA）对交流电磁继电器 K1、K2 造成的失控，也可用一个 27kΩ、2W 的分流电阻器来代替。

K1、K2 选用工作电压是交流 220V 的电磁继电器；KM 选用交流接触器，其触点容量根据所控电动机功率大小来确定。SB1 ～ SBn 采用普通常闭型按钮开关。

4.10.3 制作与使用

该装置无须制作印制电路板，装配起来比较简单：首先，将按钮开关 SB1 ～ SBn 之外的其余元器件全部固定安装在被控电动机的配电箱内。为了防止交流参数固态继电器 PSSR 的接线头相互间发生碰头短路故障，应给接头处套上合适的绝缘管。然后，从配电箱内交流参数固态继电器 PSSR 的第 2、4 脚引出双股塑皮电线，外接按钮开关 SB1 ～ SBn 即可。

制作时注意：为了防止交流参数固态继电器 PSSR 因过热而损坏，应为其加装上一定尺寸的铝散热板。由于交流参数固态继电器 PSSR 的第 1 脚灵敏度很高，不用悬空时很容易受到外界感应信号的干扰，故制作时可将此脚与公共端第 4 脚短接起来，以获得良好的稳定性。

本制作只要元器件质量有保证、接线无误，电路不用任何调试便可投入正常使用。

第 5 章
电气监测（控）类制作

本章介绍了 10 个涉及电气监测、监控的实用电子制作项目，通过选择制作，可很好地解决一些实际当中遇到的电气设备监测、监控问题。这些制作实例亦是读者在掌握了第 1 章“手把手教你学制作”入门制作技能后的延伸和提高，可根据需要选择并自行设计具体的制作步骤和流程等，充分发挥个人能动性开展“动手做”。通过动手制作并投入使用，读者很快会成为一名运用电子小作品来解决电工经常碰到的一些实际问题的“能工巧匠”！

5.1 交流电闪烁指示灯

在采用 220V 交流市电供电的各种仪器设备、家用电器上，安装（或改用）下面介绍的新颖交流电闪烁指示灯，不仅耗电少、寿命长，而且美观大方、非常引人注目。

该制作也是第 1 章中所介绍“LED 交流电源指示灯”的升级作品。

5.1.1 工作原理

交流电闪烁指示灯的电路如图 5-1 所示。这里利用晶体三极管 VT 在雪崩击穿状态下的负阻特性和电容器 C 的充、放电特性，巧妙地构成了一个弛张振荡器。

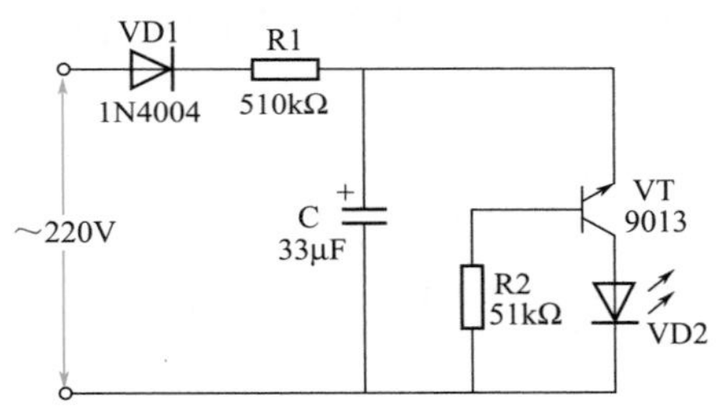

图 5-1　交流电闪烁指示灯电路图

接通电源，220V 交流电经晶体二极管 VD1 半波整流、电阻器 R1 限流后，对电容器 C 充电。当电容器 C 两端电压上升达到晶体三极管 VT 的雪崩电压（实测约 9V）时，晶体三极管 VT 突然呈雪崩击穿状态，电容器 C 通过晶体三极管 VT 快速放电，使得串入放电回路中的发光二极管 VD2 发光。放电结束后，晶体三极管 VT 恢复截止状态，发光二极管 VD2 熄灭，电容器 C 又开始充电并重复上述过程。于是，发光二极管 VD2 便发出动感强烈、醒目的闪烁光来。

电路中，晶体三极管 VT 由基极加入的同步信号来触发雪崩。由于限流电阻器 R1 取值较大，加之电容器 C 储存的电能有限，雪崩状态下通过晶体三极管 VT 的电流并不强大，因此不会造成晶体三极管 VT 的永久性击穿损坏。由于电路工作电流实测仅 0.17mA，故功耗很小。

5.1.2 元器件选择

晶体管 VT 选用饱和压降小一些的 9013（集电极最大允许电流 I_{CM}=0.5A，集电极最大允许功耗 P_{CM}=625mW）或 3DG12 型硅 NPN 三极管。VD1 选用 1N4004（最高反向工作电压 400V）或 1N4007（最高反向工作电压 1000V）型硅整流二极管；VD2 最好用高亮度发光二极管，形状、大小和颜色等根据需要确定。

R1、R2均用RTX-1/8W型碳膜电阻器，标称阻值分别为510kΩ和51kΩ。C用CD11-16V型电解电容器，标称容量为33μF。

5.1.3 制作与使用

图5-2是该交流电闪烁指示灯的印制电路板接线图。印制电路板实际尺寸仅为40mm×20mm，可用刀刻法在边角料上加工而成。

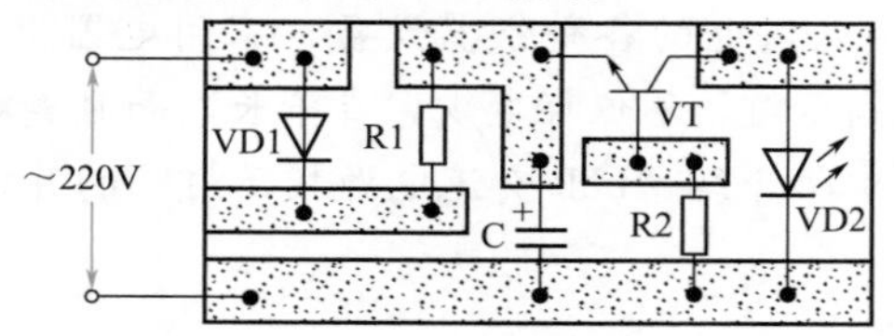

图5-2　交流电闪烁指示灯印制电路板接线图

焊接好的电路板既可用于改造带外罩的普通交流电指示灯，也可直接安装在各种仪器设备、家用电器上。通过适当改变电阻器R1的阻值或电容器C的容量，可达到调节发光二极管VD2闪光速度的目的。

5.2 220V电流指示灯

这里介绍的电流指示灯与直接并接在负载两端的电压指示灯相比较，更能准确地反映出负载的工作状态来。因为并接在负载两端的指示灯，在负载内部发生断路等故障时，不能够发出指示；而采用电流指示灯时，就能很好地解决这一问题。

5.2.1 工作原理

220V电流指示灯的电路如图5-3所示。它由新型负载传感器LSE和电灯H组成。LSE共有三个引出脚，其输入端第2脚接220V交流电源，主动负载输出端第1脚接负载，从动负载输出端第3脚接电灯H。

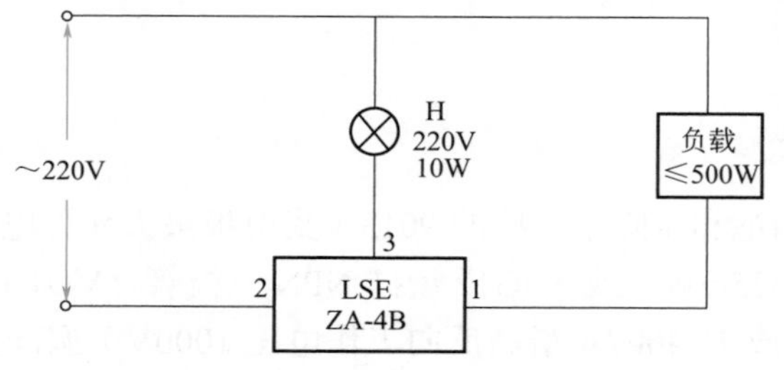

图5-3　220V电流指示灯电路图

当负载正常工作时，负载传感器 LSE 的第 1、2 脚之间有电流通过，第 2、3 脚之间呈通态，电灯 H 通电发光；一旦负载内部发生断路故障，LSE 的输出端第 1 脚失去主动负载，第 1、2 脚之间无电流通过，第 2、3 脚之间呈断态，电灯 H 断电熄灭。根据电灯 H 发光与否，便可直观、准确地反映出负载的工作状态来。

5.2.2 元器件选择

LSE 选用国产新型 ZA-4B 型（额定工作电流 3A，最高交流工作电压 450V）负载传感器，其外形尺寸和引脚排列如图 5-4 所示。该负载传感器（LOAD SENSOR，简称 LSE）是一种能够有效判别交流电路中是否接有负载，并利用有无负载的信息来控制其他负载工作的电路；它的最大特点是具有联动效应，其用途甚广，可应用在各种自动控制、节能、报警等领域，是一种很有发展前途的新型传感器件。

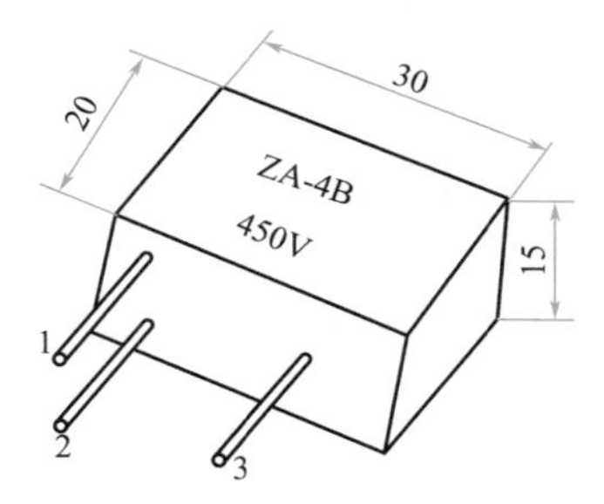

图 5-4　ZA-4B 型负载传感器外形和引脚排列

读者如果购买不到所需要的交流负载传感器，可按照图 5-5 所示的电路图和印制电路板图进行自制。具体制作时，VS 选用 BCR6AM-8（额定通态平均电流 I_T=6A，断态重复峰值电压 U_{DRM}、U_{RRM} ≥ 600V）型普通双向晶闸管。VD1 ～ VD4 均选用 1N5400（最大整流电流 3A，最高反向工作电压 50V）型普通硅整流二极管，R 用 RJ-1/4W 型金属膜电阻器。电路板宜取厚度 1mm 左右的基质单面铜箔板，实际尺寸约为 35mm×22mm。焊接好的印制电路板，可装入体积合适的塑料外壳之中。

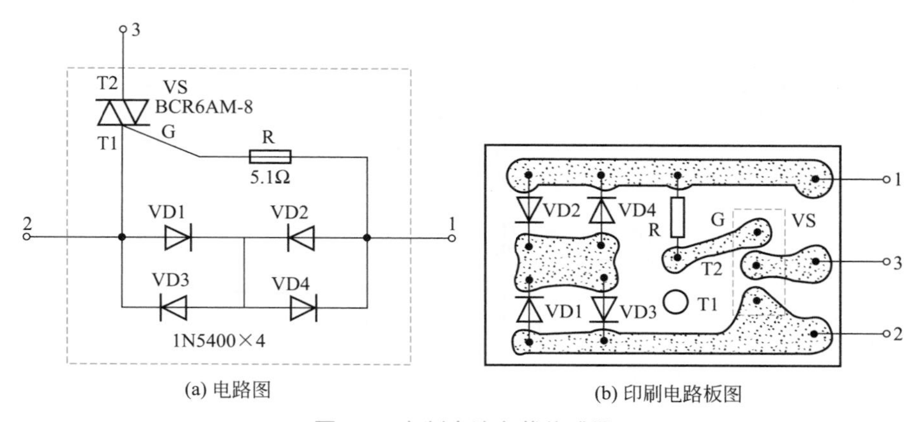

图 5-5　自制交流负载传感器

H 宜选用体积比较小的 220V、10W 钨丝灯泡（普通“迷你灯”常用），以方便安装。

5.2.3 制作与使用

由于整个电路只有两个元器件，因此没有必要制作印制电路板，装配起来比较简单。可将负载传感器 LSE 直接安装在电灯 H 的灯座腔内，制成“一体化”交流 220V 电流指示灯。也可直接将电路安装在需监视工作情况的电气设备上。

只要电路元器件质量有保证、接线无误，一般无须任何调试便可投入使用。

5.3 交流供电监视器

本装置集交流电指示灯和断电告警器于一体，适合用于监视不间断供电的各种电气设备。一旦电网停电或熔丝被熔断，它会发出长达 1min 的音乐声，以提醒人们采取相应措施。

5.3.1 工作原理

交流供电监视器的电路如图 5-6 所示。当市电供电时，220V 交流电经电阻器 R1 降压限流、晶体二极管 VD2 半波整流、稳压二极管 VD3 限压和电容器 C1 滤波后，在电容器 C1 两端输出约 3.6V 的直流电压。该电压一边经电阻器 R2 向晶体三极管 VT 提供偏压，使晶体三极管 VT 导通；一边经隔离二极管 VD4 向储能电容器 C2 充电，最终使电容器 C2 两端充电电压达到 3V 左右。由于音乐集成电路 A 的触发端 TG 处于低电平，故音乐集成电路 A 的内部电路不工作，压电陶瓷片 B 无声。此时，串入电源回路中的发光二极管 VD1 发光，指示电网供电正常。

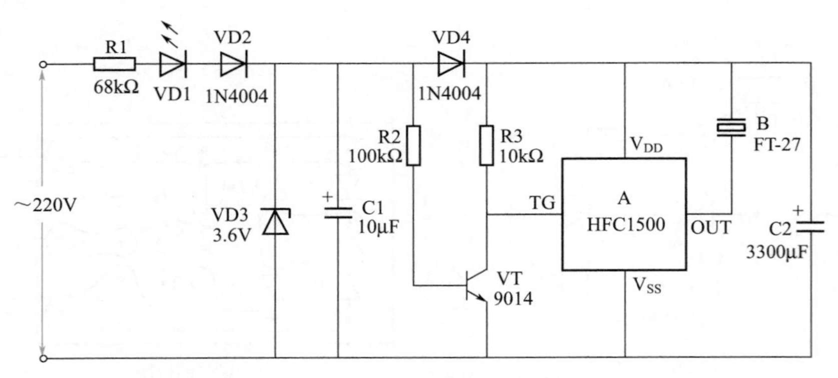

图 5-6　交流供电监视器电路图

一旦 220V 市电消失，发光二极管 VD1 即会马上熄灭；同时，晶体三极管 VT 因失去偏压而截止，音乐集成电路 A 的 TG 端经电阻器 R3 获得高电平触发信号，电容器 C2 所储电能作为音乐集成电路 A 的工作电源，使压电陶瓷片 B 发出音乐报警信号。经过一段时间（约 1min），电容器 C2 所储电能基本上用完，压电陶瓷片 B 即停止发声。

5.3.2 元器件选择

A 选用 HFC1500 系列音乐集成电路，具体品种（内储乐曲）可任意选择。这类音乐集成电路采用黑胶封装形式制作在一块尺寸仅为 24mm×14mm 的小印制电路板上（如图 5-8 左边所示），并给有焊接外围元器件的脚孔，使用很方便。HFC1500 的主要参数：工作电压范围 1.3 ～ 3.6V，触发电流≤ 40μA；当工作电压为 3V 时，实测输出电流≥ 2mA、静态总电流＜ 1μA；工作温度范围 0 ～ +70℃。

读者如果手头无 HFC1500 系列音乐集成电路，也可用外观和引脚功能完全相同的 KD-9300 系列或 KD-150 系列音乐集成电路芯片来直接代换。一般来讲：读者只要有音乐集成电路，不论型号、外形如何，只要分清楚电源正极（V_{DD} 端）、电源负极（V_{SS} 端）、高电平触发端 TG 和音频输出端（通常外接功率放大晶体三极管的基极），均可直接接入电路代替 HFC1500 系列音乐集成电路。

VT 用 9014（集电极最大允许电流 I_{CM}=100mA，集电极最大允许功耗 P_{CM}=310mW）或 3DG8 型硅 NPN 小功率三极管，要求电流放大系数 β ＞ 50。VD1 用 ϕ5mm 高亮度红色发光二极管；VD2、VD4 均用 1N4004 或 1N4007 型硅整流二极管；VD3 用 3.6V、0.25W 普通硅稳压二极管，如 1N4621、2CW51 型等。

B 采用 FT-27 或 HTD27A-1 型（ϕ27mm）压电陶瓷片，要求购买时配上专门的简易助声腔盖（也叫共振腔盖或共鸣腔盖），以增大发音量。这种带助声腔盖的压电陶瓷片构成和外形如图 5-7 所示。压电陶瓷片的结构是在金属基板上做有一压电陶瓷层，压电陶瓷层上有一镀银层。当通过金属基板和镀银层对压电陶瓷层施加音频电压时，由于压电效应，压电陶瓷片便发出声音来。组装时，先分别从压电陶瓷片的金属基板和镀银层上焊出两条引线。注意焊接时间不宜过长，以免烫裂压电陶瓷层。焊好引线后，将压电陶瓷片卡到助声腔盖上，注意镀银层朝里，其引线从助声腔盖旁的缺口中伸出。这样，压电陶瓷片与助声腔盖之间就形成了一个助声腔，使发出来的声音变得响亮。

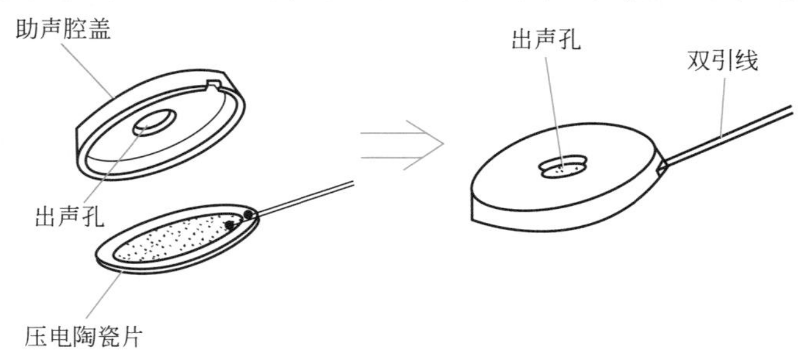

图 5-7　带助声腔盖的压电陶瓷片

R1 ～ R3 均用 RTX 型碳膜电阻器，除 R1 耗散功率为 1/2W 外，其余全部为 1/8W。C1、C2 均用 CD11-10V 型电解电容器。

5.3.3 制作与使用

图 5-8 是该交流供电监视器的印制电路板接线图，印制电路板实际尺寸仅为

55mm×30mm。压电陶瓷片 B 的引线可直接焊在音乐集成电路 A 的芯片上，音乐集成电路 A 芯片通过 3 根长约 6mm 的元件剪脚线插焊在电路板上。焊接时应注意：电烙铁外壳一定要良好接地，以免交流感应电压击穿音乐集成电路 A 内部的 CMOS 电路。

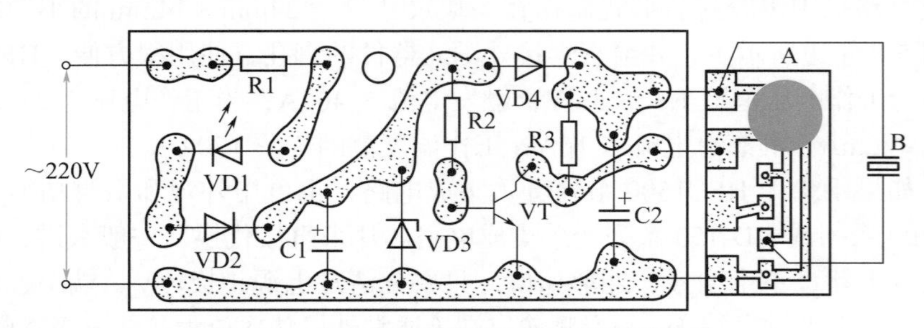

图 5-8　交流供电监视器印制电路板接线图

焊接好的电路板可装入一个带电源插头的绝缘小盒内，使用时只要将它插入 220V 市电电源插座即可，也可直接将电路板安装在需要监视供电情况的电气设备上。

适当增减电容器 C2 的容量，可改变压电陶瓷片 B 每次发声的时间长短。如果取消整流二极管 VD2，并适当选择限流电阻器 R1 阻值，还可用于 6V 以上直流电源的供电情况监视。

5.4 停电、来电报警器

在一些重要的工作场所，交流电网停电时应及时启动备用发电机供电；而电网恢复供电后，则希望能尽早停止备用发电机工作，以避免不必要的浪费。

这里介绍的停电、来电报警器，具有电网停电报警和来电报警两种功能，当交流电网供电状态发生变化时，它均会发出响亮的“叮－咚……”声，以通知工作人员采取相应的措施。该报警器电路简单、工作稳定可靠、静态时耗电极微，可广泛应用于工农业生产和科学实验中。

5.4.1 工作原理

停电、来电报警器的电路如图 5-9 所示，它由交流电检测和音响报警电路两大部分组成。拨动开关 SA1 为停电、来电报警功能选择开关，SA2 为音响报警器电源开关。

当功能选择开关 SA1 拨向位置“1”时，电路组成停电报警器。平时，图中左半部分的交流电检测电路通电工作，220V 交流电经晶体二极管 VD1 半波整流、电容器 C1 滤波后，得到约 300V 直流高压。此直流电一路经限流电阻器 R1，使作为有电指示灯的发光二极管 VD2 发光；另一路经限流电阻器 R2 送入光电耦合器 A1 的第 1 脚，使光电耦合器A1的内藏发光二极管点亮。此时，光电耦合器A1的内藏光敏三极管导通，其第5脚呈低电位，模拟声集成电路A2的触发端TG被光电耦合器A1接地，模拟声集成电路A2内部电路不工作，晶体三极管VT处于截止状态，扬声器B无声。一旦220V电网突然停电，电容器C1两端的300V检测电压即消失，作为有电指示灯的发光二极管VD2即熄灭，光电耦合器A1内藏发光二极管也随之熄灭，其对应光敏三极管截止，模拟声集成电路A2的触发端TG经电阻器R3从电池G的正端获得高电平信号，模拟声集成电路A2受触发从输出端OUT反复输出内储的“叮-咚”双音电信号，经晶体三极管VT功率放大后，驱动扬声器B发出电网停电报警声。这时，只有工作人员将功能选择开关SA1拨向位置“2”或断开电源开关SA2，报警声方可中止。

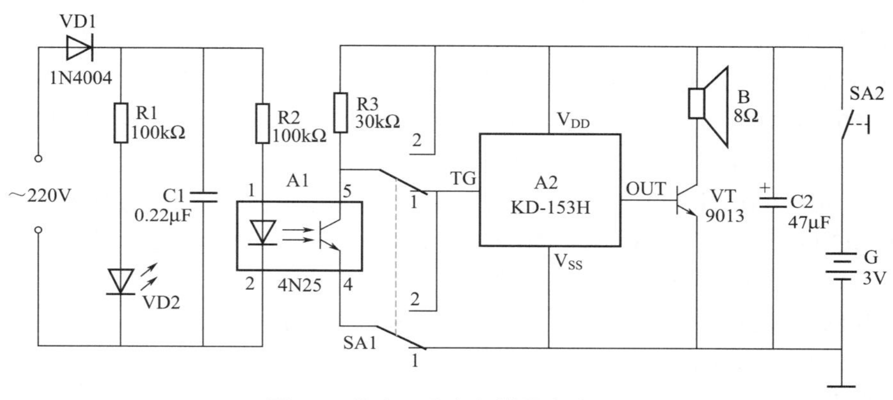

图5-9　停电、来电报警器电路图

当功能选择开关SA1拨向位置“2”时，电路组成来电报警器。在电网无电时，光电耦合器A1的内藏光敏三极管处于截止状态，模拟声集成电路A2的触发端TG呈低电平，报警器无声；一旦电网恢复供电，作为有电指示灯的发光二极管VD2将发光，光电耦合器A1的内藏光敏三极管亦由截止转为导通，模拟声集成电路A2的触发端TG通过光电耦合器A1的内藏光敏三极管从电池G的正极获得高电平触发信号，模拟声集成电路A2受触发工作，扬声器B即发出响亮的“叮-咚……”恢复供电报警声。这时，只有工作人员将功能选择开关SA1拨向位置“1”或断开电源开关SA2，才可解除报警声。

电路中，光电耦合器A1除用于传递交流电检测信号外，还使得交流电检测部分与音响报警电路在电气上互相隔离开来，以防止操作者在更换电池G时发生触电事故。C2是退耦电容器，在电池G的电能快用尽时，可有效避免因电池内阻增大而引起的电路自激振荡，从而相对延长了电池的使用寿命。

5.4.2　元器件选择

A1选用4N25型光电耦合器，它采用塑封双列直插形式，每边3脚共有6个引出脚；内藏一只发光二极管和一只光敏三极管，可很方便地实现“电-光-电”转换耦合，其外形和引脚功能示意图参见图4-13。

A2 选用 KD-153H 型“叮咚”双音调门铃专用模拟声集成电路。该集成电路用黑胶封装形式制作在一块尺寸仅为 24mm×12mm 的小印制电路板上（参见图 5-10），并给有外接功率放大三极管的焊接脚孔，使用很方便。KD-153H 的主要参数：工作电压范围 1.3 ～ 5V，触发电流≤ 40μA；当工作电压为 1.5V 时，实测输出电流≥ 2mA、静态总电流＜ 0.5μA；工作温度范围 -10 ～ 60℃。

读者如果手头无 KD-153H 型模拟声集成电路，也可用外观和引脚功能完全相同的 KD-9300 系列或 HFC1500 系列音乐集成电路芯片来直接代换。一般来讲：读者只要有音乐集成电路，不论型号、外形如何，只要分清楚电源正极（V_{DD} 端）、电源负极（V_{SS} 端）、高电平触发端 TG 和音频输出端 OUT（接功率放大晶体三极管的基极），均可直接接入电路代替 KD-153H 型模拟声集成电路。

晶体管 VT 选用 9013（集电极最大允许电流 I_{CM}=0.5A，集电极最大允许功耗 P_{CM}=625mW）或 3DG12、3DK4、3DX201 型硅 NPN 中功率三极管，要求电流放大系数 β ＞ 100。VD1 用 1N4004 或 1N4007、2CP24 型硅整流二极管；VD2 可用 BT-104 型（ϕ5mm）普通绿色发光二极管，如用高亮度发光二极管，则效果更佳。

R1 ～ R3 一律用 RTX-1/4W 型碳膜电阻器，其中：R1、R2 的标称阻值均为 100kΩ，R3 的标称阻值为 30kΩ。C1 用 CJ10-400V 型金属膜纸介电容器，标称容量为 0.22μF；C2 用 CD11-10V 型电解电容器，标称容量为 47μF。

B 用 8Ω、0.25W 小口径动圈式扬声器。SA1 用 KBB2×2 型拨动开关，亦可用 KND2-2×2 型船形开关；SA2 用普通单刀单掷开关。G 用两节 5 号干电池串联（配带塑料电池架）而成，电压 3V。

5.4.3 制作与使用

图 5-10 为该停电、来电报警器的印制电路板接线图。印制电路板实际尺寸约为 50mm×30mm。印制电路板也可直接采用相同大小的单孔“洞洞板”，并充分利用元器件引脚飞线连接，以省去加工专用印制电路板的麻烦。

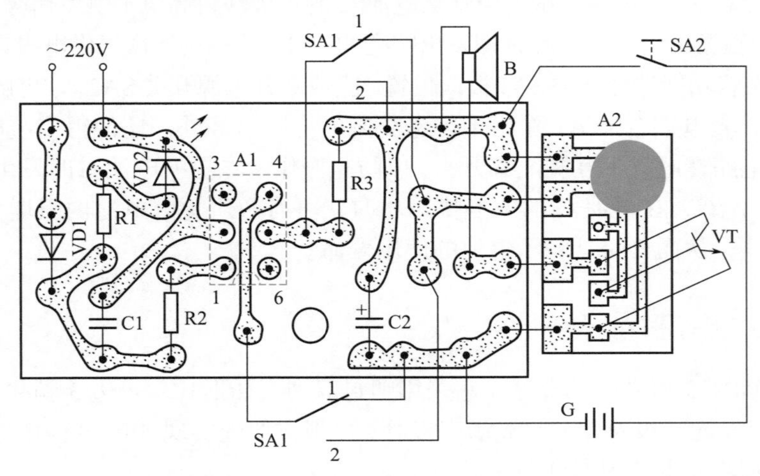

图 5-10　停电、来电报警器印制电路板接线图

焊接时注意：晶体三极管VT直接插焊在模拟声集成电路A2的芯片上，而模拟声集成电路A2芯片则通过4根长约7mm的元器件剪脚线插焊在电路板上；电烙铁外壳一定要良好接大地，以免交流感应电压击穿模拟声集成电路A2内部的CMOS电路。

整个电路可全部装入一个体积合适的绝缘小盒内，并注意在面板为扬声器B开出释音孔，为功能选择开关SA1、电源开关SA2分别开出安装固定孔；从盒内电路板上引出来的市电输入接线，必要时可在线头接上普通的交流二极电源插头，以方便使用。整个报警电路也可作为某些电气设备的辅设电路，而直接安装在电气设备上。

装配成的停电、来电报警器，只要元器件质量有保证、焊接无差错，电路无须任何调试就能正常工作。如果发光二极管VD2发光、且功能选择开关SA1拨至位置“1”时，扬声器B仍发声，一般大多是检测电路部分滤波不良所致，即流入光电耦合器A1的电流伴随有交流成分。因此输出端第5脚电位有50Hz波动，而不是电路所要求的低电位。这时应检查电容器C1是否完好，必要时可将电容器C1换成0.47μF、400V的电容器，以增强滤波效果，直至扬声器B停止发声。

使用时，选好功能开关SA1位置，闭合电源开关SA2即可。由于功能开关SA1拨向位置“1”时，报警电路实测静态耗电＜35μA，功能开关SA1拨向位置“2”时实测静态耗电＜5μA，报警时静态耗电不超过120mA，故使用干电池很节省。

5.5 市电电压双向超限报警器

当电网电压波动太大，超出所允许的极限值时，会造成电子、电气设备的损坏。这里介绍的报警器能够在市电电压高于或低于限定的某范围时，均发出声、光两种信号，提醒人们及时采取相应措施，保障用电设备正常运行及免遭损坏。由于监视电压在一定范围内可连续调节，因此使用起来很方便。

5.5.1 工作原理

市电电压双向超限报警器的电路如图5-11所示。220V交流电经电源变压器T降压、晶体二极管VD1～VD4桥式整流和电容器C滤波后，输出约10V的直流电压。该电压一方面作为市电波动取样电压，通过微调电位器RP1及RP2后，分别加到三端集成电压检测器A1和A2的输入端；另一方面又作为声、光报警电路的工作电压。发光二极管VD5为报警电路通电指示灯，VD6为欠压指示灯，VD7为过压指示灯，HA为过、欠压共用电子音源器件。

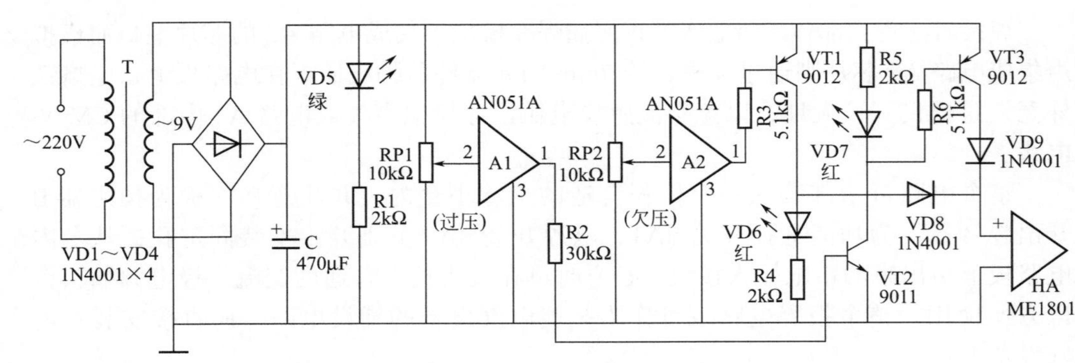

图 5-11　市电电压双向超限报警器电路图

平时市电电压正常时，电压检测器 A1 的第 2 脚电压低于它的检测电压 4.75V，其输出端第 1 脚处于低电平，晶体三极管 VT2 截止，发光二极管 VD7 不发光；同理，电压检测器 A2 的第 3 脚电压高于它的检测电压 4.75V，其输出端第 1 脚处于高电平，晶体三极管 VT1 截止，发光二极管 VD6 亦不发光。此状态下，由于晶体三极管 VT3 截止、晶体二极管 VD8 和 VD9 均无电流通过，故电子音源器件 HA 无电不发声。

当市电电压波动时，电容器 C 输出电压随之变化。如果电压偏高（过压），电压检测器 A1 的输入电压就会超过它的检测电压 4.75V，从而使其输出由低电平变为高电平，晶体三极管 VT2 导通，发光二极管 VD7 通电发光，晶体三极管 VT3 亦导通，电子音源器件 HA 得电发声；如果市电电压偏低（欠压），虽然电压检测器 A1 的输出没有变化，但电压检测器 A2 的输入端电压却降低到它的检测电压 4.75V 以下，其输出变为低电平，晶体三极管 VT1 导通，发光二极管 VD6 通电发光，电子音源器件 HA 经隔离二极管 VD8 得电亦发声。

5.5.2　元器件选择

A1、A2 均采用新型微功耗（＜ 3μA）三端集成电压检测器，型号 AN051A，要求检测电压值为 4.75V。AN051A 的封装、引脚排布及内部结构示意如图 5-12 所示，其内部电路很简单，电路分析时可等效成一个电压比较器。

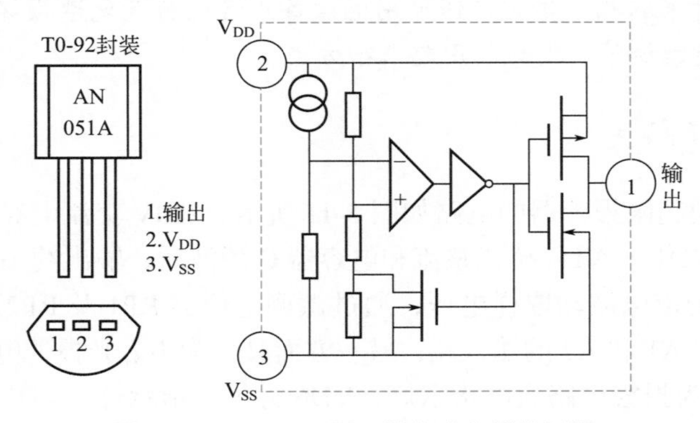

图 5-12　AN051A 型三端集成电压检测器

HA 宜用 ME1800 系列电子音源器件中能够发出模拟双音频铃声的两针式产品，其型号为 ME1801。ME1800 系列电子音源器件集音响源与微型扬声器于一体，具有结构简单、工作可靠、使用方便等特点；它可作为音源广泛应用于各种报警、报信装置和电子玩具等，可省去扬声器及部分电子电路，从而简化电路结构、降低制作成本。

ME1800 系列电子音源器件分两针式和三线式两种引出结构，其外形结构及尺寸如图 5-13 所示。两针式封装中的长针脚为正极，短针脚为负极；三线式封装中的红色脚为正极，黑色脚为负极，黄色脚为控制极。控制极功能全部采用正电平触发，接正电平后即可连续发声。

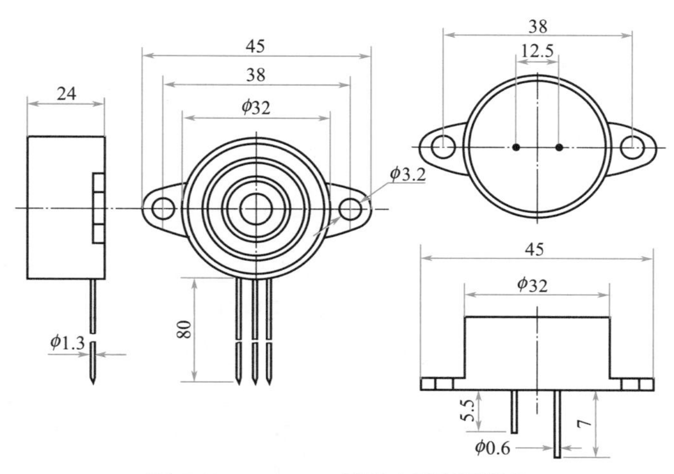

图 5-13　ME1800 系列电子音源器件

ME1800 系列产品的主要电声参数为：直流工作电压范围 6 ～ 18V，工作电流 ≤ 120mA；当工作电压为 12V 时，在电子音源器件的正前方 10cm 处测得声响度达 80dB；工作温度范围 -20 ～ 70℃，存储温度范围 -30 ～ 80℃，质量约 17g。目前 ME1800 系列电子音源器件共有 26 个品种，其型号（两针式和三线式型号相同）及对应音响内容如表 5-1 所列。

表 5-1　ME1800 系列电子音源器件型号及发声内容

型号	发声内容	型号	发声内容
ME1801	双音频铃声	ME1808	《世上只有妈妈好》曲
ME1802	消防车声	ME1809	《洪湖水浪打浪》曲
ME1803	寻呼机声	ME18010	《渴望》曲
ME1804	间断二声	ME18011	《十五的月亮》曲
ME1805	间断一声	ME18012	《兰花草》曲
ME1806	连续声	ME18013	“叮咚”门铃声
ME1807	《祝你生日快乐》曲		

晶体管 VT1、VT3 均用 9012（集电极最大允许电流 I_{CM}=-0.5A，集电极最大允许功耗 P_{CM}=625mW）或 3CG23 型硅 PNP 中功率三极管，要求电流放大系数 β > 100；VT2 用 9011（I_{CM}=30mA，P_{CM}=200mW）或 3DG6、3DG201 型硅 NPN 小功率三极管，要求 β > 50。VD1 ～ VD4、VD8、VD9 均用 1N4001 或 1N4004、1N4007 型硅整流二极管；VD5 用 BT-104 型普通绿色发光二极管；VD6、VD7 用 BT-204 型普通红色发光二极管。

RP1 和 RP2 均用 WS-2 型、标称阻值为 10kΩ 的自锁式有机实芯微调电位器。R1 ～ R6 一律用 RTX-1/4W 型碳膜电阻器，其中：R1、R4、R5 的标称阻值均为 2kΩ；R2 的标称阻值为 30kΩ；R3、R6 的标称阻值为 5.1kΩ。C 用 CD11-16V 型电解电容器，标称容量为 470μF。

T 用市售输入电压 220V、输出电压 9V、额定输出功率 3W 的小型优质成品电源变压器，要求长时间运行不过热。

5.5.3 制作与使用

图 5-14 为该市电电压双向超限报警器的印制电路板接线图。印制电路板实际尺寸约为 70mm×35mm。印制电路板也可直接采用相同大小的单孔“洞洞板”，并充分利用元器件引脚飞线连接，以省去加工专用印制电路板的麻烦。

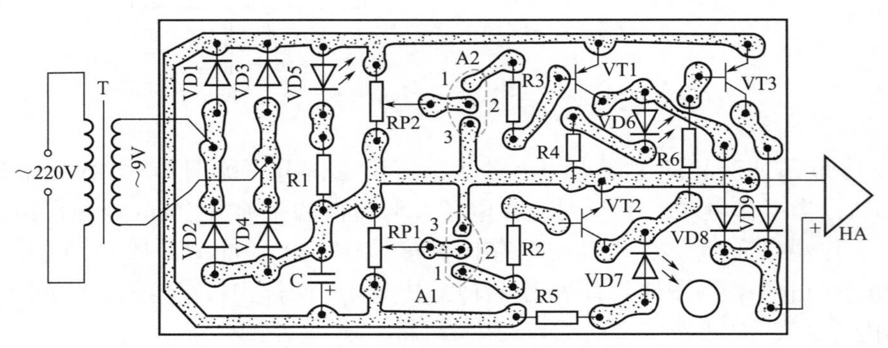

图 5-14　市电电压双向超限报警器印制电路板接线图

整个报警电路可焊装在一个体积合适的绝缘材料小盒内。盒面板为发光二极管 VD5 ～ VD7 开出 ϕ5mm 的安装孔，并伸出发光帽；另开出 ϕ32mm 的大孔，安装固定电子音源器件 HA。盒背面开孔引出市电输入接线，必要时在线头接上普通交流电二极电源插头，以方便使用。整个报警电路也可作为某些电气设备的辅设电路，而直接安装在电气设备上。

电路调试很简单：首先，将微调电位器 RP1、RP2 的滑动触点置于中间位置；然后，用一台自耦式调压器供电，分别将调压器输出电压调到所要求的电压上限值和下限值，调节微调电位器 RP1 及 RP2 阻值，均使对应发光二极管 VD7、VD6 处于临界发光状态，电子音源器件 HA 处于临界发声状态即可。微调电位器 RP1、RP2 调整好以后，应紧固套在其轴柄根部的螺母，使电阻值不再随意发生变动。通常情况下，报警器监测电压的范围可调节在 190 ～ 240V 之间。

该报警器除用于交流市电过、欠压报警外，还可用于直流电（9 ～ 18V）过、欠压报警。具体方法是：拆掉电源变压器 T 及整流二极管 VD1 ～ VD4，将被监测电源分极性接在电容器 C 两端，并调节好微调电位器 RP1、RP2 阻值即可。

5.6 三相交流电缺相报警器

三相交流电源是工农业生产最重要的动力源。三相电源断相后若不能及时发现，则有可能烧毁电动机或损坏生产设备。这里介绍的报警器，能够在三相电源缺相时发出声、光报警信号，提醒操作人员及时采取相应措施，避免恶性事故的发生。

5.6.1 工作原理

三相交流电缺相报警器的电路如图 5-15 所示。电阻器 R1 ～ R3 按星形连接方式接成模拟三相对称负载，电容器 C、小氖泡 HL、压电陶瓷片 B 构成简易弛张振荡器。

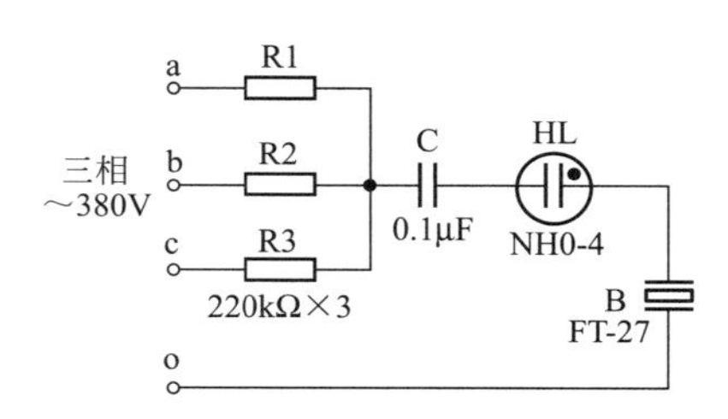

图 5-15　三相交流电缺相报警器电路图

平时，平衡的三相电压通过 a、b、c 接点加在模拟三相对称负载 R1 ～ R3 上，根据电工原理，电阻器 R1 ～ R3 公共接点对地（中性线）o 的电压为零，这使得接在其间的弛张振荡器无电压不工作。当三相电源中某一相断线时，电阻器 R1 ～ R3 公共接点对地的电压为三相线电压的一半，弛张振荡器即获得约 190V 的交流工作电压。于是，小氖泡 HL 启辉发出橘红光、压电陶瓷片 B 发出“吱……”的告警声。

5.6.2 元器件选择

R1 ～ R3 一律用 RTX-1/4W 型、标称阻值是 220kΩ 的碳膜电阻器。C 用 CJ11-160V 型金属化纸介电容器，标称容量为 0.1μF。

HL 采用顶端带有放大镜的 NHO-4 型小氖泡，其他启辉电压为 60V 左右的小氖泡也可直接代换。

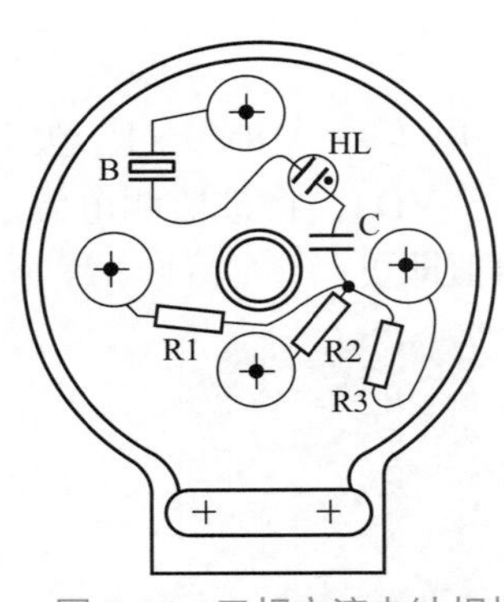

图 5-16　三相交流电缺相报警器装配图

B 采用带简易助声腔的 FT-27 或 HTD27A-1 型（ϕ27mm）压电陶瓷片，其构成和外形参见图 5-7，特点与使用方法参见相关文字介绍。

5.6.3　制作与使用

整个报警器可安装在一个三相交流电路专用的四脚插头内部。图 5-16 为插头内部元器件的接线图。插头盖上为小氖泡 HL 开出发光窗口，并为压电陶瓷片 B 开出释音孔。

实际使用时，通过对应四眼插座将装有该报警器的插头接入三相交流电路中。所用四眼插座可以是配电盘（箱）上现成的，也可以根据需要专门配接。

5.7 电动机过热报警器

电动机在过负荷、断相、欠压或短路（一相接地）运行时，绕组温度均会急剧升高，如不及时停机，就会烧毁电动机。在电动机上安装过热报警器，就能及早发现故障，从而达到人工马上断电保护电动机的目的。

这种通过监测电动机温度异常升高，来避免电动机损坏的办法，适用范围较广，电路简单，具有一定推广使用价值。

5.7.1　工作原理

电动机过热报警器的电路如图 5-17 所示，它由电源变换、温度检测、电喇叭报警等三部分电路组成。感温元件用三只热敏电阻器 RT1 ～ RT3，它直接放在被监测电动机的线包中。

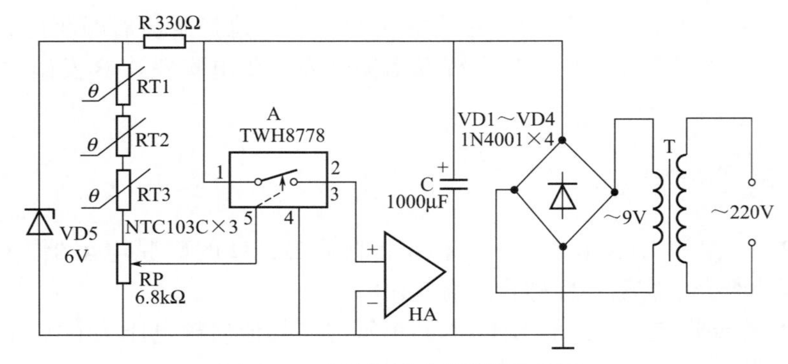

图 5-17　电动机过热报警器电路图

接通电源，220V交流电经电源变压器T降压、晶体二极管VD1～VD4桥式整流和电容器C滤波后，输出约10V直流电压，供给温度检测及电喇叭报警电路使用。当电动机正常运转时，其绕组温度较低，热敏电阻器RT1～RT3呈较高阻值，微调电位器RP滑动触点所输出的电压＜1.6V，功率开关集成电路A因其第5脚控制电压低于开门电压而呈"断开"状态，电喇叭HA无电不发声。当电动机过负载、断相或一相通地时，绕组温度急剧升高，热敏电阻器RT1～RT3随着温度的升高阻值急剧减小，小到一定值时，微调电位器RP输出电压会超过功率开关集成电路A的开门电压1.6V，于是功率开关集成电路A的内部电子开关由原来的"断开"状态转为"闭合"状态，电喇叭HA通电发出响亮的报警声，通知工作人员及时切断电动机电源。只有排除故障，待电动机温度恢复正常后，才能重新启动电动机。

电路中，调整微调电位器RP的阻值，可选择报警时的温度点。稳压二极管VD5和限流电阻器R组成简易稳压电路，给温度检测电路提供稳定的6V左右工作电压，以确保报警温度点不因电源电压的变化而发生偏移。

5.7.2 元器件选择

A选用TWH8778型功率开关集成电路，它采用TO-220五脚塑封包装，体积小便于安装，外形及引脚排列如图5-18（a）所示。TWH8778的内部设有过压、过热、过流等保护电路，其内部电路方框图如图5-18（b）所示；通用性强，可在28V、1A以下作高速开关。它只需在"控制"端（第5脚）加上约1.6V（最大值6V）电压，就能快速控制输出端（第2、3脚）所接负载电源的通断，控制极输入电流仅50μA左右，输入端（第1脚）与输出端之间导通时的电压降一般为0.18～0.45V。TWH8778也可用外形、功能完全一样的同类产品QT3353来直接代换。

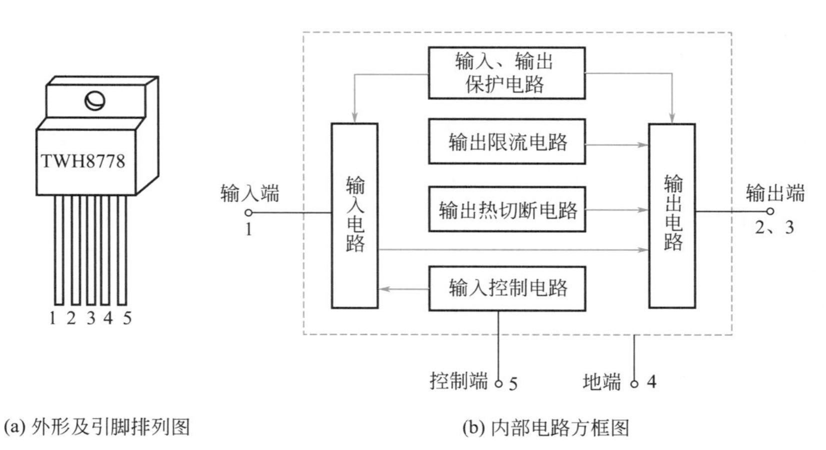

(a) 外形及引脚排列图　　(b) 内部电路方框图

图5-18　TWH8778型功率开关集成电路

VD1～VD4均用1N4001或1N4004、1N4007型硅整流二极管，VD5用6V、0.25W

普通硅稳压二极管，如 2CW54、1N4627 型等。

RT1 ～ RT3 均用玻璃珠型 NTC 温度传感专用热敏电阻器，型号 NTC103C；它体积仅为 ϕ4mm×2.5mm，标称阻值（25℃时阻值）为 10kΩ，100℃时阻值约为 1kΩ。RP 用 WS-2 型自锁式有机实心微调电位器。R 用 RTX-1/8W 型碳膜电阻器。C 用 CD11-16V 型电解电容器。T 用 220V/9V、8W 小型成品电源变压器。

电喇叭 HA 采用直流工作电压是 9V、工作电流≤ 0.5A 的普通警笛声电喇叭，也可用直流电铃来直接代替。如果能够搞到可发出“嘟嘟，请注意”或“嘀嘀，注意”语音声的电喇叭，则更理想。

5.7.3 制作与使用

图 5-19 为该电动机过热报警器的印制电路板接线图。印制电路板实际尺寸约为 55mm×30mm。印制电路板也可直接采用相同大小的单孔“洞洞板”，并充分利用元器件引脚飞线连接，以省去加工专用印制电路板的麻烦。

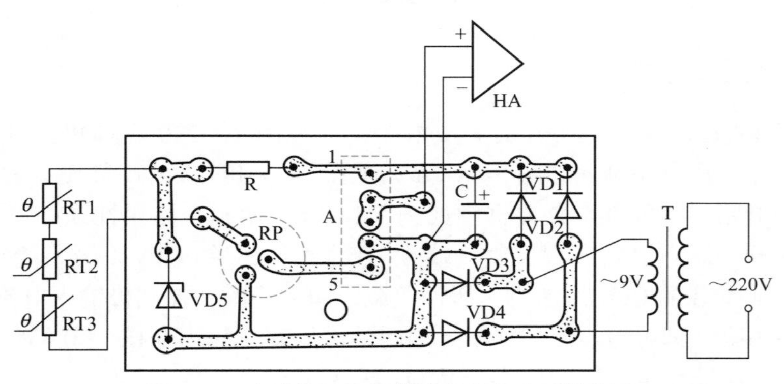

图 5-19　电动机过热报警器印制电路板接线图

焊接好的电路板连同电源变压器 T 一起装入一个体积合适的绝缘密闭小盒内，并固定在电动机附近。热敏电阻器 RT1 ～ RT3 放在电动机线包中，用强力胶紧粘漆包线固定，每相线包各粘固一只。热敏电阻器引线套上绝缘套管后从电动机接线盒引出，两根引线头直接与报警盒内电路板相接。电喇叭 HA 通过双股电线引至传声良好的地方固定，亦可直接固定在电路盒上。

该电路调试很简单：在电动机正常通电运行一段时间、绕组温度不再升高的条件下，接通报警器电源，微调电位器 RP 阻值，使电喇叭 HA 处于临界发声状态，即获最佳温度升高报警灵敏度。微调电位器 RP 调试完毕，应拧紧调节轴柄外面的紧固螺母，使其阻值不再随意发生变动。

顺便指出，该报警器电路如稍加改进，还可使其具有报警后自动停机功能。具体方法：在电喇叭 HA 两端并联一只 JZC-22FA/DC9V-1Z 型中功率电磁继电器，利用其常开触点去控制合适的自锁式交流接触器，进而用交流接触器触点去控制电动机电源。

5.8 电动机转速不足报警器

工农业生产中，电动机（包括许多机械设备）的正常工作与否，均可以通过转速这项指标来监测。该报警器在电动机转速不足时，能够及时发出报警声，提醒操作人员及时采取相应措施。

5.8.1 工作原理

电动机转速不足报警器的电路如图 5-20 所示。霍耳传感器 A1 和小磁铁构成了转速检测电路；“555”时基集成电路 A2 和微调电位器 RP、电阻器 R1、电容器 C1 等构成了转速鉴别电路，它实际上是一个电压鉴别器；晶体三极管 VT 和晶体二极管 VD、电阻器 R2、电容器 C3 等构成了电子开关。HA 为电子音源器件。

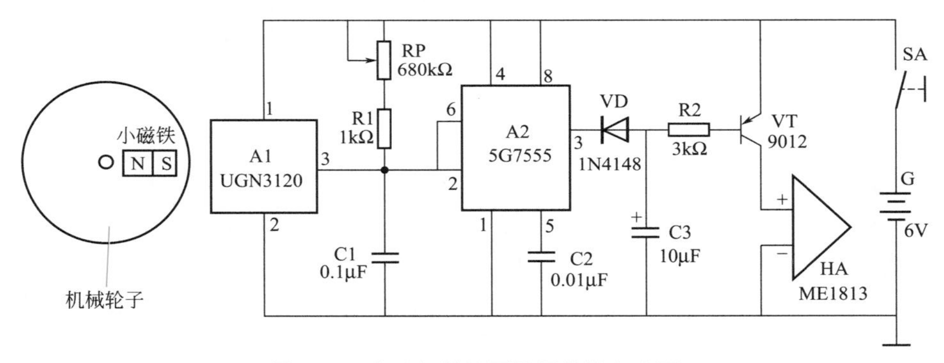

图 5-20　电动机转速不足报警器电路图

平时，随电动机（或机械设备）轮子旋转的小磁铁在接近霍耳传感器 A1 时，使其内部开关三极管导通，通过第 2、3 脚将电容器 C1 短路；小磁铁远离霍耳传感器 A1 后，由于霍耳传感器 A1 内部三极管截止，因此电池 G 开始通过微调电位器 RP、电阻器 R1 给电容器 C1 充电。如果转速正常，则电容器 C1 两端充电电压来不及上升到 $2/3V_{DD}$ 就被霍耳传感器 A1 再次放电，时基集成电路 A2 的输出端第 3 脚始终处于高电位，晶体三极管 VT 截止，电子音源器件 HA 无电不发声。如果转速不足，则电容器 C1 充电电压会大于 $2/3V_{DD}$，在电容器 C1 被霍耳传感器 A1 再次放电前均会使时基集成电路 A2 的第 3 脚输出负脉冲信号，从而使晶体三极管 VT 导通，电子音源器件 HA 通电发出转速不足报警声。

电路中，RP 为电容器 C1 充电微调电位器，通过改变其阻值大小可调节报警灵敏度。VD 为隔离二极管，可避免时基集成电路 A2 输出高电平时对电容器 C3 快速充电。

电容器 C3 可使晶体三极管 VT 保持延时导通状态，而不是随时基集成电路 A2 输出负脉冲产生断续通断，保证了电子音源器件 HA 发声响亮不走调。

5.8.2 元器件选择

A1 可选用 UGN3120 或 UGN3020、CS3020 型开关型霍耳传感器，其内部电路方框图和引脚排列如图 5-21 所示。这种器件的基本功能是将磁输入信号转换成开关状态电信号输出，它的内部功能包括稳压、磁敏感区、放大、施密特触发整形、开路输出五部分。稳压部分使器件能在较宽的电源电压范围（4.5 ～ 24V）内工作，开路输出使器件很容易与众多的逻辑电路系列接口。与霍耳传感器 A1 配合使用的小磁铁体积不必太大，以用 F66 型（66mm×66mm×20mm）方形永久性磁铁为好。

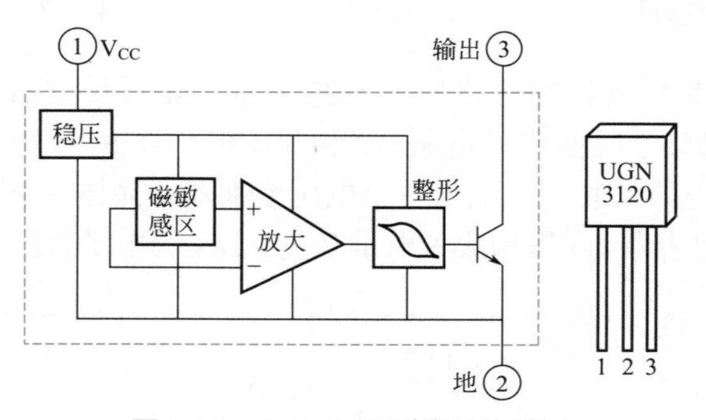

图 5-21 UGN3120 型霍耳传感器

A2 选用 5G7555 或 CB7555、CH7555、ICM7555、SG7555 等型 CMOS 时基集成电路，它静态功耗低，利于延长电池的使用寿命。TTL 工艺生产的普通“555”时基集成电路，因其功耗大，故不适宜在本制作中使用。

晶体管 VT 用 9012（集电极最大允许电流 I_{CM}=−0.5A，集电极最大允许功耗 P_{CM}=625mW）或 3CG23 型硅 PNP 中功率三极管，要求电流放大系数 $\beta > 100$。VD 用 1N4148 型硅开关二极管。

HA 用能发“叮 - 咚”声的 ME1813 型两针式电子音源器件，其外形结构及尺寸参见图 5-13。HA 也可用直流工作电压 6V、工作电流≤ 0.5A 的普通警笛声电喇叭或电铃来直接代替。

RP 用 WS-2 型自锁式有机实心微调电位器。R1、R2 均用 RTX-1/8W 型碳膜电阻器。C1 用 CT4D 型独石电容器，C2 用 CT1 型瓷介电容器，C3 用 CD11-16V 型电解电容器。SA 用小型单刀单掷开关。G 用 4 节 5 号干电池串联（配带塑料电池架）而成，电压 6V；如欲增大报警声响，可增加电池节数，将电压直接升至 9V 或 12V。

5.8.3 制作与使用

图 5-22 为该电动机转速不足报警器的印制电路板接线图。印制电路板实际尺寸约为 55mm×35mm。印制电路板也可直接采用相同大小的单孔“洞洞板”，并充分

利用元器件引脚飞线连接，以省去加工专用印制电路板的麻烦。

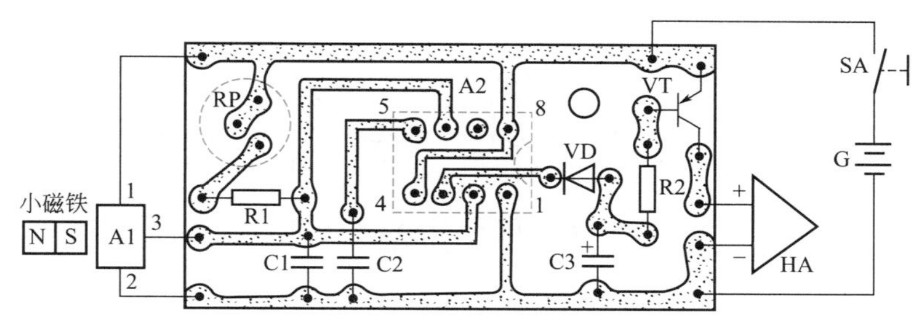

图 5-22　电动机转速不足报警器印制电路板接线图

除霍耳传感器 A1 和小磁铁外，其余元器件焊装在体积合适的绝缘小盒内。盒面板开孔固定微调电位器 RP、电子音源器件 HA 和电源开关 SA；盒侧面开一小孔，通过长度适中的三股软塑电线引出霍耳传感器 A1。

使用时，将小磁铁固定在需监测转速的电动机（或机械设备）飞轮、皮带轮等空闲位置处，对应小磁铁（间距＜ 20mm）固定霍耳传感器 A1，要求霍耳传感器 A1 有字标平面（即磁敏感面）正对着小磁铁 S 极。然后，闭合电源开关 SA，在转速正常的条件下由大到小缓慢调节微调电位器 RP 的阻值，使电子音源器件 HA 处于临界发声状态即可。微调电位器 RP 调节完毕，应拧紧轴柄外面的紧固螺母，使阻值不再随意发生改变。这样，一旦设备转速不足，报警器即很快发出告警声。

5.9 停电“自锁”节能开关

这里介绍一种具有记忆功能的停电“自锁”节能开关，它非常适合在电网频繁中断（如供电部门拉闸限电等）供电地区的家庭推广使用。每当电网停电后再次恢复供电时，它能够自动切断用电器的供电回路，避免因主人忘关电源开关且家中无人而造成的电力浪费和电气火灾。

该开关自身耗电小于 0.25W，可控制 1000W 以内的各种用电器。经笔者试用，证明工作可靠、效果良好。

5.9.1 工作原理

停电“自锁”节能开关的电路如图 5-23 所示。当需要向用电器供电时，按动一下自复位按钮开关 SB，220V 交流市电就会经电容器 C1 降压、晶体二极管 VD1 半波整流、电容器 C2 滤波后，通过电阻器 R 向双向晶闸管 VS 提供合适的直流触发电流，使得双向晶闸管 VS 导通；以后，导通的双向晶闸管 VS 代替复位后的按钮开关 SB 作用，使电路通电状态“自锁”，插座 XS 向所接用电器正常供电。

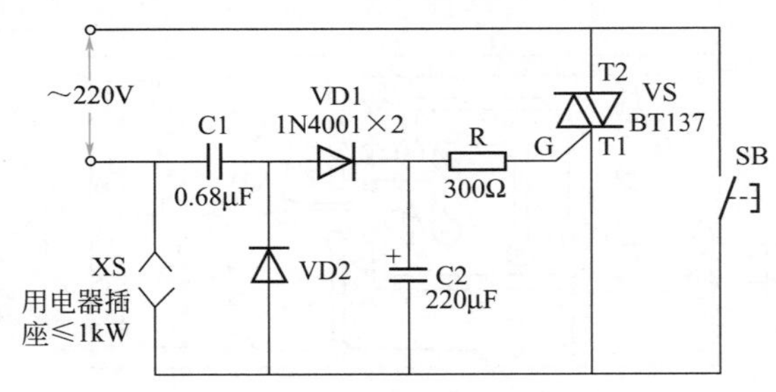

图 5-23　停电“自锁”节能开关电路图

当电网停电又复电时，由于双向晶闸管 VS 和自复位按钮开关 SB 均为“断开”状态，故插座 XS 不供电，所接用电器无电不工作；只有按动一下自复位按钮开关 SB，插座 XS 才会恢复向用电器供电。

电路中，电容器 C2 除滤波作用外，还与电阻器 R 构成延时电路，可有效避免因电网电压波动而造成的电路误动作。晶体二极管 VD2 的作用是给电容器 C1 提供一条放电回路。

5.9.2　元器件选择

VS 选用 BT137（额定通态电流 I_T=8A，断态重复峰值电压 U_{DRM} ≥ 600V）或 BCR8AM-8、T0810、BTA06-600V 型普通双向晶闸管，其外形和引脚排列参见图 2-27，满负载使用时必须加装铝散热板。双向晶闸管有 3 个引出脚：第一阳极 T1、第二阳极 T2 和控制极（也称门极）G，制作时注意不要接错引脚。

VD1、VD2 均用 1N4001 或 1N4004、1N4007 型硅整流二极管。R 用 RTX-1/4W 型碳膜电阻器，标称阻值为 300Ω。C1 用优质 CBB22-630V 型聚丙烯电容器，标称容量为 0.68μF；C2 用 CD11-16V 型电解电容器，标称容量为 220μF。

SB 用 KAX-4 型交流电自复位按钮开关。XS 用机装式 250V、10A 单相双孔（或三孔）交流电源插座。

5.9.3　制作与使用

图 5-24 是该停电“自锁”节能开关的印制电路板接线图。印制电路板实际尺寸仅为 50mm×20mm。印制电路板也可直接采用相同大小的单孔“洞洞板”，并充分利用元器件引脚飞线连接，以省去加工专用印制电路板的麻烦。

焊接好的电路板可装入一体积合适的绝缘密闭小盒内，并在盒面板固定安装用电器插座 XS 和自复位按钮开关 SB。也可省掉插座 XS 不用，而将电路板直接安装在被控用电器内部空闲位置处，按钮开关 SB 则应固定在用电器外壳上便于主人操作的地方。

装配好的停电“自锁”节能开关，只要电路元器件质量有保证、焊接无误，一般无须任何调试便可投入使用。在用于控制纯感性负载时，为了防止纯感性负载产生的自感电压击穿双向晶闸管 VS，可在其第一阳极 T1 与第二阳极 T2 之间跨接上一个标称电压（也叫压敏电压）为 470V、峰值电流≥ 100A 的氧化锌压敏电阻器，如 MYH1-470/0.1、MYG470-0.1kA 型等。

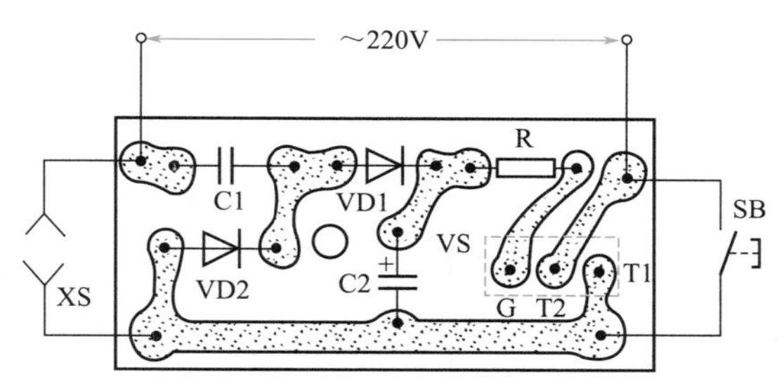

图 5-24　停电“自锁”节能开关印制电路板接线图

5.10 单相限电器

本装置能够自动限制一户或几户家庭（或职工、学生宿舍楼）的用电量，其定量供电功率在 300 ～ 1200W 范围内连续可调，它是计划供电、节约用电的有效装置，可从根本上杜绝窃电、违章使用电炉等行为。当用户用电负荷超过规定值时，本装置可自动切断用户电源，同时发出告警声；以后每隔 1min（可调）对用户负荷情况检测一次，直到用电负荷降低到限定值后，才停止告警，并自动恢复正常供电。

本装置适用于 220V、50Hz 单相交流电源，电压在 170 ～ 240V 之间变化都能正常工作。装置平时自身消耗功率＜ 0.4W。

5.10.1 工作原理

单相限电器的电路如图 5-25 所示。T 为电抗变换器，它与晶体二极管 VD1、电阻器 R1、电容器 C1 和微调电位器 RP 等组成了用户负荷检测电路。调整微调电位器 RP 的阻值，可改变输出检测信号的幅值，从而使用电限额在一定范围内连续可调。此外，电阻器 R1 和电容器 C1 还具有延时作用，能够避免负载较大启动电流对电路产生的误动作。晶体三极管 VT、稳压二极管 VD2 和电阻器 R2 等组成了电子开关。“555”时基集成电路 A 和电阻器 R3、电容器 C4 等组成了典型单稳态延时电路，通过调整电阻器 R3 或电容器 C4 的数值，可改变延时时间。电磁继电器 K 为执行机构，其转换触点 Kz 直接控制用户电源和交流讯响器 HA 的电源通断。电容器 C6、晶体二极管 VD5 ～ VD8、稳压二极管 VD4、电容器 C5 等组成了降压整流滤波电路，向单稳态及执行电路提供所需的 12V 直流电源。

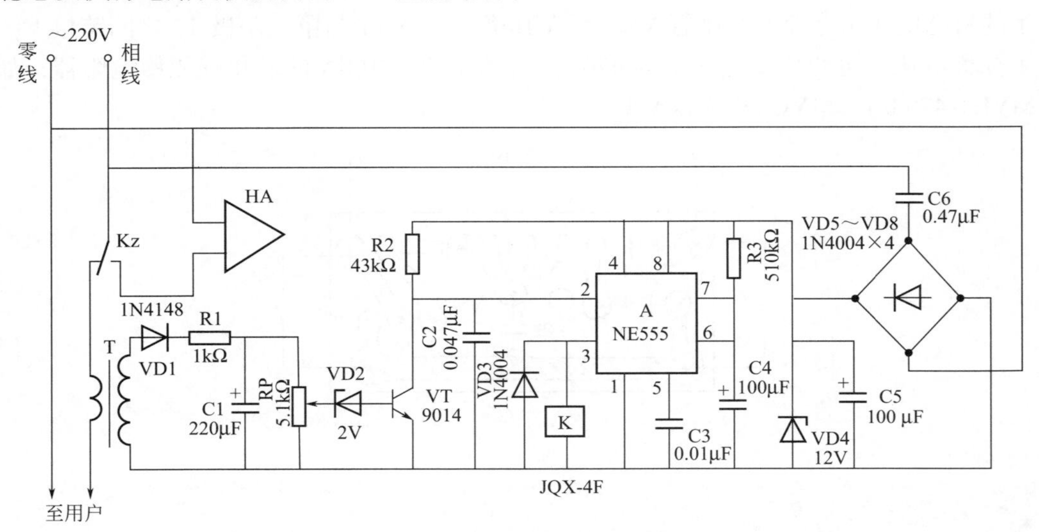

图 5-25 单相限电器电路图

平时，用户用电量未超过限定值（调微调电位器 RP 自定）时，电抗变换器 T 的初级绕组流过的电流较小，它的次级感应到的信号电压亦较弱，经晶体二极管 VD1 整流、电容器 C1 滤波和微调电位器 RP 分压后，不足以击穿稳压二极管 VD2，故晶体三极管 VT 截止，由时基集成电路 A 等元器件构成的单稳态电路处于稳定状态，时基集成电路 A 的第 3 脚输出低电平，电磁继电器 K 无电处于释放状态，交流讯响器 HA 无电不发声，用户供电正常。

当用户用电量增加并超过限定值时，电抗变换器 T 的次级感应电压增大，微调电位器 RP 输出的分压值亦增大，稳压二极管 VD2 被击穿（确切讲应该是导通），晶体三极管 VT 获得偏流而饱和导通，时基集成电路 A 的第 2 脚由高电位转为低电位，单稳态电路受触发翻转进入暂稳态，时基集成电路 A 的第 3 脚输出高电平，电磁继电器 K 得电吸合，其转换触点 Kz 迅速切断用户电源，并使交流讯响器 HA 得电发出告警声。这时，延时电路中的电容器 C4 通过电阻器 R3 开始充电，并使时基集成电路 A 的阈值输入端（第 6 脚）电位不断上升，并最终使单稳态电路翻转复位，时基集成电路 A 的第 3 脚又恢复为低电平，电磁继电器 K 断电释放，其转换触点 Kz 重新接通用户电源、断开交流讯响器 HA 电源。如果此时用电负荷仍未减小，电路则重复上述过程，直至用户用电量减小到限定值以下，电路才恢复正常供电。

5.10.2 元器件选择

A 选用 NE555 或 LM555、μA555、5G1555 等型“555”时基集成电路，它是一种模拟、数字混合集成电路，采用双列 8 脚直插式封装（DIP-8），其引脚排列参见图 1-27。“555”时基集成电路具有定时精确、驱动能力强（输出电流达 200mA，可直接带动普通电磁继电器等）、电源电压范围宽（4.5 ～ 18V）、外围电路简单及用途广泛等特点，非常适合电子、电工爱好者制作时使用。

VT用9014（集电极最大允许电流 I_{CM}=100mA，集电极最大允许功耗 P_{CM}=310mW）或3DG8型硅NPN小功率三极管，要求电流放大系数 $\beta>40$。VD1用1N4148型硅开关二极管；VD2用稳定电压是2V左右的普通硅稳压二极管，如2CW50、1N4615型等；VD4用稳定电压是12V、最大耗散功率是1W的普通硅稳压二极管，如2CW110、1N4742型等；VD3、VD5～VD8均用1N4004或1N4007型硅整流二极管。

RP用WS-2型自锁式有机实心微调电位器，标称阻值为5.1kΩ。R1～R3均用RTX-1/8W型碳膜电阻器，标称阻值依次为1kΩ、43kΩ和510kΩ。C1、C4、C5均用CD11-25V型电解电容器，标称容量依次为220μF、100μF、100μF；C2、C3均用CT1型瓷介电容器，标称容量分别为0.047μF和0.01μF；C6用优质CBB13-630V型聚丙烯电容器，标称容量为0.47μF。

K采用JQX-4F型电磁继电器，要求线圈额定工作电压为直流12V，吸合电流≤20mA，触点形式选2Z那种；使用时，将两组转换触点并联起来，以增大其负荷容量。HA为交流220V小型讯响器，亦可用220V小型交流电铃来直接代换。

电抗变换器T需要自制，铁芯选用GEI-12型，舌宽12mm，叠片厚度15mm。先用 ϕ0.1mm漆包线绕1000匝作为次级；垫上几层绝缘纸后，用 ϕ1.5mm漆包线排绕6匝作为初级。最后，将铁芯对插即可。

5.10.3 制作与使用

图5-26为该单相限电器的印制电路板接线图。印制电路板实际尺寸约为90mm×55mm。印制电路板也可直接采用相同大小的单孔“洞洞板”，并充分利用元器件引脚飞线连接，以省去加工专用印制电路板的麻烦。

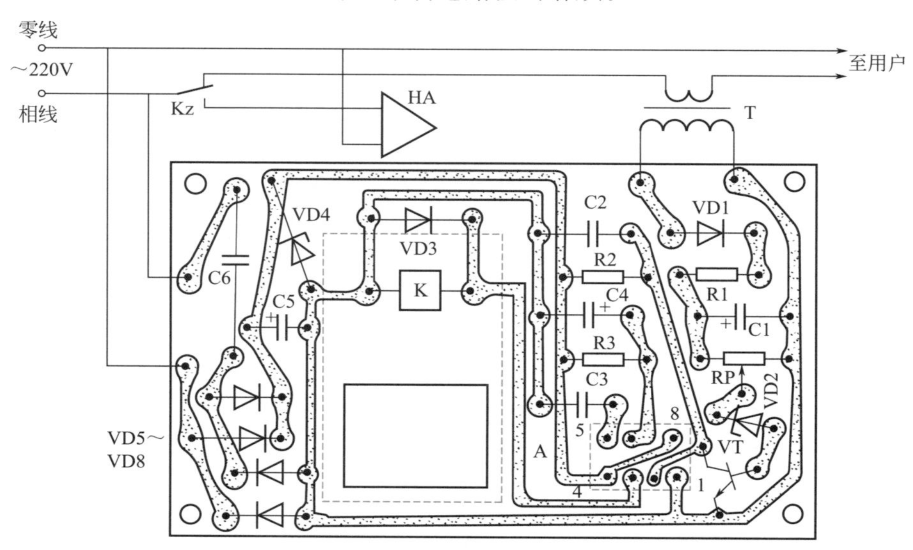

图5-26 单相限电器印制电路板接线图

整个电路全部焊装在绝缘性良好的仪器专用盒中。盒面板开孔固定微调电位器RP和交流讯响器HA；盒内4根外引线可通过电工常用的4眼胶木接线端子接出，以方便使用。本装置只要元器件质量有保证、焊接无差错，便可投入使用。

实际使用时，在照明线路入户（楼）处按图5-26所示串入本装置，在用户正常用电（允许工作的电器具都通电）的条件下，微调电位器RP，使交流讯响器HA处于临界发声状态即可。如嫌每次超负荷自断电报警时间太长（或太短），可通过适当减小（或增大）电阻器R3的阻值来加以调节。如果正常供电功率超过1200W，可断开电磁继电器K的常闭触点，在交流讯响器HA两端并联一只220V交流接触器，通过接触器大容量的常闭触点再去控制供电回路。

第6章 电气保护类制作

安全用电十分重要！本章介绍了10个涉及电气保护和安全用电等内容的新颖电子制作项目，它们均出自笔者长期的实践，不仅性价比高，而且具有很强的实用性。这些制作实例亦是读者在掌握了第1章“手把手教你学制作”入门制作技能后的延伸和提高，可根据需要选择并自行设计具体的制作步骤和流程等，充分发挥个人能动性开展“动手做”。读者通过动手制作并投入使用，可体会到电子技术的运用给电气保护和安全用电等所带来的莫大好处和便利；同时，读者将会成为众人眼里能够运用电子技术驾驭“电老虎”的高手！

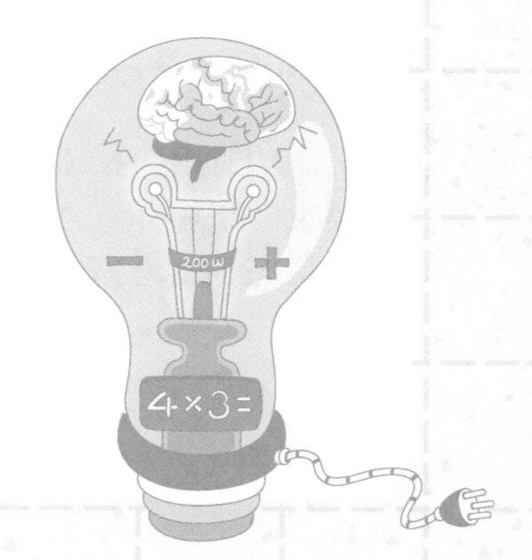

6.1 熔丝熔断报警器

在交流220V电源保险盒两端并接下面介绍的熔丝熔断报警器，只要熔丝被熔断，它马上就会发出声、光两种信号，为人们尽快判断停电原因和确定断丝保险盒带来方便。

6.1.1 工作原理

熔丝熔断报警器的电路如图6-1所示。VD1为半波整流二极管，R为限流电阻器，VD2为负阻发光二极管，B为普通压电陶瓷片。

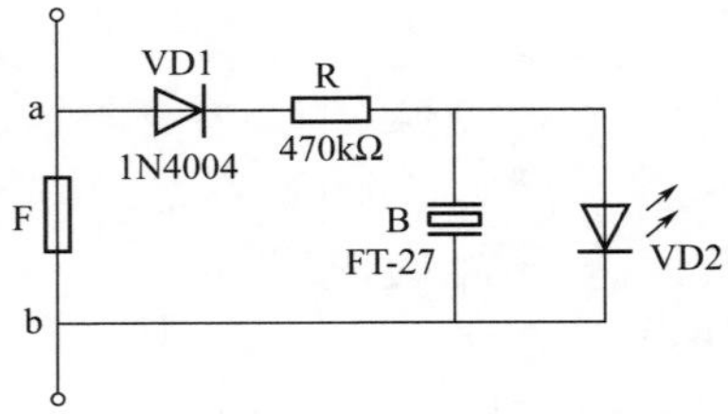

图6-1　熔丝熔断报警器电路图

这里利用负阻发光二极管VD2的负阻特性和压电陶瓷片B的电容特性，构成了一个简易弛张振荡器，其工作原理：220V交流电通过VD1半波整流、电阻器R限流后，向呈电容特性的压电陶瓷片B充电。当充电电压达到负阻发光二极管VD2的转折电压时，负阻发光二极管VD2由截止突变为导通，并呈现负阻特性，于是压电陶瓷片B两端所充电荷通过负阻发光二极管VD2快速放电，放电流使负阻发光二极管VD2点亮。当放电电压降至负阻发光二极管VD2的维持电压以下时，负阻发光二极管VD2恢复截止状态，电路重复上面的充、放电过程。如此反复循环，负阻发光二极管VD2便会发出持续亮光，压电陶瓷片B会发出“吱……”的报警声。由于充、放电间隔时间很短，受人眼视觉暂留的影响，人眼看到的是持续亮光，而并不是闪烁光。

熔丝熔断报警器的工作过程是：平时，报警器的a、b两端被熔丝F短路，因此报警器不工作。一旦熔丝F被熔断，220V交流电便会经用电器和整流二极管VD1半波整流后加到振荡电路，使其产生弛张振荡，于是负阻发光二极管VD2发光、压电陶瓷片B发出“吱……”的报警声。

6.1.2 元器件选择

VD1用1N4004或1N4007型硅整流二极管。VD2选用新型负阻发光二极管，要求转折电压在20～60V之间；手头无该管子的读者，可按照图6-2所示，用一只DB3型普通双向触发二极管和一只普通高亮度发光二极管串联起来代替，效果相差无几。

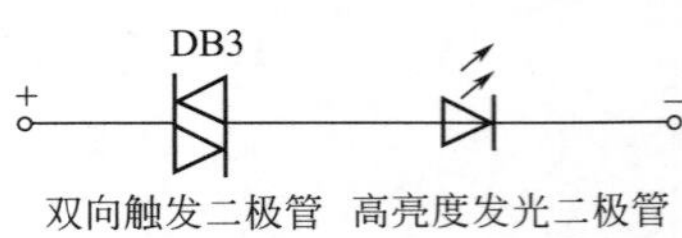

图6-2　负阻发光二极管的代用

R 用 RTX-1/4W 型碳膜电阻器。B 采用 FT-27 或 HTD27A-1 型（ϕ27mm）压电陶瓷片，要求购买时配上专门的简易助声腔盖（也叫共振腔盖或共鸣腔盖），以增大发音量。这种带助声腔盖的压电陶瓷片构成和外形参见图 5-7。

6.1.3 制作与使用

图 6-3 为该熔丝熔断报警器的印制电路板接线图。印制电路板实际尺寸约为 ϕ28mm，可用刀刻法加工制作。

焊接好的电路板连同压电陶瓷片 B 一起装入一个经过改造的 135 型摄影胶卷塑料包装盒内，其外形如图 6-4 所示。这种胶卷包装盒体积较大，应事先截掉筒体的 2/3，加工成薄形圆盒。盒的面板为压电陶瓷片 B 开出释音孔，侧面为负阻发光二极管 VD2 开出发光孔，底部（盒盖）开孔引出长约 10cm 的两根外接线 a 与 b。

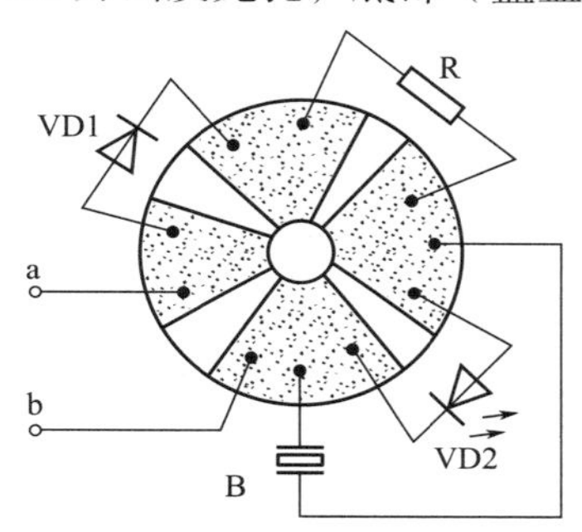

图 6-3 熔丝熔断报警器印制电路板接线图

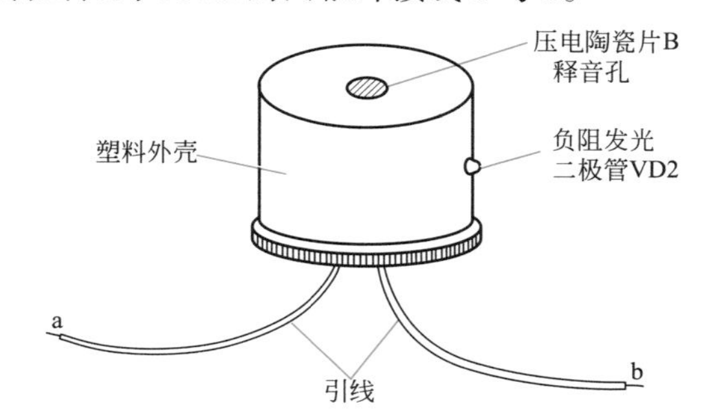

图 6-4 熔丝熔断报警器外形图

组装好的熔丝熔断报警器，只要元器件质量有保证、焊接正确，不用任何调试便可投入工作。使用时，通过 a、b 两根外引线头，不分顺序将熔丝熔断报警器跨接在 220V 交流保险盒的两端即可。

读者可以通过适当调节电阻器 R 的阻值，来改变压电陶瓷片 B 发声的音调。但电阻器 R 的阻值不能太小，以免 220V 交流电损坏负阻发光二极管 VD2 和压电陶瓷片 B；电阻器 R 的阻值也不可太大，否则负阻发光二极管 VD2 的发光亮度会明显减弱。

实际运用中，如果配电板上有数个保险盒，可在每个保险盒两端都并接上一个这样的报警器。这样，工作人员可以很方便地根据报警器是否发声来判断熔丝是否熔断，并根据哪个发光二极管发光而直观、快速地寻找到需更换熔丝的保险盒。

6.2 交流电子“保险盒”

这里介绍一种适合于家庭供电线路使用的交流电子“保险盒”，它既具有和普通熔丝一样的“保险”功能，又具有普通熔丝所没有的动作迅速、可重复使用（省去更换熔丝的麻烦）等特点。

6.2.1 工作原理

交流电子“保险盒”的电路如图 6-5 所示，它实际上是一个过电流保护开关。

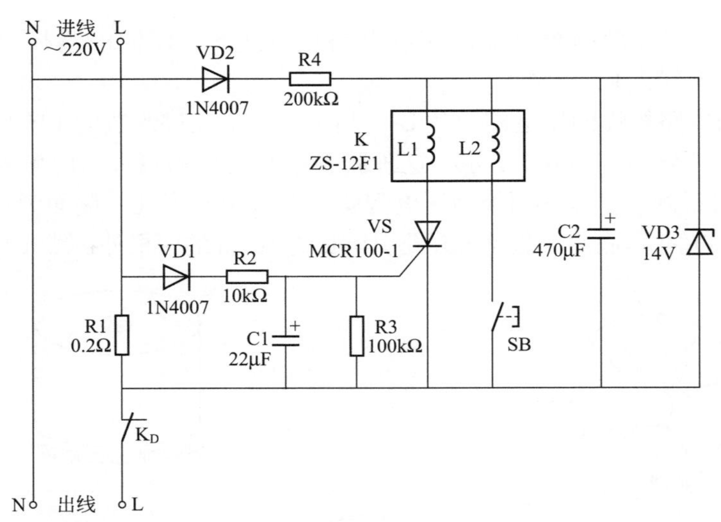

图 6-5 交流电子“保险盒”电路图

R1 是串接在用户相线 L 回路中的检测电阻器，其阻值仅为 0.2Ω（可变），对主电路不会有什么影响，通过它的电流是用户各用电器电流的总和。当通过检测电阻器 R1 的电流达到 3A（有效值）时，R1 两端的电压 U_1（有效值）=0.6V，U_m（峰压）$=\sqrt{2}\times0.6V\approx0.8V$，该交流电压经晶体二极管 VD1（实测小电流时正向管压降为 0.5V）半波整流和电容器 C1 滤波后，输出约 0.3V 直流电压，此电压还不能使单向晶闸管 VS 受触发导通（VS 触发阈值电压为 0.6V）。如果供电发生异常使电流继续增大，例如达到 4A 以上时，则 R1 两端 $U_m\geqslant\sqrt{2}\times4A\times0.2\Omega\approx1.1V$，电容器 C1 输出电压达到 0.6V 以上，单向晶闸管 VS 获得合适触发电压而导通，脉冲驱动双稳态继电器 K 的脉冲吸合线圈 L1 从电容器 C2 两端获得足够的脉冲功率，使 K 吸动并产生机械记忆“自锁”，由其常闭触点 K_D 自动切断交流供电回路，实现了“熔丝”功能。待用户排除用电负载或线路短路等故障后，只需按动一下启动按钮开关 SB，就会使脉冲驱动双稳态继电器 K 的脉冲释放线圈 L2 从电容器 C2 两端获得同样大小的脉冲功率，使 K 释放，由其常闭触点 K_D 自动接通用户供电回路，恢复正常供电。

电路中，R2 是限流电阻器，起到保护单向晶闸管 VS 控制极不被过电流损坏的作用。当负载发生短路时，220V 交流电压瞬间全部加在检测电阻器 R1 两端，由于限流电阻器 R2 的存在，流过单向晶闸管 VS 触发极的平均电流不会超过 9.9mA。如果没有限流电阻器 R2，则单向晶闸管 VS 将在瞬间过流损坏。限流电阻器 R2 还与电阻器 R3、电容器 C1 构成防误动作电路，它能有效地消除电网各种瞬间强电流（如彩电、冰箱等开机启动电流）造成的电子“保险盒”误动作。电容器C1容量大小直接影响“保险盒”动作灵敏度。整流二极管VD2、稳压二极管VD3和限流电阻器R4、滤波电容器C2构成简易电源变换电路，向脉冲驱动双稳态继电器K提供约14V脉冲工作电压。这里限流电阻器R4取值很大，既使控制电路在平时自身耗电不超过42mW，又利于单向晶闸管VS导通后自行关断；滤波电容器C2容量取得也比较大，可使其具有一定储能作用，以满足脉冲驱动双稳态继电器K的线圈在工作时所必需的脉冲电功率。

6.2.2 元器件选择

K选用国产ZS-12F1型脉冲驱动双稳态继电器，它集脉冲驱动记忆自锁节能技术和中功率继电器于一体，具有任意极性脉冲电压驱动、静态不耗电、机械记忆锁存、双稳态输出、控制功率大等特点。ZS-12F1的外形尺寸及引脚排列、主要性能指标等，详见图4-12和相关文字介绍。

VS用MCR100-1或BT169、CR02AM型小型塑封单向晶闸管，其外形及引脚排列参见图1-17。VD1、VD2均用1N4007型硅整流二极管；VD3用14V、0.25W普通硅稳压二极管，如1N4108或2CW61型等。

检测电阻器R1可用一段电炉丝代用，其阻值不同，电子“保险盒”的动作电流也就不同；按图6-5选用0.2Ω，则“保险盒”动作电流为4A左右。如果需要选择其他动作电流，则R1阻值可由公式$R_1 \approx 0.8V/I_1$来估算，I_1（A）即为电子“保险盒”动作电流。但I_1数值最大不应超过常闭触点K_D的允许电流值20A。R2～R4均用RTX-1/4W型碳膜电阻器。C1、C2均用CD11-25V型电解电容器。SB用KAX-1型按钮开关。

6.2.3 制作与使用

图6-6为该电子“保险盒”的印制电路板接线图（虚线框表示外壳）。印制电路板最好采用环氧基质单面铜箔板制作，实际尺寸约为50mm×45mm；也可直接采用相同大小的单孔“洞洞板”，并充分利用元器件引脚飞线连接，以省去加工专用印制电路板的麻烦。

焊接好的电路板装入体积合适的胶木或塑料盒内，盒面板开孔伸出启动按钮开关SB的按键帽。电路板上的进、出线头最好各接上电工常用的四眼胶木接线端子，以便于用户连接外线。

安装接线无误后无须调试，所要进行的只是检验工作，即检验“保险盒”是否起保险作用。具体做法（R_1=0.2Ω）是：在进线端接上220V交流市电，在出线端接上800W负载（可用800W电炉），此时“保险盒”应当无动作；如果动作，就要适当减小检测电阻器R1的阻值。然后，加大负载至900W（可再并联一个100W的电灯泡），电路应当被迅速切断，即脉冲驱动双稳态继电器K动作，其常闭触点K_D自动切断供电。将负载降至800W（可取掉并联的100W电灯泡），按动一下启动按钮开关SB，则电路恢复供电。如果不是这样的情形，则应仔细检查接线和元器件质量，排除故障，直到电子“保险盒”正常工作为止。

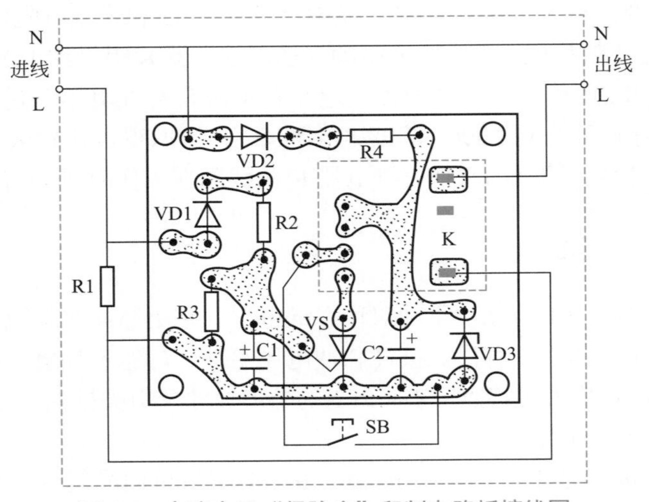

图 6-6　交流电子“保险盒”印制电路板接线图

检验好的“保险盒”可安装在用户配电盘（板）上，其两进线、出线端应按图所示正确串入供电回路中去，即可投入正式使用。

该电子“保险盒”除了直接用于替代家庭照明电路的普通总熔丝盒外，还可直接安装（不用外壳）到多用插座、各种电气设备内部替代原来的普通熔丝。安装时注意，进、出线不能接错，并且要求安装环境干燥、无强磁干扰、无振动。

6.3 电器外壳漏电报警器

在日常生活中，经常会遇到家用电器漏电的情况。漏电时，轻则麻手，重则造成人员伤亡。因此，在现代家庭普及推广各种用电保安器材是非常有必要的。

如果给洗衣机、电冰箱和电风扇等家用电器加装上下面介绍的外壳漏电报警器，则当壳体与单相电源线中的任意一根线相碰时，均可发出声、光两种报警信号来，从而提醒用户及时对用电器断电进行维修。加装了这种漏电报警器的家用电器，不再采用电器外壳接地的保安措施，这对于未敷设接地线的旧楼房居民尤为方便，有兴趣的厂家和用户不妨一试。

6.3.1　工作原理

电器外壳漏电报警器的电路如图 6-7 所示。这里具有负阻特性的氖泡 HL 和具有电容特性的压电陶瓷片 B，构成了一个简易声、光报警器。当 220V 交流电源线中的一根（零线或相线）与电器外壳相碰时，漏电电流便会通过限流电容器C1或C2加到报警器电路两端，使氖泡HL启辉发出橘红色的光，压电陶瓷片B发出“嗡……”的报警声。

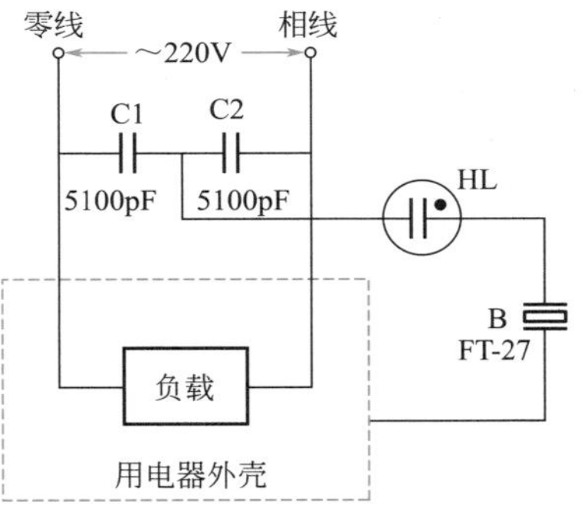

图6-7 电器外壳漏电报警器电路图

电路中，电容器C1和C2的接法比较特殊，它能使电器外壳不论与市电相线接通还是与零线接通，均起到漏电报警作用。电容器C1、C2的容量均为5100pF，压电陶瓷片B的静电容量一般＜0.01μF，根据容抗公式X_c=0.5πfC，可估算出电器外壳对交流电源相线端的容抗将近1MΩ，再考虑上电容器C1、C2接法的特殊性和氖泡HL的阻抗，平时电器外壳对人体绝对安全，既不会出现麻手现象，更不会发生触电事故。

6.3.2 元器件选择

HL选用测电笔里专用的小氖管，其启辉电压为60V左右。C1、C2采用CJ10-400V型优质金属化纸介电容器，标称容量均取5100pF。

B用普通ϕ27mm压电陶瓷片，如FT-27或HTD27A-1型等；为了增大发音量，需配带上图5-7所示的简易塑料助声腔。

6.3.3 制作与使用

图6-8为该电器外壳漏电报警器的印制电路板接线图。印制电路板用刀刻法制作，实际尺寸仅为60mm×20mm；电路板要求采用环氧基质单面铜箔板，纸质板因受潮后绝缘电阻容易变小，故不宜采用。

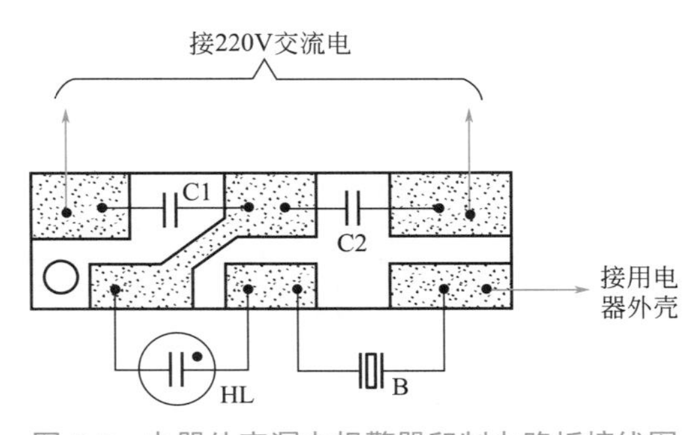

图6-8 电器外壳漏电报警器印制电路板接线图

焊接好的电路板全部装入欲改造的家用电器内部空闲位置处，并注意为氖泡HL和压电陶瓷片B分别开出发光孔与发声孔。电路板上的三根引线，按照图6-7所示接用电器内部220V交流电负载和金属外壳即可。

加装了外壳漏电报警器的家用电器，在使用时应注意：用电器外壳不能再接上大地线，并且用电器外壳对大地要保持一定的绝缘性，否则漏电报警器会误工作。人体接触用电器外壳时，相当于将用电器外壳通过人体电阻接大地，但因人体电阻比较大，故漏电报警器不会工作。平时，受静电感应影响，氖泡 HL 有时会发出极微弱的橘红色的光，但与报警时状态区分还是十分明显的。

6.4 过压保护插座

给普通 220V 交流电源插座加装上 2 个电子元器件，便可制成新颖实用的家用电器过压保护插座。这种插座具有防雷电、防错相（220V 供电突然升高为 380V）及电压异常偏高功能，可保护各种 500W 以内的家用电器免遭过电压损坏。同样，这种插座在学校、机关等推广使用，可有效保护各种交流用电设备免遭雷电和过电压的袭击。

为了避免家中或单位的交流用电设备不因电网过电压而损坏，何不赶快动手一试。

6.4.1 工作原理

过压保护插座的电路如图 6-9 所示。其中：F 为普通保险管，RV 为压敏电阻器，XS 为家用电器电源插座。保险管 F 串联接入电源插座 XS 的回路，起过电流保护作用；压敏电阻器 RV 并联接在电源插座 XS 的两端，起过电压保护作用。保险管 F 与压敏电阻器 RV 两者的作用结合起来，便构成了完善而合理的过电压保护功能。

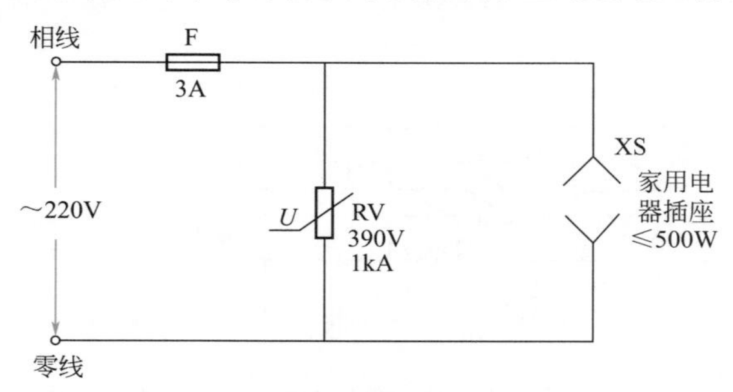

图 6-9 过压保护插座电路图

当电网电压正常时，电源插座 XS 两端的供电电压有效值不会超过 250V，其峰值电压不会超过 350V。由于压敏电阻器 RV 的标称电压值为 390V，因此 RV 呈现出高电阻，它相当于一只小容量的电容器，不会影响线路及家用电器的正常工作。一旦电网因故障错相而引入 380V 高电压时，其峰值电压高达 537V，压敏电阻器 RV 迅速变成电阻极小的导电体，产生瞬间高达几十安培甚至几百安培的强大电流，使保险管F因过电流而很快熔断，从而切断了电源插座XS的供电电源，保护了所接家用电器不因过电压而损坏。可见，电网电压异常升高时，压敏电阻器RV形成强电流通路促使保险管F很快熔断；而保险管F以牺牲自身，换取了家用电器的安全，同时也防止了持续强电流烧毁压敏电阻器RV。

另外，当电网中传来雷电（峰值电压一般超过千伏特）、袭来各种浪涌电流时，由于它们的瞬间电压远远超过390V，因此均会被压敏电阻器RV有效吸收，从而不会对插座XS内所接的家用电器产生过电压危害和强脉冲干扰等。

6.4.2 元器件选择

RV选用标称电压（也称压敏电压）为390V、峰值电流≥1kA的普通氧化锌压敏电阻器，常见型号有MYG390-1kA、MY21-390/1和MYL-1-390V等，其实物外形参见图1-59。压敏电阻器是利用半导体材料的非线性特性原理制作而成的一种敏感电阻器，当外加电压达到其临界值时，压敏电阻器的阻值会急剧变小。压敏电阻器主要用于过电压保护、抑制浪涌电流等电路。

F用带机装式管座的BGXP-3A型（250V、3A）普通保险管，以便在使用中随时更换熔断后的保险管。如果采用快速熔断保险管（注意：启动电流很大的感性或容性电气设备不适合采用），则保护效果更佳。XS为市售普通220V交流电源插座，它既可以是双孔或三孔壁式电源插座，也可以是多孔、多功能可移动式电源插座。

6.4.3 制作与使用

这种过压保护插座制作非常简单，只需将保险管F及压敏电阻器RV按照图6-9所示，装接到电源插座的底座腔内空闲位置处即可。但应注意：在家中现有的壁式电源插座内装接时，一定要事先断开交流220V的总电源开关，切不可带电操作！可按照图6-10所示在壁式电源插座面板的上方用电钻打一ϕ12mm的圆孔，将保险管座安装上去，以便随时更换保险管。在多孔、多功能可移动式电源插座内装接时，由于大多数这类电源插座已带有保险管，因此不必另外再加装保险管，只需将压敏电阻器RV并联接在插座内插孔的两供电端即可。

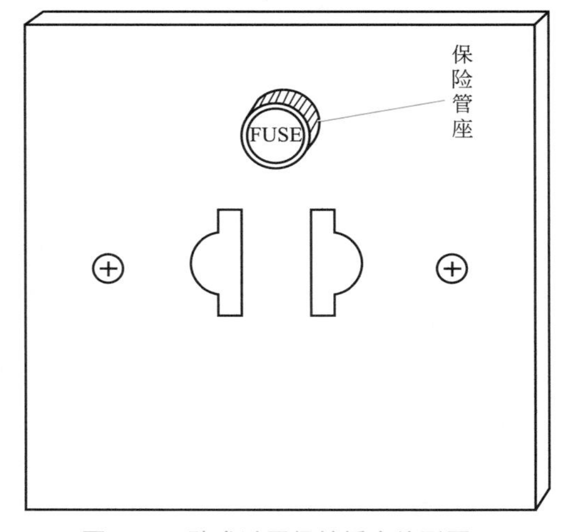

图6-10　壁式过压保护插座外形图

装配成的过压保护插座，只要元器件选择正确、接线无误，无须任何调试便可投入使用。它的使用方法和要求与普通电源插座基本一致，不同处是有时需要更换因过电压而熔断的同规格保险管。

顺便一提：上面介绍的过压保护电路，也可直接加装到各种容易受到雷电、过电压损坏的交流用电器内部去，效果同样不错，有兴趣的读者不妨动脑、动手一试。

6.5 漏电报警插座

家庭用电（指220V交流电），安全第一！这里介绍的漏电报警插座，在洗衣机、电风扇、电饭煲、电熨斗等家用电器的金属外壳带电时，会自动发出声、光两种报警信号，提醒用户及时断电进行检修。对那些埋设电器接地线不便的楼房居民来说，使用该插座无疑是再合适不过了。

6.5.1 工作原理

漏电报警插座的电路如图6-11所示。限流电阻器R1和晶体二极管VD1、稳压二极管VD3、电容器C等组成了简易半波整流稳压滤波电路，向报警电路提供稳定的5V直流电压；模拟声集成电路A和其外接振荡电阻器R2、压电陶瓷片B组成了模拟警笛声发生器。

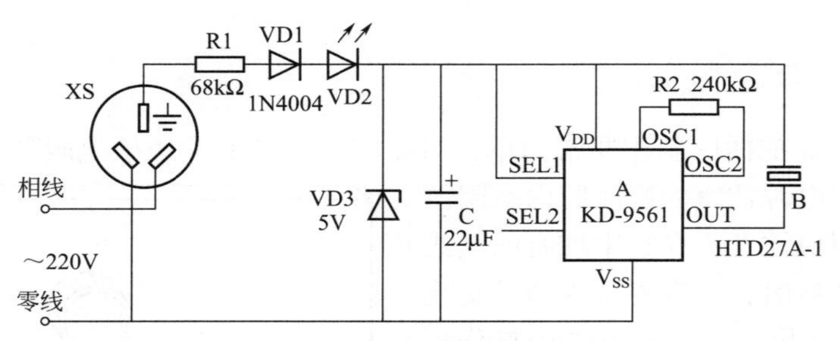

图6-11 漏电报警插座电路图

平时，由于限流电阻器R1的左端与三孔插座XS中悬空的大地接线端相接，故报警电路无工作电流，发光二极管VD2不发光，压电陶瓷片B无声。

一旦外壳漏电的家用电器接入三孔插座XS，漏电电流便会通过XS的相线（火线）孔、家用电器的金属外壳、XS的大地线孔、报警电路和电网零线（地线）构成回路。漏电电流通过电阻器R1限流、晶体二极管VD1半波整流后，使发光二极管VD2点亮；与此同时，漏电电流通过稳压二极管VD3，在它两端输出稳定的5V直流电压，经电容器C滤波后，使模拟声集成电路A和电阻器R2构成的模拟声发生器工作，压电陶瓷片B即发出警笛声来，提醒用户对电器及时断电进行维修。

该漏电报警电路的报警电流小于0.4mA，远低于国家规定的漏电保护器额定动作电流（＜30mA）。

6.5.2 元器件选择

A 选用 KD-9561 型四声模拟声报警专用集成电路。该集成电路采用软封装形式（如图 6-12 左边所示），芯片尺寸为 32.5mm×10mm。其中 SEL1 和 SEL2 是两个选声端，按图 6-11 接法，会产生模拟警笛声电信号；如将 SEL1 改接在 V_{SS} 端，则产生模拟救护车电笛声信号；如将 SEL1 悬空、SEL2 接 V_{DD} 端，则产生模拟机枪声信号；如将 SEL1、SEL2 都悬空，则产生模拟消防车电笛声信号。制作时，读者也可根据个人喜好选择另外三种声音中的一种。

VD1 选用 1N4004 或 2CP18 型硅整流二极管；VD2 宜选用 ϕ5mm 红色高亮度发光二极管；VD3 用稳定电压是 5V、最大耗散功率是 0.25W 的普通硅稳压二极管，如 1N4619、2CW51 型等。

C 用 CD11-10V 型电解电容器，标称容量取 22μF。R1 用 RTX-1/2W 型碳膜电阻器，标称阻值取 68kΩ；R2 用 RTX-1/8W 型碳膜电阻器，标称阻值取 240kΩ。

B 用带简易助声腔的 FT-27 或 HTD27A-1 型压电陶瓷片，其构成和外形如图 3-4 所示。XS 为市售普通交流电三孔插座。

6.5.3 制作与使用

图 6-12 为该漏电报警插座的印制电路板接线图。印制电路板用刀刻法制作，实际尺寸约为 34mm×34mm。

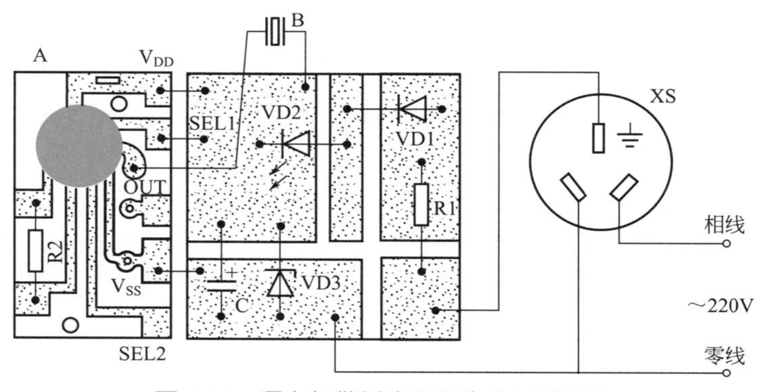

图 6-12 漏电报警插座印制电路板接线图

除压电陶瓷片 B 和三孔插座 XS 外，其余电子元器件均插焊在自制的印制电路板上。模拟声集成电路 A 通过 3 根硬导线垂直插焊在电路板上。焊接时注意：电烙铁外壳一定要良好接地，以免交流感应电压击穿模拟声集成电路 A 内部的 CMOS 电路！

家电漏电报警插座的组装有两种方案可供选择：一种方法是将报警电路板装入单独自制的尺寸约为 40mm×40mm×20mm 的绝缘小盒内，盒面板分别为压电陶瓷片 B、发光二极管 VD2 开出释音孔和发光孔，盒内电路板通过两根外引塑皮电线与三孔插座 XS 相接。其特点是插座和报警盒自成一体，组装和使用都比较方便、灵活，不足之处是外观性较差。另一种方法是将三孔插座 XS 选择成市售多用长方形插座，拆除插座内三孔插销以外的两孔插销，开辟出空间，供固定安装报警电路用。这时面板上已经无用的插头眼孔稍经加工，就巧妙地改造成了压电陶瓷片 B 的释音孔和发光二极管 VD2 的发光孔。其特点是报警电路与插座融为一体，外观与普通插座别无两样，使用起来更加方便。

此漏电报警插座只要元器件质量有保证、焊接无误，不用调试就能正常工作。为了检验报警电路性能是否良好，可将 220V 交流电（注意安全）引入三孔插座的中孔（大地线孔）和零线（地线）孔。如果报警电路产生声光信号，说明线路正常；如果无声也无光，说明报警线路有故障，应重点检查元器件质量是否有保证，焊接是否有差错，直到有声、光信号为止。

使用时，按常规方法将报警插座接入 220V 市电电路。应特别注意电源线的相线（火线）、零线（地线）位置不可接反，否则起不到漏电告警作用。另外，使用普通二极插头的家用电器，应换用与漏电报警插座相配的三极（三爪）插头，并将家用电器的金属外壳通过塑皮电线接插头内的大地线（非 220V 市电零线）端。

6.6 漏电保护插座

这里介绍一种组装在三孔插座底座腔内的漏电保安器，它对所保护电器无任何附加条件，使用很方便。一旦用电器的金属外壳带电，不论人体是否接触到，它都会在 0.1s 内自动切断电器电源，同时反复发出响亮的“有电危险，请勿靠近”报警声，起到有效的双重保安作用。

该漏电保护插座可以说是前面所介绍“漏电报警插座”的升级制作，在电气设备发生漏电故障时，它不仅发出语音告警声，而且自动切断插座的供电，保安效果更佳，具有普遍推广价值。

6.6.1 工作原理

漏电保护插座的电路如图 6-13 所示，整个电路由漏电信号检出、语音报警和用电器自动断电开关三部分电路构成。

平时，漏电保护电路不工作，其静态直流总电流实测为零。当外壳漏电的用电器接入三孔插座 XS 时，泄漏电流便会通过三孔插座 XS 的中孔并经自复位按钮开关 SB1，限流电阻器 R1，光电耦合器 A1 的第 1、2 脚及整流二极管 VD1 与电网零线构成回路，使光电耦合器 A1 的内藏发光二极管点亮，对应内藏光敏三极管由原来的截止状态转为导通状态，单向晶闸管 VS 获得触发电流而导通。于是，继电器 K 通电动作，其常闭触点 K1、K2 跳开，三孔插座 XS 自动停止对用电器供电；与此同时，语音集成电路 A2 反复输出内储语音电信号，经晶体三极管 VT 功率放大后，推动扬声器 B 反复发出“有电危险，请勿靠近”的告警声。主人闻讯后，只有拔掉漏电用电器的电源插头，并按动一下常闭型按钮开关 SB2，方可解除报警声，三孔插座 XS 才会恢复供电。

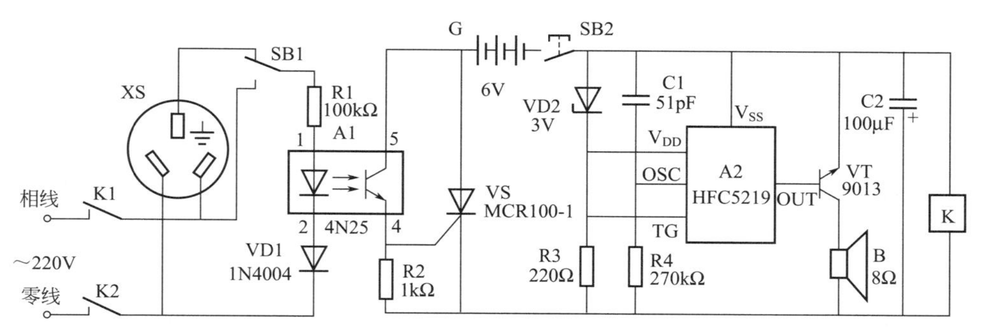

图 6-13　漏电保护插座电路图

电路中，光电耦合器 A1 将交流电与低压报警及自动开关控制电路隔离开来，以防止用户更换干电池 G 时发生触电事故。SB1 为检验按钮开关，按下它时能产生模拟人为漏电电流，主要方便用户随时考核电路性能。电阻器 R3、稳压二极管 VD2 组成简易稳压电路，向语音集成电路 A2 提供合适的 3V 工作电压；C1、R4 分别为语音集成电路 A2 的外接振荡电容器和电阻器，适当改变其数值，可获得速度、音调最为满意的报警声。

经实测，当用电器外壳有 150kΩ 的漏电阻时，该漏电保护插座就能可靠工作。其工作电流最小为 220V/(150Ω+R_1)=0.88mA，远小于国际上对漏电保护器规定的额定动作电流（≤ 10mA）。

6.6.2　元器件选择

A1 采用 4N25 型光电耦合器，它采用双列直插式 6 脚塑料封装，内藏一个发光二极管和一只光敏三极管，可很方便地实现“电 - 光 - 电”转换耦合，其外形及引脚功能示意图见图 4-13。

A2 选用 HFC5219 型语音集成电路，它采用软封装形式制作在尺寸仅为 20mm×14mm 的小印制电路板上，使用很方便。HFC5219 的主要参数：工作电压范围 2.4 ～ 3.6V，输出电流≤ 3mA，静态总电流＜ 1μA，工作温度范围 -10 ～ 60℃。

VS 用 MCR100-1 或 BT169、CR02AM、2N6565 型等小型塑封单向晶闸管，其外形和引脚排列参见图 1-17。VT 用 9013（集电极最大允许电流 I_{CM}=0.5A，集电极最大允许功耗 P_{CM}=625mW）或 3DG12 型硅 NPN 中功率三极管，要求电流放大系数 β ＞ 100。VD1 用 1N4004 型硅整流二极管；VD2 用 3V、0.25W 硅稳压二极管，如 2CW51、1N4619 型等。

K 选用适合在印刷电路板上直接焊接的 JZC-22F/2Z-06 型超小型中功率电磁继电器，其外形和引脚排列参见图 3-22。该继电器体积很小（仅为 22.5mm× 16.5mm×16.5mm），有两组转换触点，接点容量为交流 2A×220V。

R1 ～ R4 一律用 RTX-1/8W 型碳膜电阻器。C1 用 CC1 型瓷介电容器，C2 用 CD11-

10V 型电解电容器。SB1 用小型复合按钮开关，SB2 用小型自复位常闭按钮开关。B 宜用 ϕ21 ～ 27mm 微型动圈式扬声器。G 用 4 节 5 号干电池串联（配塑料电池架）而成，电压 6V。

6.6.3 制作与使用

图 6-14 为该漏电保护插座的印制电路板接线图。印制电路板最好采用环氧基质单面铜箔板制作，实际尺寸约为 45mm×45mm。语音集成电路 A2 借助 5 根软导线垂直插焊在电路板上。焊接时电烙铁外壳一定要良好接地，以免交流感应电压击穿语音集成电路 A2 内部的 CMOS 电路！

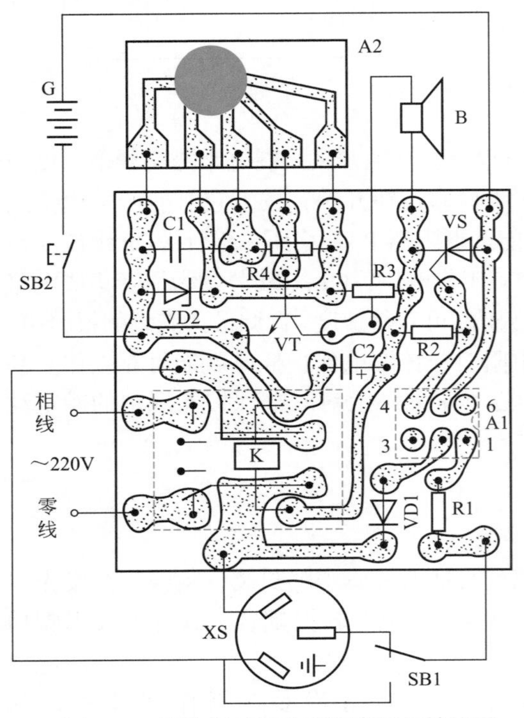

图 6-14　漏电保护插座印制电路板接线图

焊好的电路板连同干电池 G、扬声器 B 一同装入体积合适的绝缘密闭小盒中，在小盒面板上固定安装市售三孔插座 XS 和小型按钮开关 SB1、SB2，并注意在适当位置处为扬声器B开出释音孔。

本装置只要所用元器件良好、焊接无误，不需要任何调试就能正常工作。安装时应注意电源线的相线、零线位置不可搞错，否则电路将起不到漏电自动断电报警作用。另外，使用普通二极插头的用电器，在接入该漏电保护插座时，应改换成三极插头，用电器的金属外壳应接插头内的地线（非零线）端。

漏电保护插座在投入使用之前或使用一段时间后，应检验保安性能是否良好，干电池是否失效。正常情况下，只要按动一下检验按钮开关 SB1，装置应立即发出声音，并且自动切断三孔插座 XS 的供电；再按动一下复位按钮开关 SB2，语音报警声停止，三孔插座 XS 又恢复到正常时的供电状态。

6.7 市电相线、零线防接反装置

某些用电器对市电相线、零线的连接有严格要求，不允许接反，否则就可能损坏电器或发生触电事故。

本装置能在市电相线、零线接反时，自动换接，从而可靠地保证电器和人身安全。

6.7.1 工作原理

市电相线、零线防接反装置的电路如图 6-15 所示。E 点接大地线，K_{Z1}、K_{Z2} 均为电磁继电器 K 的两组转换触点。

当用电器按要求 L 端接 220V 交流电的相线、N 端接零线时，N、E 间电压为零，发光二极管 VD5 不亮，电磁继电器 K 不动作。此时，220V 交流电的相线 L 经转换触点 K_{Z1} 的常闭组触点与用电器 L 端接通，零线 N 经转换触点 K_{Z2} 的常闭组触点与用电器 N 端接通。

当用电器的 L 端接 220V 交流电的零线、N 端接相线（接反）时，N、E 间约 220V 的交流电就会经电容器 C1 降压限流、晶体二极管 VD1 ～ VD4 桥式整流和电容器 C2 滤波，输出约 12V 直流电压，使发光二极管 VD5 通电发光，表示输电线接反；同时，电磁继电器 K 得电吸合，其转换触点 K_{Z1}、K_{Z2} 的常开组触点立即接通，自动将 220V 交流电的相线 L 经转换触点 K_{Z1} 的常开组触点换接在用电器的 L 端，零线 N 经转换触点 K_{Z2} 的常开组触点换接在用电器的 N 端，保证用电器相线、零线不被接反。

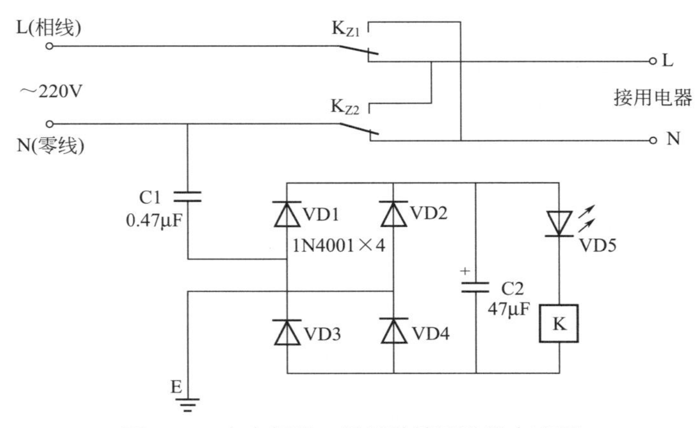

图 6-15 市电相线、零线防接反装置电路图

6.7.2 元器件选择

电磁继电器 K 选用具有两组转换触点、线圈工作电压为 12V、吸合电流为 20mA 的高灵敏电磁继电器，并要求触点电压为交流 220V，负荷大小根据用电器功率确定。

VD1 ～ VD4 均用 1N4001 或 1N4004 型硅整流二极管，VD5 可用 ϕ5mm 普通发光二极管。C1 用优质 CBB13-630V 型聚丙烯电容器，C2 用 CD11-25V 型电解

电容器。

6.7.3 制作与使用

图 6-16 是该市电相线、零线防接反装置的印制电路板接线图。印制电路板实际尺寸仅为 45mm×25mm。

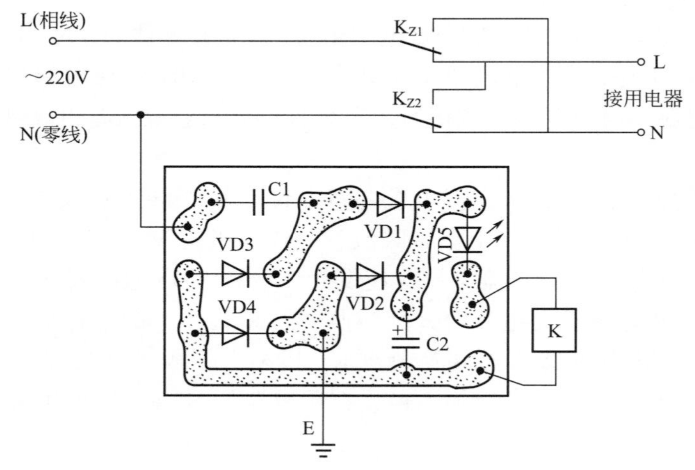

图 6-16 市电相线、零线防接反装置印制电路板图

焊接好的电路板连同电磁继电器 K 一块装入一体积合适的绝缘密闭小盒内，并在盒面板开孔伸出发光二极管 VD5 的发光帽。也可将整个电路直接加装在被控用电器机壳内的空隙处，发光二极管 VD5 则固定在用电器外壳的面板上。

装配好的市电相线、零线防接反装置，只要电路元器件质量有保证、焊接无误，一般无须任何调试便可投入使用。

6.8 单相电错相保护器

单相变压器维修时相线搭错的事屡有发生，这时照明电路的两线不再是相线和零线，都成为相线，两线之间的电压由 220V 猛升为 380V，从而对各种用电器具造成严重损坏。另外，在三相四线制电路中，当中性线受大风或人为破坏而造成断开时，中性线对各相电压的平衡作用消失，使负荷小的照明电路电压升高，同样有可能造成用电器具的损坏。

这里介绍的单相电错相保护器，可安装在用户配电盘（箱）或被保护的用电器具上，一旦电网发生错相等非正常电压升高故障，它便会马上切断用电器具电源，并发出“叮-

咚……”报警声，从而使用电器具免遭过压损坏。

6.8.1 工作原理

单相电错相保护器的电路如图 6-17 所示。电容器 C1、晶体二极管 VD1 ~ VD4、稳压二极管 VD5 和滤波电容器 C2 等组成了电容降压式直流稳压电源，向错相保护电路提供约 12V、≤ 110mA（交流 380V 时测试）的直流电源。小氖泡 HL1、HL2 与对应光敏电阻器 RL1、RL2 组成了两个光电耦合器。K 为电磁继电器，其中 K_D 为其常闭触点。HA 为报警专用电子音源器件。

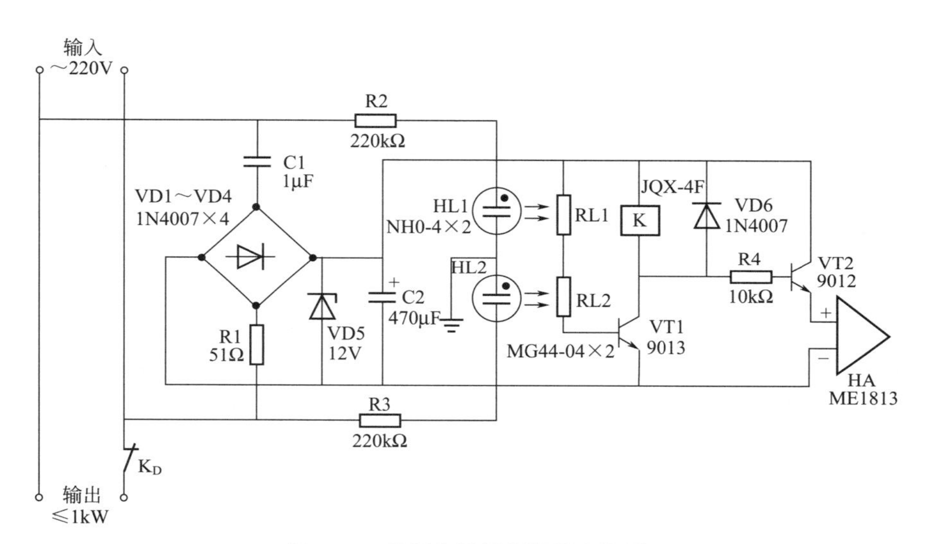

图 6-17 单相电错相保护器电路图

当交流供电线路正常时，与相线相接的小氖泡启辉发光，与零线相接的小氖泡不发光，这样光敏电阻器 RL1、RL2 中必定有一个因无光照而呈高电阻值（≥ 2MΩ）。由于光敏电阻器 RL1、RL2 串联后作为晶体三极管 VT1 的偏置电阻，故晶体三极管 VT1 会因无合适偏流而处于截止状态，电磁继电器 K 不工作；晶体三极管 VT2 亦截止，电子音源器件 HA 不发声。一旦交流电路发生错相，原零线也变为相线，于是小氖泡 HL1、HL2 均发光，光敏电阻器 RL1、RL2 均呈低电阻，晶体三极管 VT1 获得合适偏流而饱和导通，电磁继电器 K 通电吸合，其常闭触点 K_D 自动切断被保护电器具的电源；与此同时，晶体三极管 VT2 亦导通，电子音源器件 HA 得电发出“叮 - 咚……”报警声。

电路中，R1 为限流保护电阻器，主要是将电路通电时的瞬间强电流（C1 两端电压不能突变，而电流可以突变）限制在一定范围内，保护晶体二极管 VD1 ~ VD4 和稳压二极管 VD5 不因过流而损坏；R2、R3 分别为小氖泡 HL1、HL2 的限流电阻器。VD6 为晶体三极管 VT1 的保护二极管，它能将电磁继电器线圈产生的自感电动势短路，避免这个自感电动势与电源电压叠加后击穿晶体三极管 VT1。

6.8.2 元器件选择

晶体管 VT1 用 9013（集电极最大允许电流 I_{CM}=0.5A，集电极最大允许功耗 P_{CM}=625mW）或 3DG12、3DK4 型硅 NPN 中功率三极管，VT2 用 9012（I_{CM}=−0.5A，P_{CM}=625mW）或 3CG23 型硅 PNP 中功率三极管，均要求电流放大系数 β > 100。VD1 ～ VD4、VD6 一律用 1N4007 型硅整流二极管；VD5 用 12V、1W 普通硅稳压二极管，如 2CW110、1N4742 型等。

HL1、HL2 均采用顶端带有放大镜的 NHO-4 型小氖泡，其他启辉电压为 60V 左右的同类小氖泡也可代换。RL1、RL2 均用 MG44-04 型塑料树脂封装光敏电阻器，其他亮阻≤ 10kΩ、暗阻≥ 2MΩ 的光敏电阻器也可直接代用。R1 用 RJ-1W 型金属膜电阻器，R2 ～ R4 均用 RTX-1/4W 型碳膜电阻器。C1 用 CBB13-630V 型聚丙烯电容器，C2 用 CD11-25V 型电解电容器。

K 选用 JQX-4F 型高灵敏、中功率电磁继电器，要求线圈额定工作电压 12V；选用 2Z 形式触点，将所用两组常闭触点并联起来，以增大带负载能力。HA 用能够发出“叮 - 咚”声的 ME1813 型两针式电子音源器件，其外形结构及尺寸参见图 5-13。

6.8.3 制作与使用

图 6-18 为该单相电错相保护器的印制电路板接线图。印制电路板实际尺寸约为 85mm×50mm。印制电路板也可直接采用相同大小的单孔“洞洞板”，并充分利用元器件引脚飞线连接，以省去加工专用印制电路板的麻烦。

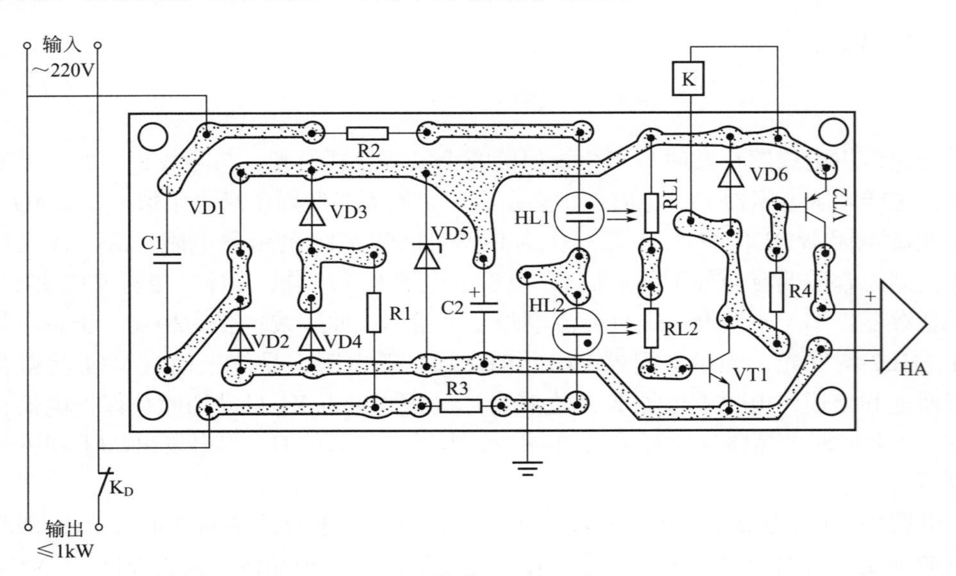

图 6-18 单相电错相保护器印制电路板图

小氖泡 HL1、LH2 与对应光敏电阻器 RL1、RL2 在焊入电路板前，应像图 2-29 所示的那样，事先对顶装入两段黑色塑料管中，并用沥青封固管口，以自制成两个简易光电耦合器。焊接好的电路板连同电磁继电器 K 一起装入体积合适的绝缘密闭小盒内。盒面板开出 ϕ32mm 的孔，伸出电子音源器件 HA 的释音部分；盒侧面开孔引出 4 根外接线（也可通过电工常用的四眼胶木接线端子连接内外线）。

该单相电错相保护器的带载（被保护电器具）能力可达 1000W。只要元器件质量有保证、焊接无误，无须任何调试便可投入使用。注意：小氖泡 HL1、HL2 的公共接点必须接上良好的大地线（可共用电器具金属外壳接地保护线），否则电路无法正常工作。

6.9 “高压危险”警告牌

在一些高压电器、变电所、高压开关柜等危及人身安全的场所，常挂有“高压危险，行人止步”之类的警告牌。这种警告牌日久极易失落或经风吹日晒变得字迹模糊不清，且夜间又不易被人发觉，因而不能够很好地起到安全告警作用。

为此，笔者试制了一种新颖实用的语音式“高压危险”警告牌，当其周围 4m 范围内有人走动时，它会反复发出“有电危险，请勿靠近”的响亮告警声，非常适合用来取代传统的高压警告牌，具有普遍推广价值。

6.9.1 工作原理

“高压危险”警告牌的电路如图 6-19 所示。晶体三极管 VT1、电容器 C1、天线 W 等组成简易多普勒效应传感器，它实质上是一个微波段自激振荡器；晶体三极管 VT2 和 VT3 等组成超低频信号放大器，为语音集成电路 A1 提供正脉冲触发信号；语音集成电路 A1、晶体三极管 VT4、扬声器 B 等组成模拟语音发生器；固定式三端集成稳压器 A2、电源变压器 T、晶体二极管 VD2 ～ VD5、电容器 C6 和 C7 等组成交流电变换器，为告警电路提供稳定的 5V 直流电压。

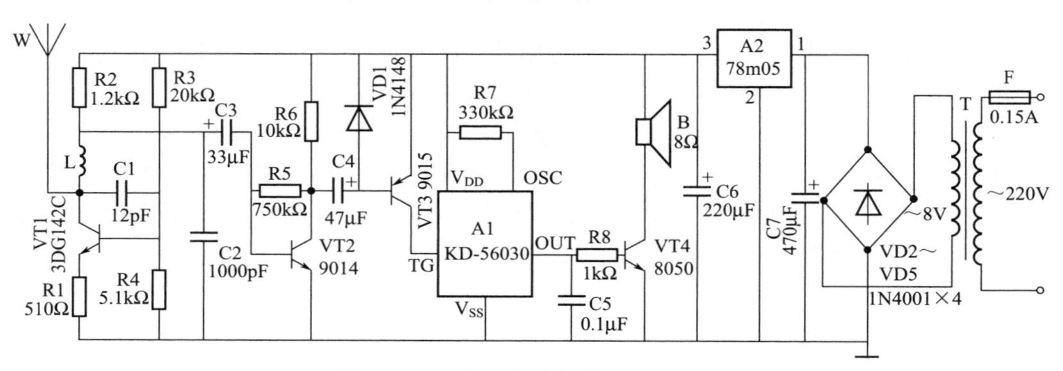

图 6-19 “高压危险”警告牌电路图

接通电源后，天线 W 向周围空间发射出频率为 500 ～ 600MHz 的电磁波，其有效覆盖范围是一个半径≤ 4m 的圆区域。当有人进入该区域内时，根据电磁波的多普勒效应，人体的反射波就会通过天线 W 使晶体三极管 VT1 的自激振荡幅度和频率都发生变化，从而导致电容器 C2 两端电压发生波动。该波动电压的变化频率与人体活动快慢有关，而幅度大小与人体距天线 W 的距离成正比。波动电压经电容器 C3 耦合、晶体三极管 VT2 放大后，通过电容器 C4 加到晶体三极管 VT3 基极，使晶体三极管 VT3 瞬间导通，语音集成电路 A1 即获得正脉冲触发信号而工作，其 OUT 端输出长约 7s 的模拟语音电信号，经电容器 C5 滤波和晶体三极管 VT4 功率放大后，推动扬声器 B 连续发出两遍“有电危险，请勿靠近”的女中音告警声来。如果语音集成电路 A1 连续受到触发，则告警声就会反复不休，直到来人退出警戒区域为止。

电路中，R7 是语音集成电路 A1 的外接振荡电阻器，其阻值大小影响语音声的速度快慢和音调高低。C5 主要用于滤去语音集成电路 A1 输出信号中一些不悦耳的谐波成分，使语音声音质得到很大改善。R8 主要起限流作用，能防止功率放大三极管 VT4 因电流放大系数 β 过高而产生的自激现象。

6.9.2 元器件选择

A1 选用 KD-56030 型“有电危险，请勿靠近”语音集成电路，它采用黑胶封装形式制作在一块尺寸约为 23mm×14mm 的小印制电路板上，并给有外围元件焊接脚孔，使用很方便。KD-56030 的主要参数：工作电压范围为 2.4 ～ 5.5V，典型值为 3V；触发端允许输入电压范围 (V_{SS}-0.3) ～ (V_{DD}+0.3)V，音频输出端驱动电流≥ 1mA，静态耗电≤ 1μA；使用温度范围 -10 ～ +60℃。

A2 选用 78M05 型（5V、0.5A）固定式三端集成稳压器。

晶体管 VT1 用截止频率 f_T ≥ 800MHz 的硅 NPN 高频小功率三极管，如 3DG142C 或 9018 型等，要求电流放大系数 β ＞ 50；VT2 用 9014 或 3DG8 型硅 NPN 小功率三极管，要求 β ＞ 150；VT3 用 9015 或 3CG21 型硅 PNP 小功率三极管，要求 β ＞ 80；VT4 用 8050 型硅 NPN 中功率三极管，要求 β ＞ 100。VD1 用 1N4148 型硅开关二极管；VD2 ～ VD5 用 1N4001 型硅整流二极管。

R1 ～ R8 一律用 RTX-1/8W 型碳膜电阻器。C1、C2 用 CC1 型高频瓷介电容器，C5 用 CT1 型低频瓷介电容器，其余均用 CD11-16V 型电解电容器。

高频扼流圈 L 用 ϕ0.51mm 漆包线在 ϕ5mm 圆柱上绕 5 匝脱模而制成空心线圈。W 用一根长 30 ～ 50cm 的小型半导体收音机专用拉杆天线。B 用 8Ω、1W 动圈式扬声器。T 用市售正品 220V/8V、5W 电源变压器，以确保长时间轻载运行不过发热。F 用 BGXP-0.15A 型普通保险管，要求配带简易塑料管座。

6.9.3 制作与使用

图 6-20 为该“高压危险”警告牌的印制电路板接线图，印制电路板实际尺寸约

为 75mm×35mm。焊接时注意：电烙铁外壳一定要良好接大地，以免交流感应电压击穿语音集成电路 A2 内部的 CMOS 电路！

焊接好的电路板连同电源变压器 T、扬声器 B 和保险管 F 等全部装入一体积合适的塑料机壳内。机壳适当位置事先开出小孔，分别从孔内拉出天线 W 和引出电源线，并为扬声器 B 开出释音孔。

电路调试步骤如下：首先，接通电源，使固定式三端集成稳压器 A2 输出稳定的 5V 电压。将万用表拨至直流 2.5V 挡后跨接在电阻器 R1 两端，在 20 ～ 30cm 的范围内调节天线 W 长度，使万用表指针读数达到最大值（约 0.45V），即获最佳探测人体活动灵敏度。如果万用表读数相差太多，可先通过改变电阻器 R3 的阻值加以调节，接着调天线 W，直至符合要求。然后，测量电阻器 R6 两端电压是否为 2V 左右。如果相差太大，可通过改变电阻器 R5 的阻值加以调节。最后，听告警声速度和音调是否满意。如不满意，可通过改变语音集成电路 A1 的外接振荡电阻器 R7 阻值来加以调节。R7 取值范围一般在 240 ～ 390kΩ 之间。

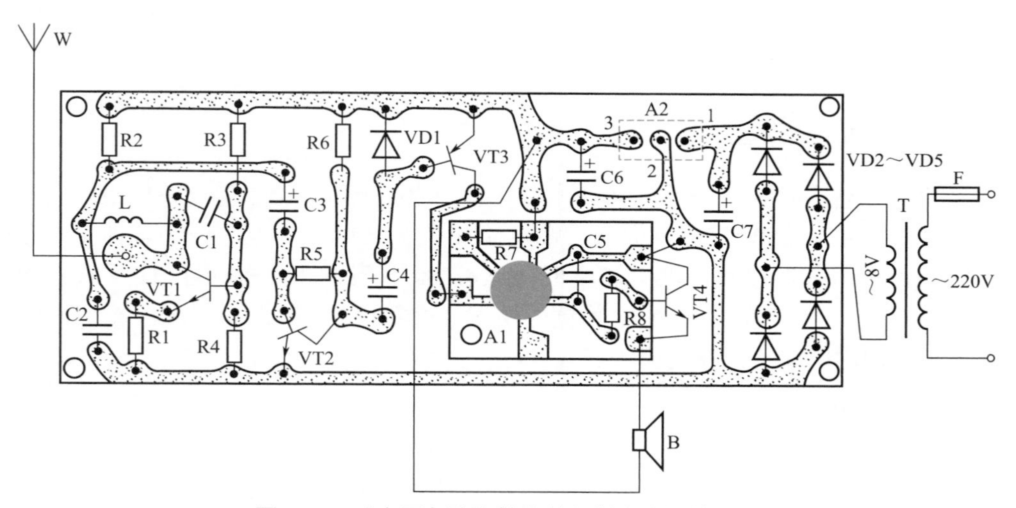

图 6-20 “高压危险”警告牌印制电路板接线图

该“高压危险”警告牌在实际使用时，应注意以下三点。

① 警告牌的监视范围是一个以天线 W 为圆心的圆区域。故实际使用时最好将警告牌安装在高压电器、高压开关柜等的上面或现场中央，并注意天线与地面尽量保持垂直。一般情况下，警告牌的监视半径不低于 4m。使用中通过适当微调天线 W 的长度，可改变监视距离。

② 警告牌具有能够近距离监视隔墙或隔玻璃等的人体走动特性，安装时可充分加以利用。

③ 警告牌除对人体走动作出反应外，还能对运动物体产生反应。故在室内安放时应注意避开空调排气口和窗帘等，以免外部气流使扇叶转动、窗帘飘动而引起误发声。

6.10 多功能配电箱

这里介绍的多功能配电箱将传统电气保安器件（如：螺旋式熔丝、过流开关等）与新型电子保安器件有机结合起来，其特点是：设计新颖、性能优良、实用性强；它具有过流自动断电、过压自动断电、漏电自动断电、自动稳压、电源“净化”和备用发电机供电手动切换等多种功能。

该多功能配电箱是笔者于1999年上半年为某地县委机要室专门设计制作的（实物照片见图1-62），经长期实际使用证明效果良好，曾数次在电网电压异常升高、附近居民家用电器大量损坏的情况下，自动保护了机要室的用电设备，得到上级有关部门表扬。随后，笔者又应邀为相邻数县的县委机要室制作了这种配电箱，为确保计算机、传真机等设备良好运行发挥了作用，得到使用者一致好评。

6.10.1 工作原理

多功能配电箱的电路如图6-21所示，它采用成品电气、电子保安器件组合而成。因此接线很简单。220V交流电通过三极电源插头XP1输入配电箱，经多种保安器件等检测和处理后，通过六路供电插座板A4输出配电箱。红色指示灯H1反映电网供电情况，绿色指示灯H2反映配电箱供电情况。交流电流表PA指示配电箱实际输出电流大小（即用电器总工作电流）。

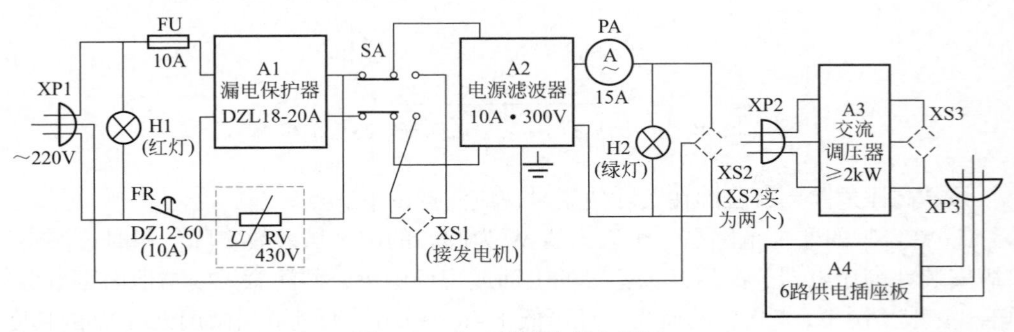

图6-21　多功能配电箱电路图

A1为单相漏电保护器，其外形参见图1-57。当配电箱和用电器发生漏电故障、人体对地发生触电事故时，它均会自动切断供电。动作电流≤30mA，动作时间≤0.1s。A1还与压敏电阻器RV巧妙地组成了过压保护器，新增了两大功能：一是当电网发生错相（220V照明电压变成380V动力电压）时，快速切断供电；二是可滤除电网中引入的各种尖峰脉冲、雷电脉冲，使用电器免遭损坏。

单相漏电保护器A1与压敏电阻器RV所组成的过压、漏电保护器，其具体电路参见图1-56，详细原理见相关文字叙述，这里不再重复讲述。单相漏电保护器A1无论是因“漏电”还是“过压”而发生“跳闸”断电保护，待排除漏电故障或电网电压恢复正常后，只要手动合上单相漏电保护器A1上的主开关，即恢复正常供电。

A2为交流电源滤波器，它能够有效地滤除电网中各种杂波干扰信号，使音响音质更加纯正、彩色电视机或计算机显示器图像更加艳丽等。大家知道，由于种种原因会导致电网中存在各种成分的高频干扰信号，这些干扰信号将通过电源输入线窜入用电设备中，使放大器的信噪比大大下降并出现非线性失真，数字逻辑电路则会因干扰而呈现混乱不工作状态。这种高频干扰常称为传导干扰。传导干扰又分为常态干扰和共模干扰。所谓常态干扰又称对称干扰，是指两导线之间出现的干扰，其干扰频率较低；所谓共模干扰又称非对称干扰，是指每根导线与地（或机壳）之间出现的干扰，其干扰频率较高。为了有效消除或削弱传导干扰，专用交流电源滤波器产品便应运而生。

A3为交流调压器，它具有电压输入及输出指示、手动与自动调压、超压报警等多种功能。自动稳压时输入电压160～250V，输出电压220V±8%，输出功率≤2000W。A3的电源输入插头XP2接插座XS2，而电源输出插座XS3接六路供电插座板A4的电源输入插头XP3。A4包含输出电压表、对应每一个插座的电源开关和供电指示灯等，可供外接各种用电器。

FU为普通螺旋式熔断器，FR为普通过流开关。当交流调压器或用电器发生过流故障、输出线路发生短路故障时，过流开关FR会自动“跳闸”断开供电；排除故障后，合上手动闸柄即恢复供电。如果过流开关FR因故未自动“跳闸”，则熔断器FU会很快熔断，同样起到过流保护作用。

SA为转换开关，通过它可手动接通电网或备用发电机供电，有效避免由于操作者疏忽而造成发电机与电网并接事故发生。XS1为备用发电机电源输入插座。XS2实际上由两个相同的交流电源插座并联构成，一个向交流调压器A3供电（接A3的电源输入插头XP2）；另一个作为备用电源插座，在交流调压器发生故障或应急取电时，可在此插座接上用电器、外接调压器或多用交流电源插座向外供电。

6.10.2 元器件选择

A1选用国产DZL18-20A型漏电保护器（也称：漏电断路器、漏电保护开关），其实物照片参见图1-57。这种漏电保护器技术成熟、灵敏度高、性能稳定、应用广泛；它的主要技术指标：漏（触）电动作电流＜30mA，动作切断电源时间＜0.1s；工作电源为220V、50～60Hz单相交流电，最大负载电流20A；允许工作环境温度范围-5～40℃，相对湿度＜90%。

A2选用ZHC3210-03型交流电源滤波器（亦称电源“净化”器），其外形及尺寸如图6-22（a）所示，外形与普通日光灯用的铁外壳电感镇流器很相似，共有两个电源输入接线端、两个电源输出接线端、一个接地端（金属外壳接线端）。内部电路如图6-22（b）所示，主要由四个电容器C1～C4、两个共模阻流圈L1～L4、一个电阻器 R 组成。C1、C2 用于滤除常态干扰，它并接在两根电源线之间，对高频干扰信号的阻抗甚低，接近于短路；而对 50Hz 交流电的阻抗甚高，接近于开路，故可将传输在两线间的高频常态干扰信号滤除。C3、C4 用来滤除共模（非对称）干扰。L1 及 L2、L3 及 L4 用来衰减共模干扰，它对 50Hz 交流电的阻抗甚小，接近于短路；而对电源线与地之间的共模干扰信号则呈现很大的电感，能有效地抑制共模干扰。实测证明，它对频率为 100 ～ 1600kHz 干扰信号的衰减能力达 40dB 以上。L3 及 L4、L1 及 L2 同时也可阻止各种用电器中产生的对称性干扰信号进入电源网络。R 对电源网络及用电器中产生的尖峰脉冲也起到一定吸收衰减作用。A2 也可用工作电压 300V、输出电流 10A 的同类产品直接代换。

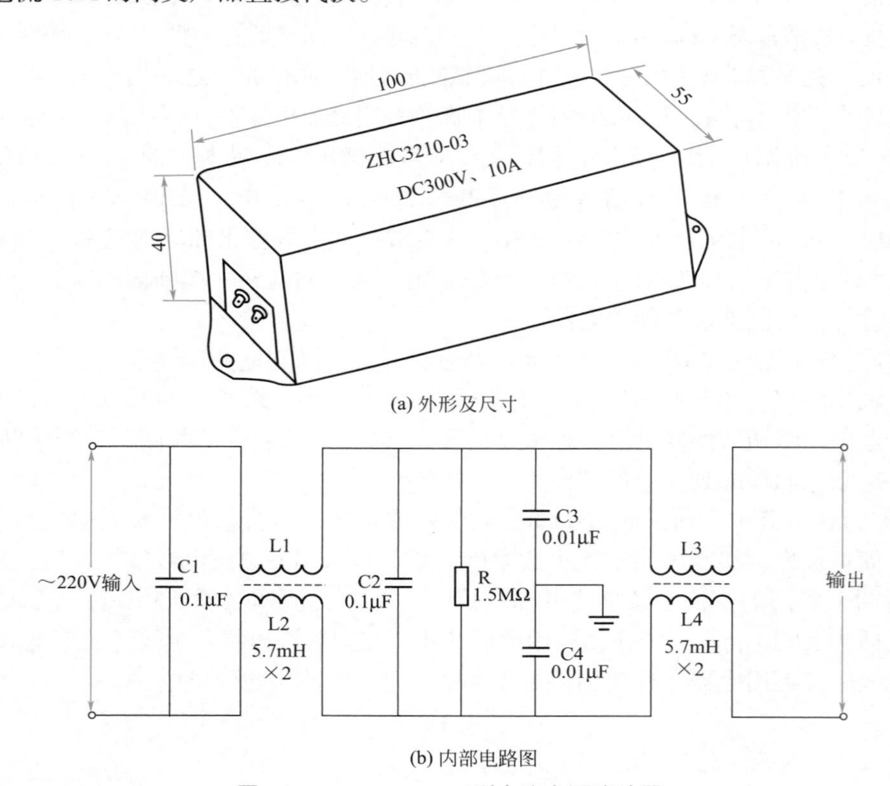

图 6-22　ZHC3210-03 型交流电源滤波器

A3 笔者采用了广东中山市电星电器实业有限公司生产的“电星牌”大范围、超低压、多功能交流调压器，它具有电压输入及输出指示、手动与自动调压、超压报警等多种功能；自动稳压时输入电压 160 ～ 250V，输出电压 220V±8%，输出功率最大为 2000W。A3 也可用输出功率≥ 2000W 的同类产品来直接代换。

A4 用市售普通六路供电插座板，要求带有输出电压表、各插座均设有对应的电源开关和供电指示灯，以方便使用。PA 用机装式 15A 交流电流表头。H1、H2 分别选用 220V 交流电红色和绿色指示灯。

FU 选用 RL1-10A/500V 型螺旋式熔断器。FR 选用 DZ12-60 型单极过流开关（也叫自动开关），要求动作电流为10A。RV选用MYG430-20D型氧化锌压敏电阻器，其标称电压（也称压敏电压）430V、最大峰值电流1000A，完全可满足使用要求；为便于安装，应将压敏电阻器RV事先装入一经过改造后的交流电源插座内。

转换开关SA采用控制电动机常用的倒顺开关，其型号为K03-15A或HY2-15A。XP1用普通250V、15A三爪交流电插头。XS1用机装式250V、15A三孔交流电插座；XS2（相同的两个并联）用普通250V、15A三孔交流电插座。

6.10.3 制作与使用

多功能配电箱的外形如图6-23所示，整个电路组装在一个尺寸约为62cm×40cm×36cm的“铁皮柜”内。柜子面板开孔安装指示灯H1和H2、交流调压器A3、交流电流表头PA；背面开孔安装六路供电插座板A4、接发电机的电源插座XS1，并通过包有外皮的三股电线引出电源插头XP1。柜内在一块铁皮上安装其余器件，注意连接电线必须能承受15A的交流电流。整个装配及布局如图6-24所示（实物照片见图1-62）。

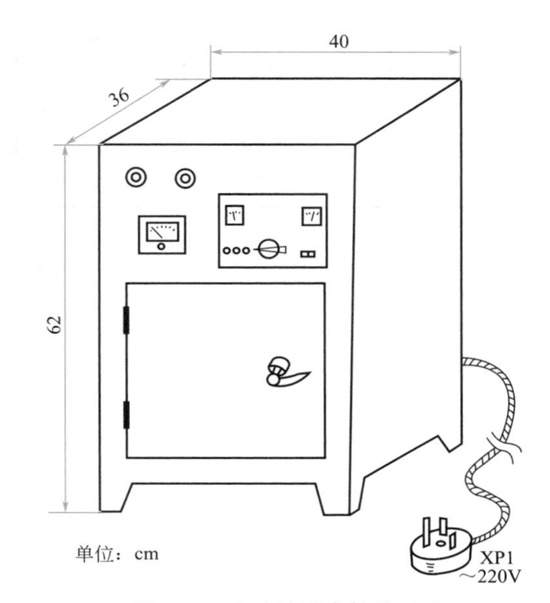

图6-23　多功能配电箱外形图

装配成的多功能配电箱，只要接线无误，无须任何调试便可投入使用。使用时注意：配电箱的电源插头XP1应接220V交流市电，箱背面的插座XS1应接通备用发电机；而箱内交流调压器A3的电源输入插头XP2应可靠插入插座XS2中，A3的电源输出插座XS3应可靠插入六路供电插座板A4的电源插头XP3。具体使用操作方法如下。

① 电网供电正常，红色指示灯H1亮；合上过流开关FR，将转换开关SA扳至左边位置，则绿色指示灯H2亮，用电器通电工作；交流电流表PA显示总供电电流。

② 电网停电，红色指示灯H1、绿色指示灯H2均灭。将转换开关SA扳至右边位置，启动备用发电机供电，此时绿色指示灯H2亮，交流电流表PA显示总供电电流。

③ 电网恢复供电，红色指示灯H1亮。这时可将转换开关SA扳至左边位置，并停止发电机发电，即恢复到步骤①的电网供电状态。

④ 红色指示灯H1亮、绿色指示灯H2灭，说明保护电路“动作”。应排除故障后，根据情况更换熔断器FU内的熔断体，或合上过流开关FR、合上漏电保护器A1的开关。熔断器FU内的熔断体是否熔断，可通过观察熔断体之指示粒是否跳出来判断；过流开关FR、漏电保护器A1是否“跳闸”，可通过观察其面板上扳动开关的位置来判断。

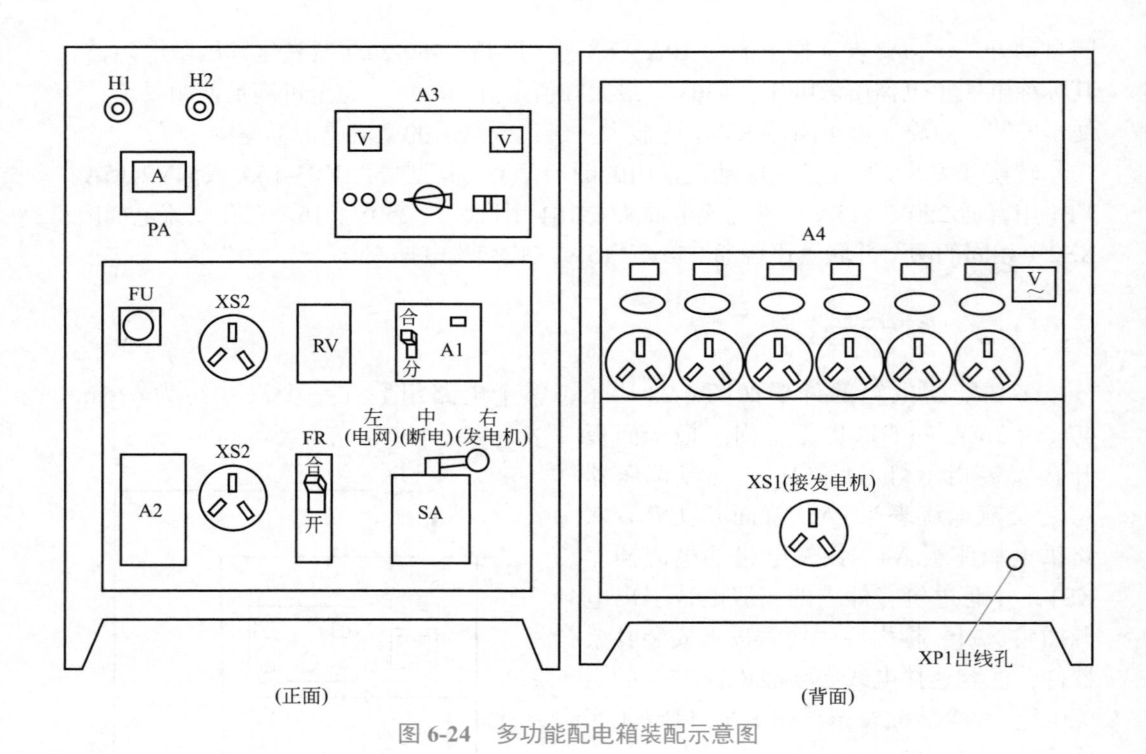

图 6-24 多功能配电箱装配示意图

第 7 章 电工工具类制作

电工测试仪表（器）是电工工作中不可缺少的工具。本章介绍了 10 个涉及电气安全检测、电参数测量、故障判断的实用电子制作项目，它们均出自笔者长期的实践，不仅简便易行，而且是非常有用的“电子化”电工常用工具。这些制作实例亦是读者在掌握了第 1 章“手把手教你学制作”入门制作技能后的延伸和提高，可根据需要选择并自行设计具体的制作步骤和流程等，充分发挥个人能动性开展“动手做”。读者通过制作与使用，会很快成为一名能够运用电子工具“摸电老虎屁股”的高手。

7.1 低压测电笔

测电笔又叫验电笔、试电笔，它是用来测试电线、用电器以及其他电气设备等是否带电的一种最常用简单工具。但一般氖管式测电笔所能指示的电压值都在100V以上，低于100V的电压，氖管式测电笔便无能为力。随着微电子技术在电气领域的广泛应用，广大电工及爱好者跟低电压打交道的机会越来越多。因此迫切需要一种能够像普通氖管式测电笔一样携带方便、使用简便的低压测电笔。

下面就向大家介绍一种出于以上需求而设计的低压测电笔。虽然它和普通氖管式测电笔一样不能定量地测出电压值，可是却能很方便地检验出被测试对象是否存在电压，是交流电压还是直流电压，以及电压的极性如何等。它制作简单、使用方便、体积小巧，的确是广大电工及其爱好者值得一用的低压检测小工具。

7.1.1 工作原理

低压测电笔的电路如图 7-1 所示。两只恒流二极管（也叫稳流二极管）VD1、VD2 反向串联后，构成了对称连接的交流恒流源；两只发光二极管 VD3、VD4 反向并联后，串入交流恒流源回路，用作发光显示。

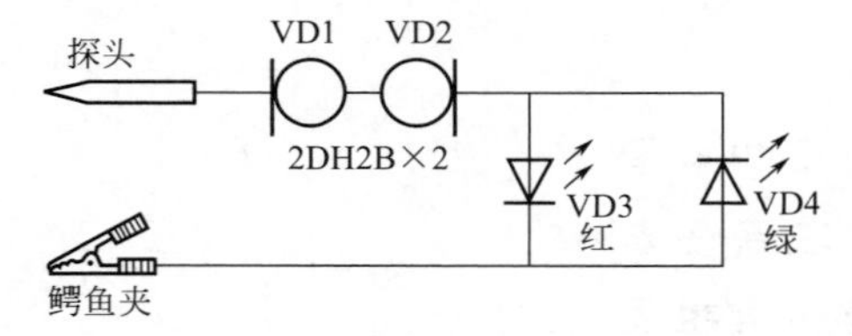

图 7-1 低压测电笔电路图

如被测电压是直流电，当探头接正极、鳄鱼夹接负极时，红色发光二极管 VD3 发光；探头接负极、鳄鱼夹接正极时，绿色发光二极管 VD4 发光。如果是交流电压，则 VD3、VD4 同时发光。使用者根据 VD3、VD4 是否同时发光，可区分出交流电和直流电来；根据 VD3 或 VD4 发光，可区分出直流电的极性来。

该低压测电笔的测压范围主要由恒流二极管 VD1、VD2 的饱和电压 U_s 和击穿电压 U_B 来确定，一般直流电压范围为 4.5 ～ 30V，交流电压有效值为 3 ～ 21V。测电笔耗电低，在测压范围内，工作电流始终等于 VD1 或 VD2 的恒定电流 I_H（这里取 2mA 左右）；正因如此，VD3、VD4 的发光亮度不会随着测试电压的不同而改变。

7.1.2 元器件选择

VD1、VD2 均用 2DH2B 型恒流二极管，它的外形、引脚排列和电路符号等如图 7-2 所示。其他恒定电流 I_H 在 2mA 左右、击穿电压 U_B 大于 30V 的恒流二极管，也可直接代用。

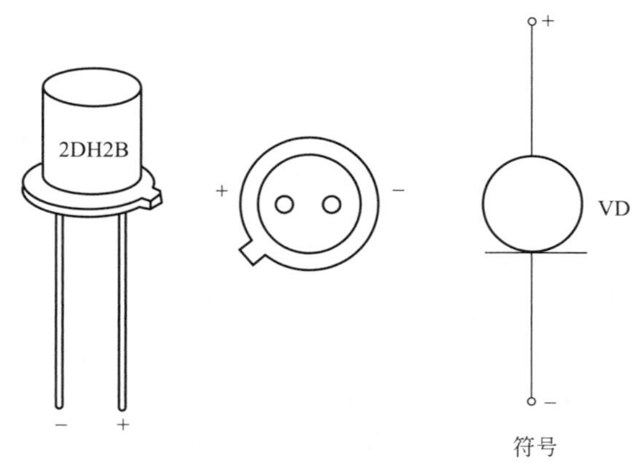

图 7-2 2DH2B 型恒流二极管

如果读者手头无恒流二极管，也可用 3DJ 型普通结型场效应管（外形及引脚排列参见图 3-25）来代替，其接线方法参见图 7-3。由于结型场效应管漏极 D 的特性曲线与恒流二极管的特性曲线很类似，因此这种代用品使用效果与恒流二极管十分相近，其恒流值 I_H 等于所用场效应管的饱和漏源电流 I_{DSS}，击穿电压 U_B 等于场效应管漏极 D 和源极 S 间的最大耐压 βU_{DS}，饱和电压 U_S 实测一般≤ 1.5V。

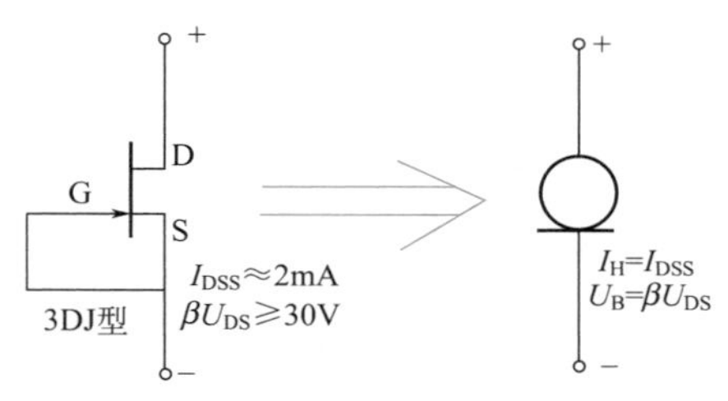

图 7-3 恒流二极管的代替

VD3 用 ϕ3mm 高亮度红色发光二极管，VD4 用 ϕ3mm 高亮度绿色发光二极管。探头用一段 ϕ2mm×40mm 左右的黄铜丝加工而成，要求外套一段长度略短于探头的红色塑料绝缘管。鳄鱼夹应选用市售小号产品，夹柄绝缘塑料颜色应选用黑色。

7.1.3 制作与使用

图 7-4 为该低压测电笔的印制电路板接线图。印制电路板可用刀刻法制作，实际尺寸约为 45mm×8mm。

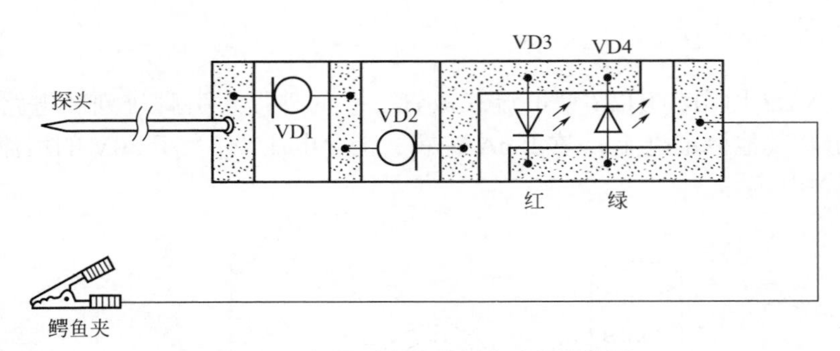

图 7-4 低压测电笔印制电路板接线图

焊接好的电路板如图 7-5 所示，直接装入一段尺寸约为 ϕ12mm×50mm 的塑料管内。要求在管体适当位置处事先开出两个 ϕ3mm 的小圆孔，以便伸出发光二极管 VD3、VD4 的发光管帽；管的两端可用橡皮塞封住，也可用塑料圆片粘封。探头也可用废圆珠笔铜笔头和长约 35mm 的一段油管芯来代替（铜笔头通过油管芯内的红色塑料外皮电线与电路板相接）；小型鳄鱼夹通过长 30cm 左右的黑色软塑料电线接到管内电路板即可。

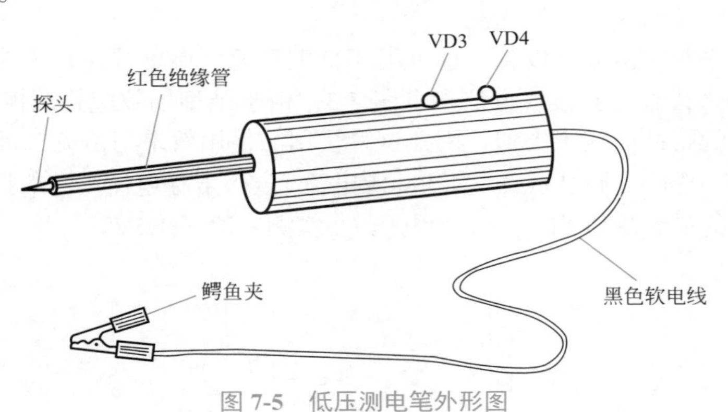

图 7-5 低压测电笔外形图

也可借用普通氖管式测电笔的外壳进行安装。具体方法是：打开普通氖管式测电笔，去掉里面的小氖管和高阻电阻器不用，在腾出的空间装入电路板。要求电路板接探头的一端与测电笔原有的笔头金属体相接（可在电路板接笔头金属体的板沿处包上一小块铜皮，并与电路板上的铜箔焊牢）；另一端通过长约 30cm 左右的黑色软塑料电线，从笔的尾部引接出小型鳄鱼夹。电路板上发光二极管 VD3、VD4 的管帽，应正好处在测电笔原有氖管发光窗口的位置，以便使用者观察其发光情况。

装配成的低压测电笔，只要元器件质量有保证、焊接无误，电路无须任何调试，便可投入使用。

使用时，将小型鳄鱼夹夹在被测试对象的公共地线端上，手持测电笔，用金属探头去接触各有关测试点。如果红色发光二极管 VD3 点亮，则说明探头接触点对地存在正电压；如果绿色发光二极管 VD4 点亮，则说明探头接触点对地存在负电压。如果两只发光二极管都点亮，则说明被测点上存在交流电压。如果 VD3、VD4 均不发光，则说明被测点无电压或电压低于 4.5V。

7.2 直流高压表

这里介绍的直流高压表最大量程达 5kV，在检修一些高压电子设备时非常有用，它具有电路简单、制作容易、实用性强的特点，可作为广大电子、电工爱好者在测量超出普通万用表直流电压挡最大量程直流高压时的辅助性仪表。

7.2.1 工作原理

直流高压表的电路如图 7-6 所示。被测直流高电压通过探头、高阻值电阻器 R1 ～ R5、50μA 表头、接地鳄鱼夹形成回路，由 50μA 表头直接指示出所测高电压的数值。

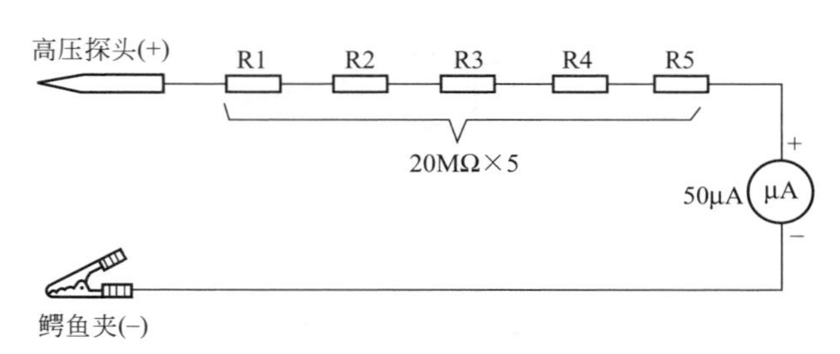

图 7-6 直流高压表电路图

流过 50μA 表头的电流 I，与被测高电压 U_X 之间遵循欧姆定律，即：$U_X=IR=I\times5\times20\text{M}\Omega=I\times100\text{M}\Omega$（忽略表头内阻）。显然，通过选择合适阻值的电阻器 R1 ～ R5，就会将电流表的刻度转换成对应的 kV，也就是利用 50μA 表头的刻度盘，可直接读出被测直流高压的大小。$R_1+R_2+R_3+R_4+R_5=100\text{M}\Omega$，则表头测量直流高压的范围是 0 ～ 5kV，测量灵敏度达 20kΩ/V，测量精度可达 ±5%。

7.2.2 元器件选择

表头宜选用最大量程是 50μA 的直流电流表，要求刻度盘精度尽可能高些、表头体积尽量小点，以缩小整个直流高压表的体积。如选用 91C3-50μA 型的表头，其外形尺寸仅 45mm×45mm×43mm，比较理想。

R1 ～ R5 均选用高阻值、高耐压的电阻器，标称阻值为 20MΩ。如果手头没有 20MΩ 的电阻器，也可采用 10 只 10MΩ 或 4 只 25MΩ 的电阻器串联后代替 R1 ～ R5。

探头可直接取自普通万用表上使用的高压红色表笔，也可用一段粗铜丝加工而成。鳄鱼夹宜选用市售小号或中号产品，夹柄绝缘塑料颜色应选用黑色，引线长度以60cm左右为宜。

7.2.3 制作与使用

整个直流高压表按照图7-7所示进行装配。电阻器R1～R5串联焊接在一块，并套上一段比较宽松的高压塑料绝缘管。表外壳可采用3mm厚的有机玻璃板粘接而成，高压探头穿过有机玻璃管（或高压塑料绝缘管）与内电路连接，探头穿管与壳体之间用环氧树脂胶灌封。

由于直流高压表用于测量上千伏的高压，因此要求电路焊点光滑，绝不允许有虚焊。焊接完毕后应先用酒精对电路及外壳进行清洗，然后进行高压试验。高压试验的目的有两个：一是检验一下测量的准确性；二是观察焊点及高压电阻器本身有无放电现象。若测量不准或有放电现象，必须进行排除。在高压试验没有故障的前提下，再用环氧树脂对套有压塑料绝缘管的电阻器R1～R5进行灌封，以加强绝缘性能。

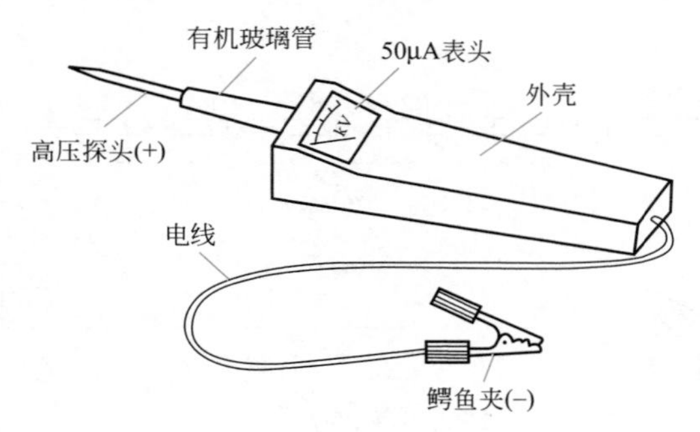

图7-7　直流高压表外形图

使用时，将黑色鳄鱼夹夹在被测试对象的公共地线端上，手持直流高压表，一边用金属探头去接触各有关测试点，一边直接从表头的刻度盘上读出指针读数，即为所测高压电压值。如果指针不动或微动，说明被测点电压较低，应改用低电压的普通万用表去测量；如果指针超出最大读数，说明被测电压已超出最大允许测量值5kV。

7.3 绝缘电阻表

绝缘电阻表也叫兆欧表（因其表盘上刻度读数的单位为“MΩ”而得名）或摇表（因指针式兆欧表使用时需要摇动表内的手摇发电机而得名）。绝缘电阻表作为一种常用的高电阻值测量仪表，其最基本的用途是测量电气设备的绝缘电阻，一般常用在测量高电阻值电阻器、导线间的绝缘电阻、电路对地绝缘电阻、电动机等线圈绕组间的绝缘电阻、家用电器的绝缘电阻、电缆的绝缘电阻等中。市售绝缘电阻表多以手摇发电机作测量时的高压电源，使用起来有点麻烦，加之价格较高，广大电子、电工爱好者难以接受。

这里介绍一种简易绝缘电阻表，它采用小功率直流变换器产生500V测试用高压，测量范围为0～500MΩ，具有使用安全、成本低廉等特点，适合电子、电工爱好者动手制作。由于采用电子电路产生所需要的高电压，从而取代了传统绝缘电阻表的手摇直流发电机，所产生的直流电压稳定、持续，不会像直流发电机那样受到手摇转速的影响，并实现了用一般的磁电式表头取代复杂的专用比率表头。

7.3.1 工作原理

绝缘电阻表的电路如图7-8所示，其中R_x是为便于说明原理而绘出的被测高阻值电阻。晶体三极管VT与升压变压器T、整流二极管VD2、滤波电容器C2等组成了电感储能式直流变换器，可从电容器C2两端输出500V直流电压，供测量用电。

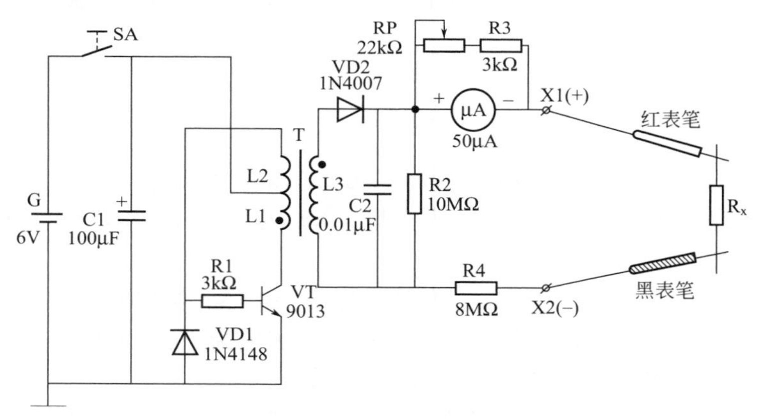

图7-8 绝缘电阻表电路图

接通电源，晶体三极管VT经电阻器R1获得上偏压开始导通，其集电极电流流过升压变压器T的绕组L1。由于绕组L1和L2的耦合作用，绕组L2将产生感应电动势，其方向使得晶体三极管VT更趋导通，于是形成正反馈，导致晶体三极管VT迅速由截止变为饱和导通。

在晶体三极管VT饱和导通期间，电源电压几乎都加到升压变压器T的绕组L1两端。绕组L1两端的电压约等于电池G的输出电压U_G。所以绕组L2两端感应电压为U_GN_2/N_1（N_1、N_2分别为绕组L1和L2的匝数），而且在饱和期间基本不变。这就使得晶体三极管VT的基极电流I_b基本上保持不变，集电极电流I_c一直上升到“β（为VT的电流放大系数）I_b”。此时I_c不再增加，保持一定值。因此升压变压器T的磁通不再变化，其绕组的感应电压消失，这就形成又一个正反馈过程，使晶体三极管VT很快由饱和导通转为截止。

晶体三极管 VT 的迅速截止，使升压变压器 T 在绕组 L3 上产生很高的反冲电压，进而使整流二极管 VD2 导通。于是，晶体三极管 VT 在导通期间储存于升压变压器 T 中的能量开始传递给电容器 C2 和负载。上述过程重复进行，即形成自激振荡。

晶体二极管 VD1 在电路中起两种作用，一是稳定升压变压器 T 的绕组 L3 的输出电压；二是将多余的能量返回电源。当电容器 C2 的充电电压超过 500V，即升压变压器 T 的绕组 L3 两端反冲电压超过 500V 时，相应的绕组 L2 上的电压将大于电源电压，于是晶体二极管 VD1 导通，使超过的能量返回到电容器 C1 和电池 G。

当被测电阻 R_x 接入测量电路后，由电容器 C2 两端输出的测试用 500V 直流电压，通过高阻值电阻器 R4 和 50μA 表头直接加到被测电阻 R_x 两端，形成测量回路。不同的被测电阻 R_x 将获得不同的分压值，并产生不同的回路电流。回路中的电流值直接由 50μA 表头读出。当经过换算并重新标定表头刻度盘后，即可由表头直接读出被测电阻 R_x 的数值（或材料的绝缘电阻）。

电路中，RP 为表头指针的“调零”电位器。电阻器 R2 可及时泄放掉电容器 C2 两端的高电压，避免测量结束断开电源开关 SA 后，人手碰到表笔金属部分时发生电击。C1 是退耦电容器，可有效避免因电池内阻增大而引起的电路工作状态不稳定，从而相对延长电池的使用寿命。

7.3.2 元器件选择

表头宜选用最大量程是 50μA 的直流电流表，要求体积尽量小点，以缩小整个仪表的体积。如选用 91C3-50μA 型的表头，其外形尺寸仅 45mm×45mm×43mm，较为理想。

晶体管 VT 用 9013（集电极最大允许电流 I_{CM}=0.5A，集电极最大允许功耗 P_{CM}=625mW）或 3DG12 型硅 NPN 中功率三极管，要求电流放大系数 $\beta > 100$。VD1 用 1N4148 型硅开关二极管；VD2 用 1N4007 型硅整流二极管。

升压变压器 T 用 MX-2000、E7 铁氧体磁芯绕制，L1 和 L2 用 ϕ0.31mm 漆包线绕制，L1 绕 15 匝，L2 绕 4 匝；L3 用 ϕ0.08mm 漆包线绕制 340 匝。先绕 L1 与 L2，再绕 L3。

RP 用标称阻值为 22kΩ 的小型电位器。R1 ～ R4 均用 RTX-1/4W 型金属膜电阻器。R4 宜用 3.3MΩ 和 4.7MΩ 的两个电阻器串联而成。如仅用一个 8.2MΩ 的标称电阻器来代替，则表头刻度需要作相应改变。C1 用 CD11-10V 型电解电容器，C2 用 CL11-630V 型涤纶电容器。

SA 用小型单刀单掷拨动开关。X1、X2 采用普通万用表上使用的表笔插孔及配套的红色和黑色表笔。G 用 4 节 5 号干电池串联（配塑料电池架）而成，电压 6V。

7.3.3 制作与使用

图 7-9 为该绝缘电阻表的印制电路板接线图，印制电路板实际尺寸约为 50mm×35mm。印制电路板也可直接采用相同大小的单孔“洞洞板”，并充分利用元

器件引脚飞线连接，以省去加工专用印制电路板的麻烦。

焊接好的印制电路板必须进行清洗与烘干处理，以保证有良好的绝缘性能。外壳可参考图 7-10 所示的外形图，用有机玻璃板粘制，亦可采用体积合适、绝缘性能良好的塑料小盒加工改造而成。表头的刻度盘可按图 7-11 所示给出的式样制作，单位为 MΩ，这样可以在测量时直接读出电阻值的大小。

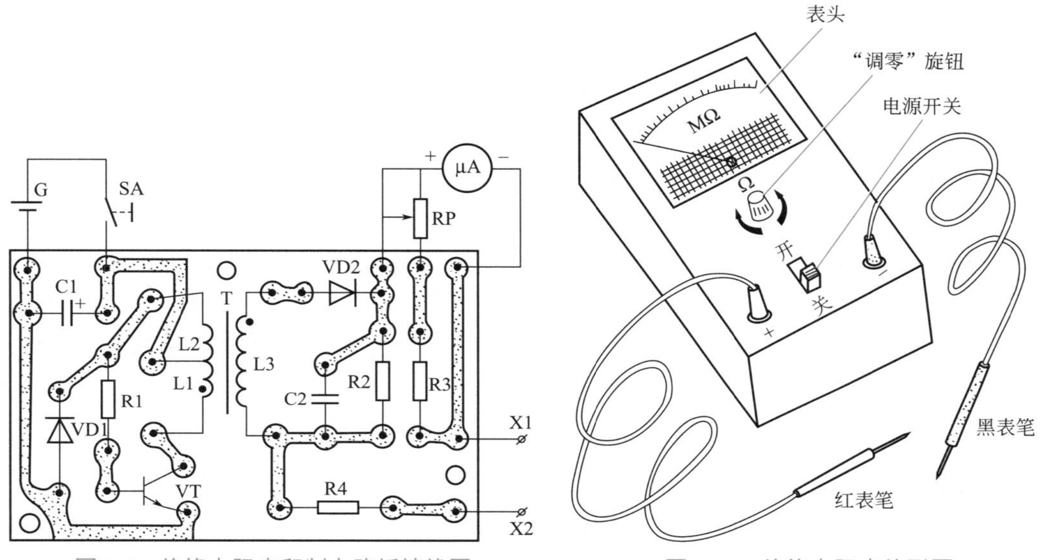

图 7-9　绝缘电阻表印制电路板接线图

图 7-10　绝缘电阻表外形图

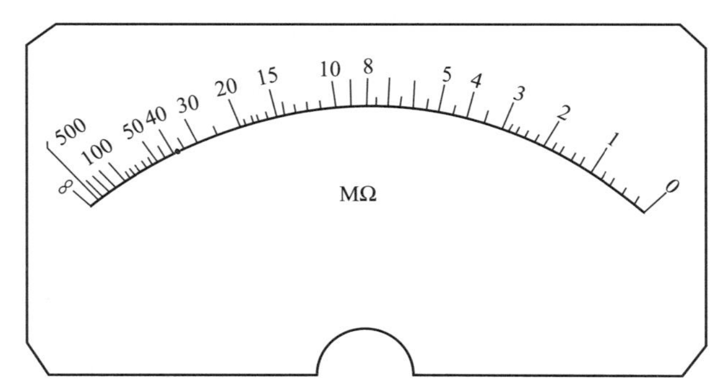

图 7-11　表头刻度盘式样

电路调试很简单，先用 10kΩ 电位器代替电阻器 R1，由大往小调节阻值，待电容器 C2 两端电压达到 500V 后（可将万用表拨至 600V 电压挡后直接测量），再将其阻值略调小一些，以保证电池 G 使用一段时间后电容器 C2 两端的电压不明显下跌。调好后，换上阻值相近的固定电阻器 R1 即可。

该绝缘电阻表的使用方法与指针式万用表欧姆挡的使用方法一样。测量前应先进行表头“调零”，具体方法是将红、黑两表笔短路，通过微调电位器 RP，使表针指示到 0Ω 位置。测量过程中，应注意避免人手触及表笔金属部分，以免遭到电击。每次测量结束，都应顺手断开电源开关 SA，以避免白白消耗电池 G 的电能。

7.4 电热毯断丝检测器

如果你已经是一位小有名气的电子与电工爱好者的话，每年一入冬季，肯定会有熟人找上门来，请你帮助维修有故障的电热毯，以便在寒冷的夜晚驱除床上的潮气，并温暖睡觉的被窝。

“断丝”是电热毯最常见的故障，而查找毯内断丝位置则是维修的难点。为此，你可按下面的介绍制成小巧实用的“电热毯断丝检测器”，以便在维修时能够快速、准确地测出电热毯内部发热丝的断头位置，收到事半功倍的效果。

该电热毯断丝检测器是本人在20世纪80年代初期，经过反复设计、实验，制作而成的，凭借它，笔者为亲戚、朋友、同事维修了许多电热毯，检测器发挥了良好的作用。

7.4.1 工作原理

电热毯断丝检测器的电路如图7-12所示。晶体管VT1、VT2组成的复合三极管，与VT3接成了直接耦合射极跟随放大电路。VT1的基极接金属检拾片M，VT3的负载为发光二极管VD及其限流电阻器R。

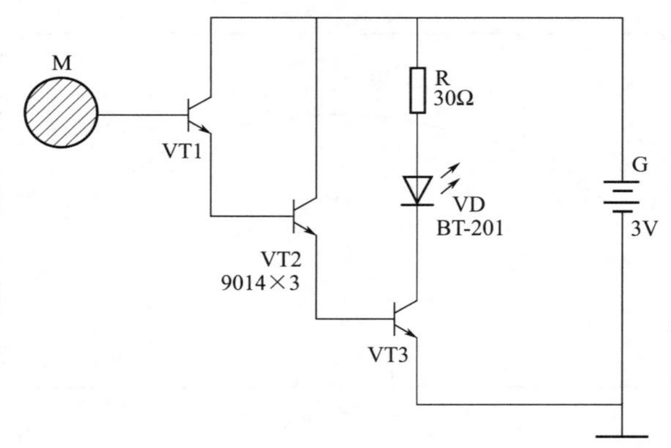

图7-12　电热毯断丝检测器电路图

当金属检拾片M靠近因断路而仅接220V交流电相线（火线）一侧的发热丝时，会感应到极微弱的50Hz交流电信号，经晶体三极管VT1～VT3放大后，驱动发光二极管VD发出亮光；当金属检拾片M靠近仅接零线（地线）一侧的发热丝时，无感应电信号，晶体三极管VT1～VT3均截止，发光二极管VD不发光。根据发光二极管VD亮灭变化时金属检拾片M所处的位置，便可快速、准确地确定出电热毯内部电热丝的断头位置。

7.4.2 元器件选择

晶体管 VT1 ~ VT3 均选用 9014（集电极最大允许电流 I_{CM}=100mA，集电极最大允许功耗 P_{CM}=310mW）或 3DG8 型硅 NPN 小功率三极管，要求电流放大系数 β > 50。VD 用 BT-201 型普通红色发光二极管，其他型号的红色或绿色发光二极管也可直接使用。

R 用 RTX-1/8W 型碳膜电阻器，它的主要作用是限制过大的电流通过发光二极管 VD。由于电路的特殊性，实际上完全可以省掉该电阻器不用。

金属检拾片 M 是 ϕ15mm 左右的铜片或铁片。G 采用两粒 SR44（ϕ11.6mm×5.4mm）或 AG13、G13-A 型氧化银电池串联而成，电压 3V。因整机平时耗电甚微（实测 < 1μA），故不必设电源开关。

7.4.3 制作与使用

图 7-13 为该电热毯断丝检测器的印制电路板接线图。印制电路板可用刀刻法制作，实际尺寸仅为 55mm×20mm。

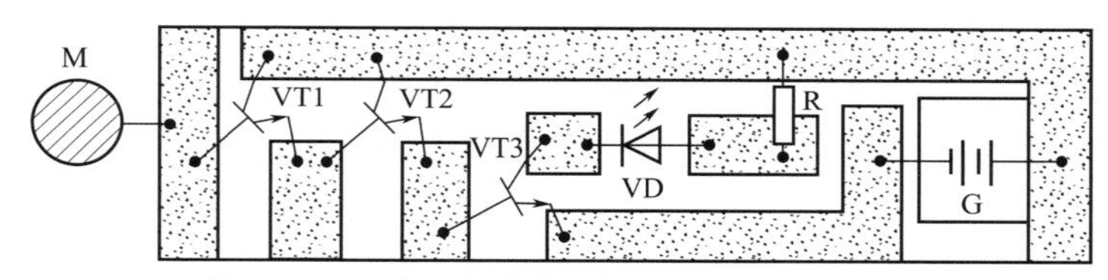

图 7-13 电热毯断丝检测器印制电路板接线图

焊接时注意，金属检拾片 M 按照图 7-14 左侧所示，直接垂直焊接在电路板上；另用两片 7mm×7mm 的磷铜皮，弯折成“L”形状的电池夹，按照图 7-14 右侧所示，焊接在电路板上所开正方形孔沿的敷铜箔上，既紧固电池 G，又分别作为电路板连接电池组正、负极的电极片。

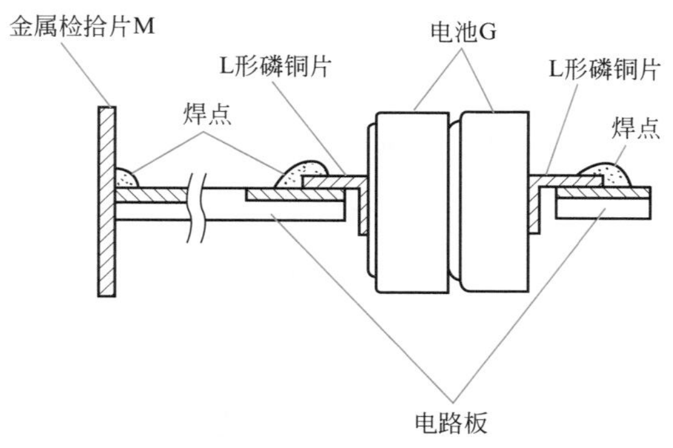

图 7-14 金属检拾片 M 和电池 G 的安装图

整个电路按照图 7-15 所示，装配在尺寸约为 ϕ22mm×65mm 的塑料空药品筒内。笔者采用的是“西瓜霜润喉片”空塑料筒，它外形尺寸为ϕ22mm×85mm，截掉筒口端20mm长度的筒体，正好满足需要。筒体适当位置处开孔露出发光二极管VD的发光帽顶端，以便于观察；筒盖正好用来在更换电池G时，从筒内取出电路板。

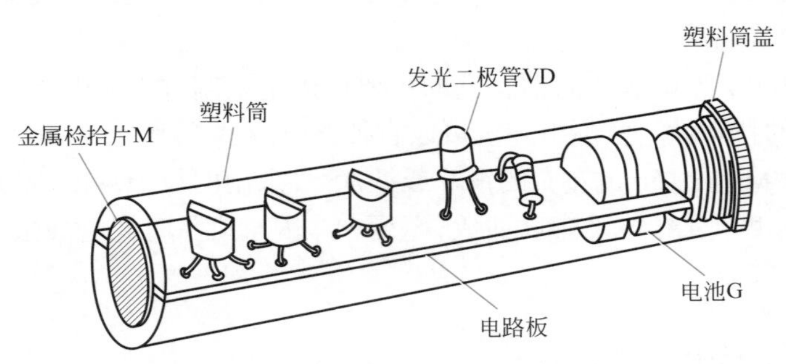

图 7-15　电热毯断丝检测器装配图

使用时，手持电热毯断丝检测器，将内部固定金属捡拾片M的一端紧贴通电的电热毯，并顺着电热毯内部电热丝走向移动检测器。当发光二极管VD由亮变灭或由灭变亮时，就说明检测器刚好通过电热毯的断丝头处。

这个电热毯断丝检测器还可当作“感应式交流测电器”来使用，在有些场合比使用普通接触式验电笔还要方便。具体操作方法与检测电热毯断丝方法类似，功能及用途就留给读者自己去开动脑筋总结和归纳。它体积小巧、使用灵活方便，的确是电子、电工爱好者不可多得的一件非常有用的检测用小工具。

7.5 变压器匝间短路测试器

变压器线圈匝间发生短路故障，一般是难以准确判断的。这里介绍一种简便易行、效果不错的变压器匝间短路测试器，它借用普通指针式万用表（拔欧姆挡）作指示，外附加极少元器件来实现测试功能，具有普遍推广价值。

7.5.1 工作原理

变压器匝间短路测试器的电路如图7-16所示。T是为便于说明原理而绘出的被测变压器，它通过鳄鱼夹X1～X4接入由晶体三极管VT、电阻器R和普通指针式万用表（拨至“R×1kΩ”挡）所构成的测试电路。这里，指针式万用表不仅仅用作指示，而且通过接线柱X5、X6向晶体三极管VT提供所需要的直流工作电压（≤1.5V）。注意：由于指针式万用表在拨至欧姆挡后，其内部干电池的负极接红表笔、正极通过表头及限流分压电路等后接黑表笔，因此红、黑表笔必须按图正确接在接线柱 X5 和 X6 上，切不可接反！

不难看出，晶体三极管 VT 与被测变压器 T 构成了一个短脉冲振荡器。在 VT 集电极回路产生的电流脉冲会使拨至欧姆挡的万用表指针偏离“读数零”位置。“读数零”为电路固有的状态参数，它是这样确定的：在未接被测变压器 T 的情况下，直接短接鳄鱼夹 X1 和 X2，并将欧姆“调零”（即红、黑两表笔短路，调节万用表面板上的欧姆调零电位器旋钮，使指针处在满刻度的“0Ω”位置上）后的指针式万用表的红表笔接鳄鱼夹 X3，黑表笔仍接接线柱 X6，这时表指针偏移所达到的刻度，即为“读数零”位置。

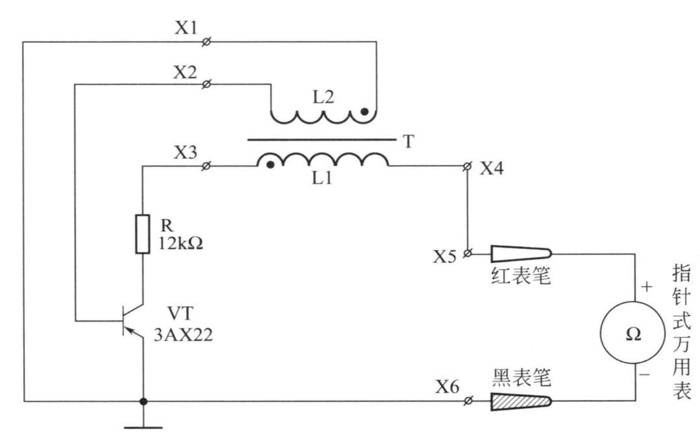

图 7-16 变压器匝间短路测试器电路图

如果被测变压器 T 接入后万用表指针在“读数零”位置，说明变压器 T 的线圈 L1 或 L2 同名端接反，短脉冲振荡器电路未工作。对调一下变压器 T 的线圈 L1（或 L2）的两接线位置后，如果电路起振，则万用表指针会偏离“读数零”位置，说明被测变压器 T 不存在匝间短路故障；若指针仍在老位置，则表明被测变压器 T 存在匝间短路，短脉冲振荡电路并没有起振。实践证明，该测试器甚至能反映出变压器一匝线圈短路的故障。

7.5.2 元器件选择

万用表（实为欧姆表）借用手头常用的普通指针式万用表，直接将其拨至“R×1kΩ”挡即可。用毕后，将两表笔脱离测量电路（图 7-16 中的接线柱 X5 和 X6），仍然是一台万用表。

VT 用 3AX22（集电极最大允许电流 I_{CM}=−100mA，集电极最大允许功耗 P_{CM}=125mW）或 3AX31C 型锗 PNP 低频小功率三极管，要求电流放大系数 $\beta > 50$。

R 用 RTX-1/8W 型碳膜电阻器。X1 ～ X4 均用市售小号或中号鳄鱼夹，要求 X1 和 X2 的塑料绝缘套为同一颜色，X3 和 X4 的塑料绝缘套为另外的同一种颜色，各鳄鱼夹均配带上长度为 15 ～ 30cm 的同色塑料外皮软电线，以方便使用。X5、X6 分别采用红色和黑色普通小型接线柱，如 720 型小型接线柱等。

7.5.3 制作与使用

除万用表和被测变压器 T 外，其余元器件按照图 7-17 所示，安装在一个体积合适的塑料绝缘小盒内。盒面板开孔引出鳄鱼夹 X1 ～ X4、固定接线柱 X5 和 X6，并标绘出各鳄鱼夹和接线柱的功能图符，以方便使用。由于电路很简单，因此没必要设计制作电路板，依靠小盒子内部固定好的元器件和接线柱 X5、X6 上的焊接片，通过电线正确焊接通电路即可。

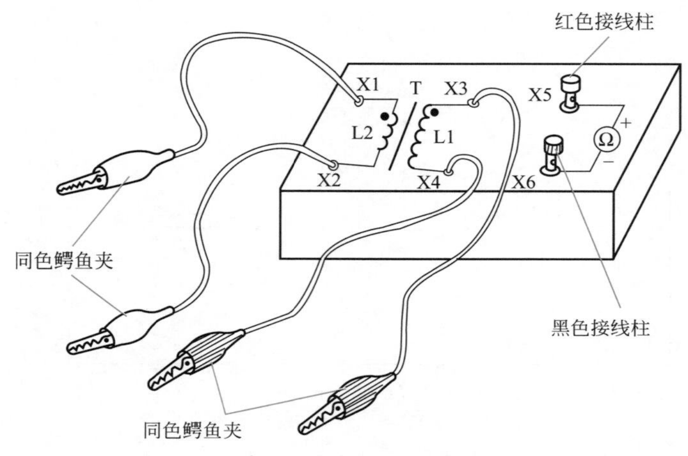

图 7-17　变压器匝间短路测试器外形图

实际使用时，首先将指针式万用表拨至“R×1kΩ”挡，并按照“工作原理”中所述，测量出“读数零”参数；然后，将测试器上面的两对鳄鱼夹接在被检测变压器 T 的两组相应的线圈接线端上，将万用表红、黑两表笔接在相应的红色接线柱 X5 和黑色接线柱 X6 上；最后，通过调换被检测变压器 T 的线圈 L1 或 L2 的两接线位置，观察表指针是否偏离“读数零”位置。如果有偏离，说明线圈 L1 和 L2 均不存在匝间短路故障；如果无偏离，则说明线圈 L1 或 L2 存在匝间短路故障。

被测变压器 T 接入时应注意：匝数少的线圈两端应接同色的鳄鱼夹 X1 和 X2（即晶体三极管 VT 的基极回路），匝数多的线圈两端应接同色的鳄鱼夹 X3 和 X4（即 VT 的集电极回路）。如果变压器 T 的变压比接近于 1，则两组线圈怎么接都可以。如果变压器 T 有两组以上线圈，则“两两成组”多次检测即可。另外还要注意：被测变压器 T 的变压比不可超过晶体三极管 VT 的电流放大系数 β，否则即使接线正确无误，线圈匝间无短路故障，振荡电路也无法正常起振工作，万用表指针会一直错误指向“读数零”位置。

7.6 芯线断头检测器

本装置能够又快又准确地检测出绝缘导线或橡皮电缆内部芯线的断头位置，它不仅适合广大电工及电气设备维修人员使用，也适合电线电缆制造行业使用。

7.6.1 工作原理

芯线断头检测器的电路如图7-18所示，它由音频发送和接收两大部分电路构成。发送部分主要由“555”时基集成电路A1和电阻器R1、R2、电容器C1等组成典型无稳态自激多谐振荡器，产生频率约为712Hz的音频振荡信号。接收部分主要由晶体三极管VT和功率放大集成电路A2等组成音频放大器，用来放大接收到的音频信号。

音频振荡信号经接线柱X1接到被测芯线上，接收部分的输入端接到测试环上。如果被测芯线没有断伤，则音频信号加到芯线时，由于芯线与测试环间存在着电容耦合，因此测试环会收到相应的微弱音频电信号。该信号经电容器C2耦合到晶体三极管VT的基极，经晶体三极管VT电压放大后，通过电容器C3耦合至功率放大集成电路A2进行功率放大，最后推动扬声器B发出“嘟……”的响声。如果被测芯线存在断头，则测试环上几乎无音频信号，扬声器B会无声或发声极小。根据扬声器B发声与否及状态改变情况，可以快速、准确地寻找到芯线断头位置，并进行维修。

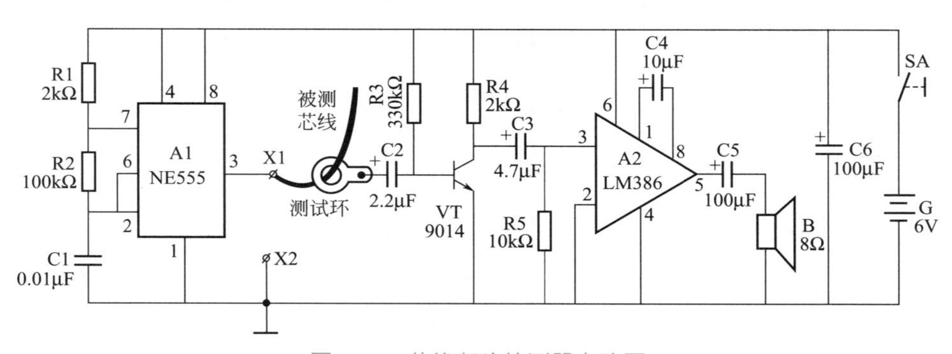

图7-18 芯线断头检测器电路图

电路中，无稳态自激多谐振荡器的工作频率可由公式$f=1.44/[(R_1+2R_2)C_1]$来确定，按图选择数值时f=712Hz。

7.6.2 元器件选择

A1选用NE555型“555”时基集成电路，其引脚功能参见图1-27；NE555也可用 5G1555、LM555 或 μA555 型同类集成电路直接代换。

A2 选用 LM386 型普通功率放大集成电路，它具有失真低、频响宽、外接元件少、应用电压范围宽（4 ～ 16V）、功耗小（6V 时静态电流≤ 4mA）等特点。当使用扬声器阻抗为 8Ω，工作电压为 6V 时，最大输出功率达 325mW，完全满足使用要求。LM386 亦可用同类产品 GL386 来直接代换。

晶体管 VT 用 9014（集电极最大允许电流 I_{CM}=100mA，集电极最大允许功耗 P_{CM}=310mW）或 3DG8 型硅 NPN 小功率三极管，要求电流放大系数 β > 100。

R1 ～ R5 均用 RTX-1/8W 型碳膜电阻器。C1 用 CT1 型瓷介电容器，C2 ～ C6 一律用 CD11-16V 型电解电容器。B 用 8Ω、0.25W 小口径动圈式扬声器。X1、X2 均用 720 型接线柱。SA 用单刀单掷小型开关。G 用 4 节 5 号干电池串联（配套塑料电池架）而成，电压 6V。

7.6.3 制作与使用

图 7-19 为该芯线断头检测器的印制电路板接线图。印制电路板实际尺寸约为 70mm×35mm。印制电路板也可直接采用相同大小的单孔“洞洞板”，并充分利用元器件引脚飞线连接，以省去加工专用印制电路板的麻烦。

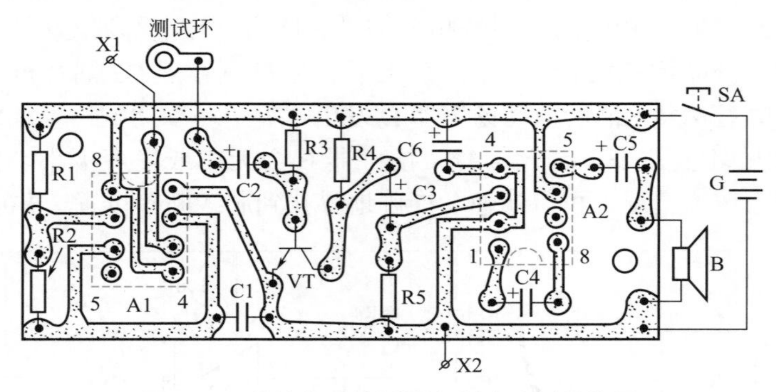

图 7-19　芯线断头检测器印制电路板接线图

整个电路焊装在体积合适的绝缘小盒内，盒子内壁用强力胶粘一层薄铁（铝）皮作为屏蔽，并与电池 G 的负极相接。盒子面板开孔固定测试环、接线柱 X1 与 X2、电源开关 SA，并为扬声器 B 开出释音孔。测试环的直径为 20 ～ 40mm，可用长度为 120 ～ 130mm、宽度＞ 10mm、厚度为 2 ～ 5mm 的紫铜片（或铝片）弯制；或者用同样尺寸的金属管代用。制作成的芯线断头检测器，一般无须任何调试便可投入使用。

使用时，首先把被测芯线（或橡皮电缆）的一端接接线柱 X1；另一端穿过测试环。然后，闭合电源开关 SA，再拉动被测芯线按顺序通过测试环。如果一开始扬声器 B 就发声，说明芯线无断处；如果扬声器 B 无声或声音微小，说明芯线有断处，这时再慢慢拉动被测芯线（或移动测试环），直到扬声器 B 突然发出响亮的“嘟……”声为止，此时测试环所处位置就是芯线断头处。

对于多股绝缘导线，应当一股一股地单独检测。为了排除其余芯线感应的影响，对暂时不测的几股芯线的一端，应全部连在接线柱 X2 上。

需要指出的是：本装置不能检测铅包电缆和屏蔽电缆断线。

7.7 带照明灯的感应测电器

这里介绍一种随身携带挺方便的感应测电器，它既可以当手电筒照明，又可以代替普通氖管测电笔进行非接触式测电，是广大电工、电子爱好者不可多得的一件实用小工具。

7.7.1 工作原理

带照明灯的感应测电器电路如图 7-20 所示，它由感应测电电路和照明电路两大部分组成。其中：SA 为功能选择兼电源开关，G 为共用电源（干电池）。

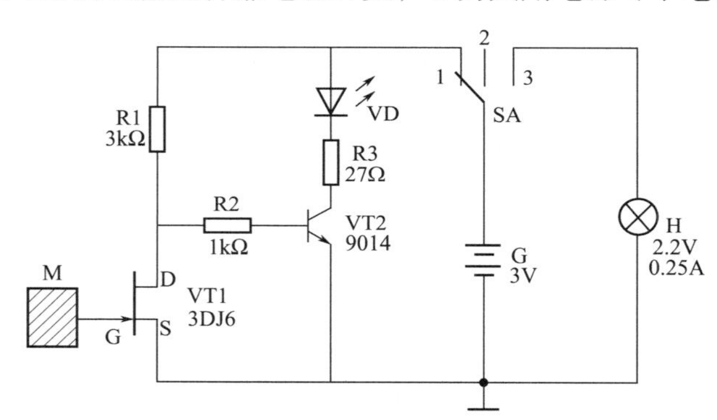

图 7-20 带照明灯的感应测电器电路图

当开关 SA 拨至位置“1”时，由感应金属片 M 与场效应晶体管 VT1、晶体三极管 VT2、发光二极管 VD、电阻器 R1 ～ R3 等组成的感应测电电路通电工作。平时，由于场效应晶体管 VT1 处于零偏状态，其漏极 D 和源极 S 之间始终呈饱和导通状态，晶体三极管 VT2 基极通过电阻器 R2 获得的偏压＜ 0.65V，故晶体三极管 VT2 处于截止状态，发光二极管 VD 因无电流通过而处于熄灭状态。当感应金属片 M 靠近 220V 交流电源线或带电体时，就会感应到微弱的交流电压信号，经场效应晶体管 VT1 放大后，就会从其漏极 D 输出放大了的 50Hz 交流电压信号，从而使晶体三极管 VT2 以相同频率不断地导通与截止，控制发光二极管 VD 发出 50Hz 的红色闪光（由于人的眼睛存在 0.1s 的视觉暂留效应，因此看到的是连续发出的红光），表示被测对象带电。

当开关 SA 拨至位置“3”时，自聚光小电珠 H 通电发光，既可在夜晚用于短时间照明，又可在检修电气、电子装置时照亮某些暗处的电路等。

电路中，利用场效应晶体管 VT1 所具有的高输入阻抗及电压放大特性，直接放大感应金属片 M 所感应到的交流电信号，不仅电路简单，而且效果很好。由于晶体三极管 VT2 的基极偏压实际上由电阻器 R1 和 R_{SD}（VT1 漏极 D 和源极 S 之间的等效电阻）对电池 G 的分压所决定，因此适当改变电阻器 R1 的阻值，可调节电路的测电灵敏度。电阻器 R3 是发光二极管 VD 的限流电阻器，当晶体三极管 VT2 的电流放大系数 β 取值较小时，也可省去不用。

7.7.2 元器件选择

VT1 选用 3DJ6 或 3DJ7 型 N 沟道结型场效应晶体管，要求它的饱和漏源电流 $I_{DSS} \leqslant 1mA$；该结型场效应晶体管有金属管壳和塑料两种封装形式，外形和引脚排列参见图 3-25。这里特别要指出的是：对于结型场效应晶体管，由于它的漏极 D 和源极 S 是对称的，因此可以互换使用；虽然用万用表测量时漏极与源极之间正、反向电阻有时略有差异，但不影响两脚对换使用。

VT2 用 9014（集电极最大允许电流 I_{CM}=100mA，集电极最大允许功耗 P_{CM}=310mW）或 3DG8 型硅 NPN 小功率晶体三极管，要求电流放大系数 $\beta > 100$。VD 用 ϕ3mm 普通红色发光二极管。

R1 ～ R3 均用 RTX-1/8W 型碳膜电阻器，标称阻值依次取 3kΩ、1kΩ 和 27Ω。感应金属片 M 是尺寸约为 6mm×6mm 的薄铁皮。

SA、H 实际上是组装用的市售双灯微型手电筒内现成的电源开关和自聚光小电珠，无须再选配。

7.7.3 制作与使用

图 7-21 是该感应测电器的印制电路板接线图。印制电路板用刀刻法制作，实际尺寸约为 15mm×9mm。焊接时注意，电路板上标有“+”“−”极性的位置处，应紧贴电路板边沿各焊上用 5mm×5mm 铜皮弯制的“L”形状电极。

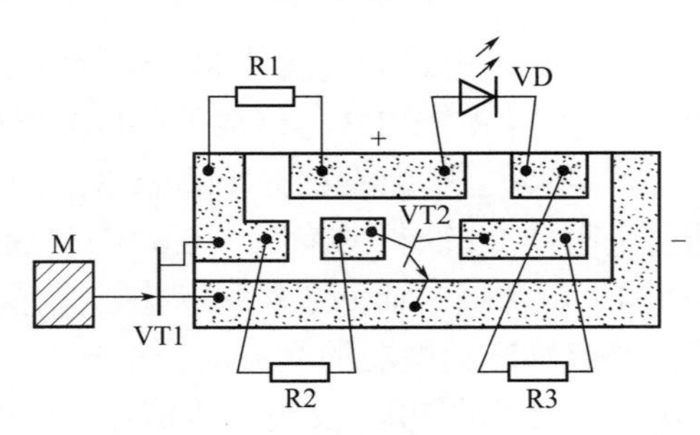

图 7-21 带照明灯的感应测电器印制电路板接线图

焊接好的电路板，按照图 7-22 所示装入市售普通双灯微型（尺寸约为 90mm×34mm×19mm）塑料外壳手电筒内。具体做法：打开双灯微型手电筒的后盖，取掉作为信号灯的红灯罩内的 2.2V、0.25A 自聚光小电珠，在原位置装上焊接好的电路板。要求焊在电路板上“+”“-”位置处的“L”形状铜片，分别与手电筒内原有的开关 SA（置“开”位置）磷铜片、电池负极所引磷铜片可靠接触。感应金属片 M 应紧贴红灯罩顶部平行固定，以方便测电。电筒外壳控制开关附近，应事先开出一个 ϕ3mm 的小孔，以便伸出发光二极管 VD 的发光帽。

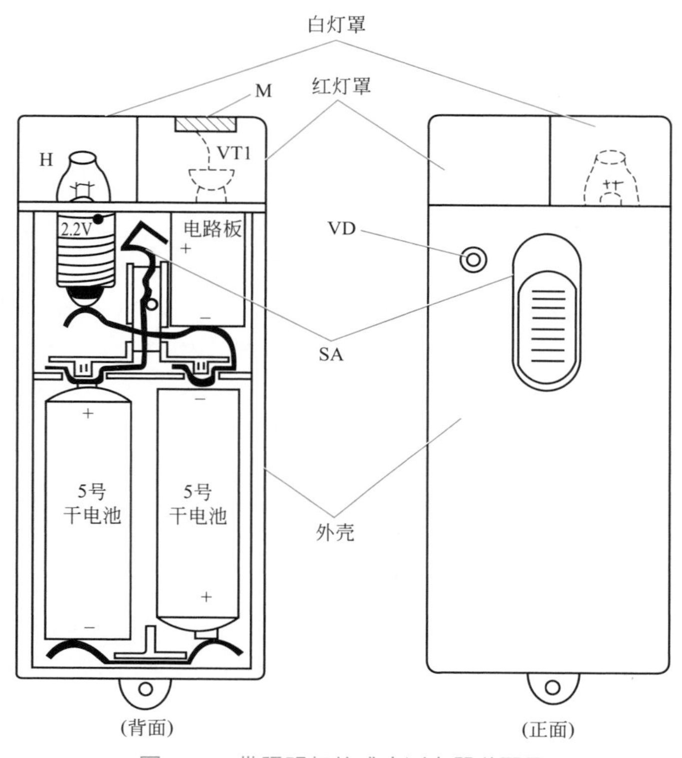

图 7-22　带照明灯的感应测电器装配图

装配好的感应测电器，电路一般不用任何调试，便可投入使用。闭合电源开关 SA，将手电筒的红灯罩顶部（实为感应金属片 M）正对 220V 交流电源线，一般相距 10 ～ 25cm 时，发光二极管 VD 就会发光，表示电路工作正常。如果发光二极管 VD 不发光，则应检查电路元器件是否有损坏或焊错，电路板上“+”“-”两电极与手电筒内的磷铜片接触是否良好，直到发光二极管 VD 可靠点亮为止。如果发光二极管 VD 能够点亮，但灵敏度很低，必须将手电筒的红灯罩紧贴在电线绝缘外皮时才会使发光二极管 VD 点亮，可适当减小电阻器 R1 的阻值一试；如果手电筒的红灯罩未接近电线时，发光二极管 VD 就已经点亮，说明灵敏度太高，应适当增加电阻器 R1 的阻值一试。通常，在场效应晶体管 VT1 的栅极 G 没有接收到信号时，调整电阻器 R1 的阻值，使场效应晶体管 VT1 的源极 S 与漏极 D 之间的电压略小于 0.65V，即可获得最为满意的灵敏度。

该感应测电器用途非常广泛，使用者可根据实际情况，灵活运用。下面向大家列举六个典型实例。

① 轻松判断220V交流电源线是否带电。闭合电源开关SA，手持感应测电器，让红灯罩顶部（实为感应金属片M）正对着交流电源线，一般两者相距10～25cm时，发光二极管就会点亮，表示电线带电。如果测试的是平行或分开（间距≥30cm）的两根电线，则一根测试时发光二极管会点亮，说明是相线（火线）；另一根测试时发光二极管不亮，则判定为零线（地线）。此法的最大优点是：能够以非接触方式在任意位置隔着电线绝缘皮层检测220V交流电，可免去用普通氖管测电笔测电时，必须选择在电源插座孔、开关内部、电线接头处或者割削电线表面绝缘层等的情况下，才可直接接触进行测电的不便和弊端。

② 粗略估测交流电的电压高低。由于感应测电器在接近带电电线、发光二极管开始点亮时所保持的距离，与电线所带电压高低成正比，因此使用者在取得一定的经验数据之后，还可根据这个最大作用距离粗略估计所测电线的电压高低。一般来讲，所测电线带有36V交流电时，有效感应距离为1～5cm；所测电线带有60V交流电时，有效感应距离为5～10cm；所测电线带有220V交流电时，有效感应距离为10～25cm。

③ 准确判定墙壁里照明电路暗线的位置。在布设有照明电路暗线的墙壁上钉铁钉时，要比较准确地寻找到电线位置并避开它，可不是件容易的事。这时，可手持感应测电器，让红灯罩顶部贴近墙壁来回游动，当发光二极管由暗变亮时，红灯罩顶部所指处就是通电暗线所在位置。

④ 快速查找槽板里断线的位置。如要查找槽板里断线故障位置，可将查线器贴近槽板，从室内进线位置开始沿槽板向前移动，当发光二极管突然熄灭时，红灯罩顶部所指位置就是断线处。此法不需要依次打开槽板盖检查线路故障，既省时，又省力。

⑤ 方便测定电线内芯的折断位置。把被测导线接在220V交流市电的相线上，手持感应测电器，让红灯罩顶部靠近导线，测电器上的发光二极管就会点亮，然后慢慢地沿导线移动，移动到某处位置时，发光二极管突然熄灭，那么这里便是导线的断芯处。

⑥ 巧妙寻找电热毯内部的断丝点。手持感应测电器，让红灯罩顶部靠近通电的电热毯热丝，并顺着热丝走向移动测电器。当发光二极管由亮变灭或由灭变亮时，就说明测电器的红灯罩顶部刚好通过断丝处。拆开该处的布毯，接通断丝，并用绝缘胶布包好接头，用针线缝好拆开的布毯，很快便维修好了断丝的电热毯。

7.8 会说话的感应测电器

这里介绍的感应测电器能够在不接触带电体的情况下，用语音声和光信号同时告知被探测电线、用电器以及其他电气装置是否带有高压电，具有测试迅速、使用安全可靠等优点，有兴趣的读者不妨动手一试。

7.8.1 工作原理

会说话的感应测电器电路如图 7-23 所示，它由高压感应触发电路、语音发生电路、闪光电路和电源电路四部分组成。其中：A 为语音集成电路，它内储了告警所需要的语音信号。VT1 是结型场效应晶体三极管，利用其高输入阻抗及电压放大特性作信号检拾和放大；VT2 是音频功率放大三极管。

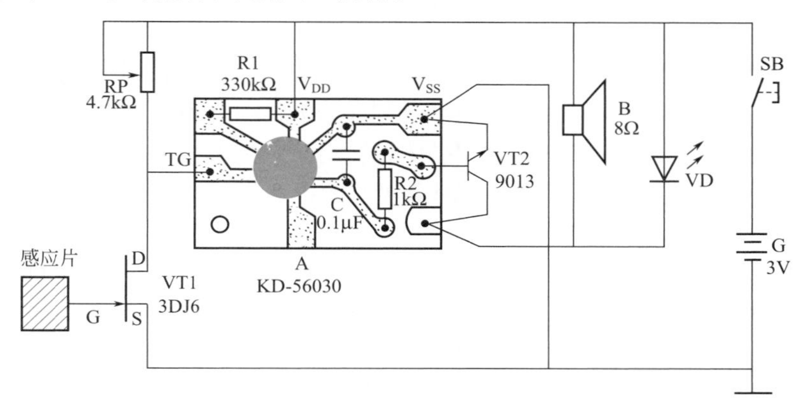

图 7-23　会说话的感应测电器电路图

当按下按钮开关 SB 时，电路电源即被接通。如果测电器尚未探测到高压带电体，则由于场效应晶体三极管 VT1 处于零偏状态，其漏极 D 和源极 S 之间的电阻较小，与漏极 D 相连的语音集成电路 A 的触发端 TG 便处于低电平（$< 1/2V_{DD} \approx 1.5V$），语音集成电路 A 不工作，故扬声器 B 无声，发光二极管 VD 也不会发光。一旦测电器接近高压带电体，与场效应晶体三极管 VT1 栅极 G 相连的感应片就会感应到电场信号，使场效应晶体三极管 VT1 的漏、源极之间电阻值增大，其分电压（指相对于微调电位器 RP 而言）随之上升，语音集成电路 A 的触发端 TG 即获得高电平（$> 1/2V_{DD}$），语音集成电路 A 受触发工作，其输出端输出内储语音电信号，经晶体三极管 VT2 功率放大后，推动扬声器 B 发出响亮的“有电危险，请勿靠近”声；同时，并联在扬声器 B 两端的发光二极管 VD 也会随声同步闪光。

电路中，R1 是语音集成电路 A 的外接振荡电阻器，其阻值大小影响语音声的速度和音调。微调电位器 RP 用来调整告警启动灵敏度。电容器 C 主要用于滤去语音集成电路 A 所输出信号中一些不悦耳的谐波成分，使语音声的音质得到较大改善。电阻器 R2 主要起限流作用，能防止个别功放三极管 VT2 在其电流放大系数 β 值过高时所产生的自激现象。

该感应测电器的有效探测距离，与感应片的面积大小及微调电位器 RP 的阻值大小有关。除此以外，还与所测试带电体的电压高低和频率大小直接相关。一般来讲，感应测电器在靠近频率高的线路时，有效探测距离远，在靠近频率低的线路时，有效探测距离近；在靠近电压高的线路时，有效探测距离远，在靠近电压低的线路时，有效探测距离近。

7.8.2 元器件选择

A 选用 KD-56030 型“有电危险，请勿靠近！”语音集成电路，它采用黑胶封装形式制作在一块尺寸约为 23mm×14mm 的小印制电路板上，并给有外围元件焊接脚孔，使用很方便。KD-56030 的主要参数：典型工作电压为 3V，触发端允许输入电压范围 $(V_{SS}-0.3)\sim(V_{DD}+0.3)$V，音频输出端驱动电流 ≥ 1mA，静态耗电 ≤ 1μA，使用温度范围 −10 ～ +60℃。

VT1 用 3DJ6 或 3DJ7 型结型场效应晶体三极管，要求饱和漏源电流 $I_{DSS}<1$mA。该结型场效应晶体管有金属管壳和塑料两种封装形式，外形和引脚排列参见图 3-25。这里特别要指出的是：对于结型场效应晶体管，由于它的漏极 D 和源极 S 是对称的，因此可以互换使用；虽然用万用表测量时漏极与源极之间正、反向电阻有时略有差异，但不影响两脚对换使用。

VT2 用 9013（集电极最大允许电流 I_{CM}=0.5A，集电极最大允许功耗 P_{CM}=625mW）或 3DG12、3DX201、3DK4 型硅 NPN 中功率三极管，要求电流放大系数 $\beta>100$。VD 用 ϕ5mm 高亮度红色发光二极管。

RP 用 WH7 型微调电位器。R1、R2 均用 RTX-1/8W 型碳膜电阻器。C 用 CT4D 型独石电容器。B 用 ϕ27mm×9mm、8Ω、0.25W 超薄微型动圈式扬声器，以减小体积、方便安装。

感应片是尺寸约为 15mm×15mm 的薄金属片。SB 用 14mm×14mm 小型轻触开关，亦可用 KWX-2 型微动开关来代替。G 用两节 5 号干电池串联（需配塑料电池架）而成，电压为 3V。

7.8.3 制作与使用

整个电路以语音集成电路 A 的芯片为基板，按照图 7-23 所示进行焊接（注意：电烙铁外壳一定要良好接地），并全部装固在一个尺寸约为 110mm×32mm×20mm 绝缘小盒内，如图 7-24 所示。感应片用强力胶粘贴在盒内壁上。盒面板开孔固定发光二极管 VD 和电源开关 SB，并为扬声器 B 开出释音孔。

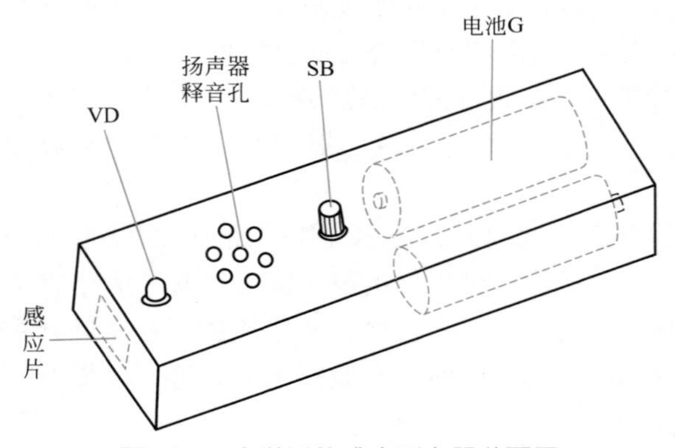

图 7-24　会说话的感应测电器装配图

该感应测电器电路调试很简单：在无感应电信号的环境中，用小螺丝刀缓慢调节微调电位器 RP 的阻值，使扬声器 B 处于临界发声状态，即获最佳测电告警灵敏度。如嫌语音声不够真切，可通过适当改变电阻器 R1 的阻值来加以调节。

调试好的感应测电器，一般可达到如下指标：对于 36 ～ 100V 交、直流带电体，探测告警距离不小于 0.5 ～ 4cm；交流 220V 带电体，不小于 5cm；10kV 高压输电线路，不小于 80cm；电视机显像管高压为 20 ～ 50cm。

制成的会说话的感应测电器，除了一般共知的用法外，还有多种特殊用法。具体可参照上一个制作——“带照明灯的感应测电器”使用方法，这里不再赘述。

7.9 防触电报警安全帽

电工上杆作业时，常担心触电事故的发生。防触电报警安全帽专为解决这一问题而设计，它不仅适合外线电工使用，也适合邮电、广播电视和其他涉电行业人员使用。

当使用者戴上这种安全帽上杆作业时，无论人体接近供电线路还是广播线路，只要线路上有电，安全帽中的电路盒就会发出“嘟……”的告警声，提醒工作人员：注意安全，谨防电击！

7.9.1 工作原理

防触电报警安全帽的电路如图 7-25 所示，它由高压感应控制电路和音响发生电路两大部分组成。其中：VT1 是结型场效应晶体三极管，利用其高输入阻抗及电压放大特性作信号检拾和放大；VT2、VT3 是两个极性相反的普通晶体三极管，VT3 的发射结是 VT2 的负载，而 VT2 又为 VT3 提供基极电流，它们互相配合工作，在电容器 C1、电阻器 R3 的正反馈作用下形成振荡，所以这个电路被叫做互补型自激多谐振荡器。

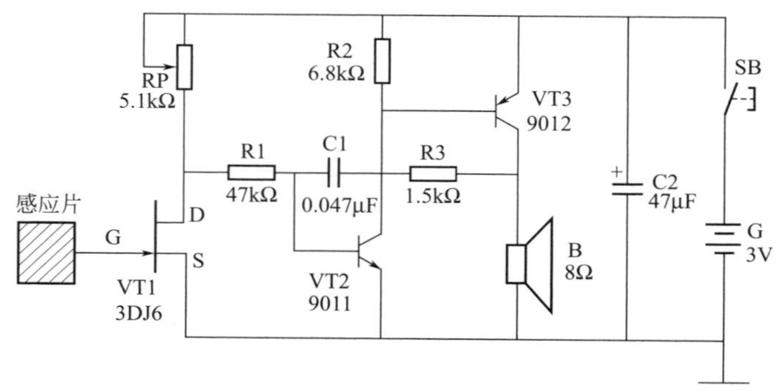

图 7-25 防触电报警安全帽电路图

平时，场效应晶体三极管 VT1 处于零偏状态，其漏极 D 和源极 S 之间的电阻较小，与漏极相连的晶体三极管 VT2 因无偏流而处于截止状态，故由晶体三极管 VT2 和 VT3 等组成的振荡电路不工作，扬声器 B 无声；一旦电路接近高压带电体，与场效应晶体三极管 VT1 栅极 G 相连的金属材料感应片就会接收到微弱的电场信号，使 VT1 漏、源极之间的电阻值增大，其分电压（指相对于电位器 RP 而言）随之上升，晶体三极管 VT2 获得合适偏流而导通，由晶体三极管 VT2 和 VT3 等组成的振荡电路立即工作，振荡电流通过扬声器 B，使之发出响亮的“嘟……”声来。

电路中，电位器 RP 用来调整告警灵敏度。振荡电路的工作频率主要取决于时间常数 $t=R_1C_1$，故增减 R1 阻值或 C1 容量就可以改变扬声器 B 发声的音调。C2 为交流旁路电容器，主要用来减小电池 G 的交流内电阻，使扬声器 B 发声更响亮，并相对延长电池使用寿命。

从工作原理可知，防触电报警安全帽的告警距离与感应片面积大小及电位器 RP 的阻值大小有关。除此以外，还与所接近带电体的电压高低和频率大小直接相关。一般来讲，靠近频率高的线路时，告警距离远，靠近频率低的线路时，告警距离近；靠近电压高的线路时，告警距离远，靠近电压低的线路时，告警距离近。

7.9.2 元器件选择

VT1 用 3DJ6 或 3DJ7 型结型场效应晶体三极管，要求饱和漏源电流 $I_{DSS} < 1mA$。该结型场效应晶体管有金属管壳和塑料两种封装形式，外形和引脚排列参见图 3-25。

VT2 可用 9011（集电极最大允许电流 I_{CM}=30mA，集电极最大允许功耗 P_{CM}=200mW）或 3DG6、3DG201 型硅 NPN 小功率三极管，要求电流放大系数 $\beta > 50$；VT3 可用 9012（I_{CM}=−0.5A，P_{CM}=625mW）或 3CX200、3CG23 型硅 PNP 中功率三极管，要求 $\beta > 30$。

RP 用 WH7-A 型立式微调电位器。R1 ～ R3 均用 RTX-1/8W 型碳膜电阻器。C1 用 CT1 型瓷介电容器，C2 用 CD11-10V 型电解电容器。B 用 ϕ27mm×9mm、8Ω 超薄微型动圈式扬声器，以减小体积、方便安装。SB 宜用 14mm×14mm 微型轻触开关，亦可用磷铜皮自行弯制。G 用两节 5 号干电池串联（需配塑料电池架）而成，电压 3V。

7.9.3 制作与使用

图 7-26 是该防触电报警安全帽的印制电路板接线图。印制电路板实际尺寸约为 40mm×30mm。印制电路板也可直接采用相同大小的单孔“洞洞板”，并充分利用元器件引脚飞线连接，以省去加工专用印制电路板的麻烦。焊接时注意：电烙铁外壳一定要良好接地！

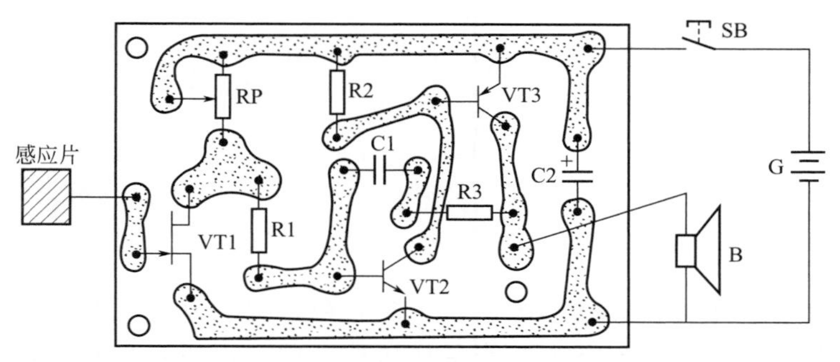

图 7-26 防触电报警安全帽印制电路板接线图

整个电路全部安装在尺寸约为 60mm×60mm×18mm 的塑料小盒内。感应片是面积约为 15mm×15mm 的薄金属片，将它用强力胶直接平粘在盒内壁上。在盒面板上为扬声器 B 开出释音孔，并在盒底部打孔伸出电源开关 SB 的按钮。

电路调试很简单：在无感应电信号的环境中，用小螺丝刀缓慢调节微调电位器 RP 的阻值，使扬声器 B 处于临界不发声状态，即获最佳告警灵敏度。如嫌扬声器 B 发声时音调太低沉（或高尖），可通过适当减小（或增大）电阻器 R1 阻值或电容器 C1 容量来加以调节。如果觉得音量不够，可通过适当增大电阻器 R3 的阻值试一试；但 R3 阻值也不可太大，否则电路报警时的耗电量将会显著增大，并且电路起振困难。

调试好的电路，一般可达到如下指标：在接近 110 ～ 220kV 高压输电线时，感应告警距离为 5 ～ 10m；35kV 高压输电线路为 2 ～ 6m，10kV 高压输电线路为 0.8 ～ 2.5m，交流 220V 市电为 10 ～ 30cm。

调试好的报警电路盒按照图 7-27 所示，组装在普通成品塑壳安全帽中。要求使用者戴上该安全帽后，人体头部能够通过金属托片、弹簧，灵活、可靠地顶“通”电路盒内的电源开关 SB，使电路自动通电工作；摘掉安全帽后，电源开关 SB 又能自动复位，使电路断电停止工作。另外注意，还要在帽盔顶部适当位置开出一些小孔，以利扬声器 B 释放声音。

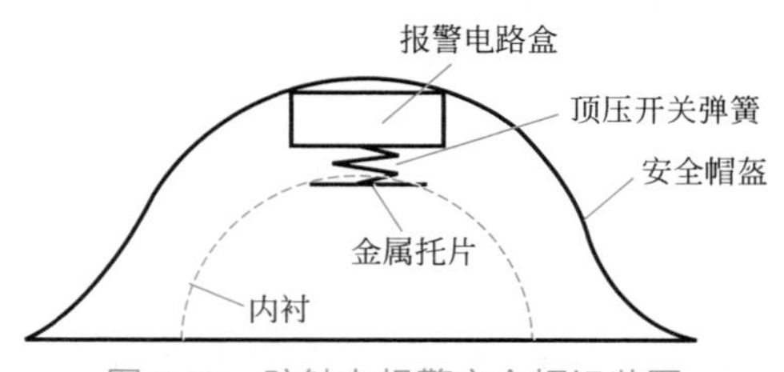

图 7-27 防触电报警安全帽组装图

该防触电报警安全帽平时静态耗电小于 1mA，告警时超不过 100mA，故用电很节省。由于告警距离与带电体电压高低成正比，因此使用者在取得一定的经验数据之后，还可根据告警距离远近粗估电力线路电压的高低。另外，每当感应到工频电场时，振荡频率受到 50Hz 电调制，发声为蟋蟀型颤音；静电场时则发直音。故使用者根据告警声类型，可以很容易地区分出工频电压和静电场来。

7.10 便携式警示器

电工在拉下总开关检修线路时，为了防止他人误把总开关推上，常在总开关旁边挂上“有人工作，不可合上”等字样的警告牌，但遇到黑暗环境或文盲时，警告牌的作用不能很好地发挥出来。为此，不妨采用下面介绍的便携式语音警示器，它能够有效解决普通警告牌所存在的不足，为电工安全检修线路提供可靠保证。

这种便携式警示器具有体积小、无须外部接线、使用方便、白天和晚上都能正常工作等特点。每当它前方5m范围内有人活动时，便会立即发出“禁止合闸，线路有人工作”告警声。

7.10.1 工作原理

便携式警示器的电路如图7-28所示，它主要由新型热释电式红外探测头A1和语音集成电路A2等组成。A1是一种被动式红外检测器件，它能以非接触方式检测出运动人体所辐射出来的红外能，并将其转化为正脉冲电信号输出；同时，它还能有效地抑制人体辐射波长以外的红外光和可见光的干扰。

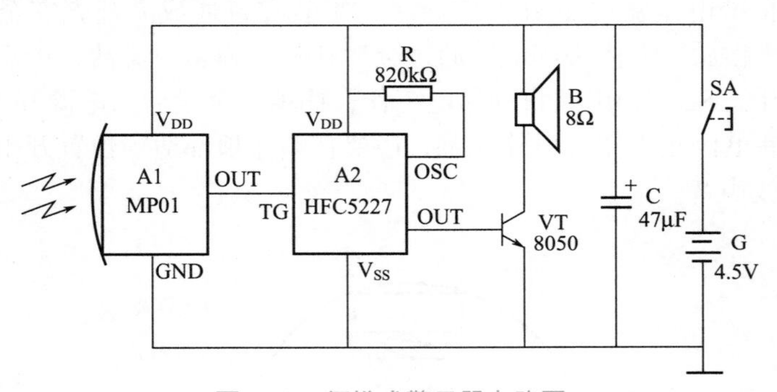

图7-28 便携式警示器电路图

当有人进入监视区域内时，热释电式红外探测头A1的OUT脚输出与运动人体频率基本同步的正脉冲信号。该信号直接加到语音集成电路A2的触发端TG脚，使A2内部电路受触发工作，由其OUT脚输出内储的“禁止合闸，线路有人工作”电信号，经晶体三极管VT功率放大后，推动扬声器B发出响亮的告警声。

电路中，R为语音集成电路A2的外接时钟振荡电阻器，其阻值大小影响语音声的速度和音调。C为滤波电容器，主要用来降低电池G的交流内电阻，使扬声器B发声更加纯正响亮。

7.10.2 元器件选择

A1 选用 MP01 型热释电式红外探测头，它将菲涅尔透镜、热释电传感器、单片数模混合集成电路组合在一起，构成了一个坚固、小巧、易安装的“一体化”器件。MP01 采用 TO5 封装，典型尺寸为 ϕ11mm×14.5mm；它共有三个引脚：即电源正极端 V_{DD}、信号输出端 OUT 和公用地端 GND；其内部电路方框图如图 7-29 所示，主要特性参数如表 7-1 所示。由于 MP01 是靠感应热释红外线工作的，因此在夜间也能很容易地检测到运动的人体。

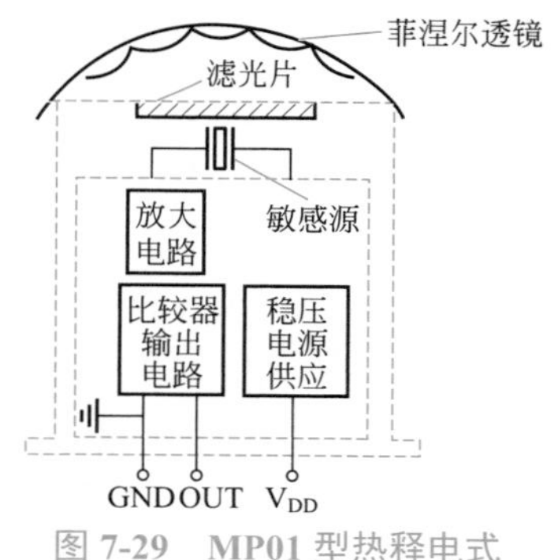

图 7-29 MP01 型热释电式红外探头内部框图

表 7-1 MP01 型热释电红外探测头主要特性参数

项目	参数值
工作电压	3 ～ 6V
静态电流	170μA（典型）、300μA（最大）
输出电流	100μA
启动时间	7s（典型）、30s（最大）
最大检测距离	5m
水平检测角度	100°
垂直检测角度	82°
工作温度	-20 ～ +60℃
存储温度	-20 ～ +70℃

A2 选用 HFC5227 型“禁止合闸，线路有人工作”语音集成电路。该集成电路用黑膏封装在一块尺寸约为 20mm×14mm 的小印制板上，其主要参数：工作电压范围 2.4 ～ 5V，典型值 4.5V，输出端驱动电流≥ 1mA，静态总电流＜ 1μA，工作温度范围 -10 ～ +60℃。

VT 用 8050 型（集电极最大允许电流 I_{CM}=1.5A，集电极最大允许功耗 P_{CM}=1W）硅 NPN 中功率晶体三极管，要求电流放大系数 β > 100。

R 用 RTX-1/8W 型碳膜电阻器。C 用 CD11-10V 型电解电容器。B 用 YD58-1 型小口径 8Ω、0.25W 动圈式扬声器。SA 用 1×1 小型拨动开关。G 用 3 节 5 号干电池串联（需配塑料电池架）而成，电压 4.5V。

7.10.3 制作与使用

图 7-30 为该警示器的印制电路板接线图。电路板实际尺寸约为 30mm×20mm，

可用刀刻法制作。语音集成电路 A2 通过 5 根 7mm 长的铜丝直接插焊在电路板对应数标孔内。焊接时注意：电烙铁外壳一定要良好接地，以免交流感应电压击穿集成电路 A1、A2 内部 CMOS 电路！

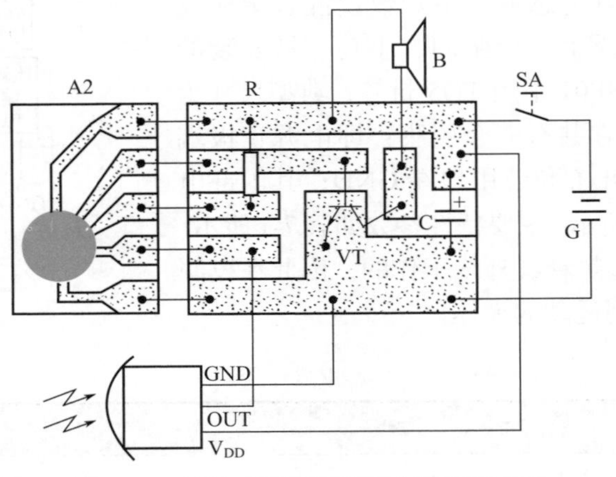

图 7-30　便携式警示器印制电路板接线图

焊接好的电路全部装入尺寸约为 110mm×64mm×30mm 的塑料小盒内。盒面板开孔伸出热释电式红外探测头 A1 的探测镜头，并为扬声器 B 开出放音孔；盒侧面开孔固定电源开关 SA。

装配成的便携式警示器，一般无须任何调试便可投入使用。如嫌语音声的音调或速度不理想，可通过更改语音集成电路 A2 的外接振荡电阻器 R 阻值来加以调整。R 阻值大，语音声速慢低沉；反之，则速快高尖。R 取值范围一般在 620kΩ ～ 1.2MΩ 之间。

实际使用时，应将便携式警示器挂在已拉开的电网总开关旁边，要求将热释电式红外探测头 A1 的探测镜头正对着来人方向。该便携式警示器的有效监视范围是一个半径 5m、圆心角达 100° 的扇形区域。由于本装置静态总电流实测＜ 0.2mA，故用电十分节省；每换一次新干电池，一般可使用半年以上。

第 8 章 其他电工类制作

本篇介绍了 10 个实用性强、更能体现出“电子化”的电工制作项目，通过选择制作与应用，可以进一步激发读者的制作欲望，增强读者学习电子、电工技术知识的兴趣。

假如你是一名普通电工，通过学习、制作和应用，你会很快成为“强弱电结合”的新一代电工。当然，对于大多数电子爱好者来讲，通过本章的学习实践，将会进一步开阔眼界、延伸制作内容，掌握电子技术在电气领域的基本应用，成为众人眼里的“能工巧匠”。

8.1 家用交流电门铃

门铃能帮助传递门外客人的呼唤。这里介绍一种有声有光的交流电门铃，它一共只需要五个电子元器件，具有线路简单、造价低廉、发声洪亮和耗电省等优点，任何初学者都能制作成功。

8.1.1 工作原理

家用交流电门铃的电路如图 8-1 所示。客人来访时，只要用手指按下设在门外的按钮开关 SB，220V 交流电就会通过按钮开关 SB、降压限流电容器 C、氖泡 HL 和电阻器 R 形成回路，于是氖泡 HL 启辉发出红光，电阻器 R 两端输出一系列脉冲信号电压，直接推动扬声器 B 发出“呜……”的音频叫声；手指离开按钮开关 SB 后，220V 交流电被切断，门铃即停止发声。

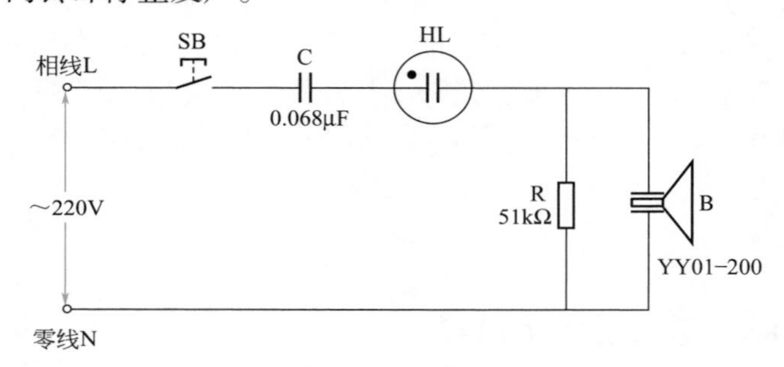

图 8-1　家用交流电门铃电路图

8.1.2 元器件选择

C 选用 CJ11-160V 型金属化纸介电容器，它的容量大小影响着氖泡 HL 的亮度和扬声器 B 的发音量，可在 0.047 ～ 0.1μF 之间选取。HL 是拆自日光灯启动器里的小氖泡（俗名跳泡）。R 选用 RTX-1/4W 型碳膜电阻器，阻值可在 30 ～ 75kΩ 之间选取。

B 选用农村有线广播使用最普遍的带箱压电陶瓷扬声器，型号为 YY01-200 或 YD-68、S-200；若用高阻舌簧式扬声器，则可省掉电阻器 R 不用。手头无该类扬声器的读者，可找一 ϕ200mm 以内的扬声器纸盆，在其正中央用强力胶粘上一片 FT-27 或 HTD27A-1 型压电陶瓷片，并配上木制外壳，即自制成压电陶瓷扬声器。

SB 采用普通交流电门铃专用的自复位按钮开关，要求绝缘性能良好。

8.1.3 制作与使用

除按钮开关 SB 要安装在室外门框上以外，其他元器件都焊装在扬声器箱内的空隙位置处。为能看到门铃工作时氖泡 HL 发出的橘红光，可在扬声器箱面板上开出一个椭圆形小孔，以露出氖管的发光部位。制作成的门铃外形如图 8-2 所示。

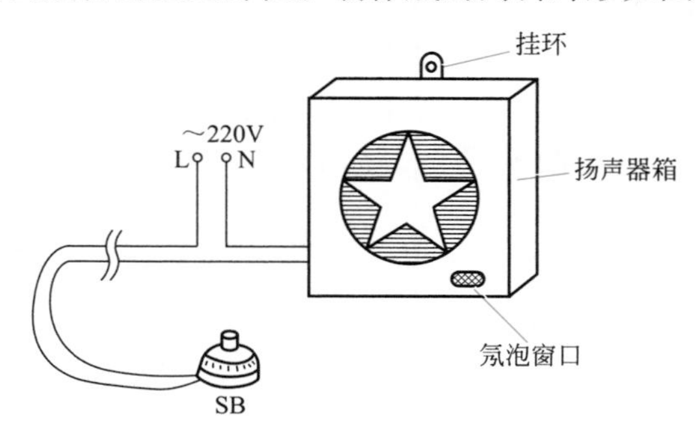

图 8-2 家用交流电门铃外形图

该交流电门铃线路简单，只要元器件选择合适、焊接无误，无须任何调试即可正常工作。在接入 220V 交流电时，安全起见，相线 L 与零线 N 应按图 8-2 所示连接，即按钮开关 SB 应接入相线，注意不要搞错。

8.2 “单线”双向声光信号器

一些单位由于工作需要，甲、乙双方要互相发出联系信号。比如，在使用升降机运送货物时，当甲方装好货物后，就发出联系信号通知乙方，等乙方给甲方一个回答信号后，甲方人员开始启动升降机，将货物运到乙方；乙方收到货物后给甲方发一信号，通知甲方再次启动升降机，使它返回到原处。

下面向大家介绍一种电路简单、成本低廉、制作容易、使用效果好的“单线”双向声光信号器，它可满足许多场合的两地互发联系信号之需要。

8.2.1 工作原理

“单线”双向声光信号器的电路如图 8-3 所示。氖泡 HL1 和 HL2、电阻器 R1 和 R2、压电陶瓷片 B1 和 B2 等，分别组成了甲、乙两个电路完全相同的弛张振荡器。晶体二极管 VD1、VD2 分别完成对 220V 交流电正半周和负半周的整流任务，并向对方振荡电路提供直流工作电压。甲、乙两机之间仅通过一根电线连接起来。

平时，由于氖泡 HL1 和 HL2 串联后的启辉电压大于 220V 交流市电，故两个振荡电路均不会工作。当甲方给乙方发信号时，只要按下按钮开关 SB1，这时 220V 交流电的正半周就会通过“相线→ SB1 → VD1 →连接电线→ HL2 → R2 和 B2 →零线”形成回路，使得氖泡 HL2、电阻器 R2 和压电陶瓷片 B2 构成的弛张振荡器工作，氖泡 HL2 即发出橘红色的单极辉光，压电陶瓷片 B2 发出“嘟……”的音频声，从而让乙方获得甲方信号。同理，乙方按下按钮开关 SB2 发信号给甲方时，220V 交流电的负半周会通过“零线→ SB2 → VD2 →连接电线→ HL1 → R1 和 B1 →相线”形成回路，使得氖泡 HL1、电阻器 R1 和压电陶瓷片 B1 构成的弛张振荡器工作，氖泡 HL1 和压电陶瓷片 B1 同样发出光、声两种信号，从而让甲方获得乙方的信号。

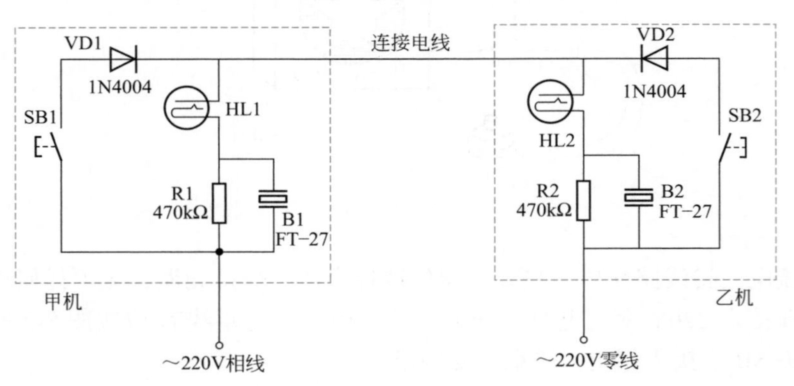

图 8-3 “单线”双向声光信号器电路图

电路中，由于晶体二极管 VD1、VD2 反向串联后具有隔离作用，即在交流电的正半周时 VD1 导通、而 VD2 截止，在负半周时 VD2 导通、而 VD1 截止，因此甲、乙双方可以同时互发信号，也不会造成对 220V 交流电的短路。

8.2.2 元器件选择

该双向声光信号器制作的成败主要取决于氖泡 HL1、HL2 的选择。HL1、HL2 应采用启辉电压大于 135V 的日光灯启动器用小氖泡（俗名跳泡），而不宜采用启辉电压仅 60V 左右的测电笔用小氖泡。

VD1、VD2 应采用反向耐压大于 350V 的小电流硅整流二极管，如 1N4004、1N4007、2CP17 和 2CP18 型等。

R1、R2 均采用 RTX-1/8W 型、标称阻值是 470kΩ 的碳膜电阻器。B1、B2 均采用普通 ϕ27mm 的压电陶瓷片，如 FT-27 或 HTD27A-1 型等；为了增大发音量，要求配带上图 5-7 所示的简易塑料助声腔。

SB1、SB2 均可采用市售交流电铃专用按钮开关。

8.2.3 制作与使用

图 8-4 是“单线”双向声光信号器单元电路的印制电路板接线图。印制电路板可用刀刻法制作，实际尺寸约为 30mm×30mm。此双向声光信号器共需两块相同的这

种单元印制电路板。

焊接电路板时注意：氖泡HL1、HL2在接入电路时，应将泡内静触点（一根金属棒）的外引脚焊在晶体二极管VD1或VD2的负极一侧，“U”形双金属片的外引脚焊在电阻器R1或R2一侧，这样氖泡发光时橘红光在双金属片四周，亮度大；如果接反了，虽然不影响压电陶瓷片B1或B2的声响，但氖泡的辉光亮度将会明显减小。

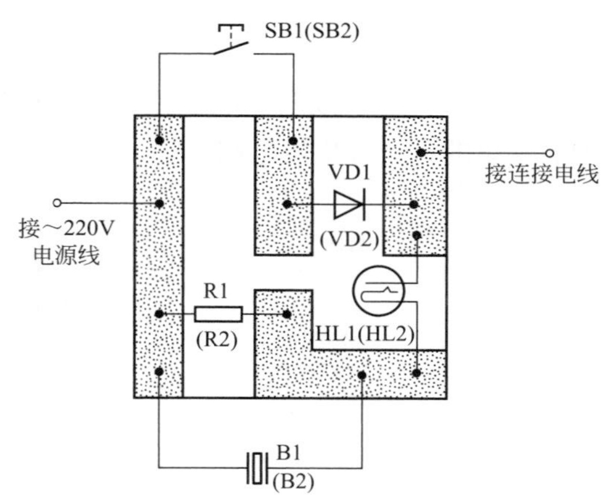

图8-4 “单线”双向声光信号器印制电路板接线图

焊接好的两块单元电路板，应分别装入两个尺寸约为50mm×110mm×20mm的长方形绝缘材料小盒内，并在盒面板分别为氖泡HL1（或HL2）开出发光窗口、为压电陶瓷片B1（或B2）开出释音孔、为按钮开关SB1（或SB2）开出安装孔。

该双向声光信号器只要元器件质量保证、焊装无误，不用调试就可使用。如果试听时嫌某一单元电路盒发声音调不理想，可通过适当改变一下该电路盒内电阻器的阻值来加以调节。一般阻值小（不得低于100kΩ），音响声尖锐；阻值大，音响声沉闷。

实际使用时，按照图8-3所示，将两个单元电路盒分别安放在甲、乙两地，两者之间通过普通单根塑皮电线接通；甲机的另外一根引出线就近接到220V交流电的相（火）线，乙机的另外一根引出线就近接到220V交流电的零（地）线，相反接法也可以，但不可都接在相线或零线上。如果甲、乙双方不能互发信号，说明两个单元电路盒均接在了220V交流电的相线或零线上，只要将其中一个电路盒的接线变换一下位置，便可排除故障。

最后提醒一句：本装置直接采用220V交流电工作，在安装和使用时均要采取有效的绝缘和安全防范措施，以免发生触电事故！

8.3 废旧日光灯管复明器

废旧日光灯管属于特殊危险废物，处置不当，会对人体健康和环境造成危害。我国每年产生大量的废旧日光灯管，但由于种种原因，绝大多数不能得到无害化处置，必须引起有关方面的重视。作为电子电工制作“发烧友”，如何为宣传和减少废旧日光灯管的产生做出一份努力呢？试做下面介绍的废旧日光灯管复明器，便是一项有意义的身体力行实践活动。

本装置能使灯丝已断的废旧日光灯管获得新生，重放光明，具有较好的节能利废作用。

8.3.1 工作原理

废旧日光灯管复明器的电路如图 8-5 虚线框内所示，虚线框外则是为便于说明原理而绘出的日光灯供电电路。

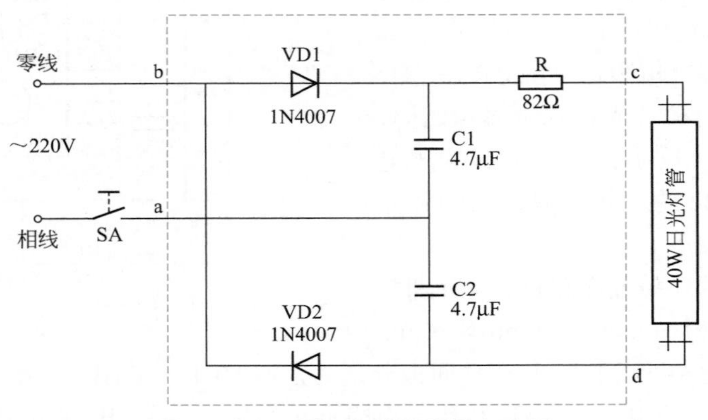

图 8-5 废旧日光灯管复明器电路图

晶体二极管 VD1、VD2 和电容器 C1、C2 组成了典型的二倍压全波整流电路。接通电源开关 SA，220V 交流市电经晶体二极管 VD1、VD2 整流后，在电容器 C1、C2 充放电作用下，使日光灯管两端获得高达 620V 的直流电压，并将灯管迅速激活发光。灯管点亮后，受限流电阻器 R 和电容器 C1、C2 容抗的限制，灯管两端电压会自动降至 110V 以内，从而使灯管安全、稳定地工作。

很显然，上述日光灯管的点亮过程，省去了常规下的灯丝预热环节。所以对于灯丝已断开、但尚未完全脱落的废旧日光灯管，具有“起死回生”的作用。

8.3.2 元器件选择

晶体二极管 VD1、VD2 在灯管启辉点亮时，都要承受约 620V 的直流电压。因此要求它们的反向耐压要大于此值，选用 1N4007 型（最大整流电流 1A，最高反向工作电压 1000V）硅整流二极管，可完全满足要求。

电容器 C1、C2 在灯管启辉的瞬间，都要承受约 311V 的电压，选择 CBB13-400V 型聚丙烯电容器可满足要求。R 选用普通线绕电阻器或水泥电阻器，要求额定功率≥ 5W。R 阻值选得太大，损耗增大；阻值选得太小，对灯管正常工作不利。

电容器 C1、C2 的标称容量和电阻器 R 的标称阻值大小，应根据灯管瓦数的不同进行适当调整：当日光灯管标称功率为 40W 时，电容器 C1、C2 的标称容量均取 4.7μF，电阻器 R 的标称阻值取 82Ω；当日光灯管标称功率为 30W 时，电容器 C1、C2 的标称容量均取 3.3μF，电阻器 R 的标称阻值取 100Ω；当日光灯管标称功率为 20W 时，电容器 C1、C2 的标称容量均取 2.2μF，电阻器 R 的标称阻值取 120Ω；当日光灯管标称功率为 6 ～ 8W 时，电容器 C1、C2 的标称容量均取 1μF，电阻器 R 的标称阻值取 150Ω。

8.3.3 制作与使用

图 8-6 为该废旧日光灯管复明器的印制电路板焊接图。印制电路板最好采用环氧敷铜板制作，实际尺寸约为 70mm×35mm。印制电路板也可直接采用相同大小的环氧基质单孔“洞洞板”，并充分利用元器件引脚飞线连接，以省去加工专用印制电路板的麻烦。

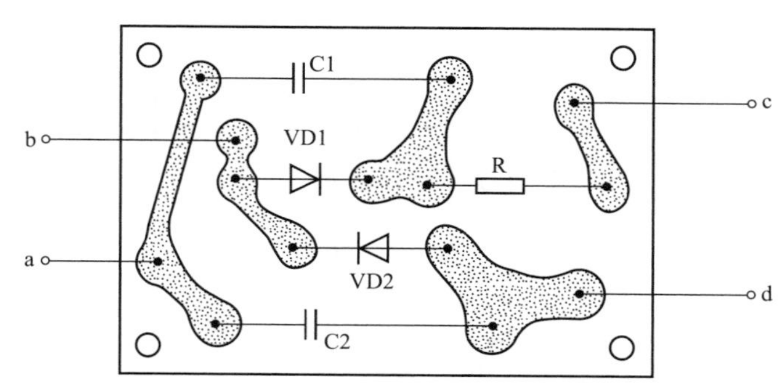

图 8-6 废旧日光灯管复明器印制电路板焊接图

焊接好的电路板装入一体积合适的阻燃性绝缘小盒（如日光灯电子镇流器专用塑壳）内。将复明器按照图 8-5 所示，与一只交流电控制开关 SA、一根废旧日光灯管和 220V 交流电源接通，就构成废旧日光灯管照明系统，其灯管架（座）用现成品即可。实际安装时注意，应事先断开 220V 交流电的总闸开关，待安装结束后再合上总闸开关，切不可带电操作，以免发生触电事故！

该复明器适用于灯管不严重老化发黑和灯丝虽断、但不完全脱落的废旧日光灯管。使用时，如果灯管不易启辉，可以用手摸一下灯管的玻璃外壳，便能帮助灯管点亮；另外，还可通过调换电源相线（火线）与零线（地线）的接线位置一试。如果灯管点亮后闪烁严重，可适当增大电阻器 R 的阻值；如果增大 R 阻值无效，说明灯管老化严重，已不适合继续使用。由于灯管一直处在直流电状态下工作，因此会形成一端稍亮一端稍暗的现象，这不属于故障。

8.4 日光灯电子启辉器

目前，电感镇流器配合氖泡启辉器（也叫启动器、“司带脱”）所构成的传统日光灯，在广大城乡居民家庭中仍然大量沿用。

普通启辉器在工作时有一个热胀冷缩过程，通常需要 3～5s 的时间才能点亮灯管，在低温、低压情况下则难以点亮。如果按照下面的介绍制作电子启辉器去替代日光灯上的普通启辉器，则不仅能使日光灯在低温、低压情况下正常点亮，而且启动灯管速度也很快（实测仅 0.5 ～ 1s），一开即亮。

8.4.1 工作原理

日光灯电子启辉器的电路如图 8-7 虚线框内所示，虚线框外则是为便于说明原理而绘出的日光灯供电电路。

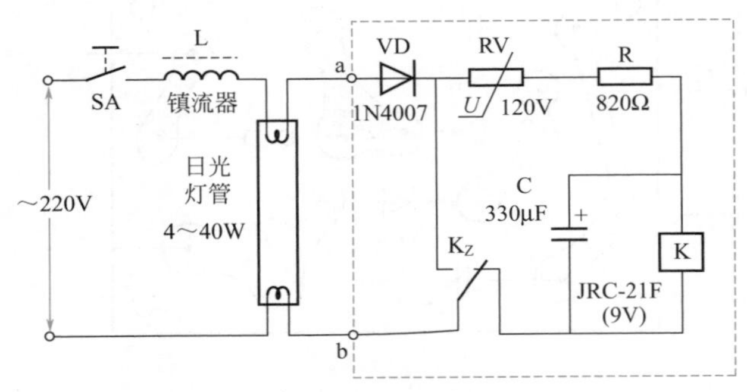

图 8-7　日光灯电子启辉器电路图

电子启辉器的核心器件为微型电磁继电器 K，其作用类似于普通启辉器的氖泡；压敏电阻器 RV、限流电阻器 R 和储能兼滤波电容器 C 等，构成了电磁继电器 K 的自动控制电路。闭合日光灯电源开关 SA，220V 交流电经镇流器 L、灯管两头灯丝送入电子启辉器的 a、b 两端。此时，因输入电压高于压敏电阻器 RV 的标称电压 120V（也称“击穿电压”或“压敏电压”），故压敏电阻器 RV 呈“通路”状态，有电流经晶体二极管 VD 半波整流、电阻器 R 限流和电容器 C 滤波储能后，向电磁继电器 K 的线圈提供足够的吸合电压。于是，电磁继电器 K 吸合，其触点 K_Z 发生转换，一方面，经晶体二极管 VD 整流后的半波脉动直流电通过灯丝，使灯丝预热；另一方面，电磁继电器 K 的线圈原来的供电回路被其触点 K_Z 切断，电磁继电器 K 依靠电容器 C 储存的电能保持吸合，经不足 1s，电容器 C 两端电压降至电磁继电器 K 的释放电压（约 0.9V）以下，电磁继电器 K 释放。就在电磁继电器 K 释放、灯丝供电回路被触点 K_Z 切断的瞬间，镇流器 L 产生一个瞬时高电压（400 ～ 600V），加在已预热的灯丝两端，击穿灯管内部电离子气体，激发灯管内壁的荧光粉发光，从而完成灯管启动过程。灯管点亮后，其两端正常工作电压下降至 108V（40W 灯管）～ 50V（6W 灯管），远低于压敏电阻器 RV 的标称电压（击穿电压）。故压敏电阻器 RV 不再导通（呈“开路”状态），整个电子启辉器不再工作，也不再耗电。

电路中，由于通过灯丝的预热电流是经过晶体二极管 VD 整流后的直流脉动电流，因此较以往的交流电更容易通过镇流器 L 给灯丝加热（气温低时效果显著），并且在电磁继电器 K 释放后更能使镇流器 L 产生较高的自感电动势，从而激发灯管快速启动发光。这样的好处：可有效避免使用普通启辉器时，灯管在低气温、低电压下不能很快启辉所形成的频繁跳闪发光现象，减慢了灯丝老化速度，相应地使灯管工作寿命得到延长。

8.4.2 元器件选择

K 选用 JRC-21F/009-1Z 型超小型直流电磁继电器，它外形尺寸仅为 15mm×10mm×12.2mm，可直接焊接在印制电路板上，使用非常方便。该继电器的主要电参数：额定工作电压 9V，线圈电阻 220Ω；吸合电压 75%，释放电压 10%。

VD 选用 1N4007 型（最大整流电流 1A，最高反向工作电压 1000V）硅整流二极管。RV 采用标称电压 120V、最大峰值电流 100A 的普通氧化锌压敏电阻器。

R 用 RTX-1/8W 型碳膜电阻器，标称阻值取 820Ω。C 选用小体积的 CD11-10V 型电解电容器，标称容量取 330μF。

8.4.3 制作与使用

图 8-8 为该电子启辉器的焊接及安装示意图。印制电路板最好采用环氧基质单面铜箔板制作，实际尺寸为 30mm×14mm。印制电路板也可直接采用相同大小的环氧基质单孔“洞洞板”，并充分利用元器件引脚飞线连接，以省去加工专用印制电路板的麻烦。外壳可拆自己损坏的普通塑料壳启辉器，具体做法：首先，打开普通启辉器的外壳，将里面的氖泡和电容器拆掉；然后，将焊接好的电路板通过两根外引线（可分别用长约 10mm 的元件剪脚线），不分顺序焊接在原启辉器的两个铜柱上，并且装入外壳内，按原样盖好壳盖即可。

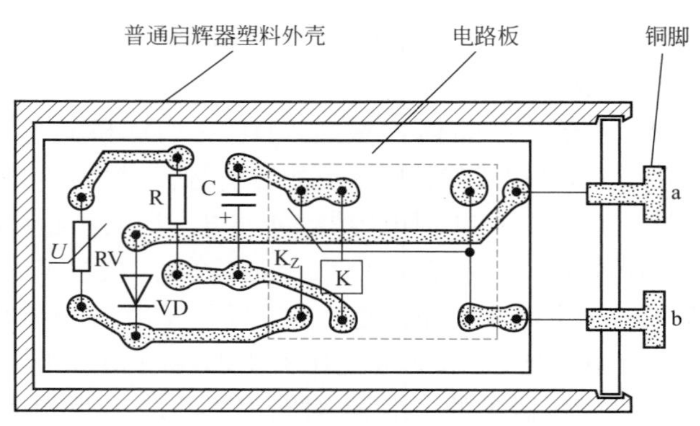

图 8-8 日光灯电子启辉器组装示意图

只要元器件正常、焊接无误，电路无须任何调试便能正常工作。

该电子启辉器对 4 ～ 40W 日光灯灯管都适用，启辉电压低于 160V。使用时，像用普通启辉器一样，将它旋入日光灯的启辉器座内即可。如果发生灯管启辉后灯光闪亮、电磁继电器 K 频繁跳动的现象，说明压敏电阻器 RV 击穿电压取值偏小，应改换标称电压值大一些的压敏电阻器；如果电网电压稍一降低便不能启辉灯管，则应适当改换标称电压值小一些的压敏电阻器。

8.5 日光灯电子镇流器

电子镇流器以其节电显著、无 50Hz 频闪、无电流噪声、能低压启辉日光灯等优点，早已进入千家万户。但一些市售普通电子镇流器存在着价格偏高、性能差和故障率高等突出缺点，使其应用范围受到一定限制。

为此，笔者通过对多种市售成品电子镇流器电路剖析和反复实验对比，设计出一种性能稳定、工作可靠、性价比高的电子镇流器。它不仅适合电工、电子爱好者仿制，也可供电子镇流器生产厂家借鉴参考。

8.5.1 工作原理

日光灯电子镇流器的电路如图 8-9 所示，为便于说明原理绘出虚线框内的日光灯管接线图。晶体二极管 VD1 ～ VD7 和电容器 C2、C3 等构成交流电整流滤波电路，向后级电路提供直流用电。开关功率三极管 VT1、VT2 和双向触发二极管 VD9、单孔磁环脉冲变压器 T 等构成高频振荡开关波（方波）产生电路，其中电阻器 R1、电容器 C4 和双向触发二极管 VD9 组成锯齿波发生器，用于启动振荡电路。方波振荡电路将直流电变为高频交流电，用于点燃日光灯管。由于功率三极管 VT1、VT2 工作在开关状态，故可获得极高效率。电感器 L2 和电容器 C8、C9 等构成串联谐振电路，其作用是启辉日光灯管和限制灯管工作电流。

接通电源，220V 交流电经晶体二极管 VD1 ～ VD4 桥式整流和晶体二极管 VD5 ～ VD7 和电容器 C2、C3 组成的特殊逐流滤波电路后，输出约 220V（万用表实测）直流电压。该直流电压经电阻器 R1 对电容器 C4 充电，当电容器 C4 两端电压超过双向触发二极管 VD9 的转折电压（约 32V）时，双向触发二极管 VD9 雪崩导通，给功率三极管 VT2 的基极一个窄电流脉冲，使功率三极管 VT2 首先导通。此时，直流电源通过日光灯管灯丝、电感器 L2 和脉冲变压器 T 的绕组 n1 等形成回路，给电容器 C8、C9 充电。由于脉冲变压器 T 的绕组 n1 对同相绕组 n2 和反相绕组 n3 的电感耦合作用，绕组 n2 产生的感应电压将使功率三极管 VT1 导通，而绕组 n3 上的感应电压将使功率三极管 VT2 截止，故电容器 C8、C9 又通过电感器 L2、绕组 n1、电阻器 R2 和功率三极管 VT1 形成放电回路。如此反复循环，功率三极管 VT1、VT2 轮流导通，很快形成频率约 25kHz 的自激振荡。电路起振后，电容器 C4 经晶体二极管 VD8 和功率三极管 VT2 不停地放电，使双向触发二极管 VD9 不再产生触发电压，即锯齿波发生器停止工作。同时，高频振荡信号很快使电容器 C8、C9 和电感器 L2 等构成的串联电路发生谐振，由于电容器 C8 容量远大于电容器 C9 容量，故在电容器 C9 两端产生足够高（500 ～ 600V）的谐振电压，使灯管一次性启动点亮。灯管一旦被点亮，

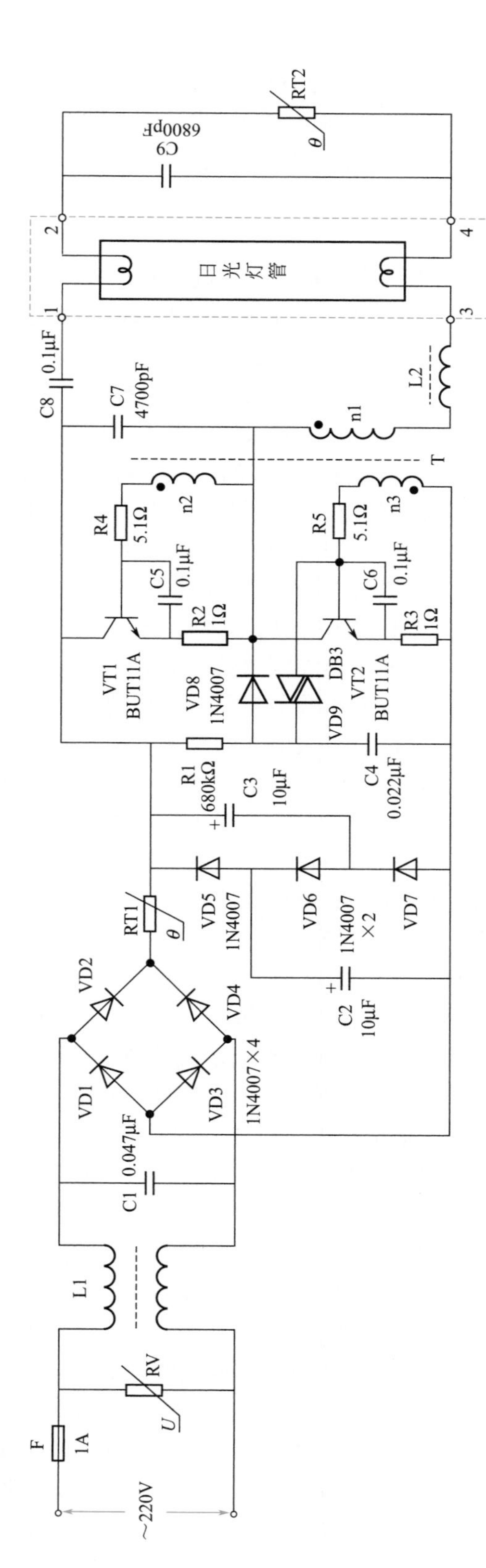

图 8-9 日光灯电子镇流器电路图

LC 串联电路则失谐，灯管两端电压降为 100V 左右，电感器 L2 只起限流作用，电容器 C8 则起隔直流电作用，电容器 C9 通过的极小电流对灯丝起辅助加热作用。另外，当功率三极管 VT2 由导通变为截止时，电感器 L2 上的自感电压与电源整流后的电压叠加在一起，会使功率三极管 VT2 承受上千伏的高频尖脉冲电压，容易使三极管被击穿，电容器 C7 可有效降低这个电压。

该镇流器电路通过采取以下措施，来提高整机性能：

① 在交流电输入端引入了由熔丝 F、压敏电阻器 RV 组成的过压保护电路。压敏电阻器 RV 并接于交流输入电路两端，它不仅对电网产生的瞬时干扰信号有限幅削波作用，而且一旦交流电源发生错相，电压由 220V 变成 380V 时，压敏电阻器 RV 会立刻导通而流过大电流，将熔丝 F 熔断，从而保护了电子镇流器和灯管免遭毁坏。

② 增设了由扼流圈 L1 和电容器 C1 组成的射频干扰滤波电路，其作用是消除电路产生的射频污染电网，并对提高电路功率因数起辅助作用。目前，大多数国产电子镇流器为了降低成本，都未采用射频抑制措施，致使电网电流波形中带有相当大的谐波（尤其是三次谐波）含量，造成对电网的严重电磁污染。如果在电网中大批量使用这种电子镇流器，谐波干扰会严重破坏三相电源的平衡，一方面导致洗衣机、电冰箱、电风扇等电器中的单相异步电动机发热加剧、效率降低、转矩产生波动，从而影响其寿命；另一方面使中性线（零线）电流叠加超负荷，轻则电网跳闸、烧断熔丝，重则会引起电网火灾等事故。非但如此，奇次谐波的交叉干扰会使处于谐波波峰叠加处的镇流器成批损坏，一些资料已有这类故障报道。

③ 采用由晶体二极管 VD5 ～ VD7 和电容器 C2、C3 组成的特殊逐流滤波电路，可显著提高线路的功率因数。如果采用普通单个电容器滤波，虽然输入正弦交流电压 V_{AC}，如图 8-10（a）所示，但由于桥式整流二极管只在交流 220V 电压峰值附近才导通，交流输入电流 I_{AC} 便发生畸变，呈窄峰脉冲，如图 8-10（b）所示。这种电流波形基波很低，但谐波含量却很高，仅三次谐波就达 80%（以基波为 100% 而言），线路功率因数仅 0.6 左右，与普通电感式镇流器的功率因数（约 0.45）相差无几，节电效果并不明显。采用逐流滤波线路后，在交流输入电压 V_{AC} 从 0 到峰值 V_m 以正弦规律逐步增大的 1/4 周期内，V_{AC} 在给负载提供电流的同时，通过晶体二极管 VD6 向串联起来的电容器 C2、C3 充电，输出电压跟踪追逐 V_{AC} 上升至 V_m，此时 $V_{C2}=V_{C3}\approx 1/2V_m$。但由于晶体二极管 VD5、VD7 反偏，电容器 C2、C3 没有放电回路，电荷储存于电容器 C2、C3 中。随着 V_{AC} 从峰值 V_m 开始下降，直至降为 $1/2V_m$ 左右时，晶体二极管 VD5、VD7 先后导通，电容器 C2、C3 并联后给负载放电，并且放电速率比 V_{AC} 正弦下降速率快。当 V_{AC} 瞬时值小于负载工作电压时，整流二极管 VD1 ～ VD4 截止，直到 V_{AC} 负半周过零后幅值高于负载最低工作电压，整流电路开始工作，并再次向电容器 C2、C3 充电。这样周而复始，得到图 8-10（c）

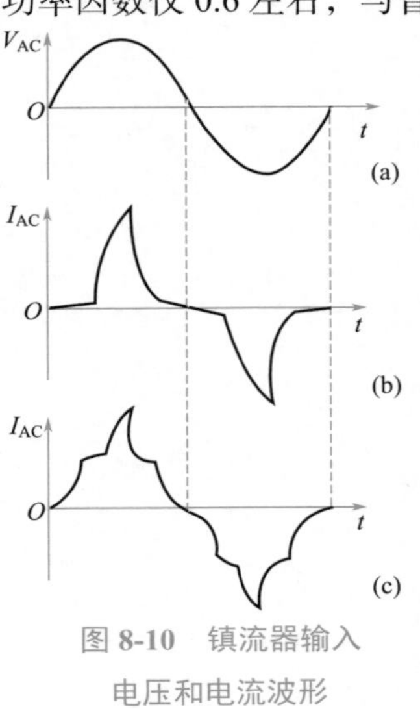

图 8-10　镇流器输入电压和电流波形

所示的交流输入电流 I_{AC} 波形。显而易见，这种交流输入电流 I_{AC} 波形趋向连续，包络线已接近正弦波，线路功率因数实测可达 0.95，总谐波畸变低于 20%。实践证明，对于市售功率因数不足 0.6 的电子镇流器，在不改进其他线路的情况下，将普通滤波电路改换成逐流滤波线路（一般仅增加三个晶体二极管和一个电容器），功率因数很快就提高到 0.9 以上。

④ 在直流输出回路中串入 PTC 正温度系数热敏电阻器 RT1，构成过流保护电路。平时，热敏电阻器 RT1 阻值很小，不会对电路构成影响。当发生灯管漏气、老化而启动不亮（灯管两端红而中间点不亮）或线路异常等故障时，线路输入回路中电流将大增，热敏电阻器 RT1 发热温度超过居里点，其阻值增大至 1MΩ 以上，使得整流电压大部分降在热敏电阻器 RT1 两端，功率三极管 VT1、VT2 停振，保护电子镇流器不因过流而损坏。

⑤ 在谐振电容器 C9 两端并联 PTC 正温度系数热敏电阻器 RT2，构成灯管延时预热启动（亦称“软启动”）电路。开灯时，阻值很小的热敏电阻器 RT2 将电容器 C9 短路，使较大电流预热日光灯灯丝，约 1s 后，热敏电阻器 RT2 因发热温度达到居里点，其阻值增大到 10MΩ 以上，电容器 C9 恢复功能，立即引起 LC 串联电路发生谐振，在电容器 C9 两端产生高压将灯管延时点燃。曾有说法，认为电子镇流器可使灯管“一拉亮”（启动快），这是优于电感镇流器的一大优点，现已证实这是片面的。因为日光灯管在启动时所承受的开路电压峰值很高，如果没有预热功能，将会加速灯丝表面三元碳酸盐热电子发射物质的溅射和脱落，造成灯管两端很快发黑而损坏。实践证明，使用传统的电感镇流器或软启动型电子镇流器时，由于对灯丝有预热作用，因此日光灯管能开关近一万次；而使用不具备预热功能的普通市售电子镇流器时，日光灯管仅开关一千次左右两端便已发黑。

8.5.2 元器件选择

电子镇流器的元器件筛选必须十分严格，否则产品质量难以保证。VT1、VT2 选用配对高反压晶体三极管 BUT11A 或 MJE13005、BU406 型等，要求集电极 - 发射极击穿电压 $\beta V_{ceo} > 400V$，电流放大系数 $\beta=20 \sim 30$；并且要求击穿特性陡直、饱和压降小、开关速度快等，以有效控制集电极耗散功率，使镇流器自身功耗在 2W 以内。

VD1 ～ VD8 均用 1N4007 型（最大整流电流 1A，最高反向工作电压 1000V）普通硅整流二极管；VD9 选用转折电压是 32V 左右的双向触发二极管，如进口 DB3 或国产 2CTS1A 型等。

RV 可选用 MYG471 型（标称电压 470V，峰值电流 1kA）氧化锌压敏电阻器。RT1、RT2 均选用 MZ61 或 MZA8、MZ210R 型开关型正温度系数热敏电阻器（PTC），要求居里点为 80 ～ 120℃。其中：RT1 标称阻值选 5 ～ 10Ω，RT2 标称阻值选 200Ω 左右。RT2 标称阻值决定灯丝预热电流大小，居里点决定预热延迟时间。

R1、R4 和 R5 用 RTX-1/8W 型碳膜电阻器；R2、R3 用 RJ-1/4W 型金属膜电阻器。C1 用 CL11-400V 型涤纶电容器；C2、C3 用 CD11M-250V 型小体积电解电容器；

C4 ～ C6 用 CT4D-63V 型独石电容器；C7、C8 用 CB10-400V 型聚苯乙烯电容器；C9 用 CBB13-1000V 型聚丙烯电容器。F 用 1A 普通保险管，亦可用 ϕ0.08mm 漆包线直接焊到印制板上替代。

扼流圈 L1 用 2E19 型铁氧体磁芯，在塑料骨架上用 ϕ0.30mm 漆包线绕两组 100 匝。电感器 L2 的参数由灯管功率决定，选用 2E25 型铁氧体磁芯及配套塑料骨架、ϕ0.40 ～ 0.20mm 漆包线绕制，用牛皮纸作磁芯间隙衬垫，气隙为 0.2 ～ 0.5mm。对于 40W 日光灯管，绕约 150 匝；30W 日光灯管，绕约 180 匝；20W 以内时，绕 200 ～ 250 匝，具体由试验确定。脉冲变压器 T 用 ϕ1mm 铜芯塑料电线在 ϕ10mm×6mm×5mm 磁环上直接绕制，其中绕组 n1=8.5 匝，绕组 n2=n3=2.5 匝。注意图 8-9 中黑点为同名端，头尾顺序绕。

8.5.3 制作与使用

图 8-11 所示为该电子镇流器的印制电路板接线图。印制电路板实际尺寸约为 110mm×45mm。焊接时注意，晶体二极管、三极管和电解电容器的极性以及脉冲变压器 T 的各绕组同名端千万不可接反，并应避免虚焊。

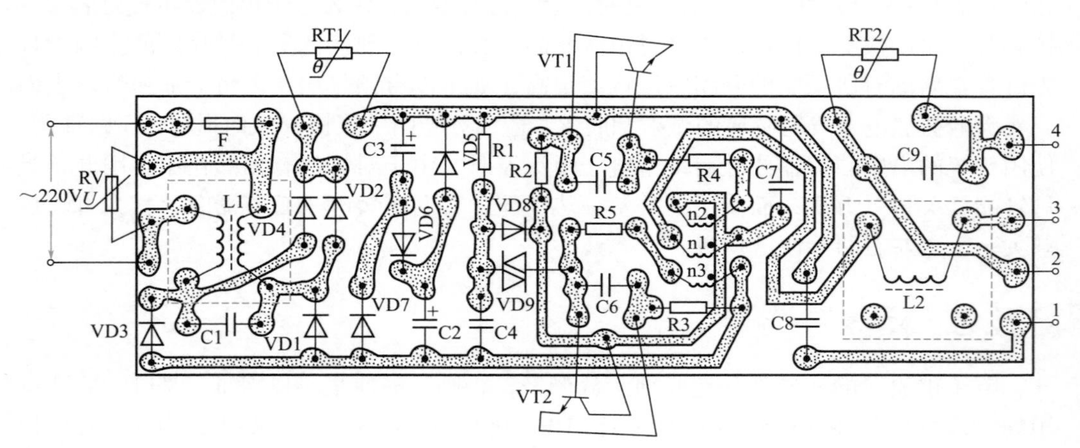

图 8-11　日光灯电子镇流器印制电路板接线图

焊接好的电路板经检查无误后，即可接上日光灯管进行通电试验。一般都可一次装成功点亮。如灯管不能启动点亮，可能是脉冲变压器 T 的三个绕组头尾接法不对，应重新检查纠正后再试。另外，晶体三极管损坏也会造成灯管不启辉。如果灯管两端发光，但不能启动，说明振荡电路已起振，只是灯管两端没有电压或电压太低所致。一般多是由启动电容器 C9 容量太大或者被击穿所造成。如灯管闪烁，一般是由隔直流电容器 C8 被击穿所造成，有时电容器 C7 容量偏大也会出现这种情况。灯管启动后，在 220V 电源输入回路中串入量程 0.3 ～ 0.5A 的交流电流表，测供电总电流，40W 日光灯管时应为 190mA 左右; 30W 灯管时应为 140mA 左右; 20W 灯管时应为 95mA 左右。如电流值偏差太大（灯管表现为亮暗异常），说明灯管尚未工作在额定功率状态下，可通过改变电感器L2磁芯间隙大小来调节。如调整不过来，可适当增减电感器L2匝数，然后调磁芯间隙。调整好的电感器L2磁芯间隙用纸片垫好，再用502胶水粘固。一般镇流器交流工作电流可按下式估算：I(A)=灯管额定功率(W)×1.05/220(V)。

调试完毕，将电路板装入尺寸约140mm×48mm×30mm的密闭铁壳内，需特别注意采取良好的绝缘措施。这样既避免电路产生的高频干扰电磁波向外辐射，又利用外壳直接作为功率三极管VT1、VT2（需加电绝缘片）的散热器，一举双得，这比目前大多数市售产品用塑料外壳优越性要好。由于这种电子镇流器的外壳及机械安装孔可与普通电感镇流器做得完全一致，故互换性良好，便于普及推广。

这种电子镇流器具有较好的节电及延长灯管使用寿命效果，其线路功率因数高达0.95，三次谐波含量低于20%（国家行业标准小于基波的37λ%，λ为功率因数），高频波峰系数小于1.6（国家行业标准≤1.7），电网电压≥130V时即能可靠点亮日光灯管，并能使灯管发光效率达到70lm/W。

8.6 节电的电度表

电度表也称为电能表，是测量交流电能的专用仪表，也是使用量最大、最常用的一种计量仪表。电度表不仅能够测量出电气设备消耗电能的功率，而且能够累计反映出电气设备所消耗电能的总和。电度表包括第一代产品——感应式机械电度表，第二代产品——电子式电度表，以及第三代产品——数字式电度表。

目前，感应式机械电度表在广大城乡的千家万户中使用仍然比较普遍。这种普通电度表的电压线圈是并接在电网上的，不论输出回路中是否接有负载，电压线圈始终都在消耗着电能。通过实际测量：民用容量为1～2A的单相电度表，电压线圈在通常情况下流过的电流为15mA左右；容量为2～4A的单相电度表，电压线圈通常流过的电流为21mA左右。有人作过估算，全国每年由于这一电能损耗，就损失掉资金上亿元。因此解决单相电度表的空载损耗问题，有着一定的现实意义和经济意义。

笔者利用一块国产新型交流负载传感器件ZA-5B，很好地解决了单相感应式机械电度表的空耗问题。该方法具有简单经济、工作稳定、改造容易等特点，有普遍推广价值。

8.6.1 工作原理

节电的电度表电路如图8-12所示。LSE为交流负载传感器，虚线所框为民用单相感应式机械电度表的电原理图。

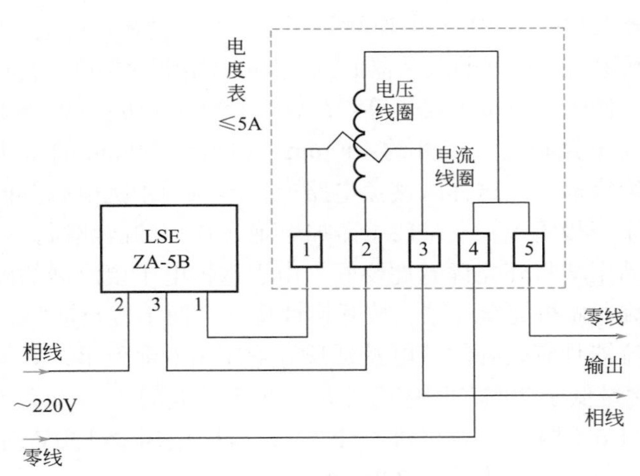

图 8-12 节电的电度表电路图

交流负载传感器 LSE 共有三个引出脚，其输入端第 2 脚接 220V 交流电的相线，主动负载输出端第 1 脚通过电度表内部的电流线圈后接用户负载，从动负载输出端第 3 脚接电度表内部的电压线圈。当用户在电度表的输出端接上负载时，交流负载传感器 LSE 的第 1、2 脚之间有电流通过，第 2、3 脚之间呈通态，使得电度表内的电流、电压线圈均通电，电度表正常运转。当用户负载被切断时，电度表内部的电流线圈中无电流通过，交流负载传感器 LSE 的第 1、2 脚之间亦无电流通过，于是交流负载传感器 LSE 的第 2、3 脚之间呈断态，电度表内部的电压线圈回路亦被切断，也就不再消耗电能，从而实现了电度表空载不耗电之目的。

8.6.2 元器件选择

LSE 选用国产 ZA-5B 型（5A、450V）交流负载传感器，其外形尺寸及引脚排列参见图 5-4（ZA-5B 的引脚排列与 ZA-4B 完全相同）。

读者如果购买不到所需要的交流负载传感器，可参照图 5-5 所示的电路图和印制电路板图进行自制。具体制作时，VS 可选用 BCR1AM-8（额定通态电流 I_T=1A，断态重复峰值电压 U_{DRM} ≥ 600V）或 MAC97A6 型普通小型塑封双向晶闸管，其外形和引脚排列参见图 2-4；VD1 ～ VD4 均选用 1N5400（最大整流电流 3A，最高反向工作电压 50V）型普通硅整流二极管，R 用 RJ-1/4W 型金属膜电阻器。电路板宜取厚度 1mm 左右的基质单面铜箔板，实际尺寸约为 35mm×22mm。焊接好的印制电路板，可装入体积合适的塑料外壳之中。

8.6.3 制作与使用

将额定电流≤ 5A 的普通单相感应式机械电度表原有输入接线端 1 和 2 的连接金属片拆掉，将交流负载传感器 LSE 的第 1 脚接电度表的 1 接线端，第 3 脚接电度表的 2 接线端，第 2 脚接 220V 市电输入端的相线即可；电度表其他原接线无须变动。交流负载传感器 LSE 既可固定在电度表外面，也可装入表内空闲位置处。

装配成的节电电度表，其使用方法与普通电度表完全一样。通过实验测试知：一台 2 ～ 5A 的单相电度表，在被改造成为节电电度表后，在用户正常用电的情况下，每月可节电 0.6 ～ 0.8 度。

8.7 “一断即响”的防盗器

这里介绍一种适合在家庭、机关、商店、仓库、果园、鱼塘等场所安装使用的断线式防盗器。当作案的小偷在不知不觉中弄断非常细的报警线时，警铃就会长鸣，同时电灯也发亮。

该防盗器具有元件少、发声大、使用方便可靠等优点，非常适合电子电工初学者仿制。

8.7.1 工作原理

“一断即响”的防盗器电路如图 8-13 所示。X1、X2 为接线柱，L 是缠绕在防盗物（或布设在小偷必经之路）上的细漆包线。电路的核心器件是一个交流参数固态继电器 PSSR，它既作为电铃 HA 和电灯 HL 的无触点交流开关，又作为报警线 L 及其接线柱 X1、X2 与交流 220V 市电的隔离器件。交流参数固态继电器 PSSR 有三种驱动模式：无源零功率驱动、有源正功率驱动和负功率驱动。本电路采用的是无源零功率驱动，即交流参数固态继电器 PSSR 的交流输出端第 5、6 脚受驱动端第 2、4 脚之间所接报警线 L 的通断状态控制。

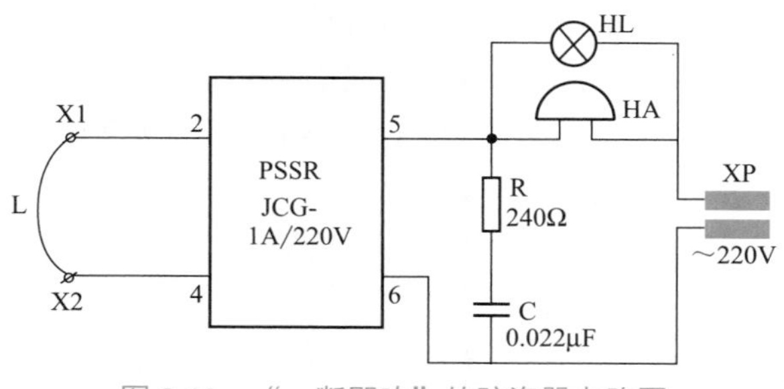

图 8-13 “一断即响”的防盗器电路图

平时，交流参数固态继电器 PSSR 的驱动端第 2、4 脚被报警线 L 短路，交流参数固态继电器 PSSR 的输出端第 5、6 脚压降接近 220V 交流市电，交流参数固态继电器 PSSR 呈关断状态，电铃 HA 和电灯 HL 无合适工作电压均不工作。一旦小偷移动防盗物，紧缠其上的金属细丝就会被绊断，交流参数固态继电器 PSSR 的控制端第 2、

4 脚间的跨接电阻趋于无穷大，输出端第 5、6 脚间的压降将趋于零（＜3V），交流参数固态继电器 PSSR 呈导通状态。于是电灯 HL 发光，使黑暗中的小偷原形毕露；电铃 HA 长鸣不息，呼叫人们：快来捉小偷！

8.7.2 元器件选择

PSSR 选用 JCG-1A/220V 型交流参数固态继电器，其外形和引脚排列参见图 4-18，性能和参数详见相关文字介绍。R 用 RTX-1/4W 型碳膜电阻器，C 用 CL11-400V 型涤纶电容器；R 和 C 串联组成 RC 吸收网络，主要用于防止瞬间感应电压击穿交流参数固态继电器 PSSR 的输出端第 5、6 脚。

X1、X2 用普通小型接线柱，如 720 小型彩色接线柱。L 用一定长度（视实际情况确定）、ϕ0.06～0.15mm 的细漆包线，可用废旧变压器或线圈中的漆包线。HA 为 220V 交流电铃，HL 为普通白炽灯泡，两者功率之和不要超过交流参数固态继电器 PSSR 的额定负载功率 220W。XP 为交流电二极插头。

8.7.3 制作与使用

装配很简单：将交流参数固态继电器 PSSR 和电阻器 R、电容器 C 等装入一绝缘密闭小盒内，并在盒面板打孔固定接线柱 X1、X2。电源插头 XP 则通过长约 1.5m 的双股软塑电线引出盒外，电铃 HA 和电灯 HL 分别通过双股软塑电线引出盒外固定。

需要注意的是：要给交流参数固态继电器 PSSR 加装上一定尺寸的散热板，以避免交流参数固态继电器 PSSR 满负载工作时因过热而损坏。由于交流参数固态继电器 PSSR 的第 1 脚灵敏度很高，悬空不用时很容易受到外界感应信号的干扰，故可将此脚与公共端第 4 脚短接起来，以获得良好的稳定性。

实际应用时，根据防盗需要，将细漆包线 L 布设在房门或窗户的周围，或系在贵重物品上，或布设在防盗现场的四周，线头两端用细砂纸打掉漆皮后接防盗电路盒上的接线柱 X1、X2 即可。将防盗电路盒放置在隐蔽处，电铃 HA 用双股电线引至能良好传播声音的高处固定，电灯 HL 用双股电线引至防盗现场；也可根据情况将防盗电路盒连同电铃 HA、电灯 HL 一起安装在值班室内。将插头 XP 就近插入 220V 交流电源插座内，防盗器即进入监控报警状态。

8.8 “空城计”式防盗装置

本装置的设计很有创意，它采用迷惑方式来预防小偷入宅行窃：当主人出行、家中无人居住看守时，它能够在每日天黑后按预先设定的时间自动开灯、开音响等电器，到就寝时间后又自动关掉灯光及音响，以此模拟晚上家中有人的情形，使不明真相的盗贼不敢轻举妄动，犹如《三国演义》中诸葛亮使用的“空城计”。

8.8.1 工作原理

“空城计”式防盗装置的电路如图 8-14 所示，它主要由钟控定时交流延迟开关和家中现成的灯光、音响设备两大部分组成。

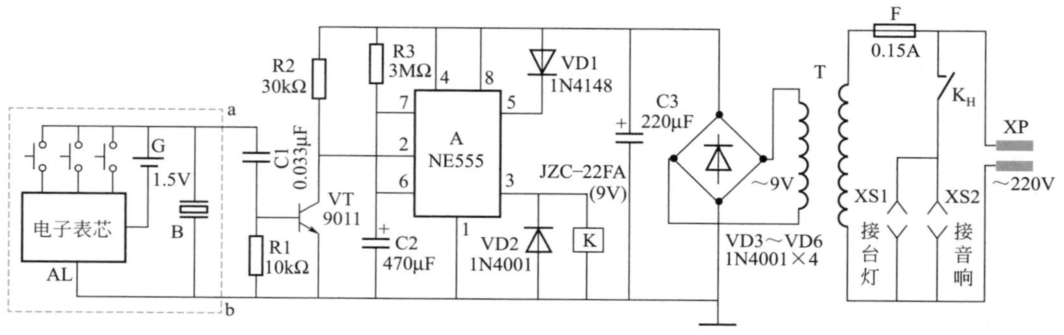

图 8-14 “空城计”式防盗装置电路图

“555”时基集成电路 A 与电阻器 R3、电容器 C2 等构成单稳态触发器。平时，单稳态电路处于稳定态，时基集成电路 A 的第 3 脚输出低电平，继电器 K 不吸合，其常开触点 K_H 打开，交流 220V 电源输出插座 XS1、XS2 对外不送电。夜晚，当虚线框内所示的电子表按预先调定时间报闹时，取自表内压电蜂鸣片 B 两端的部分报闹电信号经电容器 C1 耦合至晶体三极管 VT1 的基极与发射极之间，使晶体三极管 VT1 导通，其集电极输出负脉冲电信号，触发时基集成电路 A 立即翻转进入暂态。一方面，时基集成电路 A 的第 3 脚输出高电平，继电器 K 得电吸合，其常开触点 K_H 接通插座 XS1、XS2 的电源，使被控台灯和音响装置自动通电工作；另一方面，时基集成电路 A 内部放电管截止，第 7 脚不再短路定时电容器 C2，电源便开始通过电阻器 R3 向电容器 C2 充电，使时基集成电路 A 的阈值端第 6 脚电位不断升高。当电容器 C2 两端电压充到超过第 5 脚电位时，单稳态电路结束暂态翻回稳态，时基集成电路 A 的第 3 脚恢复低电平，继电器 K 断电释放，其常开触点 K_H 切断插座 XS1、XS2 的输出电源，从而使被控灯光和音响装置自动断电停止工作。与此同时，时基集成电路 A 内部放电管导通，电容器 C2 通过第 7 脚和第 1 脚放电，为第二天夜晚定时充电作好准备。

电路中，我们巧妙地设置了时基集成电路 A 的控制端第 5 脚的电平，使延时电容器 C2 容量取值不大时就可获得数小时的延时时间。通常，时基集成电路 A 处于单稳态工作模式时，其控制端第 5 脚是悬空不接或通过一个电容器接地。控制端第 5 脚在内电路是接在三个内部电阻组成的分压器上的，其电平被固定在 $2/3V_{CC}$，当电容器 C2 两端（第 6 脚）电压被充到超过第 5 脚电平时，暂态结束，电路即翻回稳态。本电路的不同之处是在第 5 脚与电源正端之间加接了一只晶体二极管 VD1，使第 5 脚电平由 2/3V_{CC} 提升到 V_{CC}-0.65V，即仅低于电源电压 0.65V。所以电容器 C2 两端电压要充到 V_{CC}-0.65V 时，电路才会发生翻转，从而大大延长了单稳态电路的充电时间（即延时时间）。所以，电容器 C2 不必采用很大的容量，就可获得长时间（按图 8-14 选用元器件，实测大于 2h）的延时。电源变压器 T、晶体二极管 VD3 ～ VD6 和电容器 C3 组成电源变换电路，将 220V 交流电变换成约 10V 直流电，供时基集成电路 A 组成的控制电路工作用电。

8.8.2 元器件选择

A 选用 NE555 或 μA555、LM555、5G1555 等型“555”时基集成电路，它是一种模拟、数字混合集成电路，采用双列 8 脚直插式封装（DIP-8），其引脚功能及排列见图 1-27。“555”时基集成电路具有定时精确、驱动能力强、电源电压范围宽、外围电路简单及用途广泛等特点，非常适合电子爱好者制作时使用。

VT 用 9011（集电极最大允许电流 I_{CM}=30mA，集电极最大允许功耗 P_{CM}=200mW）或 3DG6 型硅 NPN 小功率三极管，要求电流放大系数 $\beta > 50$。VD1 用 1N4148 型硅开关二极管，VD2 ～ VD6 均用 1N4001 型硅整流二极管。

电子表选用具有报闹时间设定功能的那一种，要求不带整点报时或具有整点报时“取消”功能。R1 ～ R3 均用 RTX-1/8W 型碳膜电阻器，标称阻值依次取 10kΩ、30kΩ 和 3MΩ。C1 用 CT1 型瓷介电容器，标称容量取 0.033μF；C2、C3 均用 CD11-16V 型电解电容器，标称容量分别取 470μF 和 220μF。

K 用 JZC-22FA/009-1Z 型超小型中功率电磁继电器，其触点负荷 220V×3A，外形尺寸仅为 22.5mm×16.5mm×16.5mm，可直接焊在印制电路板上。T 用 220V/9V、1.5W 小型成品电源变压器，要求长时间通电运行不过热。F 用 BGXP-O.15A 型普通保险管，并配套 BLX-1 型机装式管座。XS1、XS2 用机装式交流电双孔电源插座。XP 用市售普通交流电二极电源插头。

8.8.3 制作与使用

图 8-15 所示是该“空城计”式防盗装置的印制电路板接线图，印制电路板实际尺寸约为 55mm×35mm。印制电路板可直接采用相同大小的单孔“洞洞板”，并充分利用元器件引脚飞线连接，以省去加工专用印制电路板的麻烦。

焊接好的电路板装入体积合适的绝缘小盒内。电路板上的 a、b 引线头按照图 8-14 所示接电子表，电子表可固定在机盒面板上。机盒面板上还要开孔固定保险管座和插座 XS1、XS2，盒侧面开孔通过长约 1.5m 的双股电线引出电源插头 XP。

实际使用时，首先调好电子表报闹时间，也就是晚上开灯、开音响的时间。然后，将电源插头 XP 插入 220V 交流电插座，并在插座 XS1、XS2 内分别接入台灯和音响装置。音响装置宜用交流电收音机或收录机等，将其置于接收广播节目位置，以便在每天晚上都能产生良好的声响。这样，主人出远门后，本装置在每天晚上都会准时开灯、开音响，并且在延时工作两个多小时后自动关灯、关音响，从而制造出一个主人在家中的假象。如果嫌每晚开灯、开音响的时间太长（或太短），可通过适当减小（或增大）电阻器 R3 的阻值或电容器 C2 的容量加以调整，直到满意为止。

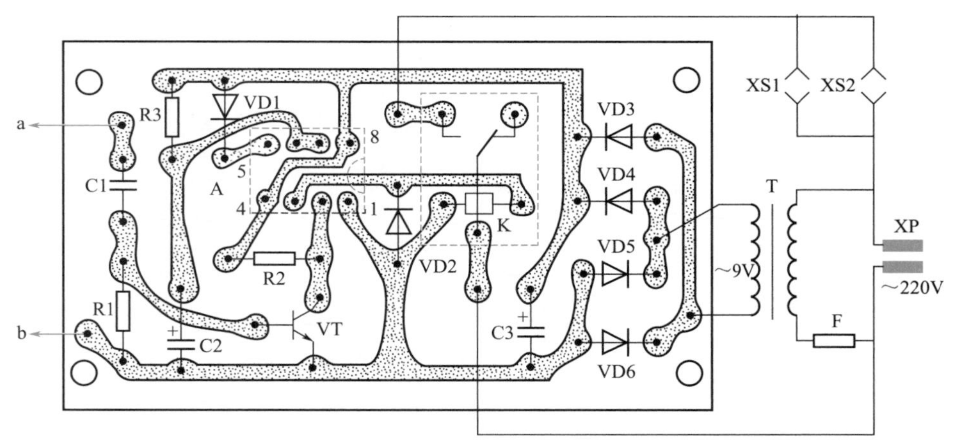

图 8-15 “空城计”式防盗装置印制电路板接线图

顺便指出，平常主人在家时，本装置也并非无用武之地：可以用它控制收录机每日早晨定时播放新闻广播；可以用它控制电热毯每天晚上自动定时温热被窝；还可控制电热杯（需大幅度减小电阻器 R3、电容器 C2 的数值）每天自动煮熟牛奶等等，用途非常多，有待于读者进一步动脑动手去开拓。

8.9 多路编码载波防盗报警器

这里介绍一种构思巧妙、设计新颖的多路编码载波防盗报警器，它利用随处可见的 220V 交流电力线，方便地将盗情报警信号从现场传递到值班室，或从一个家庭传递到附近互助联防的邻居家中，实现了一定距离范围内的防盗报警。

该载波防盗报警器具有实用性强、隐蔽性好、可免除架杆凿墙拉线带来的种种不便、工作稳定可靠、抗干扰能力强、容易实现多地多路防盗报警等特点，非常适合在家庭、机关单位、商场、银行、仓库、文物陈列室和学校等推广使用。

8.9.1 工作原理

多路编码载波防盗报警器由盗情探测 / 载波发射机和载波接收 / 报警器两大部分组成。两者之间通过 220V 交流传输线传递信号，并分别获取工作用电。

盗情探测 / 载波发射机的电路如图 8-16 所示，它由红外线探测、数据编码、载频振荡和放大驱动、电源变换等电路构成。由非门（反相器）Ⅰ、Ⅱ与电位器 RP、电

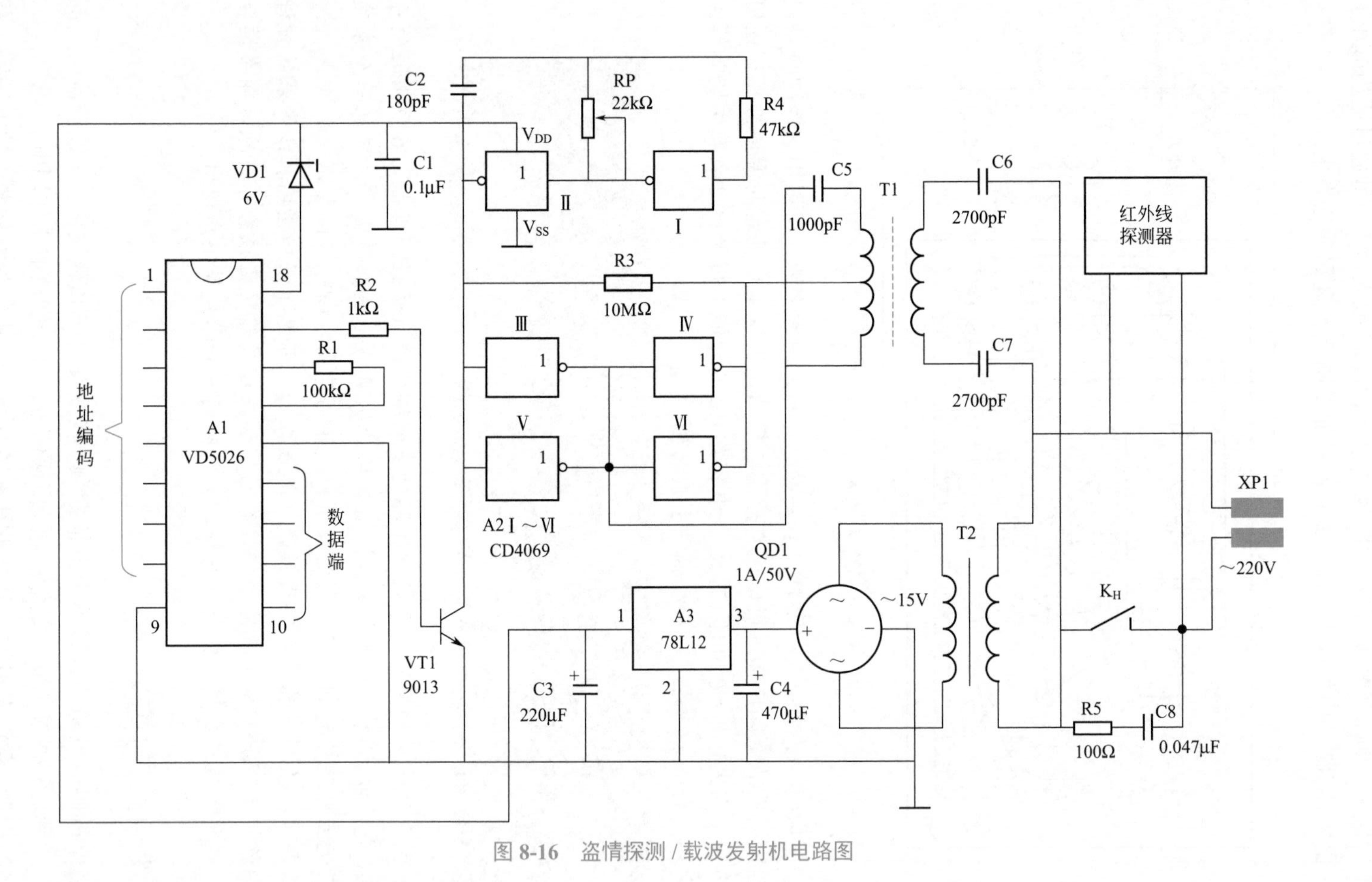

图 8-16　盗情探测 / 载波发射机电路图

阻器 R4、电容器 C2 等构成的典型自激多谐振荡器，产生频率为 200kHz 的振荡波；晶体三极管 VT1 为调制器。当无盗情时，红外线探测器中的继电器处于释放状态，其常开触点 K_H 处于断开状态，整个发射部分电路断电不工作。一旦有盗情，红外线探测器中的电磁继电器所控触点 K_H 闭合，发射电路通电工作，集成电路编码器 A1 即从第 17 脚发出串行编码脉冲，经限流电阻器 R2 后控制晶体三极管 VT1 导通与截止，从而实现了对载波的调制。被调制后的载波信号经非门Ⅲ～Ⅵ放大后，由中频变压器 T1 耦合至 220V、50Hz 的交流电源线中，通过电力线传输至远处的接收报警器。集成电路编码器 A1 共有 8 个地址编码端，其编码方式分为：接 V_{DD}、接 V_{SS} 和“悬空”三种，即使在四个控制数据输入端“悬空”不用的情况下，它仍可编出 3^8=6561 种不重复编码，具有良好的抗干扰和扩容性能。

电路中，220V 交流电经电源变压器 T2 降压隔离、硅全桥 QD1 桥式整流、电容器 C3 和 C4 滤波、固定式三端集成稳压器 A3 稳压后，输出 12V 稳定直流电压，供发射部分电路工作。C1 为消振电容器，其主要作用是防止固定式三端集成稳压器 A3 产生自激振荡。VD1 为稳压二极管，它能将集成电路编码器 A1 的工作电压限制在所允许的 6V 以内。R1 为集成电路编码器 A1 的外接振荡电阻器，其阻值大小决定集成电路编码器 A1 内部时钟振荡器的工作频率。电阻器 R5、电容器 C8 构成电磁继电器触点 KH 的消火花电路，可有效延长触点的工作寿命。

载波接收 / 报警器的电路如图 8-17 所示，它由载频接收、放大、检波、整形、解码、控制开关和报警电喇叭等电路构成。载波接收 / 报警器与图 8-16 所示的盗情探测 / 载波发射机配套使用，并且接在同一相电力线中。当发射机发出的载波数据编码脉冲通过电力线传来时，经电容器 C9、C10 耦合，在中频变压器 T3 的次级线圈中感应出较强的谐振电信号。该电信号经电容器 C12、电阻器 R6 耦合后，送入由非门Ⅰ～Ⅲ构成的放大器放大，再通过由电阻器 R8、电容器 C13 构成的 200kHz 滤波器滤除杂波，又经非门Ⅳ、门Ⅴ两级低频放大并反相，最后输入解码器 A5 进行解码。C15 为高频补偿电容器。当输入到解码器 A5 第 14 脚中的编码与解码器 A5 所设定的编码一致时，解码器 A5 的解码有效输出端第 17 脚输出高电平，从而使晶体三极管 VT2 导通、电磁继电器 K 所控制的常开触点 K_H 闭合，电喇叭 HA 即通电发出响亮的报警声。

电路中，220V 交流电经电源变压器 T4 降压隔离、硅全桥 QD2 桥式整流、电容器 C16 滤波后，一方面输出约 12V 直流电压，供电磁继电器 K 和电喇叭 HA 工作用电；另一方面，通过固定式三端集成稳压器 A6 稳压、电容器 C17 滤波后，输出 6V 稳定直流电压，供载波接收电路工作。C18 为消振电容器，其主要作用是防止固定式三端集成稳压器 A6 产生自激振荡。发光二极管 VD2 和限流电阻器 R13 构成电源指示灯。R11 为集成电路解码器 A5 的外接振荡电阻器，其阻值必须与图 8-16 中的电阻器 R1 保持一致，否则编、解码电路无法正常配合工作。

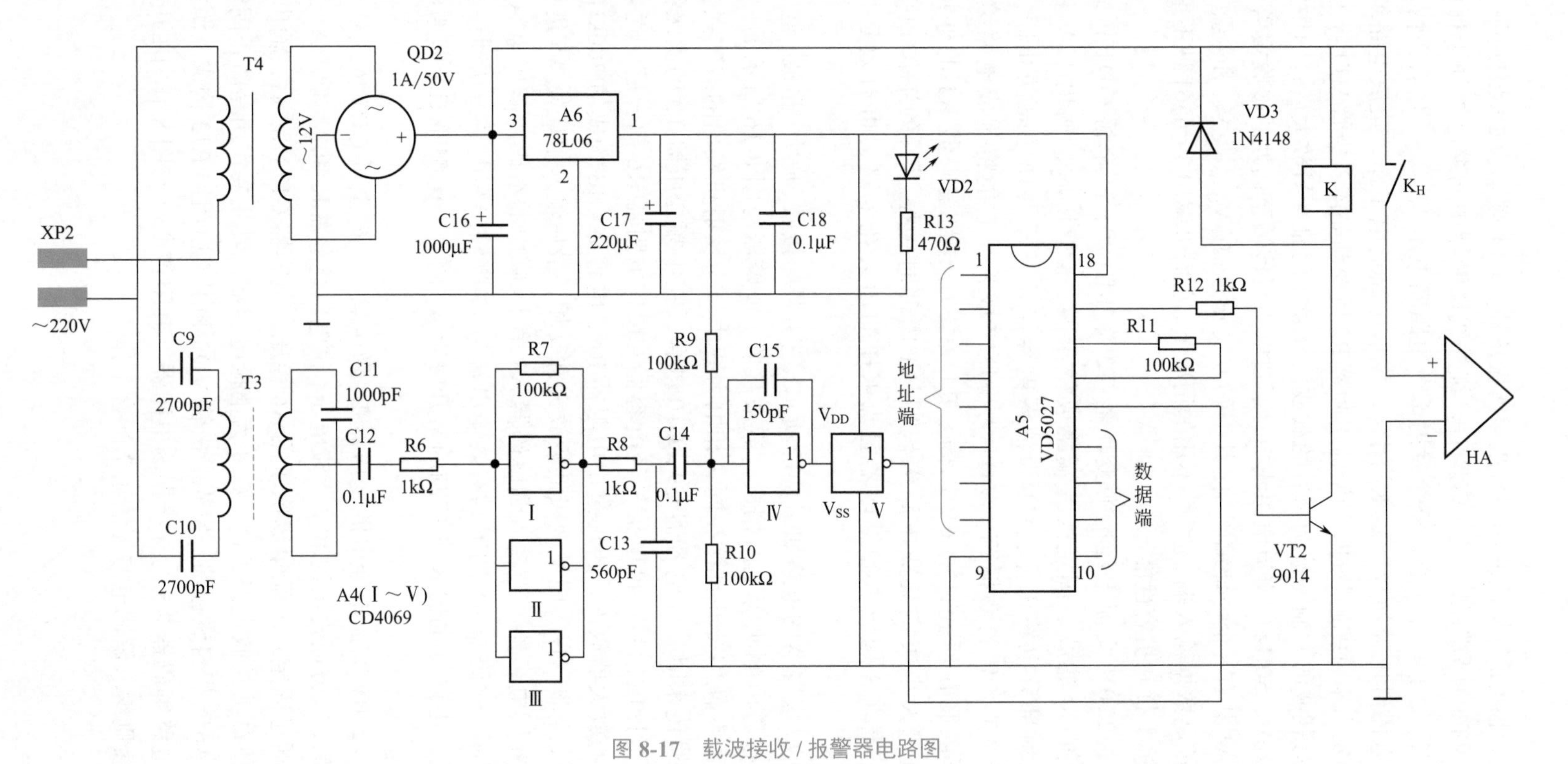

图 8-17 载波接收/报警器电路图

8.9.2 元器件选择

红外线探测器采用T9241B型交流供电人体热释电自动探测器。该产品是一种“一体化”被动式热释电红外探测控制组件，属继电器输出控制型，能全天候工作。T9241B型人体热释电自动探测器的外形如图8-18所示，它采用灰白色ABS塑料盒封装，最大外形尺寸为102mm×72mm×44mm；盒面上开有菲涅耳透镜窗，内部有一块热释电红外控制器完整的印制电路板，板上安装有PIR传感器、控制电路及电磁继电器等，控制电路采用了先进的专用集成电路TWH9601。探测器对外仅4根引出线：其中两根红色线接220V交流电；两根蓝色（或黑色）线为电磁继电器常开触点输出线。平时，内部电磁继电器触点断开，即两根蓝色引出线处于开路状态；当探测到人体热辐射时，内部电磁继电器触点闭合，即两根蓝色引出线短接。通过两根蓝色引出线的“开”或“关”，可控制外接电路或电器的工作与否。

T9241B的主要特性参数：探测角度80°，探测距离≥7m，工作电源为交流220V、50Hz市电，静态功耗约0.35mW，输出延迟约10s，控制功率≤500W（感性负载应降额至1/3）。

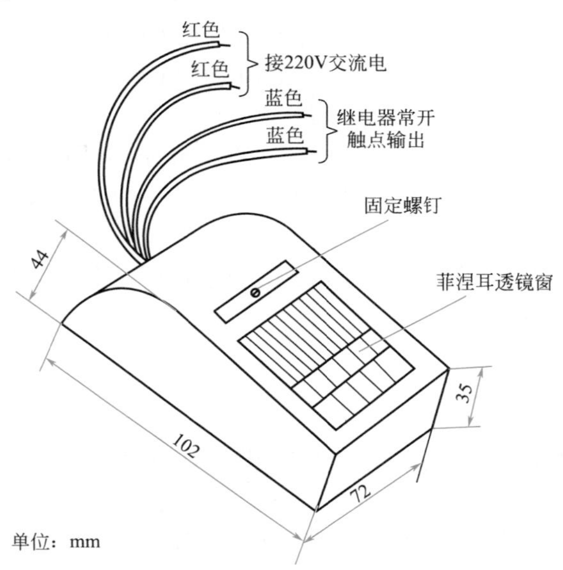

图8-18　T9241B型人体热释电自动探测器

使用时注意：T9241B首次通电有一个预热时间，约预热1min后，电路即进入正常工作状态。安装位置应选择在室内墙面或墙角上，要求安装高度离地1.8m，透镜窗应对准人体横越通过的位置，这样探测距离最远、灵敏度最佳；注意不应安装在室外或室内有冷热气流交汇处，以免发生误工作。

A1、A5分别选用VD5026、VD5027型专用集成电路编码器与解码器。VD5026可用同类产品YYH26或ED5026直接代换，VD5027可用同类产品YYH27或ED5027直接代换。

A2 和 A4（Ⅰ～Ⅵ）均选用一块 CD4069 型 CMOS 六反相器数字集成电路。它采用塑料双列直插形式封装，共有 14 个引出脚，其引脚排列参见图 4-4。CD4069 也可用 CC4069、TC4069 或 MC14069 型同类数字集成电路块来直接进行代换。

A3 选用 78L12 型（12V、100mA）固定式三端集成稳压器。A6 选用 78L06 型（6V、100mA）固定式三端集成稳压器。QD1、QD2 均用 QL-1A/50V 型硅全桥，亦可用 4 只普通 1N4001 或 1N4004 型硅整流二极管代替。VT1、VT2 均用 9014（集电极最大允许电流 I_{CM}=100mA，集电极最大允许功耗 P_{CM}=310mW）或 3DG8 型硅 NPN 小功率三极管，要求电流放大系数 $\beta>100$。VD1 用普通 6V、0.25W 硅稳压二极管，VD2 可用 ϕ5mm 普通红色发光二极管。

HA 选用工作电压为直流 12V、工作电流≤ 1A 的报警专用电喇叭或直流电铃、直流蜂鸣器等；如采用图 8-22 所示的 LQ46-88D 型会喊“抓贼呀”的成品小号筒式语音报警专用电喇叭，则效果更理想。

RP 用 WH7-A 型单联立式微调电位器。R1 ～ R13 一律用 RTX-1/4W 型碳膜电阻器。C1、C5、C11 ～ C14、C18 均用 CT1 型瓷介电容器；C2、C15 均用 CC1 型瓷介电容器；C3 用 CD11-16V 型电解电容器；C4、C16 均用 CD11-25V 型电解电容器；C17 用 CD11-10V 型电解电容器；C6、C7、C9、C10 均用 CB10-250V 型聚苯乙烯电容器；C8 用 CB10-400V 型聚苯乙烯电容器。

T1 和 T3 均采用半导体收音机中专用的 465kHz 中周，如 TTF3-1、TTF3-2 或 TTF3-3 型等，要求将初、次级倒过来使用。T2 用 220V/15V、3W 优质电源变压器；T4 用 220V/12V、15W 优质电源变压器，均要求长时间运行不过热。K 用 JZC-22FA/012-1Z 型超小型中功率电磁继电器，其触点负荷完全满足控制需要。XP1、XP2 均用交流电二极电源插头。

8.9.3 制作与使用

图 8-19 所示为盗情探测 / 载波发射机的印制电路板接线图，印制电路板实际尺寸约为 60mm×40mm。图 8-20 所示为载波接收 / 报警器的印制电路板接线图，印制电路板实际尺寸约为 70mm×45mm。焊接时注意：电烙铁外壳一定要良好接地，以免交流感应电压击穿集成电路 A1、A2 和 A4、A5 内部的 CMOS 电路！

焊接好的盗情探测 / 载波发射机电路板连同电源变压器 T2 等，一同装入体积合适的绝缘小盒内。盒侧面适当位置处开出小孔，分别通过一定长度（具体视实际需要确定）的塑料外皮电线，引出红外线探测器和电源插头 XP1。焊接好的载波接收 / 报警器电路板，同样连同电源变压器 T4 一起装入体积合适的绝缘小盒内。盒面板适当位置处开出 ϕ5mm 的小孔，伸出发光二极管 VD2 的发光帽；盒侧面适当位置处开出小孔，分别通过一定长度（具体视实际需要确定）的塑料外皮电线，引出电喇叭 HA 和电源插头 XP2。

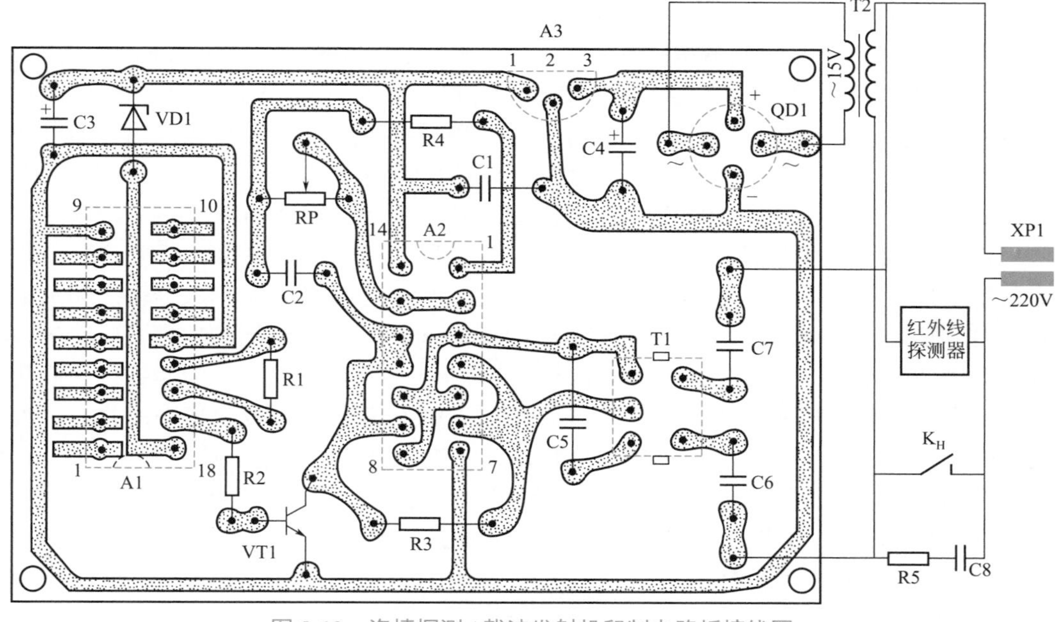

图 8-19 盗情探测/载波发射机印制电路板接线图

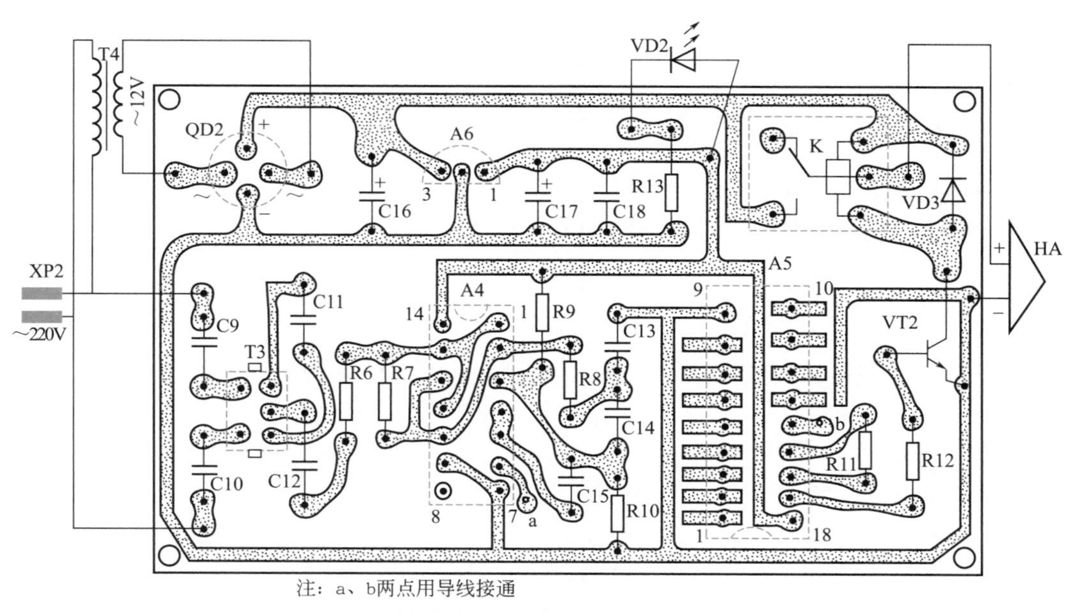

注：a、b两点用导线接通

图 8-20 载波接收/报警器印制电路板接线图

装配好的多路编码载波防盗报警器，电路调试很简单：调节盗情探测/载波发射机电路板上的电位器 RP 阻值，可使载波振荡器工作频率为 200kHz；微调中周 T1 顶端的磁芯，可使其谐振频率为 200kHz。微调载波接收/报警器电路板上中周 T3 顶端的磁芯，可使其谐振频率为 200kHz。反复细调电位器 RP 阻值和中周 T1、T3 顶端的磁芯，可使载波报警信号的传递距离达到最远。

需要特别强调的是：集成电路编码器A1和解码器A5均有8个对应地址编码端（第1～8脚），其编码方式分为接V_{DD}、接V_{SS}和“悬空”三种，图8-19和图8-20所示的电路板上，它们均处于“悬空”状态。如果要编排别的编码，只要用焊锡点通电路板上相应的两铜箔即可。但必须要做到集成电路编码器A1、集成电路解码器A5的地址编码和外接振荡电阻器（R1及R11）阻值保持完全一致，否则无法实现载波报警。

由于该载波防盗报警器采用了高可靠性的编码与解码集成电路，故能按照需要有效地扩展报警系统的容量。如果在集成电路解码器A5的四个控制数据输出端（第10～13脚）与公共地端（V_{SS}）间各接上串联有680Ω限流电阻器的发光二极管，并同时制作四台发射机（编码器A1的第10～13脚分别接第18脚），置于四处不同的报警场所，则可实现4路载波防盗报警。当载波接收/报警器发出报警声时，通过观看哪一个发光二极管发亮，便可确定出是何处防盗场所发生盗情。如果要实现16路或更多路载波防盗报警，读者可参阅有关编码与解码集成电路的资料，通过设计合理的集成电路编码器A1四个控制数据输入端和集成电路解码器A5四个控制数据输出端电路来实现，这里不再赘述。

8.10 电动机防盗报警器

一些地方电动机被盗的事件时有发生。为此，笔者设计了这台电动机防盗报警器，它制作容易、使用效果好，有兴趣的电工不妨动手一试。

8.10.1 工作原理

电动机防盗报警器的电路如图8-21所示。其中：M是为了便于说明原理而绘出的被监控三相交流电动机，QS是控制电动机的三极电源开关。

当三极电源开关QS扳至位置“1”时，三相交流电动机M通电正常工作。当三极电源开关QS扳至位置“2”时，三相交流电动机M断电停止工作。此状态下闭合报警器电路的电源开关SA，报警器即通电进入防盗监视状态。这时，晶体三极管VT1、VT2的基极经三相交流电动机M内部的线圈接地。所以晶体三极管VT1、VT2均截止，单向晶闸管VS亦截止，语音报警专用电喇叭HA断电不工作。

当有不法之徒行窃时，只要断开电动机M三根接线中的任意一根，都会使得晶体三极管VT1、VT2同时或其中一个进入饱和状态，从而触发单向晶闸管VS导通，语音报警专用电喇叭HA即通电反复发出响亮的“抓贼呀……”喊声来，使小偷闻声丧胆，逃之夭夭。这时，即使心虚的小偷把断线按原样接好也无济于事，因为单向晶闸管VS会一直导通下去，直到有人断开电源开关SA为止。

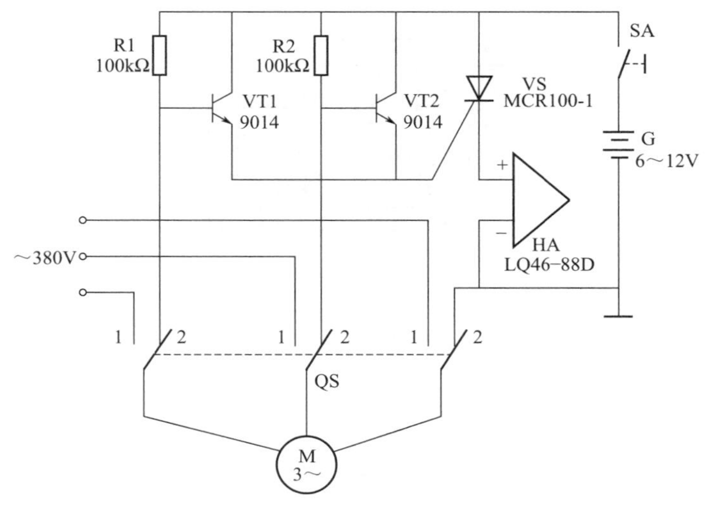

图 8-21 电动机防盗报警器电路图

8.10.2 元器件选择

HA 选用 LQ46-88D 型会喊“抓贼呀”的成品小号筒式语音报警专用电喇叭，其外形尺寸及引线区分如图 8-22 所示。该电喇叭内部已包含了语音发生器、音频功率放大器和电 - 声换能器。只要给它接上 6 ～ 18V 直流电压，它便会用普通汉语连续发出清晰响亮的“抓贼呀……”喊声来，使用非常方便。读者如果一时购买不到这种语音型电喇叭，也可用直流工作电压 6 ～ 12V、工作电流≤ 0.5A 的普通警笛声电喇叭或电铃来直接代替。

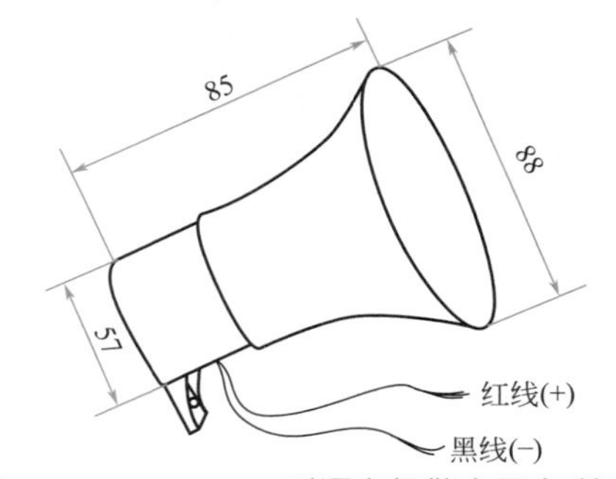

图 8-22 LQ46-88D 型语音报警专用电喇叭

VS 用小型塑封单向晶闸管，如 MCR100-1、BT169、2N6565 型等。VT1、VT2 均用 9014 型（集电极最大允许电流 I_{CM}=100mA，集电极最大允许功耗 P_{CM}=310mW）硅 NPN 小功率三极管，要求电流放大系数 $\beta > 50$。

R1 和 R2 均用 RTX-1/8W 型、标称阻值是 100kΩ 的碳膜电阻器。SA 用小型单刀单掷开关。G 用 5 号干电池 4 ～ 8 节串联（配带塑料电池架）而成，电压 6 ～ 12V；G 的电压值高时，报警器发声会更响亮些，但注意 G 的电压值不得超过语音报警专用电喇叭 HA 的最大额定工作电压值。

8.10.3 制作与使用

图 8-23 所示是该电动机防盗报警器的印制电路板接线图。印制电路板采用刀刻法加工制作，实际尺寸约为 30mm×25mm。

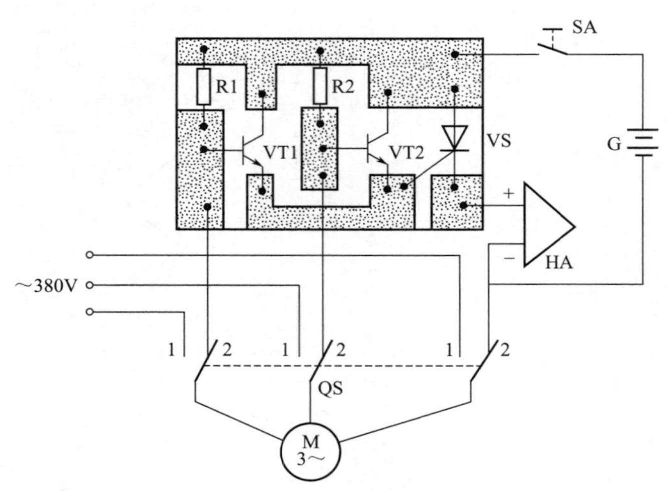

图 8-23　电动机防盗报警器印制电路板接线图

整个防盗报警器可安装在被监控三相交流电动机现有的配电箱内，并将原闸刀开关改为三相双掷开关（QS）。如果用于监控 220V 单相交流电动机，则可将晶体三极管 VT1 的基极引线直接接电池 G 的负极，或干脆省掉晶体三极管 VT1 和电阻器 R1 不用。

该防盗报警器除用于电动机防盗外，还能用于停止运行后的发电机、变压器的防盗报警。具体接线方法跟电动机接线没有什么差别，就留给读者自己去思考解决。